非高危行业主要责任人及安全生产管理人员安全生产

培 训 教 程

FEIGAOWEIHANGYE ZHUYAO
ZERENREN JI ANQUANSHENGCHAN GUANLIRENYUAN
ANQUANSHENGCHAN PEIXUNJIAOCHENG

◆ 成都市城市安全与应急管理研究院◎主编 ◆

西南财经大学出版社

中国·成都

图书在版编目（CIP）数据

非高危行业主要责任人及安全生产管理人员安全生产培训教程/成都市城市安全与应急管理研究院主编.—成都：西南财经大学出版社，2023.6（2025.3 重印）

ISBN 978-7-5504-5743-0

Ⅰ.①非…　Ⅱ.①成…　Ⅲ.①安全生产—生产管理—安全培训—教材

Ⅳ.①X92

中国国家版本馆 CIP 数据核字（2023）第 067942 号

非高危行业主要责任人及安全生产管理人员安全生产培训教程

成都市城市安全与应急管理研究院　主编

责任编辑：李特军
责任校对：陈何真璐
封面设计：墨创文化
责任印制：朱曼丽

出版发行	西南财经大学出版社（四川省成都市光华村街 55 号）
网　　址	http://cbs.swufe.edu.cn
电子邮件	bookcj@swufe.edu.cn
邮政编码	610074
电　　话	028-87353785
照　　排	四川胜翔数码印务设计有限公司
印　　刷	郫县犀浦印刷厂
成品尺寸	185 mm×260 mm
印　　张	25.125
字　　数	608 千字
版　　次	2023 年 6 月第 1 版
印　　次	2025 年 3 月第 4 次印刷
印　　数	9201—12200 册
书　　号	ISBN 978-7-5504-5743-0
定　　价	48.00 元

1. 版权所有，翻印必究。

2. 如有印刷、装订等差错，可向本社营销部调换。

3. 本书封底无本社数码防伪标识，不得销售。

编审委员会

主　任：杨信林

委　员：廖学燕　胡　海　王　彦　邬运美　李艺昕

主　编：王　彦

副主编：李艺昕　邬运美

参　编：廖学燕　卓　红　冯　云　黄　进　成　晨

　　　　江　斌　李　弋　张清兰　梁瑜婷　熊　毅

　　　　余　航　卢学辉　雷忠超　何剑汶　谢　敏

　　　　史丽娜

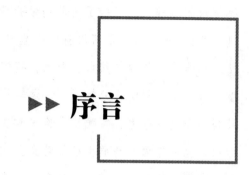

▶▶ 序言

近年来，全国安全生产事故总量和伤亡人数呈现逐年下降趋势，但同时，由于新产业、新业态、新模式大量涌现，安全发展环境已然成为一个庞大且复杂的运行系统，一些"想不到、看不清"的问题日益凸显，新旧安全风险交织叠加，导致安全生产形势依然严峻。习近平总书记在党的二十大报告中强调，"推进安全生产风险专项整治，加强重点行业、重点领域安全监管"是关口前移、防线前置的科学部署，是标本兼治、隐患排查的有力举措。然而，受限于一直以来的习惯性思维，当前工贸企业安全管理的重点还停留在事后处理上，突出表现为"重处理、轻预防"，导致对风险防控的重要性认识不足，没有站在事前防范战略高度对安全生产进行统一谋划和系统化管理。要有效防控各类生产安全事故的发生，真正把问题解决在萌芽之时、成灾之前，就要夯实安全培训这一基石，筑牢安全生产底线，让安全从"管理"向"治理"转变。

成都市城市安全与应急管理研究院作为城市安全与应急管理领域科研院所，一直秉承"安全生产治理模式向事前转型"理念，站位于应急领域技术支撑者、先行先试探索者、产业发展助推者，深耕基层"沃土"，突出强调以落实国家重大战略任务为牵引，以服务政府及部门、工业园区、企业安全发展为导向，以强化安全培训与宣传教育为纽带，聚力突破产、学、研、用各自为政的壁垒，将安全生产、应急管理领域各个环节横向打通、竖向串联，实现真正的集成和集约，以提升综合资源运用的效能，高标准、高水平全力助力城市高质量发展。

为更好地发挥安全培训精准赋能、防控前置的作用，全面提升企业负责人、安全生产管理人员的安全管理能力，增强社会大众的安全意识，成都市城市安全与应急管理研究院汇集了一批长期从事风险管理、应急救援、安全管理、教学研究等工作领域的专家，依托多年丰富的教学和现场经验，历时一年多，在充分调研企业实际需求的基础上，研编了《非高危行业主要责任人及安全生产管理人员安全生产培训教程》。本教材基于四川省安全生产实际情况，重点围绕企业安全生产运行中的传统和非传统风险等热点、痛点，将安全生产理论的纵深感和现场实践的时代感深度融合，主题鲜明、分析深刻、逻辑严密，体现鲜明的时代特征和创新意识，具有较强的理论说服力、实践指导作用和决策参考价值，既可作为安全培训机构的专用教材，也可作为非高危生产经营企业内部培训用书。希望本书的推广和应用，能起到减少事故损失、保护人民生命财产安全、促进社会和谐稳定的积极作用。

成都市城市安全与应急管理研究院院长　　**杨信林**

2022 年 12 月

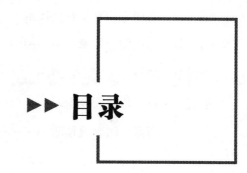

▶▶ 目录

第一章

安全生产法律法规

第一节　安全生产法律

■本节知识要点

1. 法律概念和安全生产法律体系；

2. 安全生产法的立法目的，安全生产方针政策、主体责任，生产经营单位安全管理要求；

3. 安全生产相关法律，包括《中华人民共和国消防法》《中华人民共和国职业病防治法》等。

一、安全生产法律概述

（一）法律概念

法律通常有广义、狭义之分。广义的法律是指法律的整体，如我国现在的法律就包括作为根本法的宪法、全国人大和全国人大常委会制定的法律、国务院制定的行政法规、国务院有关部门制定的部门规章、地方国家机关制定的地方性法规和地方政府规章等。这里所讲的法律通常指狭义的法律，即由全国人大和全国人大常委会制定的法律，如《中华人民共和国安全生产法》（以下简称《安全生产法》）、《中华人民共和国消防法》（以下简称《消防法》）、《中华人民共和国职业病防治法》（以下简称《职业病防治法》）等。

（二）安全生产法律体系

安全生产法律体系，是指我国全部现行的、不同的安全生产法律规范形成的有机联系的统一整体。我国安全生产法律体系的基本框架可以从效力层次和适用范围两个方面来认识。

1. 按照法的效力层次划分

法的效力层次是指规范性法律文件之间的效力等级关系，法的层级不同，其法律地位和效力也不同。

（1）法律。法律是安全生产法律体系中的上位法，居于整个体系的最高层级，其法律地位和效力高于行政法规、地方性法规、部门规章、地方政府规章等下位法。国家现行的有关安全生产的专门法律有《安全生产法》《消防法》《中华人民共和国道路交通安全法》《中华人民共和国海上交通安全法》《矿山安全法》；与安全生产相关的法律主要有《中华人民共和国劳动法》《职业病防治法》《中华人民共和国工会法》《中华人民共和国矿产资源法》《中华人民共和国铁路法》《中华人民共和国公路法》《中华人民共和国民用航空法》《中华人民共和国港口法》《中华人民共和国建筑法》《中华人民共和国煤炭法》和《中华人民共和国电力法》等。

（2）法规。安全生产法规分为行政法规和地方性法规。

安全生产行政法规的法律地位和法律效力低于有关安全生产的法律，高于地方性安全生产法规、地方政府安全生产规章等下位法。国家现有的安全生产行政法规有《安全生产许可证条例》《生产安全事故报告和调查处理条例》等。

地方性安全生产法规的法律地位和法律效力低于有关安全生产的法律、行政法规，高于地方政府安全生产规章。经济特区安全生产法规和民族自治地方安全生产法规的法律地位和法律效力与地方性安全生产法规相同。安全生产地方性法规有《北京市安全生产条例》《四川省安全生产条例》等。

（3）规章。安全生产行政规章分为部门规章和地方政府规章。

国务院有关部门依照安全生产法律、行政法规的规定或者国务院的授权制定发布的安全生产规章与地方政府规章之间具有同等效力，在各自的权限范围内施行。

地方政府安全生产规章是最低层级的安全生产立法，其法律地位和法律效力低于其他上位法，不得与上位法相抵触。

（4）标准。这里的标准是法定安全生产标准。国家制定的许多安全生产立法将安全生产标准作为生产经营单位必须执行的技术规范而载入法律，安全生产标准法律化是我国安全生产立法的重要趋势。安全生产标准一旦成为法律规定必须执行的技术规范，它就具有了法律上的地位和效力。执行安全生产标准是生产经营单位的法定义务，违反法定安全生产标准的要求，同样要承担法律责任。法定安全生产标准分为国家标准和行业标准，两者对生产经营单位的安全生产具有同样的约束力。法定安全生产标准主要是指强制性安全生产标准。

2. 按照法的适用范围划分

我国安全生产相关法律规范对一些安全生产问题的规定有所差别，有的侧重解决一般的安全生产问题，有的侧重或者专门解决某一领域的特殊的安全生产问题。因此，按照适用范围不同，同一层级的安全生产立法法可以分为一般法与特别法，两者相辅相成、缺一不可，调整对象和适用范围各有侧重。

一般法是适用于安全生产领域中普遍存在的基本问题、共性问题的法律规范，它们不解决某一领域存在的特殊性、专业性的法律问题。安全生产特别法是适用于某些安全生产领域独立存在的特殊性、专业性问题的法律规范，它们往往比一般法更专业、更具体、更具有可操作性。

《安全生产法》第二条规定："在中华人民共和国领域内从事生产经营活动的单位的安全生产，适用本法；有关法律、行政法规对消防安全和道路交通安全、铁路交通安全、水上交通安全、民用航空安全以及核与辐射安全、特种设备安全另有规定的，适用其规定"。这充分说明了《安全生产法》是安全生产领域的一般法，它所确定的安全生产基本方针原则和基本法律制度普遍适用于生产经营活动的各个领域。消防安全和道路交通安全、铁路交通安全、水上交通安全和民用航空安全等领域存在的特殊问题，分别适用《消防法》《中华人民共和国道路交通安全法》等特别法。

因此，在同一层级的安全生产立法对同一类问题的法律适用上，应当适用特别法优于一般法的原则。

二、《安全生产法》

2002年6月29日，第九届全国人民代表大会常务委员会第二十八次会议审议通过《安全生产法》，于2002年11月1日实施。先后经过三次修正，最近一次修正于2021年6月10日第十三届全国人民代表大会常务委员会第二十九次会议通过，自2021年9月1日起施行。

（一）《安全生产法》的立法目的

《安全生产法》作为我国安全生产领域的基础性、综合性法律，立法目的具有较强的综合性和概括性，主要体现在加强安全生产工作、防止和减少生产安全事故、保障人民群众生命和财产安全、促进经济社会持续健康发展等方面。

1. 加强安全生产工作

安全生产是指在生产经营活动中，为避免发生造成人员伤害和财产损失的事故，有效消除或控制危险和有害因素而采取一系列措施，使生产经营过程在符合规定的条件下进行，以保证从业人员的人身安全与健康、设备和设施免受损坏、环境免遭破坏，保证生产经营活动得以顺利进行的相关活动。生产安全，是生产经营单位自身的责任，也是对社会和自身利益负责。国家作为社会公共利益的维护者，为了保障人民群众的生命财产安全，为了全体社会成员的共同利益，也必须运用国家权力，加强安全生产工作，对安全生产实施有效的监督管理。《安全生产法》明确安全生产监督管理的工作格局是政府统一领导、部门依法管理、企业全面负责、社会广泛参与。

安全生产关系人民群众的生命财产安全，关系改革发展和社会稳定大局。党中央、国务院高度重视安全生产工作。新中国成立以来特别是改革开放以来，我国采取了一系列重大措施加强安全生产工作。国家相继出台了一系列政策规定，比如2004年印发了《关于进一步加强安全生产工作的决定》，2010年印发了《关于进一步加强企业安全生产工作的通知》，2011年印发了《关于坚持科学发展安全发展促进安全生产形势持续稳定好转的意见》，2016年印发了《中共中央、国务院关于推进安全生产领域改革发展的意见》。此外，国务院办公厅及其他有关部门也先后印发了一系列加强安全生产工作的文件。

2. 防止和减少生产安全事故

生产经营活动中，如果从业人员在生产经营活动中对各种潜在的可能会对人身和财产安全造成损害的危险因素缺乏认识，或者没有采取有效的预防、控制措施，这种潜在的危险因素就可能会造成诸如触电、淹溺、灼烫、火灾、坠落、坍塌、冒顶片帮、透水、爆炸、中毒、窒息等导致人身伤害和财产损失的生产安全事故。因此，保证生产安全，预防和减少事故发生，成为生产经营活动中最重要的主题。只要我们对安全生产工作高度重视，加大投入，在生产经营活动中严格遵守法律法规、规章和操作规程，那么事故是可防可控的。

目前，我国正处于快速发展进程中，安全生产基础仍然比较薄弱，安全生产责任不落实、安全防范和监督管理不到位、违法生产经营建设屡禁不止等问题仍然较为突出，安全生产的各方面工作亟需进一步加强。制定并根据形势、任务、需要不断完善安全生产法，从法律制度上规范生产经营单位的安全生产行为，确立保障安全生产的法定措施，并以国家强制力保障这些法定制度和措施得以严格贯彻执行，就是为了防止和减少生产安全事故。

3. 保障人民群众生命和财产安全

这就要求生产经营单位必须始终把安全生产放在重中之重的位置，始终把保障人民群众生命财产安全放在首位，进一步牢固树立人民至上、生命至上的理念，严格落实全员安全生产责任制，绝不能以牺牲人的生命为发展的代价。通过立法，强化生产经营单位的主体责任，重视安全生产，防止和减少生产安全事故，最根本的目的还是保障人民群众的生命和财产安全，维护社会稳定，保证社会主义现代化建设的顺利进行。

4. 促进经济社会持续健康发展

安全生产是安全与生产的统一，其宗旨是安全促进生产，生产必须安全。搞好安全工作，改善劳动条件，可以调动职工的生产积极性；减少职工伤亡，可以减少劳动力的损失；减少财产损失，可以增加企业效益，无疑会促进生产的发展。生产必须安全，是因为安全是生产的前提条件，没有安全就无法生产。安全生产与经济社会发展应当同步，要促进经济的健康发展，只有加强基础建设，加强责任落实，加强依法监管，全面推进安全生产各项工作，持续降低事故总量和伤亡人数，有效防范和遏制重特大事故，促进安全生产状况持续稳定好转，才能保障经济社会全面、协调、可持续健康发展。这是安全生产法的重要立法目的之一。

（二）安全生产方针及政策

《安全生产法》第三条规定，"安全第一、预防为主、综合治理"是安全生产工作的方针。这一方针是开展安全生产工作总的指导方针，是长期实践经验的总结。

"安全第一"就是要求在生产经营活动中，生产经营单位在工作中始终把安全放在第一位。生产经营单位在处理保证安全与实现生产经营活动的其他各项目标的关系时，必须首先保证安全，即生产必须安全，不安全不能生产，要始终把安全特别是从业人员、其他人员的人身安全放在首要位置，实行"安全优先"的原则。

"预防为主"就是要把预防生产安全事故的发生放在安全生产工作的首位。对安全生产的管理，主要不是在发生事故后去组织抢救，进行事故调查，找原因、追责任、堵漏洞，而是要谋事在先，尊重科学，探索规律，采取有效的事前控制措施，千方百计预防事故的发生，做到防患于未然，将事故消灭在萌芽状态。坚持预防为主，就要坚持以培训教育为主，在提高生产经营单位主要负责人、安全管理人员和从业人员的安全素质上下功夫，最大限度地减少违章指挥、违章作业、违反劳动纪律的现象，努力做到"不伤害自己，不伤害他人，不被他人伤害，保护他人不受伤害"。

"综合治理"就是综合运用法律、经济、行政等手段，从发展规划、行业管理、安全投入、科技进步、经济政策、教育培训、安全文化以及责任追究等方面着手，建立安全生产长效机制。综合治理是一种新的安全管理模式，它是保证"安全第一，预防为主"的安全管理目标实现的重要手段和方法，也是贯彻落实新发展理念的具体体现，只有不断健全和完善综合治理工作机制，才能有效贯彻安全生产方针。

"安全第一、预防为主、综合治理"，三者是目标、原则和手段、措施的有机统一的辩证关系。不坚持安全第一，预防为主很难落实；坚持安全第一，才能自觉地或科学地预防事故发生，达到安全生产的预期目的；只有坚持预防为主，才能减少事故、消灭隐患，才能做到安全生产。

安全生产工作机制是生产经营单位负责、职工参与、政府监管、行业自律和社会监督的机制。

（三）安全生产的责任主体

生产经营单位对本单位安全生产工作负全面责任，要严格履行安全生产相关法定责任，建立健全自我约束、持续改进的内生机制。

《安全生产法》第三条规定，安全生产工作实行"管生产经营必须管安全"，强化和落实生产经营单位主体责任。因此，生产经营单位是安全生产的责任主体。《安全生产法》第四条规定，生产经营单位必须遵守《安全生产法》和其他有关安全生产的法律法规，加强安全生产管理，建立健全全员安全生产责任制和安全生产规章制度，加大对安全生产资金、物资、技术、人员的投入保障力度，改善安全生产条件，加强安全生产标准化、信息化建设，构建安全风险分级管控和隐患排查治理双重预防机制，健全风险防范化解机制，提高安全生产水平，确保安全生产。

平台经济等新兴行业、领域的生产经营单位应当根据本行业、领域的特点，建立健全并落实全员安全生产责任制，加强从业人员安全生产教育和培训，履行《安全生产法》和其他法律法规规定的有关安全生产义务。

（四）生产经营单位主要负责人及其安全生产职责

1. 生产经营单位主要负责人

2016年12月9日，《中共中央 国务院关于推进安全生产领域改革发展的意见》印发，规定生产经营单位的法定代表人和实际控制人同为安全生产的第一责任人。法定代表人，是指依法律或法人章程规定代表法人行使职权的负责人。我国法律实行单一法定代表人制，一般认为法人的正职行政负责人为其唯一法定代表人。对于公司制的企业，按照《公司法》的规定，有限责任公司（包括国有独资公司）和股份有限公司的董事长是公司的法定代表人，经理负责"主持公司的生产经营管理工作"。因此，有限责任公司和股份有限公司的主要负责人应当是公司董事长和经理（总经理、首席执行官或其他实际履行经理职责的企业负责人）。对于非公司制的企业，主要负责人为企业的厂长、经理、矿长等企业行政"一把手"。如《全民所有制工业企业法》规定，企业实行厂长（经理）负责制，厂长是企业的法定代表人，对企业负有全面责任。实际控制人，通常指虽不是企业的法定代表人或者股东，但通过投资关系、协议或者其他安排，能够实际支配公司行为的人。在一般情况下，企业法定代表人由董事长或总经理担任，也是企业实际控制人。但是，一些企业特别是一些中小企业的法定代表人背后往往另有实际控制人，他们对企业的重大事项有最终的决策权。

2. 生产经营单位主要负责人安全生产职责

《安全生产法》第五条规定，生产经营单位的主要负责人是本单位安全生产第一责任人，对本单位的安全生产工作全面负责。生产经营单位主要负责人是生产经营活动和安全生产工作的决策者和指挥者，对于落实安全生产相关责任制，加强安全管理，确保安全生产至关重要。只有明确生产经营单位主要负责人在安全生产中的地位和责任，才能真正促使生产经营单位重视并抓好安全生产工作，防止和减少生产安全事故的发生。此外，《消防法》第十六条规定，单位的主要负责人是本单位的消防安全责任人；《职业病防治法》第六条规定，用人单位的主要负责人对本单位的职业病防治工作全面负责。

《安全生产法》第二十一条规定，生产经营单位的主要负责人对本单位安全生产工作负有下列职责：

（1）建立健全并落实本单位全员安全生产责任制，加强安全生产标准化建设；

（2）组织制定并实施本单位安全生产规章制度和操作规程；

（3）组织制订并实施本单位安全生产教育和培训计划；

（4）保证本单位安全生产投入的有效实施；

（5）组织建立并落实安全风险分级管控和隐患排查治理双重预防工作机制，督促、检查本单位的安全生产工作，及时消除生产安全事故隐患；

（6）组织制定并实施本单位的生产安全事故应急救援预案；

（7）及时、如实报告生产安全事故。

《安全生产法》第二十三条规定，生产经营单位应当具备的安全生产条件所必需的资金投入，由生产经营单位的决策机构、主要负责人或者个人经营的投资人予以保证，并对由于安全生产所必需的资金投入不足导致的后果承担责任。有关生产经营单位应当按照规定提取和使用安全生产费用，专门用于改善安全生产条件。安全生产费用在成本中据实列支。安全生产费用提取、使用和监督管理的具体办法由国务院财政部门会同国务院应急管理部门征求国务院有关部门意见后制定。

（五）生产经营单位其他负责人及其安全生产职责

1. 生产经营单位其他负责人

其他负责人是指主要负责人以外的有关负责人员，比如生产经营单位一把手以外的副职等人员。

2. 生产经营单位其他负责人安全生产职责

《安全生产法》第五条规定，其他负责人对职责范围内的安全生产工作负责。主要体现在以下方面：

（1）认真抓好有关安全生产法律法规和政策文件的贯彻落实；

（2）按照"谁主管谁负责"的原则对分管或者负责的部门担负直接领导责任；

（3）制定分管领域或者本部门年度安全生产工作规划，并抓好落实；

（4）经常组织分管领域的安全生产检查，及时消除安全隐患；

（5）组织开展安全生产教育，参与事故调查处理和善后处理；

（6）注重安全生产条件的改善，依法保护从业人员的安全和健康；

（7）定期组织分管部门开展应急救援演练；

（8）按照生产经营单位的规章制度做好本单位的其他安全生产工作。

比如，很多企业都有管生产的副总经理，但是副总经理不能只抓生产，不顾安全，应在抓生产的同时抓好安全，否则发生生产安全事故后其也要承担相应的责任。

（六）安全生产管理机构和安全生产管理人员安全生产职责

1. 安全生产管理机构和安全生产管理人员的配置

《安全生产法》第二十四条规定，矿山、金属冶炼、建筑施工、运输单位和危险物品的生产、经营、储存、装卸单位，应当设置安全生产管理机构或者配备专职安全生产管理人员。

前款规定以外的其他生产经营单位，从业人员超过一百人的，应当设置安全生产管理机构或者配备专职安全生产管理人员；从业人员在一百人以下的，应当配备专职或者兼职的安全生产管理人员。

2. 安全生产管理机构和安全生产管理人员的职责

《安全生产法》第二十五条规定，生产经营单位的安全生产管理机构以及安全生产管理人员履行下列职责：

（1）组织或者参与拟订本单位安全生产规章制度、操作规程和生产安全事故应急救援预案；

（2）组织或者参与本单位安全生产教育和培训，如实记录安全生产教育和培训情况；

（3）组织开展危险源辨识和评估，督促落实本单位重大危险源的安全管理措施；

（4）组织或者参与本单位应急救援演练；

（5）检查本单位的安全生产状况，及时排查生产安全事故隐患，提出改进安全生产管理的建议；

（6）制止和纠正违章指挥、强令冒险作业、违反操作规程的行为；

（7）督促落实本单位安全生产整改措施。

生产经营单位可以设置专职安全生产分管负责人，协助本单位主要负责人履行安全生产管理职责。

（七）从业人员安全生产权利和义务

《安全生产法》不但赋予了从业人员安全生产权利，也设定了相应的法定义务。作为法律关系内容的权利与义务是对等的。从业人员依法享有权利，同时必须承担相应的法律义务。

《安全生产法》第五十二条规定，生产经营单位与从业人员订立的劳动合同，应当载明有关保障从业人员劳动安全、防止职业危害的事项，以及依法为从业人员办理工伤保险的事项。

生产经营单位不得以任何形式与从业人员订立协议，免除或者减轻其对从业人员因生产安全事故伤亡依法应承担的责任。

《安全生产法》第五十三条规定，生产经营单位的从业人员有权了解其作业场所和工作岗位存在的危险因素、防范措施及事故应急措施，有权对本单位的安全生产工作提出建议。

《安全生产法》第五十四条规定，从业人员有权对本单位安全生产工作中存在的问题提出批评、检举、控告；有权拒绝违章指挥和强令冒险作业。

生产经营单位不得因从业人员对本单位安全生产工作提出批评、检举、控告或者拒绝违章指挥、强令冒险作业而降低其工资、福利等待遇或者解除与其订立的劳动合同。

《安全生产法》第五十五条规定，从业人员发现直接危及人身安全的紧急情况时，有权停止作业或者在采取可能的应急措施后撤离作业场所。

生产经营单位不得因从业人员在前款紧急情况下停止作业或者采取紧急撤离措施而降低其工资、福利等待遇或者解除与其订立的劳动合同。

《安全生产法》第五十六条规定，生产经营单位发生生产安全事故后，应当及时采取措施救治有关人员。

因生产安全事故受到损害的从业人员，除依法享有工伤保险外，依照有关民事法律尚有获得赔偿的权利的，有权提出赔偿要求。

《安全生产法》第五十七条规定，从业人员在作业过程中，应当严格落实岗位安全责任，遵守本单位的安全生产规章制度和操作规程，服从管理，正确佩戴和使用劳动防护用品。

《安全生产法》第五十八条规定，从业人员应当接受安全生产教育和培训，掌握本职工作所需的安全生产知识，提高安全生产技能，增强事故预防和应急处理能力。

《安全生产法》第五十九条规定，从业人员发现事故隐患或者其他不安全因素，应当立即向现场安全生产管理人员或者本单位负责人报告；接到报告的人员应当及时予以处理。

《安全生产法》第六十一条规定，生产经营单位使用被派遣劳动者的，被派遣劳动者享有本法规定的从业人员的权利，并应当履行本法规定的从业人员的义务。

（八）安全生产法律责任

1. 主要负责人承担的法律责任

（1）未保障安全生产资金投入所承担的法律责任

《安全生产法》第九十三条规定，生产经营单位的决策机构、主要负责人或者个人经营的投资人不依照本法规定保证安全生产所必需的资金投入，致使生产经营单位不具备安全生产条件的，责令限期改正，提供必需的资金；逾期未改正的，责令生产经营单位停产停业整顿。

有前款违法行为，导致发生生产安全事故的，对生产经营单位的主要负责人给予撤职处分，对个人经营的投资人处二万元以上二十万元以下的罚款；构成犯罪的，依照刑法有关规定追究刑事责任。

（2）未履行安全生产管理职责所承担的法律责任

《安全生产法》第九十四条规定，生产经营单位的主要负责人未履行本法规定的安全生产管理职责的，责令限期改正，处二万元以上五万元以下的罚款；逾期未改正的，处五万元以上十万元以下的罚款，责令生产经营单位停产停业整顿。生产经营单位的主要负责人有前款违法行为，导致发生生产安全事故的，给予撤职处分；构成犯罪的，依照刑法有关规定追究刑事责任。生产经营单位的主要负责人依照前款规定受刑事处罚或者撤职处分的，自刑罚执行完毕或者受处分之日起，五年内不得担任任何生产经营单位的主要负责人；对重大、特别重大生产安全事故负有责任的，终身不得担任本行业生产经营单位的主要负责人。

（3）发生生产安全事故所承担的法律责任

《安全生产法》第九十五条规定，生产经营单位的主要负责人未履行本法规定的安全生产管理职责，导致发生生产安全事故的，由应急管理部门依照下列规定处以罚款：（一）发生一般事故的，处上一年年收入百分之四十的罚款；（二）发生较大事故的，处上一年年收入百分之六十的罚款；（三）发生重大事故的，处上一年年收入百分之八十的罚款；（四）发生特别重大事故的，处上一年年收入百分之一百的罚款。

《安全生产法》第一百零六条规定，生产经营单位与从业人员订立协议，免除或者减轻其对从业人员因生产安全事故伤亡依法应承担的责任的，该协议无效；对生产经营单位的主要负责人、个人经营的投资人处二万元以上十万元以下的罚款。

2. 其他负责人和安全生产管理人员所承担的法律责任

《安全生产法》第九十六条规定，生产经营单位的其他负责人和安全生产管理人员未履行本法规定的安全生产管理职责的，责令限期改正，处一万元以上三万元以下的罚款；导致发生生产安全事故的，暂停或者吊销其与安全生产有关的资格，并处上一年年收入百分之二十以上百分之五十以下的罚款；构成犯罪的，依照刑法有关规定追究刑事责任。

3. 主管人员和直接责任人所承担的法律责任

《安全生产法》第九十七条规定，生产经营单位有下列行为之一的，责令限期改正，处十万元以下的罚款；逾期未改正的，责令停产停业整顿，并处十万元以上二十万元以下的罚款，对其直接负责的主管人员和其他直接责任人员处二万元以上五万元以下的罚款：（一）未按照规定设置安全生产管理机构或者配备安全生产管理人员、注册安全工程师的；（二）危险物品的生产、经营、储存、装卸单位以及矿山、金属冶炼、建筑施工、运输单位的主要负责人和安全生产管理人员未按照规定经考核合格的；（三）未按照规定对从业人员、被派遣劳动者、实习学生进行安全生产教育和培训，或者未按照规定如实告知有关的安全生产事项的；（四）未如实记录安全生产教育和培训情况的；（五）未将事故隐患排查治理情况如实记录或者未向从业人员通报的；（六）未按照规定制定生产安全事故应急救援预案或者未定期组织演练的；（七）特种作业人员未按照规定经专门的安全作业培训并取得相应资格，上岗作业的。

《安全生产法》第九十九条规定，生产经营单位有下列行为之一的，责令限期改正，处五万元以下的罚款；逾期未改正的，处五万元以上二十万元以下的罚款，对其直接负责的主管人员和其他直接责任人员处一万元以上二万元以下的罚款；情节严重的，责令停产停业整顿；构成犯罪的，依照刑法有关规定追究刑事责任：（一）未在有较大危险因素的生产经营场所和有关设施、设备上设置明显的安全警示标志的；（二）安全设备的安装、使用、检测、改造和报废不符合国家标准或者行业标准的；（三）未对安全设备进行经常性维护、保养和定期检测的；（四）关闭、破坏直接关系生产安全的监控、报警、防护、救生设备、设施，或者篡改、隐瞒、销毁其相关数据、信息的；（五）未为从业人员提供符合国家标准或者行业标准的劳动防护用品的；（六）危险物品的容器、运输工具，以及涉及人身安全、危险性较大的海洋石油开采特种设备和矿山井下特种设备未经具有专业资质的机构检测、检验合格，取得安全使用证或者安全标志，投入使用的；（七）使用应当淘汰的危及生产安全的工艺、设备的；（八）餐饮等行业的生产经营单位使用燃气未安装可燃气体报警装置的。

《安全生产法》第一百零一条规定，生产经营单位有下列行为之一的，责令限期改正，处十万元以下的罚款；逾期未改正的，责令停产停业整顿，并处十万元以上二十万元以下的罚款，对其直接负责的主管人员和其他直接责任人员处二万元以上五万元以下的罚款；构成犯罪的，依照刑法有关规定追究刑事责任：（一）生产、经营、运输、储存、使用危险物品或者处置废弃危险物品，未建立专门安全管理制度、未采取可靠的安全措施的；（二）对重大危险源未登记建档，未进行定期检测、评估、监控，未制定应急预案，或者未告知应急措施的；（三）进行爆破、吊装、动火、临时用电以及国务院应急管理部门会同国务院有关部门规定的其他危险作业，未安排专门人员进行现场安全管理的；（四）未建立安全风险分级管控制度或者未按照安全风险分级采取相应管控措施的；（五）未建立事故隐患排查治理制度，或者重大事故隐患排查治理情况未按照规定报告的。

《安全生产法》第一百零二条规定，生产经营单位未采取措施消除事故隐患的，责令立即消除或者限期消除，处五万元以下的罚款；生产经营单位拒不执行的，责令停产停业整顿，对其直接负责的主管人员和其他直接责任人员处五万元以上十万元以下的罚款；构成犯罪的，依照刑法有关规定追究刑事责任。

三、《消防法》

1998 年 4 月 29 日，第九届全国人民代表大会常务委员会第二次会议审议通过了《消防法》，先后经过两次修正，最近一次修正于 2021 年 4 月 29 日由第十三届全国人民代表大会常务委员会第二十八次会议审议通过。

（一）《消防法》立法目的

《消防法》的立法目的是预防火灾和减少火灾危害，加强应急救援工作，保护人身、财产安全，维护公共安全。

（二）消防工作方针政策

《消防法》第二条规定，"预防为主、防消结合"是消防工作的方针，这一方针就是把预防火灾和扑救火灾这两个基本手段结合起来。消防工作中要把火灾预防放在首位，积极贯彻落实各项防火措施，力求防止火灾的发生；在预防火灾的同时，也要切实做好扑救火灾的各项准备工作，一旦发生火灾，能够及时发现、有效扑救，最大限度地减少人员伤亡和财产损失。消防工作机制是按照政府统一领导、部门依法监管、单位全面负责、公民积极参与的原则，实行消防安全责任制，建立健全社会化的消防工作网络。

（三）消防安全的责任主体

《消防法》规定，任何单位都有维护消防安全、保护消防设施、预防火灾、报告火警的义务，任何单位都有参加有组织的灭火工作的义务；机关、团体、企业、事业等单位应当加强对本单位人员的消防宣传教育。企业应当履行下列消防安全职责：

1. 企业（生产经营单位）消防安全职责

（1）落实消防安全责任制，制定本单位的消防安全制度、消防安全操作规程，制定灭火和应急疏散预案；

（2）按照国家标准、行业标准配置消防设施、器材，设置消防安全标志，并定期组织检验、维修，确保完好有效；

（3）对建筑消防设施每年至少进行一次全面检测，确保完好有效，检测记录应当完整准确，存档备查；

（4）保障疏散通道、安全出口、消防车道畅通，保证防火防烟分区、防火间距符合消防技术标准；

（5）组织防火检查，及时消除火灾隐患；

（6）组织进行有针对性的消防演练；

（7）法律法规规定的其他消防安全职责。

单位的主要负责人是本单位的消防安全责任人。

2. 消防安全重点单位消防安全职责

消防安全重点单位除应当上述消防安全职责外，还应当履行下列消防安全职责：

（1）确定消防安全管理人，组织实施本单位的消防安全管理工作；

（2）建立消防档案，确定消防安全重点部位，设置防火标志，实行严格管理；

（3）实行每日防火巡查，并建立巡查记录；

（4）对职工进行岗前消防安全培训，定期组织消防安全培训和消防演练。

（四）公民消防工作中权利和义务

《消防法》中关于公民在消防工作中的权利和义务的规定主要有：

《消防法》第五条规定，任何单位和个人都有维护消防安全、保护消防设施、预防火灾、报告火警的义务。任何单位和成年人都有参加有组织的灭火工作的义务。

《消防法》第二十八条规定，任何单位、个人不得损坏、挪用或者擅自拆除、停用消防设施、器材，不得埋压、圈占、遮挡消火栓或者占用防火间距，不得占用、堵塞、封闭疏散通道、安全出口、消防车通道。人员密集场所的门窗不得设置影响逃生和灭火救援的障碍物。

《消防法》第四十四条规定，任何人发现火灾都应当立即报警。任何单位、个人都应当无偿为报警提供便利，不得阻拦报警。严禁谎报火警。

《消防法》第五十一条规定，火灾扑灭后，发生火灾的单位和相关人员应当按照消防救援机构的要求保护现场，接受事故调查，如实提供与火灾有关的情况。

《消防法》第五十七条规定，任何单位和个人都有权对住房和城乡建设主管部门、消防救援机构及其工作人员在执法中的违法行为进行检举、控告。

（五）消防安全相关法律责任

1. 建设工程和公众聚集场所消防安全违法行为的法律责任

《消防法》第五十八条规定，有下列行为之一的，由住房和城乡建设主管部门、消防救援机构按照各自职权责令停止施工、停止使用或者停产停业，并处三万元以上三十万元以下罚款：

（1）依法应当进行消防设计审查的建设工程，未经依法审查或者审查不合格，擅自施工的；

（2）依法应当进行消防验收的建设工程，未经消防验收或者消防验收不合格，擅自投入使用的；

（3）本法第十三条规定的其他建设工程验收后经依法抽查不合格，不停止使用的；

（4）公众聚集场所未经消防救援机构许可，擅自投入使用、营业的，或者经核查发现场所使用、营业情况与承诺内容不符的。

核查发现公众聚集场所使用、营业情况与承诺内容不符，经责令限期改正，逾期不整改或者整改后仍达不到要求的，依法撤销相应许可。

建设单位未依照本法规定在验收后报住房和城乡建设主管部门备案的，由住房和城乡建设主管部门责令改正，处五千元以下罚款。

2. 单位与个人消防安全违法行为的法律责任

《消防法》第六十条规定，单位有下列行为之一的，责令改正，处五千元以上五万元以下罚款：

（1）消防设施、器材或者消防安全标志的配置、设置不符合国家标准、行业标准，或者未保持完好有效的；

（2）损坏、挪用或者擅自拆除、停用消防设施、器材的；

（3）占用、堵塞、封闭疏散通道、安全出口或者有其他妨碍安全疏散行为的；

（4）埋压、圈占、遮挡消火栓或者占用防火间距的；

（5）占用、堵塞、封闭消防车通道，妨碍消防车通行的；

（6）人员密集场所在门窗上设置影响逃生和灭火救援的障碍物的；

（7）对火灾隐患经消防救援机构通知后不及时采取措施消除的。

个人有前款（2）（3）（4）（5）项行为之一的，处警告或者五百元以下罚款。

有本条第一款（3）（4）（5）（6）项行为，经责令改正拒不改正的，强制执行，所需费用由违法行为人承担。

四、《职业病防治法》

2001 年 10 月 27 日，第九届全国人民代表大会常务委员会第二十四次会议审议通过了《职业病防治法》，先后历经四次修正，最近一次修正于 2018 年 12 月 29 日由第十三届全国人民代表大会常务委员会第七次会议通过。

（一）《职业病防治法》立法目的

《职业病防治法》的立法目的是预防、控制和消除职业病危害，防治职业病，保护劳动者健康及其相关权益，促进经济等方面。

（二）职业病防治工作方针政策

《职业病防治法》第三条规定，"预防为主、防治结合"是职业病防治工作的方针。职业病防治工作必须从致病源头抓起，实行前期预防，防患于未然，主动采取本法所规定的有关预防职业病的措施，防止职业病的发生；对职业病病人给予相应的保障，使预防和治理得以有效的结合，做好职业病防治工作。职业病防治工作机制是建立用人单位负责、行政机关监管、行业自律、职工参与和社会监督的机制，实行分类管理、综合治理。

（三）职业病防治的责任主体

《职业病防治法》第五条规定，用人单位应当建立、健全职业病防治责任制，加强对职业病防治的管理，提高职业病防治水平，对本单位产生的职业病危害承担责任。

《职业病防治法》第六条规定，用人单位的主要负责人对本单位的职业病防治工作全面负责。

（四）劳动者职业病防治的权利和义务

《职业病防治法》第三十四条规定，劳动者应当学习和掌握相关的职业卫生知识，增强职业病防范意识，遵守职业病防治法律法规、规章和操作规程，正确使用、维护职业病防护设备和个人使用的职业病防护用品，发现职业病危害事故隐患应当及时报告。劳动者不履行前款规定义务的，用人单位应对其进行教育。

《职业病防治法》第三十九条规定，劳动者享有下列职业卫生保护权利：获得职业卫生教育、培训；获得职业健康检查、职业病诊疗、康复等职业病防治服务；了解工作场所产生或者可能产生的职业病危害因素、危害后果和应当采取的职业病防护措施；要求用人单位提供符合防治职业病要求的职业病防护设施和个人使用的职业病防护用品，改善工作条件；对违反职业病防治法律法规以及危及生命健康的行为提出批评、检举和控告；拒绝违章指挥和强令进行没有职业病防护措施的作业；参与用人单位职业卫生工作的民主管理，对职业病防治工作提出意见和建议。

用人单位应当保障劳动者行使前款所列权利。因劳动者依法行使正当权利而降低其工资、福利等待遇或者解除、终止与其订立的劳动合同的，其行为无效。

（五）职业病防治相关法律责任

1. 建设单位违法行为的法律责任

《职业病防治法》第六十九条规定，建设单位有下列行为之一的，由卫生行政部门给予警告，责令限期改正；逾期不改正的，处十万元以上五十万元以下的罚款；情节严重的，责令停止产生职业病危害的作业，或者提请有关人民政府按照国务院规定的权限责令停建、关闭：

（1）未按照规定进行职业病危害预评价的；

（2）医疗机构可能产生放射性职业病危害的建设项目未按照规定提交放射性职业病危害预评价报告，或者放射性职业病危害预评价报告未经卫生行政部门审核同意，开工建设的；

（3）建设项目的职业病防护设施未按照规定与主体工程同时设计、同时施工、同时投入生产和使用的；

（4）建设项目的职业病防护设施设计不符合国家职业卫生标准和卫生要求，或者医疗机构放射性职业病危害严重的建设项目的防护设施设计未经卫生行政部门审查同意擅自施工的；

（5）未按照规定对职业病防护设施进行职业病危害控制效果评价的；

（6）建设项目竣工投入生产和使用前，职业病防护设施未按照规定验收合格的。

2. 用人单位违法行为的法律责任

《职业病防治法》第七十条规定，有下列行为之一的，由卫生行政部门给予警告，责令限期改正；逾期不改正的，处十万元以下的罚款：

（1）工作场所职业病危害因素检测、评价结果没有存档、上报、公布的；

（2）未采取本法第二十条规定的职业病防治管理措施的；

（3）未按照规定公布有关职业病防治的规章制度、操作规程、职业病危害事故应急救援措施的；

（4）未按照规定组织劳动者进行职业卫生培训，或者未对劳动者个人职业病防护采取指导、督促措施的；

（5）国内首次使用或者首次进口与职业病危害有关的化学材料，未按照规定报送毒性鉴定资料以及经有关部门登记注册或者批准进口的文件的。

《职业病防治法》第七十一条规定，用人单位违反本法规定，有下列行为之一的，由卫生行政部门责令限期改正，给予警告，可以并处五万元以上十万元以下的罚款：

（1）未按照规定及时、如实向卫生行政部门申报产生职业病危害的项目的；

（2）未实施由专人负责的职业病危害因素日常监测，或者监测系统不能正常监测的；

（3）订立或者变更劳动合同时，未告知劳动者职业病危害真实情况的；

（4）未按照规定组织职业健康检查、建立职业健康监护档案或者未将检查结果书面告知劳动者的；

（5）未依照本法规定在劳动者离开用人单位时提供职业健康监护档案复印件的。

《职业病防治法》第七十二条规定，用人单位违反本法规定，有下列行为之一的，由卫生行政部门给予警告，责令限期改正，逾期不改正的，处五万元以上二十万元以下的罚款；情节严重的，责令停止产生职业病危害的作业，或者提请有关人民政府按照国务院规定的权限责令关闭：

（1）工作场所职业病危害因素的强度或者浓度超过国家职业卫生标准的；

（2）未提供职业病防护设施和个人使用的职业病防护用品，或者提供的职业病防护设施和个人使用的职业病防护用品不符合国家职业卫生标准和卫生要求的；

（3）对职业病防护设备、应急救援设施和个人使用的职业病防护用品未按照规定进行维护、检修、检测，或者不能保持正常运行、使用状态的；

（4）未按照规定对工作场所职业病危害因素进行检测、评价的；

（5）工作场所职业病危害因素经治理仍然达不到国家职业卫生标准和卫生要求时，未停止存在职业病危害因素的作业的；

（6）未按照规定安排职业病病人、疑似职业病病人进行诊治的；

（7）发生或者可能发生急性职业病危害事故时，未立即采取应急救援和控制措施或者未按照规定及时报告的；

（8）未按照规定在产生严重职业病危害的作业岗位醒目位置设置警示标识和中文警示说明的；

（9）拒绝职业卫生监督管理部门监督检查的；

（10）隐瞒、伪造、篡改、毁损职业健康监护档案、工作场所职业病危害因素检测评价结果等相关资料，或者拒不提供职业病诊断、鉴定所需资料的；

（11）未按照规定承担职业病诊断、鉴定费用和职业病病人的医疗、生活保障费用的。

《职业病防治法》第七十五条规定，违反本法规定，有下列情形之一的，由卫生行政部门责令限期治理，并处五万元以上三十万元以下的罚款；情节严重的，责令停止产生职业病危害的作业，或者提请有关人民政府按照国务院规定的权限责令关闭：

（1）隐瞒技术、工艺、设备、材料所产生的职业病危害而采用的；

（2）隐瞒本单位职业卫生真实情况的；

（3）可能发生急性职业损伤的有毒、有害工作场所、放射工作场所或者放射性同位素的运输、贮存不符合本法第二十五条规定的；

（4）使用国家明令禁止使用的可能产生职业病危害的设备或者材料的；

（5）将产生职业病危害的作业转移给没有职业病防护条件的单位和个人，或者没有职业病防护条件的单位和个人接受产生职业病危害的作业的；

（6）擅自拆除、停止使用职业病防护设备或者应急救援设施的；

（7）安排未经职业健康检查的劳动者、有职业禁忌的劳动者、未成年工或者孕期、哺乳期女职工从事接触职业病危害的作业或者禁忌作业的；

（8）违章指挥和强令劳动者进行没有职业病防护措施的作业的。

第二节　安全生产法规

┌╴╴╴ ■本节知识要点 ╴╴╴╴╴╴╴╴╴╴╴╴╴╴╴╴╴╴╴╴╴╴╴╴╴╴╴╴╴╴╴┐

　1. 安全生产事故应急工作体制，安全生产事故应急准备和救援；
　2. 生产安全事故分级，事故报告制度，事故应急救援等；
　3. 工伤认定情形、工伤认定程序和公司保险待遇标准；
　4. 主要负责人安全生产职责，公共场所和生产作业场所安全与个人防护，应
急救援与事故调查处理。

└╴╴╴┘

安全生产法规包括国务院制定的关于安全生产的行政法规和省、自治区、直辖市的人民代表大会及其常务委员会制定的地方性法规。行政法规主要有《生产安全事故应急条例》《生产安全事故报告和调查处理条例》《工伤保险条例》和《安全生产许可证条例》等；我省地方性法规主要有《四川省安全生产条例》等。

一、《生产安全事故应急条例》

2018 年 12 月 5 日，国务院第 33 次常务会议审议通过了《生产安全事故应急条例》（以下简称《事故应急条例》），以中华人民共和国国务院令第 708 号发布，自 2019 年 4 月 1 日起施行。《事故应急条例》是《安全生产法》和《突发事件应对法》的配套行政法规。

（一）生产安全事故应急工作体制

为了加强和规范生产安全事故应急工作，《事故应急条例》第三条、第四条从政府、企业两个层面五个方面明确了相应的职责，厘清了工作机制。

一是明确生产安全事故应急工作由县级以上人民政府统一领导、分级负责。《事故应急条例》第三条第一款规定："国务院统一领导全国的生产安全事故应急工作，县级以上地方人民政府统一领导本行政区域内的生产安全事故应急工作。生产安全事故应急工作涉及两个以上行政区域的，由有关行政区域共同的上一级人民政府负责，或者由各有关行政区域的上一级人民政府共同负责。"根据上述规定，假如两个县属于同一市管辖的，则由该市政府负责，假如两个县分别属于不同市管辖的，则由不同的市共同负责。

二是明确政府有关部门按照各自职责负责有关行业、领域的生产安全事故应急工作。《事故应急条例》第三条第二款规定："县级以上人民政府应急管理部门和其他对有关行业、领域的安全生产工作实施监督管理的部门（以下统称负有安全生产监督管理职责的部门）在各自职责范围内，做好有关行业、领域的生产安全事故应急工作。"生产安全事故应急工作是安全生产的重要内容，按照管行业必须管安全、管业务必须管安全、管生产经营必须管安全的原则，政府应急管理部门和其他负责安全生产监督管理职责的部门在各自职责范围内，分别做好有关生产安全事故应急工作，各负其责。

三是明确应急管理部门对生产安全事故应急工作负有统筹职责。《事故应急条例》

第三条第三款规定："县级以上人民政府应急管理部门指导、协调本级人民政府其他负有安全生产监督管理职责的部门和下级人民政府的生产安全事故应急工作。"应急管理部门作为安全生产工作的综合部门，对安全生产工作负责综合监督管理职责，同样对同级政府其他部门和下级政府的生产安全事故应急工作负有指导、协调职责。

四是明确乡镇等政府和派出机关协助做好生产安全事故应急工作。《事故应急条例》第三条第四款规定："乡、镇人民政府以及街道办事处等地方人民政府派出机关应当协助上级人民政府有关部门依法履行生产安全事故应急工作职责。"这与《安全生产法》类似，乡、镇人民政府以及街道办事处等地方人民政府派出机关应做好协助工作。

五是明确生产经营单位是本单位生产安全事故应急工作的责任主体，主要负责人全面负责。《事故应急条例》第四条规定："生产经营单位应当加强生产安全事故应急工作，建立、健全生产安全事故应急工作责任制，其主要负责人对本单位的生产安全事故应急工作全面负责。"生产经营单位要贯彻落实《安全生产法》的规定，强调做好安全生产管理工作，必须做好应急管理工作。

（二）生产安全事故应急准备

应急准备是整个应急工作的前提。《突发事件应对法》对有关应急准备做出了很多规定，《安全生产法》对应急预案和应急队伍、物资配备等也做出了相应规定。在此基础上，结合生产安全事故应急工作的实际需要，《事故应急条例》设立专章，共12条，从预案编制、预案备案、预案演练、队伍建设、值班制度、人员培训、物资储备、信息系统8个方面进行了规范。

（三）生产安全事故应急救援

实践中，生产安全事故发生后，事故现场救援机制不够完善、救援程序不够明确、救援指挥不够科学等问题，尤其是在一些基层生产经营单位违章指挥、盲目施救现象时有发生。为了规范生产安全事故应急救援工作，在《安全生产法》《突发事件应对法》已有规定的基础上，结合近年来应急救援的实践，《事故应急条例》从以下11个方面进行了规范：

1. 规范生产经营单位的初期处置行为；
2. 规范政府的应急救援程序；
3. 设立现场救援指挥部；
4. 设置应急救援中止；
5. 设置应急救援终止；
6. 设立必须履行救援命令或者救援请求的规定；
7. 规范通信等保障的要求；
8. 规定可以调用和征用财产的情形；
9. 规范应急救援评估；
10. 明确应急救援费用由事故责任单位承担；
11. 明确救治和抚恤以及烈士评定的要求。

二、《生产安全事故报告和调查处理条例》

2007年3月28日，国务院第一百七十二次常务会议审议通过了《生产安全事故报告和调查处理条例》（以下简称《处理条例》），以国务院令第493号发布，自2007年

6月1日起施行。制定《处理条例》的目的是规范生产安全事故的报告和调查处理，落实生产安全事故责任追究制度，防止和减少生产安全事故。

（一）适用范围

《处理条例》第二条规定，生产经营活动中发生的造成人身伤亡或者直接经济损失的事故的报告和调查处理，适用本条例。环境污染事故、核设施事故、国防科研生产事故的报告和调查处理不适用本条例。

《处理条例》第四十四条第一款规定，没有造成人员伤亡，但是社会影响恶劣的事故，国务院或者有关地方人民政府认为需要调查处理的，依照本条例的有关规定执行。

《处理条例》第四十四条第二款规定，国家机关、事业单位、人民团体发生的事故，参照本条例执行。

《处理条例》第四十五条规定，特别重大事故以下等级事故的报告和调查处理，有关法律、行政法规或者国务院另有规定的，依照其规定。

（二）生产安全事故分级

《处理条例》第三条规定，根据生产安全事故（以下简称事故）造成的人员伤亡或者直接经济损失，事故一般分为以下等级：

1. 特别重大事故，是指造成30人以上死亡，或者100人以上重伤（包括急性工业中毒，下同），或者1亿元以上直接经济损失的事故；

2. 重大事故，是指造成10人以上30人以下死亡，或者50人以上100人以下重伤，或者5 000万元以上1亿元以下直接经济损失的事故；

3. 较大事故，是指造成3人以上10人以下死亡，或者10人以上50人以下重伤，或者1 000万元以上5 000万元以下直接经济损失的事故；

4. 一般事故，是指造成3人以下死亡，或者10人以下重伤，或者1 000万元以下直接经济损失的事故。

国务院安全生产监督管理部门可以会同国务院有关部门，制定事故等级划分的补充性规定。这里所称的"以上"包括本数，所称的"以下"不包括本数。

（三）事故报告

《处理条例》第四条规定，事故报告应当及时、准确、完整，任何单位和个人对事故不得迟报、漏报、谎报或者瞒报。

《处理条例》第九条规定，事故发生后，事故现场有关人员应当立即向本单位负责人报告；单位负责人接到报告后，应当于1小时内向事故发生地县级以上人民政府安全生产监督管理部门和负有安全生产监督管理职责的有关部门报告。情况紧急时，事故现场有关人员可以直接向事故发生地县级以上人民政府安全生产监督管理部门和负有安全生产监督管理职责的有关部门报告。

《处理条例》第十二条规定，报告事故应当包括下列内容：

1. 事故发生单位概况；

2. 事故发生的时间、地点以及事故现场情况；

3. 事故的简要经过；

4. 事故已经造成或者可能造成的伤亡人数（包括下落不明的人数）和初步估计的直接经济损失；

5. 已经采取的措施；

6. 其他应当报告的情况。

《处理条例》第十三条规定，事故报告后出现新情况的，应当及时补报。自事故发生之日起 30 日内，事故造成的伤亡人数发生变化的，应当及时补报。道路交通事故、火灾事故自发生之日起 7 日内，事故造成的伤亡人数发生变化的，应当及时补报。

（四）应急救援

《处理条例》第十四条规定，事故发生单位负责人接到事故报告后，应当立即启动事故相应应急预案，或者采取有效措施，组织抢救，防止事故扩大，减少人员伤亡和财产损失。

《处理条例》第十六条规定，事故发生后，有关单位和人员应当妥善保护事故现场以及相关证据，任何单位和个人不得破坏事故现场、毁灭相关证据。因抢救人员、防止事故扩大以及疏通交通等原因，需要移动事故现场物件的，应当做出标志，绘制现场简图并做出书面记录，妥善保存现场重要痕迹、物证。

（五）法律责任

《处理条例》第四条规定，事故调查处理应当坚持实事求是、尊重科学的原则，及时、准确地查清事故经过、事故原因和事故损失，查明事故性质，认定事故责任，总结事故教训，提出整改措施，并对事故责任者依法追究责任。

1. 事故发生单位主要负责人应承担法律责任

《处理条例》第三十五条规定，事故发生单位主要负责人有下列行为之一的，处上一年年收入 40% 至 80% 的罚款；属于国家工作人员的，并依法给予处分；构成犯罪的，依法追究刑事责任：

（1）不立即组织事故抢救的；

（2）迟报或者漏报事故的；

（3）在事故调查处理期间擅离职守的。

《处理条例》第三十八条规定，事故发生单位主要负责人未依法履行安全生产管理职责，导致事故发生的，依照下列规定处以罚款；属于国家工作人员的，并依法给予处分；构成犯罪的，依法追究刑事责任：

（1）发生一般事故的，处上一年年收入 30% 的罚款；

（2）发生较大事故的，处上一年年收入 40% 的罚款；

（3）发生重大事故的，处上一年年收入 60% 的罚款；

（4）发生特别重大事故的，处上一年年收入 80% 的罚款。

《处理条例》第四十条规定，对事故发生单位负有事故责任的有关人员，依法暂停或者撤销其与安全生产有关的执业资格、岗位证书；事故发生单位主要负责人受到刑事处罚或者撤职处分的，自刑罚执行完毕或者受处分之日起，5 年内不得担任任何生产经营单位的主要负责人。

2. 事故发生单位及其有关人员应承担法律责任

《处理条例》第三十六条规定，事故发生单位及其有关人员有下列行为之一的，对事故发生单位处 100 万元以上 500 万元以下的罚款；对主要负责人、直接负责的主管人员和其他直接责任人员处上一年年收入 60% 至 100% 的罚款；属于国家工作人员的，并依法给予处分；构成违反治安管理行为的，由公安机关依法给予治安管理处罚；构成犯罪的，依法追究刑事责任：

（1）谎报或者瞒报事故的；

（2）伪造或者故意破坏事故现场的；

（3）转移、隐匿资金、财产，或者销毁有关证据、资料的；

（4）拒绝接受调查或者拒绝提供有关情况和资料的；

（5）在事故调查中作伪证或者指使他人作伪证的；

（6）事故发生后逃匿的。

3. 事故发生单位对事故发生负有责任时应承担法律责任

《处理条例》第三十七条规定，事故发生单位对事故发生负有责任的，依照下列规定处以罚款：

（1）发生一般事故的，处 10 万元以上 20 万元以下的罚款；

（2）发生较大事故的，处 20 万元以上 50 万元以下的罚款；

（3）发生重大事故的，处 50 万元以上 200 万元以下的罚款；

（4）发生特别重大事故的，处 200 万元以上 500 万元以下的罚款。

《处理条例》第四十条规定，事故发生单位对事故发生负有责任的，由有关部门依法暂扣或者吊销其有关证照。

三、《工伤保险条例》

2003 年 4 月 27 日，国务院以第 375 号令公布了《工伤保险条例》（以下简称《工伤条例》）。2010 年 12 月 8 日，国务院第一百三十六次常务会议审议通过了《修改〈工伤保险条例〉的决定》，自 2011 年 1 月 1 日起施行。制定《工伤条例》的目的是保障因工作遭受事故伤害或者患职业病的职工获得医疗救治和经济补偿，促进工伤预防和职业康复，分散用人单位的工伤风险。

（一）适用范围

《工伤条例》第二条规定，中华人民共和国境内的企业、事业单位、社会团体、民办非企业单位、基金会、律师事务所、会计师事务所等组织和有雇工的个体工商户（以下称用人单位）应当依照本条例规定参加工伤保险，为本单位全部职工或者雇工（以下称职工）缴纳工伤保险费。

中华人民共和国境内的企业、事业单位、社会团体、民办非企业单位、基金会、律师事务所、会计师事务所等组织的职工和个体工商户的雇工，均有依照本条例的规定享受工伤保险待遇的权利。

（二）工伤认定情形

1. 认定为工伤情形

《工伤条例》第十四条规定，职工有下列情形之一的，应当认定为工伤：

（1）在工作时间和工作场所内，因工作原因受到事故伤害的；

（2）工作时间前后在工作场所内，从事与工作有关的预备性或者收尾性工作受到事故伤害的；

（3）在工作时间和工作场所内，因履行工作职责受到暴力等意外伤害的；

（4）患职业病的；

（5）因工外出期间，由于工作原因受到伤害或者发生事故下落不明的；

（6）在上下班途中，受到非本人主要责任的交通事故或者城市轨道交通、客运轮渡、火车事故伤害的；

（7）法律、行政法规规定应当认定为工伤的其他情形。

2. 视同工伤情形

《工伤条例》第十五条规定，职工有下列情形之一的，视同工伤：

（1）在工作时间和工作岗位，突发疾病死亡或者在 48 小时之内经抢救无效死亡的；

（2）在抢险救灾等维护国家利益、公共利益活动中受到伤害的；

（3）职工原在军队服役，因战、因公负伤致残，已取得革命伤残军人证，到用人单位后旧伤复发的。

职工有前款第（1）项、第（2）项情形的，按照本条例的有关规定享受工伤保险待遇；职工有前款第（3）项情形的，按照本条例的有关规定享受除一次性伤残补助金以外的工伤保险待遇。

3. 不得认同工伤情形

《工伤条例》第十六条规定，职工符合本条例第十四条、第十五条的规定，但是有下列情形之一的，不得认定为工伤或者视同工伤：

（1）故意犯罪的；

（2）醉酒或者吸毒的；

（3）自残或者自杀的。

（三）工伤认定程序

《工伤条例》第十七条规定，职工发生事故伤害或者按照职业病防治法规定被诊断、鉴定为职业病，所在单位应当自事故伤害发生之日或者被诊断、鉴定为职业病之日起 30 日内，向统筹地区社会保险行政部门提出工伤认定申请。遇有特殊情况，经报社会保险行政部门同意，申请时限可以适当延长。

用人单位未按前款规定提出工伤认定申请的，工伤职工或者其近亲属、工会组织在事故伤害发生之日或者被诊断、鉴定为职业病之日起 1 年内，可以直接向用人单位所在地统筹地区社会保险行政部门提出工伤认定申请。按照本条第一款规定应当由省级社会保险行政部门进行工伤认定的事项，根据属地原则由用人单位所在地的设区的市级社会保险行政部门办理。用人单位未在本条第一款规定的时限内提交工伤认定申请，在此期间发生符合本条例规定的工伤待遇等有关费用由该用人单位负担。

《工伤条例》第十八条规定，提出工伤认定申请应当提交下列材料：

（1）工伤认定申请表；

（2）与用人单位存在劳动关系（包括事实劳动关系）的证明材料；

（3）医疗诊断证明或者职业病诊断证明书（或者职业病诊断鉴定书）。

工伤认定申请表应当包括事故发生的时间、地点、原因以及职工伤害程度等基本情况。工伤认定申请人提供材料不完整的，社会保险行政部门应当一次性书面告知工伤认定申请人需要补正的全部材料。申请人按照书面告知要求补正材料后，社会保险行政部门应当受理。

《工伤条例》第十九条规定，社会保险行政部门受理工伤认定申请后，根据审核需要可以对事故伤害进行调查核实，用人单位、职工、工会组织、医疗机构以及有关部门应当予以协助。职工或者其近亲属认为是工伤，用人单位不认为是工伤的，由用人单位承担举证责任。

（四）劳动能力鉴定

劳动能力鉴定是指对劳动功能障碍程度和生活自理障碍程度的等级鉴定。《工伤条例》第二十二条规定，劳动功能障碍分为十个伤残等级，最重的为一级，最轻的为十级。生活自理障碍分为三个等级：生活完全不能自理、生活大部分不能自理和生活部分不能自理。

《工伤条例》第二十三条规定，劳动能力鉴定由用人单位、工伤职工或者其近亲属向设区的市级劳动能力鉴定委员会提出申请，并提供工伤认定决定和职工工伤医疗的有关资料。

《工伤条例》第二十四条规定，省、自治区、直辖市劳动能力鉴定委员会和设区的市级劳动能力鉴定委员会分别由省、自治区、直辖市和设区的市级社会保险行政部门、卫生行政部门、工会组织、经办机构代表以及用人单位代表组成。

《工伤条例》第二十八条规定，自劳动能力鉴定结论作出之日起1年后，工伤职工或者其近亲属、所在单位或者经办机构认为伤残情况发生变化的，可以申请劳动能力复查鉴定。

（五）工伤保险待遇

1. 医疗救治期间的待遇

《工伤条例》第三十条规定，职工因工作遭受事故伤害或者患职业病进行治疗，享受工伤医疗待遇。职工治疗工伤应当在签订服务协议的医疗机构就医，情况紧急时可以先到就近的医疗机构急救。治疗工伤所需费用符合工伤保险诊疗项目目录、工伤保险药品目录、工伤保险住院服务标准的，从工伤保险基金支付。工伤保险诊疗项目目录、工伤保险药品目录、工伤保险住院服务标准，由国务院社会保险行政部门会同国务院卫生行政部门、食品药品监督管理部门等部门规定。

职工住院治疗工伤的伙食补助费，以及经医疗机构出具证明，报经办机构同意，工伤职工到统筹地区以外就医所需的交通、食宿费用从工伤保险基金支付，基金支付的具体标准由统筹地区人民政府规定。工伤职工治疗非工伤引发的疾病，不享受工伤医疗待遇，按照基本医疗保险办法处理。工伤职工到签订服务协议的医疗机构进行工伤康复的费用，符合规定的，从工伤保险基金支付。

《工伤条例》第三十一条规定，社会保险行政部门作出认定为工伤的决定后发生行政复议、行政诉讼的，行政复议和行政诉讼期间不停止支付工伤职工治疗工伤的医疗费用。

《工伤条例》第三十三条规定，职工因工作遭受事故伤害或者患职业病需要暂停工作接受工伤医疗的，在停工留薪期内，原工资福利待遇不变，由所在单位按月支付。停工留薪期一般不超过12个月。伤情严重或者情况特殊，经设区的市级劳动能力鉴定委员会确认，可以适当延长，但延长不得超过12个月。工伤职工评定伤残等级后，停发原待遇，按照本章的有关规定享受伤残待遇。工伤职工在停工留薪期满后仍需治疗的，继续享受工伤医疗待遇。生活不能自理的工伤职工在停工留薪期需要护理的，由所在单位负责。

2. 经济补偿的待遇

《工伤条例》第三十五条规定，职工因工致残被鉴定为一级至四级伤残的，保留劳动关系，退出工作岗位，享受以下待遇：

（1）从工伤保险基金按伤残等级支付一次性伤残补助金，标准为：一级伤残为 27 个月的本人工资，二级伤残为 25 个月的本人工资，三级伤残为 23 个月的本人工资，四级伤残为 21 个月的本人工资；

（2）从工伤保险基金按月支付伤残津贴，标准为：一级伤残为本人工资的 90%，二级伤残为本人工资的 85%，三级伤残为本人工资的 80%，四级伤残为本人工资的 75%。伤残津贴实际金额低于当地最低工资标准的，由工伤保险基金补足差额；

（3）工伤职工达到退休年龄并办理退休手续后，停发伤残津贴，按照国家有关规定享受基本养老保险待遇。基本养老保险待遇低于伤残津贴的，由工伤保险基金补足差额。职工因工致残被鉴定为一级至四级伤残的，由用人单位和职工个人以伤残津贴为基数，缴纳基本医疗保险费。

《工伤条例》第三十六条规定，职工因工致残被鉴定为五级、六级伤残的，享受以下待遇：

（1）从工伤保险基金按伤残等级支付一次性伤残补助金，标准为：五级伤残为 18 个月的本人工资，六级伤残为 16 个月的本人工资；

（2）保留与用人单位的劳动关系，由用人单位安排适当工作。难以安排工作的，由用人单位按月发给伤残津贴，标准为：五级伤残为本人工资的 70%，六级伤残为本人工资的 60%，并由用人单位按照规定为其缴纳应缴纳的各项社会保险费。伤残津贴实际金额低于当地最低工资标准的，由用人单位补足差额。经工伤职工本人提出，该职工可以与用人单位解除或者终止劳动关系，由工伤保险基金支付一次性工伤医疗补助金，由用人单位支付一次性伤残就业补助金。一次性工伤医疗补助金和一次性伤残就业补助金的具体标准由省、自治区、直辖市人民政府规定。

《工伤条例》第三十七条规定，职工因工致残被鉴定为七级至十级伤残的，享受以下待遇：

（1）从工伤保险基金按伤残等级支付一次性伤残补助金，标准为：七级伤残为 13 个月的本人工资，八级伤残为 11 个月的本人工资，九级伤残为 9 个月的本人工资，十级伤残为 7 个月的本人工资；

（2）劳动、聘用合同期满终止，或者职工本人提出解除劳动、聘用合同的，由工伤保险基金支付一次性工伤医疗补助金，由用人单位支付一次性伤残就业补助金。一次性工伤医疗补助金和一次性伤残就业补助金的具体标准由省、自治区、直辖市人民政府规定。

《工伤条例》第三十八条规定，工伤职工工伤复发，确认需要治疗的，享受本条例第三十条、第三十二条和第三十三条规定的工伤待遇。

《工伤条例》第三十九条规定，职工因工死亡，其近亲属按照下列规定从工伤保险基金领取丧葬补助金、供养亲属抚恤金和一次性工亡补助金：

（1）丧葬补助金为 6 个月的统筹地区上年度职工月平均工资；

（2）供养亲属抚恤金按照职工本人工资的一定比例发给由因工死亡职工生前提供主要生活来源、无劳动能力的亲属。标准为：配偶每月 40%，其他亲属每人每月 30%，孤寡老人或者孤儿每人每月在上述标准的基础上增加 10%。核定的各供养亲属的抚恤金之和不应高于因工死亡职工生前的工资。供养亲属的具体范围由国务院社会保险行政部门规定；

（3）一次性工亡补助金标准为上一年度全国城镇居民人均可支配收入的20倍。伤残职工在停工留薪期内因工伤导致死亡的，其近亲属享受本条第一款规定的待遇。一级至四级伤残职工在停工留薪期满后死亡的，其近亲属可以享受本条第一款第（一）项、第（二）项规定的待遇。

3. 生活保障的长期待遇

《工伤条例》第三十四条规定，工伤职工已经评定伤残等级并经劳动能力鉴定委员会确认需要生活护理的，从工伤保险基金按月支付生活护理费。生活护理费按照生活完全不能自理、生活大部分不能自理或者生活部分不能自理3个不同等级支付，其标准分别为统筹地区上年度职工月平均工资的50%、40%或者30%。

《工伤条例》第四十一条规定，职工因工外出期间发生事故或者在抢险救灾中下落不明的，从事故发生当月起3个月内照发工资，从第4个月起停发工资，由工伤保险基金向其供养亲属按月支付供养亲属抚恤金。生活有困难的，可以预支一次性工亡补助金的50%。职工被人民法院宣告死亡的，按照本条例第三十九条职工因工死亡的规定处理。

4. 停止享受待遇情形

《工伤条例》第四十二条规定，工伤职工有下列情形之一的，停止享受工伤保险待遇：

（1）丧失享受待遇条件的；

（2）拒不接受劳动能力鉴定的；

（3）拒绝治疗的。

（六）法律责任

《工伤条例》第六十条规定，用人单位、工伤职工或者其近亲属骗取工伤保险待遇，医疗机构、辅助器具配置机构骗取工伤保险基金支出的，由社会保险行政部门责令退还，处骗取金额2倍以上5倍以下的罚款；情节严重，构成犯罪的，依法追究刑事责任。

《工伤条例》第六十二条规定，用人单位依照本条例规定应当参加工伤保险而未参加的，由社会保险行政部门责令限期参加，补缴应当缴纳的工伤保险费，并自欠缴之日起，按日加收万分之五的滞纳金；逾期仍不缴纳的，处欠缴数额1倍以上3倍以下的罚款。依照本条例规定应当参加工伤保险而未参加工伤保险的用人单位职工发生工伤的，由该用人单位按照本条例规定的工伤保险待遇项目和标准支付费用。用人单位参加工伤保险并补缴应当缴纳的工伤保险费、滞纳金后，由工伤保险基金和用人单位依照本条例的规定支付新发生的费用。

《工伤条例》第六十三条规定，用人单位违反本条例第十九条的规定，拒不协助社会保险行政部门对事故进行调查核实的，由社会保险行政部门责令改正，处2 000元以上2万元以下的罚款。

四、《四川省安全生产条例》

2006年11月30日，四川省第十届人民代表大会常务委员会第二十四次会议审议通过了《四川省安全生产条例》（以下简称《四川省条例》），自2007年1月1日起施行。制定《四川省条例》的目的是加强安全生产监督管理，防止和减少生产安全事故，保护从业人员在生产经营活动中的安全和健康，保障人民群众生命和财产安全。

（一）适用范围

《四川省条例》第二条规定，四川省行政区域内的安全生产监督管理和生产经营单位及其从业人员在生产经营活动过程中的安全生产适用本条例。在生产经营活动过程中对第三人造成伤害的生产安全事故，适用本条例。

（二）主要负责人安全生产职责

生产经营单位的主要负责人对本单位的安全生产全面负责，其他从业人员对安全生产负岗位责任。

《四川省条例》第十四条规定，生产经营单位主要负责人应当履行下列安全生产职责：

1. 执行安全生产的法律法规和有关规定；

2. 建立健全和落实本单位安全生产责任制、安全生产规章制度及安全技术操作规程；

3. 依法建立适应安全生产工作需要的安全生产管理机构，配备安全生产管理人员；

4. 按规定足额提取和使用安全生产费用，缴纳安全生产风险抵押金，保证本单位安全生产投入的有效实施；

5. 配合政府及其有关部门的安全生产监督管理工作，每季度至少组织督促、检查一次本单位的安全生产，及时消除生产安全事故隐患，检查及处理情况应当记录在案；

6. 组织制定并实施本单位的生产安全事故应急救援预案，建立应急救援组织，完善应急救援条件，开展应急救援演练，并按规定报送安全生产监督管理部门或者有关部门备案；

7. 及时、如实按规定报告生产安全事故，落实生产安全事故处理的有关工作；

8. 实行安全生产工作目标管理，定期公布本单位安全生产情况，认真听取和积极采纳工会、职工关于安全生产的合理化建议和要求。

（三）公共场所和生产作业场所安全与个人防护

1. 公共场所安全

《四川省条例》第二十九条规定，生产企业和商场、宾馆、餐饮、娱乐、学校、医院等公众聚集场所的疏散通道、安全出口，应当符合紧急疏散的要求，其指示标志应当醒目，商住楼经营部分与住宅部分的安全出口应当分开设置。禁止将疏散通道、疏散楼梯、安全出口占用和设置隔离栏。

餐饮场所应当采用安全可靠的管道输送燃料，避免分散使用压力罐装燃料作为烹饪热源，集中放置的压力罐装燃料应当保持安全距离，设置符合安全要求的隔离防护设施。

2. 生产作业场所安全

《四川省条例》第二十八条规定，生产经营单位应当在具有较大危险因素的生产经营场所、设施、设备及其四周，设置符合国家标准或者行业标准的明显的安全警示标志。

《四川省条例》第三十条规定，生产经营场所内可能引起人身伤害的坑、洞、井、沟、池应当设置盖板或者围栏；原材料、成品、器材、设备、废料应当合理堆放，不得妨碍操作、通行和装卸；废料应当及时清除；对可能导致毗邻建筑物、构筑物、特殊设施损害的生产施工作业，应当采取专项防护措施；在城市规划区的建设工程，应当对施工现场实行封闭围挡。

3. 个人防护

《四川省条例》第三十四条规定，生产经营单位应当按照规定免费为从业人员提供符合国家标准或者行业标准的劳动防护用品、用具，并教育、督促从业人员正确佩戴、使用。生产经营单位不得以现金或者其他物品替代劳动防护用品、用具。生产经营单位的从业人员应当遵守下列安全生产防护规定：

（1）进入生产经营现场按规定正确佩戴防护帽，穿防护服装；

（2）从事有可能被转动机械绞辗伤害的作业，不得穿裙装、戴手套、戴围巾、留长发，佩饰物不得悬露；

（3）从事对眼睛有伤害的作业应当戴护目镜或者防护面罩；

（4）进入施工现场或者有可能发生物体打击的场所应当佩戴安全帽，从事高空作业应当系安全带和保险绳；

（5）从事电气作业应当穿戴绝缘防护用品，从事高压带电作业应当穿戴屏蔽服；

（6）进入有易燃、易爆物品的作业场所，应当穿着防静电服装，严禁使用任何火源；

（7）水上作业应当使用救生衣或者救生器具；煤矿等井下作业应当携带自救器和矿灯，严禁携带烟草和点火物品；

（8）其他有关安全生产防护规定。

检查、参观、实习等其他人员进入生产作业现场应当遵守前款规定。任何个人不得违反规定擅自进入有安全防护、警示标志的生产施工场所。生产经营单位有权拒绝无关人员进入生产施工场所。

（四）应急救援与事故调查处理

《四川省条例》第六十一条规定，生产经营单位应当根据危险源辨识、生产经营活动风险评估，制定本单位的事故应急救援预案，建立事故应急救援体系，落实应急救援措施并定期组织演练。

《四川省条例》第六十二条规定，生产经营单位发生生产安全事故后，事故现场有关人员应当立即报告本单位负责人，单位负责人接到事故报告后，应当立即赶赴事故现场，迅速采取有效措施，组织抢救，防止事故扩大，减少人员伤亡和财产损失，并按照国家有关规定立即如实报告当地安全生产监督管理部门和其他有关部门，不得隐瞒不报、谎报或者拖延不报，不得故意破坏事故现场、毁灭有关证据。

生产经营单位发生事故后，造成人员伤害需要抢救治疗的，应当及时组织抢救治疗并预付医疗救治费，事故救援、善后处理、险情处置等必要费用由事故发生单位承担。

《四川省条例》第六十五条规定，发生事故后，生产经营单位及其有关人员应当如实提供履行法定职责和法定义务的原始资料和证据，不得编造、篡改、毁弃、变动与事故有关的原始资料和证据，其主要负责人和有关人员在调查处理期间应当接受事故调查组的询问、调查，不得以任何理由回避或者逃逸。

第三节 安全生产规章

┌──── ■本节知识要点 ────────────────────────────────

　　1. 生产经营单位主要负责人、安全生产管理人员安全培训要求，其他从业人员安全培训要求；

　　2. 安全生产培训组织、考核及发证相关规定；

　　3. 特种作业人员安全技术培训考核的组织、发证及复审要求；

　　4. 生产安全事故应急预案分类、编制、评审、公布和备案，应急预案的实施；

　　5. 生产经营单位安全生产责任主体、内容。
└───

　　安全生产规章包括国务院主管部委、省级人民政府和较大的市人民政府发布的关于安全生产的部门规章和地方政府规章。部门规章主要有《生产经营单位安全培训规定》《安全生产培训管理办法》《生产安全事故应急预案管理办法》和《安全生产违法行为行政处罚办法》等，地方政府规章主要有《四川省生产经营单位安全生产责任规定》等。

一、《生产经营单位安全培训规定》

　　《生产经营单位安全培训规定》（原国家安全生产监督管理总局令第3号公布，根据第63号、80号修正），《生产经营单位安全培训规定》（以下简称《培训规定》）颁布的目的是加强和规范生产经营单位安全培训工作，提高从业人员安全素质，防范伤亡事故，减轻职业危害。《培训规定》适用于工矿商贸生产经营单位从业人员的安全培训。

（一）安全生产培训对象

　　《培训规定》第四条规定，生产经营单位应当进行安全培训的从业人员包括主要负责人、安全生产管理人员、特种作业人员和其他从业人员。

　　生产经营单位使用被派遣劳动者的，应当将被派遣劳动者纳入本单位从业人员统一管理，对被派遣劳动者进行岗位安全操作规程和安全操作技能的教育和培训。劳务派遣单位应当对被派遣劳动者进行必要的安全生产教育和培训。

　　生产经营单位接收中等职业学校、高等学校学生实习的，应当对实习学生进行相应的安全生产教育和培训，提供必要的劳动防护用品。学校应当协助生产经营单位对实习学生进行安全生产教育和培训。

　　生产经营单位从业人员应当接受安全培训，熟悉有关安全生产规章制度和安全操作规程，具备必要的安全生产知识，掌握本岗位的安全操作技能，了解事故应急处理措施，知悉自身在安全生产方面的权利和义务。

　　未经安全培训合格的从业人员，不得上岗作业。

（二）主要负责人、安全生产管理人员的安全培训要求

　　《培训规定》第六条规定，生产经营单位主要负责人和安全生产管理人员应当接受

安全培训，具备与所从事的生产经营活动相适应的安全生产知识和管理能力。

1. 主要负责人安全培训要求

《培训规定》第七条规定，生产经营单位主要负责人安全培训应当包括下列内容：

（1）国家安全生产方针、政策和有关安全生产的法律法规、规章及标准；

（2）安全生产管理基本知识、安全生产技术、安全生产专业知识；

（3）重大危险源管理、重大事故防范、应急管理和救援组织以及事故调查处理的有关规定；

（4）职业危害及其预防措施；

（5）国内外先进的安全生产管理经验；

（6）典型事故和应急救援案例分析；

（7）其他需要培训的内容。

2. 安全生产管理人员安全培训要求

《培训规定》第八条规定，生产经营单位安全生产管理人员安全培训应当包括下列内容：

（1）国家安全生产方针、政策和有关安全生产的法律法规、规章及标准；

（2）安全生产管理、安全生产技术、职业卫生等知识；

（3）伤亡事故统计、报告及职业危害的调查处理方法；

（4）应急管理、应急预案编制以及应急处置的内容和要求；

（5）国内外先进的安全生产管理经验；

（6）典型事故和应急救援案例分析；

（7）其他需要培训的内容。

3. 安全培训学时要求

《培训规定》第九条规定，生产经营单位主要负责人和安全生产管理人员初次安全培训时间不得少于32学时。每年再培训时间不得少于12学时。

《培训规定》第十条规定，生产经营单位主要负责人和安全生产管理人员的安全培训必须依照安全生产监管监察部门制定的安全培训大纲实施。煤矿、非煤矿山、危险化学品、烟花爆竹、金属冶炼以外的其他生产经营单位主要负责人和安全管理人员的安全培训大纲及考核标准，由省、自治区、直辖市安全生产监督管理部门制定。

（三）其他从业人员安全培训要求

《培训规定》第十二条规定，加工、制造业等生产单位的其他从业人员，在上岗前必须经过厂（矿）、车间（工段、区、队）、班组三级安全培训教育。生产经营单位应当根据工作性质对其他从业人员进行安全培训，保证其具备本岗位安全操作、应急处置等知识和技能。

1. 其他从业人员安全培训内容

《培训规定》第十四条规定，厂（矿）级岗前安全培训内容应当包括：

（1）本单位安全生产情况及安全生产基本知识；

（2）本单位安全生产规章制度和劳动纪律；

（3）从业人员安全生产权利和义务；

（4）有关事故案例等。

煤矿、非煤矿山、危险化学品、烟花爆竹、金属冶炼等生产经营单位厂（矿）级安全培训除包括上述内容外，应当增加事故应急救援、事故应急预案演练及防范措施等内容。

《培训规定》第十五条规定，车间（工段、区、队）级岗前安全培训内容应当包括：

（1）工作环境及危险因素；

（2）所从事工种可能遭受的职业伤害和伤亡事故；

（3）所从事工种的安全职责、操作技能及强制性标准；

（4）自救互救、急救方法、疏散和现场紧急情况的处理；

（5）安全设备设施、个人防护用品的使用和维护；

（6）本车间（工段、区、队）安全生产状况及规章制度；

（7）预防事故和职业危害的措施及应注意的安全事项；

（8）有关事故案例；

（9）其他需要培训的内容。

《培训规定》第十六条规定，班组级岗前安全培训内容应当包括：

（1）岗位安全操作规程；

（2）岗位之间工作衔接配合的安全与职业卫生事项；

（3）有关事故案例；

（4）其他需要培训的内容。

《培训规定》第十七条规定，从业人员在本生产经营单位内调整工作岗位或离岗一年以上重新上岗时，应当重新接受车间（工段、区、队）和班组级的安全培训。生产经营单位采用新工艺、新技术、新材料或者使用新设备时，应当对有关从业人员重新进行有针对性的安全培训。

2. 安全培训学时要求

《培训规定》第十三条规定，生产经营单位新上岗的从业人员，岗前安全培训时间不得少于24学时。煤矿、非煤矿山、危险化学品、烟花爆竹、金属冶炼等生产经营单位新上岗的从业人员安全培训时间不得少于72学时，每年再培训的时间不得少于20学时。

（四）安全培训的组织实施

《培训规定》第二十条规定，具备安全培训条件的生产经营单位，应当以自主培训为主；可以委托具备安全培训条件的机构，对从业人员进行安全培训。不具备安全培训条件的生产经营单位，应当委托具备安全培训条件的机构，对从业人员进行安全培训。生产经营单位委托其他机构进行安全培训的，保证安全培训的责任仍由本单位负责。

（五）法律责任

《培训规定》第二十九条规定，生产经营单位有下列行为之一的，由安全生产监管监察部门责令其限期改正，可以处1万元以上3万元以下的罚款：

（1）未将安全培训工作纳入本单位工作计划并保证安全培训工作所需资金的；

（2）从业人员进行安全培训期间未支付工资并承担安全培训费用的。

《培训规定》第三十条规定，生产经营单位有下列行为之一的，由安全生产监管监察部门责令其限期改正，可以处5万元以下的罚款；逾期未改正的，责令停产停业整顿，并处 5 万元以上 10 万元以下的罚款，对其直接负责的主管人员和其他直接责任人员处 1 万元以上 2 万元以下的罚款：

（1）煤矿、非煤矿山、危险化学品、烟花爆竹、金属冶炼等生产经营单位主要负责人和安全管理人员未按照规定经考核合格的；

（2）未按照规定对从业人员、被派遣劳动者、实习学生进行安全生产教育和培训或者未如实告知其有关安全生产事项的；

（3）未如实记录安全生产教育和培训情况的；

（4）特种作业人员未按照规定经专门的安全技术培训并取得特种作业人员操作资格证书，上岗作业的。

二、《安全生产培训管理办法》

《安全生产培训管理办法》（原国家安全生产监督管理总局令第 44 号公布，根据第 63 号、80 号修正）。《安全生产培训管理办法》（以下简称《培训管理办法》）颁布的目的是加强安全生产培训管理，规范安全生产培训秩序，保证安全生产培训质量，促进安全生产培训工作健康发展。

（一）安全生产培训对象

《培训管理办法》第三条规定，生产经营单位从业人员是指生产经营单位主要负责人、安全生产管理人员、特种作业人员及其他从业人员。

《培训管理办法》第十条规定，生产经营单位应当建立安全培训管理制度，保障从业人员安全培训所需经费，对从业人员进行与其所从事岗位相应的安全教育培训；从业人员调整工作岗位或者采用新工艺、新技术、新设备、新材料的，应当对其进行专门的安全教育和培训。未经安全教育和培训合格的从业人员，不得上岗作业。

生产经营单位使用被派遣劳动者的，应当将被派遣劳动者纳入本单位从业人员统一管理，对被派遣劳动者进行岗位安全操作规程和安全操作技能的教育和培训。劳务派遣单位应当对被派遣劳动者进行必要的安全生产教育和培训。

生产经营单位接收中等职业学校、高等学校学生实习的，应当对实习学生进行相应的安全生产教育和培训，提供必要的劳动防护用品。学校应当协助生产经营单位对实习学生进行安全生产教育和培训。

从业人员安全培训的时间、内容、参加人员以及考核结果等情况，生产经营单位应当如实记录并建档备查。

《培训管理办法》第十二条规定，中央企业的分公司、子公司及其所属单位和其他生产经营单位，发生造成人员死亡的生产安全事故的，其主要负责人和安全生产管理人员应当重新参加安全培训。特种作业人员对造成人员死亡的生产安全事故负有直接责任的，应当按照《特种作业人员安全技术培训考核管理规定》重新参加安全培训。

（二）安全生产培训大纲

《培训管理办法》第六条规定，安全培训应当按照规定的安全培训大纲进行。除危险物品的生产、经营、储存单位和矿山、金属冶炼单位以外其他生产经营单位的主要负责人、安全管理人员及其他从业人员的安全培训大纲，由省级安全生产监督管理部门、省级煤矿安全培训监管机构组织制定。

（三）安全生产培训组织

《培训管理办法》第八条规定，生产经营单位的从业人员的安全培训，由生产经营单位负责。

《培训管理办法》第九条规定，对从业人员的安全培训，具备安全培训条件的生产经营单位应当以自主培训为主，也可以委托具备安全培训条件的机构进行安全培训。不具备安全培训条件的生产经营单位，应当委托具有安全培训条件的机构对从业人员进行安全培训。生产经营单位委托其他机构进行安全培训的，保证安全培训的责任仍由本单位负责。

（四）安全生产培训考核

《培训管理办法》第十九条规定，除危险物品的生产、经营、储存单位和矿山、金属冶炼单位以外其他生产经营单位主要负责人、安全生产管理人员及其他从业人员的考核标准，由省级安全生产监督管理部门制定。

《培训管理办法》第二十条规定，除主要负责人、安全生产管理人员、特种作业人员以外的生产经营单位的其他从业人员的考核，由生产经营单位按照省级安全生产监督管理部门公布的考核标准，自行组织考核。

（五）安全培训的发证

《培训管理办法》第二十三条规定，特种作业人员经考核合格后，颁发《中华人民共和国特种作业操作证》；其他人员经培训合格后，颁发培训合格证。

《培训管理办法》第二十四条规定，特种作业操作证式样，由国家安全监管总局统一规定。培训合格证的式样，由负责培训考核的部门规定。

（六）法律责任

《培训管理办法》第三十五条规定，特种作业人员以欺骗、贿赂等不正当手段取得特种作业操作证的，除撤销其相关证书外，处 3 000 元以下的罚款，并自撤销其相关证书之日起 3 年内不得再次申请该证书。

《培训管理办法》第三十六条规定，生产经营单位有下列情形之一的，责令改正，处 3 万元以下的罚款：

1. 从业人员安全培训的时间少于《生产经营单位安全培训规定》或者有关标准规定的；

2. 矿山新招的井下作业人员和危险物品生产经营单位新招的危险工艺操作岗位人员，未经实习期满独立上岗作业的；

3. 相关人员未按照本办法第十二条规定重新参加安全培训的。

三、《特种作业人员安全技术培训考核管理规定》

《特种作业人员安全技术培训考核管理规定》（原国家安全生产监督管理总局令第 30 号公布；根据第 63 号、80 号修正），《特种作业人员安全技术培训考核管理规定》（以下简称《特种管理规定》）颁布的目的是规范特种作业人员的安全技术培训考核工作，提高特种作业人员的安全技术水平，防止和减少伤亡事故。

（一）培训组织

《特种管理规定》第十条规定，从事特种作业人员安全技术培训的机构（以下简称培训机构），必须按照有关规定取得安全生产培训资质证书后，方可从事特种作业人员的安全技术培训。培训机构开展特种作业人员的安全技术培训，应当制定相应的培训计划、教学安排，并报有关考核发证机关审查、备案。

（二）考核发证

《特种管理规定》第十二条规定，特种作业人员的考核包括考试和审核两部分。考试由考核发证机关或其委托的单位负责；审核由考核发证机关负责。

《特种管理规定》第十三条规定，特种作业操作资格考试包括安全技术理论考试和实际操作考试两部分。考试不及格的，允许补考 1 次。经补考仍不及格的，重新参加相应的安全技术培训。

《特种管理规定》第十九条规定，特种作业操作证有效期为 6 年，在全国范围内有效。特种作业操作证由安全监管总局统一式样、标准及编号。

（三）证书复审

《特种管理规定》第二十一条规定，特种作业操作证每 3 年复审 1 次。特种作业人员在特种作业操作证有效期内，连续从事本工种 10 年以上，严格遵守有关安全生产法律法规的，经原考核发证机关或者从业所在地考核发证机关同意，特种作业操作证的复审时间可以延长至每 6 年 1 次。

《特种管理规定》第二十三条规定，特种作业操作证申请复审或者延期复审前，特种作业人员应当参加必要的安全培训并考试合格。安全培训时间不少于 8 个学时，主要培训法律法规、标准、事故案例和有关新工艺、新技术、新装备等知识。

《特种管理规定》第二十六条规定，再复审、延期复审仍不合格，或者未按期复审的，特种作业操作证失效。

（四）法律责任

《特种管理规定》第三十九条规定，生产经营单位未建立健全特种作业人员档案的，给予警告，并处 1 万元以下的罚款。

《特种管理规定》第四十条规定，生产经营单位使用未取得特种作业操作证的特种作业人员上岗作业的，责令限期改正；逾期未改正的，责令停产停业整顿，可以并处 2 万元以下的罚款。

四、《生产安全事故应急预案管理办法》

《生产安全事故应急预案管理办法》（原国家安全生产监督管理总局令第 88 号公布，根据应急管理部令第 2 号修正）（以下简称《预案管理办法》）颁布的目的是规范生产安全事故应急预案管理工作，迅速有效处置生产安全事故。

（一）主要负责人和分管负责人职责

《预案管理办法》第五条规定，生产经营单位主要负责人负责组织编制和实施本单位的应急预案，并对应急预案的真实性和实用性负责；各分管负责人应当按照职责分工落实应急预案规定的职责。

（二）事故应急预案分类

《预案管理办法》第六条规定，生产经营单位应急预案分为综合应急预案、专项应急预案和现场处置方案。

综合应急预案，是指生产经营单位为应对各种生产安全事故而制定的综合性工作方案，是本单位应对生产安全事故的总体工作程序、措施和应急预案体系的总纲。

专项应急预案，是指生产经营单位为应对某一种或者多种类型生产安全事故，或者针对重要生产设施、重大危险源、重大活动防止生产安全事故而制定的专项性工作方案。

现场处置方案，是指生产经营单位根据不同生产安全事故类型，针对具体场所、装置或者设施所制定的应急处置措施。

（三）应急预案的编制

《预案管理办法》第八条规定，应急预案的编制应当符合下列基本要求：

（1）有关法律法规、规章和标准的规定；

（2）本地区、本部门、本单位的安全生产实际情况；

（3）本地区、本部门、本单位的危险性分析情况；

（4）应急组织和人员的职责分工明确，并有具体的落实措施；

（5）有明确、具体的应急程序和处置措施，并与其应急能力相适应；

（6）有明确的应急保障措施，满足本地区、本部门、本单位的应急工作需要；

（7）应急预案基本要素齐全、完整，应急预案附件提供的信息准确；

（8）应急预案内容与相关应急预案相互衔接。

《预案管理办法》第十二条规定，生产经营单位应当根据有关法律法规、规章和相关标准，结合本单位组织管理体系、生产规模和可能发生的事故特点，与相关预案保持衔接，确立本单位的应急预案体系，编制相应的应急预案，并体现自救互救和先期处置等特点。

《预案管理办法》第十三条规定，生产经营单位风险种类多、可能发生多种类型事故的，应当组织编制综合应急预案。综合应急预案应当规定应急组织机构及其职责、应急预案体系、事故风险描述、预警及信息报告、应急响应、保障措施、应急预案管理等内容。

《预案管理办法》第十四条规定，对于某一种或者多种类型的事故风险，生产经营单位可以编制相应的专项应急预案，或将专项应急预案并入综合应急预案。专项应急预案应当规定应急指挥机构与职责、处置程序和措施等内容。

《预案管理办法》第十五条规定，对于危险性较大的场所、装置或者设施，生产经营单位应当编制现场处置方案。现场处置方案应当规定应急工作职责、应急处置措施和注意事项等内容。事故风险单一、危险性小的生产经营单位，可以只编制现场处置方案。

（四）应急预案的评审、公布和备案

《预案管理办法》第二十四条规定，生产经营单位的应急预案经评审或者论证后，由本单位主要负责人签署，向本单位从业人员公布，并及时发放到本单位有关部门、岗位和相关应急救援队伍。事故风险可能影响周边其他单位、人员的，生产经营单位应当将有关事故风险的性质、影响范围和应急防范措施告知周边的其他单位和人员。

《预案管理办法》第二十六条规定，易燃易爆物品、危险化学品等危险物品的生产、经营、储存、运输单位，矿山、金属冶炼、城市轨道交通运营、建筑施工单位，以及宾馆、商场、娱乐场所、旅游景区等人员密集场所经营单位，应当在应急预案公布之日起 20 个工作日内，按照分级属地原则，向县级以上人民政府应急管理部门和其他负有安全生产监督管理职责的部门进行备案，并依法向社会公布。

《预案管理办法》第二十七条规定，生产经营单位申报应急预案备案，应当提交下列材料：

（1）应急预案备案申报表；

（2）本办法第二十一条所列单位，应当提供应急预案评审意见；

（3）应急预案电子文档；

（4）风险评估结果和应急资源调查清单。

（五）应急预案的实施

《预案管理办法》第三十一条规定，生产经营单位应当组织开展本单位的应急预案、应急知识、自救互救和避险逃生技能的培训活动，使有关人员了解应急预案内容，熟悉应急职责、应急处置程序和措施。应急培训的时间、地点、内容、师资、参加人员和考核结果等情况应当如实记入本单位的安全生产教育和培训档案。

《预案管理办法》第三十三条规定，生产经营单位应当制订本单位的应急预案演练计划，根据本单位的事故风险特点，每年至少组织一次综合应急预案演练或者专项应急预案演练，每半年至少组织一次现场处置方案演练。

宾馆、商场、娱乐场所、旅游景区等人员密集场所经营单位，应当至少每半年组织一次生产安全事故应急预案演练，并将演练情况报送所在地县级以上地方人民政府负有安全生产监督管理职责的部门。

《预案管理办法》第三十四条规定，应急预案演练结束后，应急预案演练组织单位应当对应急预案演练效果进行评估，撰写应急预案演练评估报告，分析存在的问题，并对应急预案提出修订意见。

《预案管理办法》第三十五条规定，应急预案编制单位应当建立应急预案定期评估制度，对预案内容的针对性和实用性进行分析，并对应急预案是否需要修订作出结论。应急预案评估可以邀请相关专业机构或者有关专家、有实际应急救援工作经验的人员参加，必要时可以委托安全生产技术服务机构实施。

《预案管理办法》第三十六条规定，有下列情形之一的，应急预案应当及时修订并归档：

（1）依据的法律法规、规章、标准及上位预案中的有关规定发生重大变化的；

（2）应急指挥机构及其职责发生调整的；

（3）安全生产面临的风险发生重大变化的；

（4）重要应急资源发生重大变化的；

（5）在应急演练和事故应急救援中发现需要修订预案的重大问题的；

（6）编制单位认为应当修订的其他情况。

（六）法律责任

《预案管理办法》第四十四条规定，生产经营单位有下列情形之一的，由县级以上人民政府应急管理等部门依照《中华人民共和国安全生产法》第九十四条的规定，责令限期改正，可以处5万元以下罚款；逾期未改正的，责令停产停业整顿，并处5万元以上10万元以下的罚款，对直接负责的主管人员和其他直接责任人员处1万元以上2万元以下的罚款：

（1）未按照规定编制应急预案的；

（2）未按照规定定期组织应急预案演练的。

《预案管理办法》第四十五条规定，生产经营单位有下列情形之一的，由县级以上人民政府应急管理部门责令限期改正，可以处1万元以上3万元以下罚款：

（1）在应急预案编制前未按照规定开展风险辨识、评估和应急资源调查的；

（2）未按照规定开展应急预案评审的；

（3）事故风险可能影响周边单位、人员的，未将事故风险的性质、影响范围和应急防范措施告知周边单位和人员的；

（4）未按照规定开展应急预案评估的；

（5）未按照规定进行应急预案修订的；

（6）未落实应急预案规定的应急物资及装备的。

生产经营单位未按照规定进行应急预案备案的，由县级以上人民政府应急管理等部门依照职责责令限期改正；逾期未改正的，处3万元以上5万元以下的罚款，对直接负责的主管人员和其他直接责任人员处1万元以上2万元以下的罚款。

五、《安全生产违法行为行政处罚办法》

《安全生产违法行为行政处罚办法》（原国家安全生产监督管理总局令第15号公布，根据第77号修正）（以下简称《行政处罚办法》）颁布的目的是制裁安全生产违法行为，规范安全生产行政处罚工作。

（一）处罚原则

《行政处罚办法》第三条规定，对安全生产违法行为实施行政处罚，应当遵循公平、公正、公开的原则。安全生产监督管理部门或者煤矿安全监察机构（以下统称安全监管监察部门）及其行政执法人员实施行政处罚，必须以事实为依据。行政处罚应当与安全生产违法行为的事实、性质、情节以及社会危害程度相当。

（二）行政处罚的种类

《行政处罚办法》第五条规定，安全生产违法行为行政处罚的种类：

（1）警告；

（2）罚款；

（3）没收违法所得、没收非法开采的煤炭产品、采掘设备；

（4）责令停产停业整顿、责令停产停业、责令停止建设、责令停止施工；

（5）暂扣或者吊销有关许可证，暂停或者撤销有关执业资格、岗位证书；

（6）关闭；

（7）拘留；

（8）安全生产法律、行政法规规定的其他行政处罚。

（三）行政处罚的适用

《行政处罚办法》第四十三条规定，生产经营单位的决策机构、主要负责人、个人经营的投资人（包括实际控制人，下同）未依法保证下列安全生产所必需的资金投入之一，致使生产经营单位不具备安全生产条件的，责令限期改正，提供必需的资金，可以对生产经营单位处1万元以上3万元以下罚款，对生产经营单位的主要负责人、个人经营的投资人处5 000元以上1万元以下罚款；逾期未改正的，责令生产经营单位停产停业整顿：

（1）提取或者使用安全生产费用；

（2）用于配备劳动防护用品的经费；

（3）用于安全生产教育和培训的经费；

（4）国家规定的其他安全生产所必须的资金投入。

生产经营单位主要负责人、个人经营的投资人有前款违法行为，导致发生生产安全事故的，依照《生产安全事故罚款处罚规定（试行）》的规定给予处罚。

《行政处罚办法》第四十五条规定，生产经营单位及其主要负责人或者其他人员有下列行为之一的，给予警告，并可以对生产经营单位处1万元以上3万元以下罚款，对其主要负责人、其他有关人员处1千元以上1万元以下的罚款：

（1）违反操作规程或者安全管理规定作业的；

（2）违章指挥从业人员或者强令从业人员违章、冒险作业的；

（3）发现从业人员违章作业不加制止的；

（4）超过核定的生产能力、强度或者定员进行生产的；

（5）对被查封或者扣押的设施、设备、器材、危险物品和作业场所，擅自启封或者使用的；

（6）故意提供虚假情况或者隐瞒存在的事故隐患以及其他安全问题的；

（7）拒不执行安全监管监察部门依法下达的安全监管监察指令的。

《行政处罚办法》第四十七条规定，生产经营单位与从业人员订立协议，免除或者减轻其对从业人员因生产安全事故伤亡依法应承担的责任的，该协议无效；对生产经营单位的主要负责人、个人经营的投资人按照下列规定处以罚款：

（1）在协议中减轻因生产安全事故伤亡对从业人员依法应承担的责任的，处2万元以上5万元以下的罚款；

（2）在协议中免除因生产安全事故伤亡对从业人员依法应承担的责任的，处5万元以上10万元以下的罚款。

《行政处罚办法》第五十五条规定，生产经营单位及其有关人员有下列情形之一的，应当从重处罚：

（1）危及公共安全或者其他生产经营单位安全的，经责令限期改正，逾期未改正的；

（2）一年内因同一违法行为受到两次以上行政处罚的；

（3）拒不整改或者整改不力，其违法行为呈持续状态的；

（4）拒绝、阻碍或者以暴力威胁行政执法人员的。

六、《四川省生产经营单位安全生产责任规定》

2007年10月26日四川省人民政府第132次常务会议通过《四川省生产经营单位安全生产责任规定》（以下简称《责任规定》），现予发布，自2007年12月9日起施行。《责任规定》颁布的目的是落实生产经营单位的安全生产主体责任，预防、减少生产安全事故和职业危害，保障人民群众生命和财产安全，促进经济健康、协调发展。

（一）责任主体

《责任规定》第二条规定，生产经营单位是安全生产的责任主体，必须履行安全生产责任主体义务，承担安全生产主体责任，预防生产安全事故、职业危害，并对发生生产安全事故、职业危害的后果承担全部责任。学校、幼儿园、医院等事业单位、人民团体、社会团体履行安全生产主体责任，参照本规定执行。法律法规、规章对生产经营单位的安全生产主体责任另有规定的，从其规定。

《责任规定》第五条规定，实行安全生产岗位责任制，生产经营单位的从业人员对本单位的安全生产工作负岗位责任。生产经营单位的主要负责人对本单位的安全生产工作全面负责；分管安全生产的负责人对安全生产工作负组织实施和综合管理监督责任；其他负责人对各自分管工作范围内的安全生产工作负直接管理责任。

（二）责任内容

1. 建立健全安全生产规章制度

《责任规定》第七条规定，生产经营单位应当建立健全下列安全生产规章制度：

（1）安全生产投入保障制度；

（2）新建、改建、扩建工程项目的安全论证、评价和管理制度；

（3）设施、设备综合安全管理制度以及安全设施、设备维护、保养和检修、维修制度；

（4）有较大危险、危害因素的生产经营场所、设施、设备安全管理制度；

（5）重大危险源安全管理制度；

（6）职业卫生管理制度；

（7）劳动防护用品使用和管理制度；

（8）安全生产检查及事故隐患排查、整改制度；

（9）安全生产目标管理和责任追究制度；

（10）安全生产教育培训管理考核制度；

（11）特种作业人员管理制度；

（12）现场安全管理和岗位安全生产标准化操作制度；

（13）安全生产会议管理制度；

（14）应急救援预案和应急体系管理制度；

（15）生产安全事故报告和调查处理制度；

（16）消防、运输、储存、防灾等其他安全生产规章制度。

2. 建立健全安全生产责任制度和目标管理制度

《责任规定》第八条规定，生产经营单位必须依法建立健全本单位安全生产责任制度、安全生产目标管理制度，并将本单位的安全生产责任目标分解到各部门、各岗位，明确责任人员、责任内容和考核奖惩要求。安全生产责任制度、安全生产目标管理制度包括以下内容：

（1）主要负责人的安全生产责任、目标；

（2）分管安全生产的负责人和其他负责人的安全生产责任、目标；

（3）管理科室、车间、分公司等部门及其负责人的安全生产责任、目标；

（4）班组和班组长的安全生产责任、目标；

（5）岗位从业人员的安全生产责任、目标。

3. 主要负责人安全生产工作职责

《责任规定》第六条规定，生产经营单位的主要负责人对本单位安全生产工作应当履行下列职责：

（1）执行安全生产的法律法规和有关规定；

（2）建立健全和落实本单位安全生产责任制度、安全生产规章制度及安全技术操作规程；

（3）依法建立适应安全生产工作需要的安全生产管理机构，配备安全生产管理人员；

（4）按规定足额提取和使用安全生产费用，缴存安全生产风险抵押金，保证本单位安全生产投入的有效实施；

（5）接受政府及其有关部门的安全生产监督管理，每季度至少组织督促、检查一次本单位的安全生产，及时消除生产安全事故隐患，检查及处理情况应当记录在案；

（6）组织制定并实施本单位的生产安全事故应急救援预案，建立应急救援组织，完善应急救援条件，开展应急救援演练，并按规定报送安全生产监督管理部门或者有关部门备案；

（7）及时、如实按规定报告生产安全事故，落实生产安全事故处理的有关工作；

（8）实行安全生产目标管理，定期公布本单位安全生产情况，认真听取和积极采纳工会、职工关于安全生产的合理化建议和要求。

4. 安全生产管理机构或者安全生产管理人员工作职责

《责任规定》第十条规定，生产经营单位的安全生产管理机构或者安全生产管理人员协助本单位决策机构和有关负责人管理安全生产工作，应当履行下列职责：

（1）协助本单位决策机构和有关负责人组织制定本单位安全生产年度管理目标并实施考核工作；

（2）拟订本单位安全生产管理工作计划，明确本单位各部门、各岗位的安全生产职责，并实施监督检查；

（3）参与制订本单位安全生产投入计划和安全技术措施计划并组织实施或者监督相关部门实施；

（4）组织拟订或者修订本单位安全生产规章制度，参与审查安全技术操作规程及相关技术规范，并对执行情况进行监督检查；

（5）实施生产经营场所现场安全生产检查，对检查发现的问题，责令相关人员及时处理；情况紧急的，责令停止生产，并立即报告有关负责人予以处理；

（6）参加审查本单位新建、改建、扩建、大修工程项目设计计划，参加项目安全评价审查、工程验收和试运行工作，并负责审查承包、承租单位资质、条件和证照等资料；

（7）组织落实本单位职业危害防治工作，落实职业危害防治措施；

（8）组织实施本单位安全生产宣传、教育和培训，总结和推广安全生产工作的先进经验；

（9）监督本单位劳动防护用品的使用和管理；

（10）组织或者参与本单位生产安全事故的调查处理，承担生产安全事故统计、分析和报告工作；

（11）其他安全生产管理工作。

5. 安全生产费用

《责任规定》第十三条规定，生产经营单位应当按照国家和省有关规定提取安全生产费用，安全生产费用必须纳入本单位全年经费预算。安全生产费用专项用于下列安全生产工作：

(1) 完善、改造和维护安全设施、设备支出；

(2) 配备必要的应急救援器材、设备和现场作业人员劳动防护用品支出；

(3) 安全生产检查与评价支出；

(4) 重大危险源、重大事故隐患的评估、整改、监控支出；

(5) 安全技能培训及进行应急救援演练支出；

(6) 其他与安全生产直接相关的支出。

6. 从业人员配备劳动防护用品要求

《责任规定》第十九条规定，生产经营单位为从业人员配备、使用劳动防护用品必须符合下列要求：

(1) 根据安全标准、规程、规范和实际工作需要应当为从业人员配备劳动防护用品的，必须免费提供。禁止以现金或者其他物品替代劳动防护用品；

(2) 劳动防护用品的质量必须符合国家标准或者行业标准；

(3) 劳动防护用品的数量必须符合规定和实际工作需要；

(4) 教育、监督从业人员正确佩戴和使用劳动防护用品。

7. 安全疏散要求

《责任规定》第二十二条规定，生产企业和商场、宾馆、餐饮、娱乐、学校、医院等公众聚集场所的疏散通道、安全出口应当符合国家有关消防技术规范要求并保持畅通，其指示标志应当醒目，商住楼经营部分与住宅部分的安全出口应当分开设置。禁止将疏散通道、安全出口占用和设置隔离栏。生产经营单位的生产区域、生活区域、储存区域之间应当保持规定的安全距离。生产、经营、储存、使用危险物品的车间、商店、仓库，应当与员工宿舍保持安全距离，不得与员工宿舍设在同一座建筑物内。

8. 建设项目"三同时"要求

《责任规定》第二十七条规定，生产经营单位新建、改建、扩建工程项目的安全设施，必须按照以下规定与主体工程同时设计、同时施工、同时投入生产使用：

(1) 建设项目设计单位在编制项目设计文件时，应当同时编制安全设施设计文件（安全专篇）；

(2) 生产经营单位在编制建设项目投资计划和财务计划时，应当将安全设施所需投资一并纳入计划，同时编报；

(3) 国家规定需报经有关部门批准的建设项目，在报批时应当同时报送安全设施设计文件（安全专篇）；

(4) 建设项目的施工单位应当按照安全设施的施工图纸和设计要求施工；

(5) 在生产设备调试阶段，应当同时对安全设施进行调试和考核，并对其运行效果作出评价；

(6) 建设项目预验收时，应当同时对其安全设施进行验收；

(7) 安全设施应当与主体工程同时投入生产使用。

9. 安全生产检查要求

《责任规定》第二十九条规定，生产经营单位应当建立班组检查、车间检查、分厂检查、综合管理部门综合检查、总部（公司、厂）有关负责人组织重点检查和群众性检查等安全生产检查制度，以岗位自查自纠制度为基础，实施安全生产日常检查，及时发现和纠正违章行为，消除生产安全事故隐患；因物质技术条件限制不能及时处理的问题，应当制定防范措施和整改计划，限期整改。生产经营单位应当建立健全安全生产检查及事故隐患整治档案，每次检查的内容、结果、整改情况应当记入档案，并由检查人员、复查人员签字。安全生产检查包括以下内容：

（1）安全生产规章制度是否健全；

（2）设施、设备是否处于安全运行状态；

（3）有毒、有害等危险作业场所安全生产状况；

（4）从业人员是否具备相应的安全知识和操作技能，特种作业人员是否持证上岗；

（5）从业人员在作业过程中是否遵守安全生产规章制度和操作规程；

（6）配备的劳动防护用品是否符合国家标准或者行业标准，从业人员是否正确佩戴、使用；

（7）现场生产管理、指挥人员有无违章指挥、强令从业人员冒险作业行为；

（8）现场生产管理、指挥人员对从业人员的违章行为是否及时发现和制止；

（9）重大危险源的检测监控情况；

（10）生产安全事故隐患；

（11）其他应当检查的安全生产事项。

（三）法律责任

《责任规定》第四十一条规定，生产经营单位及其有关负责人违反本规定，对本单位安全生产管理人员依法履行安全生产内部监督管理职责进行打击报复的，由县级以上安全生产监督管理部门予以通报，责令改正，对单位可以并处1万元以上3万元以下的罚款，对个人可以并处2 000元以上1万元以下的罚款。

《责任规定》第四十六条规定，发生生产安全事故的生产经营单位主要负责人违反本规定，有下列行为之一的，按照国务院《生产安全事故报告和调查处理条例》第三十五条的规定处以1年年收入40%至80%的罚款；构成犯罪的，依法追究刑事责任：

（1）不立即组织事故抢救的；

（2）迟报或者漏报事故的；

（3）在事故调查处理期间擅离职守的。

《责任规定》第四十七条规定，生产经营单位发生生产安全事故，有下列行为之一的，按照国务院《生产安全事故报告和调查处理条例》第三十六条的规定，对事故发生单位处100万元以上500万元以下的罚款；对主要负责人、直接负责的主管人员和其他直接责任人员处以1年年收入60%至100%的罚款；构成违反治安管理行为的，由公安机关依法给予治安管理处罚；构成犯罪的，依法追究刑事责任：

（1）谎报或者瞒报事故的；

（2）伪造或者故意破坏事故现场的；

（3）转移、隐匿资金、财产，或者销毁有关证据、资料的；

（4）拒绝接受调查或者拒绝提供有关情况和资料的；

（5）在事故调查中作伪证或者指使他人作伪证的；

（6）事故发生后逃匿的。

第四节　安全生产标准

安全生产标准体系是指为维持生产经营活动，保障安全生产而制定颁布的一切有关安全生产方面的技术、管理、方法、产品等标准的有机组合，既包括现行的安全生产标准，也包括正在制定修订和计划制定修订的安全生产标准。从大的概念来讲，安全生产标准体系由煤矿安全、非煤矿山安全、电气安全、危险化学品安全、石油化工安全、烟花爆竹安全、涂装作业安全、交通运输安全、机械安全、消防安全、建筑安全、个体防护装备、特种设备安全、通用生产安全等多个子体系组成。

一、安全生产标准分类

（一）按行政级别和法律效力划分

安全生产标准按照级别划分为国家标准、行业标准、地方标准和团体标准、企业标准。

1. 国家标准

国家标准是指由国家机构通过并公开发布的标准。安全生产国家标准由国务院标准化行政主管部门编制计划，组织草拟，统一审批、编号、发布。国家标准分为强制性标准和推荐性标准，行业标准、地方标准是推荐性标准。

国家标准在全国范围内适用，其他各级标准不得与国家标准相抵触。国家标准一经发布，与其重复的行业标准、地方标准相应废止，国家标准是标准体系中的主体。强制性标准必须执行，国家鼓励采用推荐性标准。

强制性国家标准代号：GB。推荐性国家标准代号：GB/T。国家标准化指导性技术文件代号：GB/Z。GB即"国标"的汉语拼音缩写，"T"是推荐的意思，"Z"是指导的意思。

2. 行业标准

行业标准是指没有推荐性国家标准，需要在全国某个行业范围内统一的技术要求。没有国家标准而又需要在全国某个行业范围内统一的技术要求，可以制定行业标准（含标准样品的制作）。制定行业标准的项目由国务院有关行政主管部门编制计划，组织草拟，统一审批、编号、发布，并报国务院标准化行政主管部门备案。行业标准在相应的国家标准实施后，自行废止。

行业标准是对国家标准的补充，是在全国范围的某一行业内统一的标准。行业标准在相应国家标准实施后，应自行废止。

安全生产标准的标准代号：AQ。安全生产推荐标准的标准代号：AQ/T。AQ即

"安全"的汉语拼音缩写,"T"是推荐的意思。

3. 地方标准

地方标准是指在国家的某个地区通过并公开发布的标准。没有国家标准和行业标准而又需要在省、自治区、直辖市范围内统一的工作产品的安全、卫生要求,可以制定地方标准。制定地方标准的项目,由省、自治区、直辖市人民政府标准化行政主管部门确定。

地方标准由省、自治区、直辖市人民政府标准化行政主管部门编制计划,组织草拟,统一审批、编号、发布,并报国务院标准化行政主管部门和国务院有关行政主管部门备案。法律对地方标准的制定另有规定的,依照法律的规定执行。地方标准在相应的国家标准或行业标准实施后,自行废止。

地方标准代号为"DB"加上省、自治区、直辖市的行政区划代码,如四川的代码为51,四川省推荐性地方标准代号:DB51/T。DB即"地标"的汉语拼音缩写。

4. 团体标准

团体标准是由社会团体按照本团体确立的标准制定程序自主制定发布,由社会自愿采用的标准。社会团体可在没有国家标准、行业标准和地方标准的情况下,制定团体标准,快速响应创新和市场对标准的需求,补充现有标准空白。国家鼓励社会团体制定严于国家标准和行业标准的团体标准,引领产业和企业的发展,提升产品和服务的市场竞争力。

团体标准编号依次由团体标准代号(T)、社会团体代号、团体标准顺序号和年代号组成。团体标准编号中的社会团体代号应合法且唯一,不应与现有标准代号重复,且不应与全国团体标准信息平台上已有的社会团体代号重复。比如中国标准化协会发布的《智能家电系统互联互操作评价技术指南》(T/CAS 290-2017)团体标准,中国家用电器协会发布的《智能家电云云互联互通标准》(T/CHEAA 0001-2017)团体标准。

5. 企业标准

企业标准是对企业范围内需要协调、统一的技术要求、管理要求和工作要求所制定的标准。企业生产的产品没有国家标准、行业标准和地方标准的,应当制定相应的企业标准,作为组织生产的依据。

企业标准由企业组织制定(农业企业标准制定办法另定),并按省、自治区、直辖市人民政府的规定备案。对已有国家标准、行业标准或者地方标准的,鼓励企业制定严于国家标准、行业标准或者地方标准要求的企业标准,在企业内部适用。

(二)按适用范围和性质划分

安全生产标准按适用范围和性质可分为基础标准、管理标准、技术标准、方法标准和产品标准五类。安全生产标准适用于工矿企业开展安全生产标准化工作以及对标准化工作的咨询、服务和评审;其他企业和生产经营单位可参照执行。

1. 基础标准

基础类标准主要指在安全生产领域的不同范围内,对普遍的、广泛通用的共性认识所作的统一规定,是在一定范围内作为制定其他安全标准的依据和共同遵守的准则。

2. 管理标准

管理标准是指通过计划、组织、控制、监督、检查、评价与考核等管理活动,使生产过程中人、物、环境各个因素处于安全受控状态，直接服务于生产经营科学管理的准则和规定。

3. 技术标准

技术标准是指对于生产过程中的设计、施工、操作、安装等具体技术要求及实施程序中设立的必须符合一定安全要求以及能达到此要求的实施技术和规范的总称。

4. 方法标准

方法标准是对各项生产过程中技术活动的方法所作的规定。安全生产方面的方法标准主要包括两类：一类以试验、检查、分析、抽样、统计、计算、测定、作业等方法为对象制定的标准；另一类是为合理生产优质产品，并在生产、作业、试验、业务处理等方面为提高效率而制定的标准。

5. 产品标准

产品标准是对某一具体安全设备、装置和防护用品及其试验方法、检测检验规则；标志、包装、运输、储存等方面所作的技术规定。它是在一定时期和一定范围内具有约束力的技术准则，是产品生产、检验、验收、使用、维护和洽谈贸易的重要技术依据，对于保障安全、提高生产和使用效益具有重要意义。

二、安全生产标准执行顺序

国家标准必须遵守，行业标准仅适用于单一行业。企业标准只在企业内部有效。通常执行安全生产标准的顺序为：国家标准—行业标准—团体标准—企业标准。

当同时发布有同类产品的国家标准、行业标准或者地方标准的时候，有国家标准和行业标准时优先选用国家标准和行业标准，没有国家标准和行业标准时制定企业标准。

当有国家标准和行业标准时，制定的企业标准必须高于国家标准和行业标准，指标低于国家标准和行业标准的企业标准视为无效标准。

三、行业安全生产标准

目前，我国现行有效的安全生产标准涵盖煤矿、金属非金属矿山、石油和天然气、化学品、烟花爆竹、机械、个体防护装备和其他等多个领域。按照标准级别划分，行业安全生产标准有国家标准 117 项，行业标准 662 项，地方标准 26 项。

四、国际劳工公约

国际劳工组织是 1919 年根据《凡尔赛和约》作为国际联盟的附属机构成立的组织。1946 年 12 月 14 日，国际劳工组织成为联合国的一个专门机构。其宗旨是：促进充分就业和提高生活水平；促进劳资合作；改善劳动条件；扩大社会保障；保证劳动者的职业安全与卫生。经中国政府批准生效的国际劳工组织制定的有关职业安全卫生公约，也是安全生产法规体系的重要组成部分。我国共批准了 25 个国际劳工公约，目前实际生效的只有 22 个公约，批准的 25 个分别为：

(1)《确定准许儿童在海上工作的最低年龄公约》（第 7 号公约，1920 年）；

(2)《农业工人的集会结社权公约》（第 11 号公约，1921 年）；

（3）《工业企业中实行每周休息公约》（第 14 号公约，1921 年）；

（4）《确定准许雇用未成年人为扒炭工或司炉工的最低年龄公约》（第 15 号公约，1921 年）；

（5）《未成年人（海上）的体格检查公约》（第 16 号公约，1921 年）；

（6）《本国工人与外国工人关于事故赔偿的同等待遇公约》（第 19 号公约，1925 年）；

（7）《海员协议条款公约》（第 22 号公约，1926 年）；

（8）《海员遣返公约》（第 23 号公约，1926 年）；

（9）《制订最低工资确定办法公约》（第 26 号公约，1928 年）

（10）《航运的重大包裹标明重量公约》（第 27 号公约，1929 年）

（11）《船舶装卸工人伤害防护公约》（第 32 号公约，1932 年）；

（12）《各种矿场井下劳动使用妇女公约》（第 45 号公约，1935 年）；

（13）《确定准许使用儿童于工业工作的最低年龄公约》（第 59 号公约，1937 年）；

（14）《最后条款修正公约》（第 80 号公约，1946 年）；

（15）《男女工人同工同酬公约》（第 100 号公约，1951 年）；

（16）《三方协商促进实施国际劳工标准公约》（第 144 号公约，1976 年）；

（17）《残疾人职业康复和就业公约》（第 159 号公约，1983 年）；

（18）《作业场所安全使用化学品公约》（第 170 号公约，1990 年）；

（19）《就业政策公约》（第 122 号公约，1964 年）；

（20）《准予就业最低年龄公约》（第 138 号公约，1973 年）；

（21）《劳动行政管理公约》（第 150 号公约，1978 年）；

（22）《建筑业安全和卫生公约》（第 167 号公约，1988 年）；

（23）《禁止和立即行动消除最恶劣形式的童工劳动公约》（第 182 号公约，1999 年）；

（24）《消除就业和职业歧视公约》（第 111 号公约，1958 年）；

（25）《职业安全和卫生及工作环境公约》（第 155 号公约，1981 年）。

第五节　安全生产规范性文件

■**本节知识要点**

1. 介绍生产经营单位在安全生产中的主体地位，夯实和强化安全生产基础；
2. 企业标准化等级和定级基本条件，企业标准化定级复评及撤销；
3. 安全生产清单制管理概念，清单种类、范围及工作任务。

安全生产关系人民群众的生命财产安全，关系改革发展和社会稳定大局。党中央、国务院高度重视安全生产工作，中华人民共和国成立以来特别是改革开放以来，我国采取了一系列重大举措加强安全生产工作，颁布实施了一系列安全生产相关法律法规，明确了安全生产责任；初步建立了安全生产监管体系，安全生产监督管理得到加强；对重点行业和领域集中开展了安全生产专项整治，生产经营秩序和安全生产条件有所改善，安全生产状况总体上趋于稳定好转。但是，目前全国的安全生产形势依然严峻，安全生产基础比较薄弱，保障体系和机制有待完善；生产经营单位安全意识不强，责任不落实，投入不足。为了进一步加强安全生产工作，尽快实现我国安全生产局面的根本好转，国家制定了一系列安全生产相关政策。

一、生产经营单位安全生产主体地位

2004 年 1 月 9 日，我国颁布了《国务院关于进一步加强安全生产工作的决定》（国发〔2004〕2 号）文件，为强化管理，落实生产经营单位安全生产主体责任提出了新要求：

（1）依法加强和改进生产经营单位安全管理。强化生产经营单位安全生产主体地位，进一步明确安全生产责任，全面落实安全保障的各项法律法规。生产经营单位要根据《安全生产法》等有关法律规定，设置安全生产管理机构或者配备专职（或兼职）安全生产管理人员。保证安全生产的必要投入，积极采用安全性能可靠的新技术、新工艺、新设备和新材料，不断改善安全生产条件。改进生产经营单位安全管理，积极采用职业安全健康管理体系认证、风险评估、安全评价等方法，落实各项安全防范措施，提高安全生产管理水平。

（2）开展安全质量标准化活动。制定和颁布重点行业、领域安全生产技术规范和安全生产质量工作标准，在全国所有工矿、商贸、交通运输、建筑施工等企业普遍开展安全质量标准化活动。企业生产流程的各环节、各岗位要建立严格的安全生产质量责任制。生产经营活动和行为，必须符合安全生产有关法律法规和安全生产技术规范的要求，做到规范化和标准化。

（3）搞好安全生产技术培训。加强安全生产培训工作，整合培训资源，完善培训网络，加大培训力度，提高培训质量。生产经营单位必须对所有从业人员进行必要的安全生产技术培训，其主要负责人及有关经营管理人员、重要工种人员必须按照有关法律法规的规定，接受规范的安全生产培训，经考试合格，持证上岗。完善注册安全工程师考试、任职、考核制度。

（4）建立企业提取安全费用制度。为保证安全生产所需资金投入，形成企业安全生产投入的长效机制，借鉴煤矿提取安全费用的经验，在条件成熟后，逐步建立对高危行业生产企业提取安全费用制度。企业安全费用的提取，要根据地区和行业的特点，分别确定提取标准，由企业自行提取，专户储存，专项用于安全生产。

（5）依法加大生产经营单位对伤亡事故的经济赔偿。生产经营单位必须认真执行工伤保险制度，依法参加工伤保险，及时为从业人员缴纳保险费。同时，依据《安全生产法》等有关法律法规，向受到生产安全事故伤害的员工或家属支付赔偿金。进一步提高企业生产安全事故伤亡赔偿标准，建立企业负责人自觉保障安全投入，努力减少事故的机制。

二、安全生产基础

（一）夯实安全生产基础

2010 年 7 月 19 日，我国颁布了《国务院关于进一步加强企业安全生产工作的通知》（国发〔2010〕23 号）文件，要求从安全管理、技术保障、监督管理、应急救援、安全准入、政策引导、考核监督和责任追究等方面，加强企业安全管理，健全规章制度，完善安全标准，提高企业技术水平，夯实安全生产基础。

1. 严格企业安全管理

（1）进一步规范企业生产经营行为。企业要健全完善严格的安全生产规章制度，坚持不安全不生产。加强对生产现场监督检查，严格查处违章指挥、违规作业、违反劳动纪律的"三违"行为。凡超能力、超强度、超定员组织生产的，要责令停产停工整顿，并对企业和企业主要负责人依法给予规定上限的经济处罚。对以整合、技改名义违规组织生产，以及规定期限内未实施改造或故意拖延工期的矿井，由地方政府依法予以关闭。要加强对境外中资企业安全生产工作的指导和管理，严格落实境内投资主体和派出企业的安全生产监督责任。

（2）及时排查治理安全隐患。企业要经常性开展安全隐患排查，并切实做到整改措施、责任、资金、时限和预案"五到位"。建立以安全生产专业人员为主导的隐患整改效果评价制度，确保整改到位。对隐患整改不力造成事故的，要依法追究企业和企业相关负责人的责任。对停产整改逾期未完成的不得复产。

（3）强化生产过程管理的领导责任。企业主要负责人和领导班子成员要轮流现场带班。煤矿、非煤矿山要有矿领导带班并与工人同时下井、同时升井，对无企业负责人带班下井或该带班而未带班的，对有关责任人按擅离职守处理，同时给予规定上限的经济处罚。发生事故而没有领导现场带班的，对企业给予规定上限的经济处罚，并依法从重追究企业主要负责人的责任。

（4）强化职工安全培训。企业主要负责人和安全生产管理人员、特殊工种人员一律严格考核，按国家有关规定持职业资格证书上岗；职工必须全部经过培训合格后上岗。企业用工要严格依照劳动合同法与职工签订劳动合同。凡存在不经培训上岗、无证上岗的企业，依法停产整顿。没有对井下作业人员进行安全培训教育，或存在特种作业人员无证上岗的企业，情节严重的要依法予以关闭。

2. 建设坚实的技术保障体系

加强企业生产技术管理。强化企业技术管理机构的安全职能，按规定配备安全技术人员，切实落实企业负责人安全生产技术管理负责制，强化企业主要技术负责人技术决策和指挥权。因安全生产技术问题不解决产生重大隐患的，要对企业主要负责人、主要技术负责人和有关人员给予处罚；发生事故的，依法追究责任。

3. 实施更加有力的监督管理

加强建设项目安全管理。强化项目安全设施核准审批，加强建设项目的日常安全监管，严格落实审批、监管的责任。企业新建、改建、扩建工程项目的安全设施，要包括安全监控设施和防瓦斯等有害气体、防尘、排水、防火、防爆等设施，并与主体工程同时设计、同时施工、同时投入生产和使用。安全设施与建设项目主体工程未做到同时设计的一律不予审批，未做到同时施工的责令立即停止施工，未同时投入使用的不得颁发安全生产许可证，并视情节追究有关单位负责人的责任。严格落实建设、设计、施工、监理、监管等各方安全责任。对项目建设生产经营单位存在违法分包、转包等行为的，立即依法停工停产整顿，并追究项目业主、承包方等各方责任。

4. 建设更加高效的应急救援体系

（1）建立完善企业安全生产预警机制。企业要建立完善安全生产动态监控及预警预报体系，每月进行一次安全生产风险分析。发现事故征兆要立即发布预警信息，落实防范和应急处置措施。对重大危险源和重大隐患要报当地安全生产监管监察部门、负有安全生产监管职责的有关部门和行业管理部门备案。涉及国家秘密的，按有关规定执行。

（2）完善企业应急预案。企业应急预案要与当地政府应急预案保持衔接，并定期进行演练。赋予企业生产现场带班人员、班组长和调度人员在遇到险情时第一时间下达停产撤人命令的直接决策权和指挥权。因撤离不及时导致人身伤亡事故的，要从重追究相关人员的法律责任。

5. 加强政策引导

（1）加大安全专项投入。切实做好尾矿库治理、扶持煤矿安全技改建设、瓦斯防治和小煤矿整顿关闭等各类中央资金的安排使用，落实地方和企业配套资金。加强对高危行业企业安全生产费用提取和使用管理的监督检查，进一步完善高危行业企业安全生产费用财务管理制度，研究提高安全生产费用提取下限标准，适当扩大适用范围。依法加强道路交通事故社会救助基金制度建设，加快建立完善水上搜救奖励与补偿机制。高危行业企业探索实行全员安全风险抵押金制度。完善落实工伤保险制度，积极稳妥推行安全生产责任保险制度。

（2）提高工伤事故死亡职工一次性赔偿标准。从2011年1月1日起，依照《工伤保险条例》的规定，对因生产安全事故造成的职工死亡，其一次性工亡补助金标准调整为按全国上一年度城镇居民人均可支配收入的20倍计算，发放给工亡职工近亲属。同时，依法确保工亡职工一次性丧葬补助金、供养亲属抚恤金的发放。

6. 更加注重经济发展方式转变

（1）强制淘汰落后技术产品。不符合有关安全标准、安全性能低下、职业危害严重、危及安全生产的落后技术、工艺和装备要列入国家产业结构调整指导目录，予以强制性淘汰。各省级人民政府也要制定本地区相应的目录和措施，支持有效消除重大安全隐患的技术改造和搬迁项目，遏制安全水平低、保障能力差的项目建设和延续。对存在落后技术装备、构成重大安全隐患的企业，要予以公布，责令限期整改，逾期未整改的依法予以关闭。

（2）加快产业重组步伐。要充分发挥产业政策的导向作用和市场机制的作用，加大对相关高危行业企业重组力度，进一步整合或淘汰浪费资源、安全保障低的落后产能，提高安全基础保障能力。

7. 实行更加严格的考核和责任追究

（1）加大对事故企业负责人的责任追究力度。企业发生重大生产安全责任事故，追究事故企业主要负责人责任；触犯法律的，依法追究事故企业主要负责人或企业实际控制人的法律责任。发生特别重大事故，除追究企业主要负责人和实际控制人责任外，还要追究上级企业主要负责人的责任；触犯法律的，依法追究企业主要负责人、企业实际控制人和上级企业负责人的法律责任。对重大、特别重大生产安全责任事故负有主要责任的企业，其主要负责人终身不得担任本行业企业的矿长（厂长、经理）。对非法违法生产造成人员伤亡的，以及瞒报事故、事故后逃逸等情节特别恶劣的，要依法从重处罚。

（2）加大对事故企业的处罚力度。对于发生重大、特别重大生产安全责任事故或一年内发生 2 次以上较大生产安全责任事故并负主要责任的企业，以及存在重大隐患整改不力的企业，由省级及以上安全监管监察部门会同有关行业主管部门向社会公告，并向投资、国土资源、建设、银行、证券等的主管部门通报，一年内严格限制新增的项目核准、用地审批、证券融资等，并作为银行贷款等的重要参考依据。

（二）强化安全生产基础

2011 年 11 月 26 日，国家颁布了《国务院关于坚持科学发展安全发展促进安全生产形势持续稳定好转的意见》（国发〔2011〕40 号）文件，指出安全生产工作既要解决长期积累的深层次、结构性和区域性问题，又要应对不断出现的新情况、新问题，根本出路在于坚持科学发展安全发展。

1. 认真落实企业安全生产主体责任

企业必须严格遵守和执行安全生产法律法规、规章制度与技术标准，依法依规加强安全生产，加大安全投入，健全安全管理机构，加强班组安全建设，保持安全设备设施完好有效。企业主要负责人、实际控制人要切实承担安全生产第一责任人的责任，带头执行现场带班制度，加强现场安全管理。强化企业技术负责人技术决策和指挥权，注重发挥注册安全工程师对企业安全状况诊断、评估、整改方面的作用。企业主要负责人、安全管理人员、特种作业人员一律经严格考核、持证上岗。企业用工要严格依照劳动合同法与职工签订劳动合同，职工必须全部经培训合格后上岗。

2. 严格安全生产准入条件

要认真执行安全生产许可制度和产业政策，严格技术和安全质量标准，严把行业安全准入关。强化建设项目安全核准，把安全生产条件作为高危行业建设项目审批的前置条件，未通过安全评估的不准立项；未经批准擅自开工建设的，要依法取缔。严格执行建设项目安全设施"三同时"（同时设计、同时施工、同时投产和使用）制度。制定和实施高危行业从业人员资格标准。加强对安全生产专业服务机构管理，实行严格的资格认证制度，确保其评价、检测结果的专业性和客观性。

3. 加强安全生产风险监控管理

充分运用科技和信息手段，建立健全安全生产隐患排查治理体系，强化监测监控、预报预警，及时发现和消除安全隐患。企业要定期进行安全风险评估分析，重大隐患要及时报安全监管监察和行业主管部门备案。各级政府要对重大隐患实行挂牌督办，确保监控、整改、防范等措施落实到位。各地区要建立重大危险源管理档案，实施动态全程监控。

4. 推进安全生产标准化建设

在工矿商贸和交通运输行业领域普遍开展岗位达标、专业达标和企业达标建设，对在规定期限内未实现达标的企业，要依据有关规定暂扣其生产许可证、安全生产许可证，责令停产整顿；对整改逾期仍未达标的，要依法予以关闭。加强安全标准化分级考核评价，将评价结果向银行、证券、保险、担保等的主管部门通报，作为企业信用评级的重要参考依据。

5. 加强职业病危害防治工作

要严格执行职业病防治法，认真实施国家职业病防治规划，深入落实职业危害防护设施"三同时"制度，切实抓好煤（矽）尘、热害、高毒物质等职业危害防范治理。对可能产生职业病危害的建设项目，必须进行严格的职业病危害预评价，未提交预评价报告或预评价报告未经审核同意的，一律不得批准建设；对职业病危害防控措施不到位的企业，要依法责令其整改，情节严重的要依法予以关闭。切实做好职业病诊断、鉴定和治疗，保障职工安全健康权益。

三、企业安全生产标准化

2021年10月27日，国家颁布了《应急管理部关于印发〈企业安全生产标准化建设定级办法〉的通知》（应急〔2021〕83号）文件，进一步规范和促进了企业开展安全生产标准化建设，为建立并保持安全生产管理体系，全面管控生产经营活动各环节的安全生产工作，不断提升安全管理水平提供了依据。

（一）企业标准化等级

企业标准化定级标准由应急管理部按照行业分别制定，由高到低分为一级、二级、三级。应急管理部未制定行业标准化定级标准的，省级应急管理部门可以自行制定，也可以参照《企业安全生产标准化基本规范》（GB/T 33000）配套的定级标准，在本行政区域内开展二级、三级企业建设工作。

（二）企业标准化定级

企业标准化定级实行分级负责。应急管理部为一级企业以及海洋石油全部等级企业的定级部门。省级和设区的市级应急管理部门分别为本行政区域内二级、三级企业的定级部门。企业标准化定级按照自评、申请、评审、公示、公告的程序进行。

（三）企业标准化定级基本条件

1. 申请定级的企业应当在自评报告中，由其主要负责人承诺符合以下条件：

（1）依法应当具备的证照齐全有效；

（2）依法设置安全生产管理机构或者配备安全生产管理人员；

（3）主要负责人、安全生产管理人员、特种作业人员依法持证上岗；

（4）申请定级之日前1年内，未发生死亡、总计3人及以上重伤或者直接经济损

失总计 100 万元及以上的生产安全事故;

（5）未发生造成重大社会不良影响的事件;

（6）未被列入安全生产失信惩戒名单;

（7）前次申请定级被告知未通过之日起满 1 年;

（8）被撤销标准化等级之日起满 1 年;

（9）全面开展隐患排查治理，发现的重大隐患已完成整改。

2. 申请一级企业的，还应当承诺符合以下条件:

（1）从未发生过特别重大生产安全事故，且申请定级之日前 5 年内未发生过重大生产安全事故、前 2 年内未发生过生产安全死亡事故;

（2）按照《企业职工伤亡事故分类》（GB 6441-86）、《事故伤害损失工作日标准》（GB/T 15499-1995），统计分析年度事故起数、伤亡人数、损失工作日、千人死亡率、千人重伤率、伤害频率、伤害严重率等，并自前次取得标准化等级以来逐年下降或者持平;

（3）曾被定级为一级，或者被定级为二级、三级并有效运行 3 年以上。

3. 发现企业存在承诺不实的，定级相关工作即行终止，3 年内不再受理该企业标准化定级申请。

（四）企业标准化定级复评

企业标准化等级有效期为 3 年。已经取得标准化等级的企业，可以在有效期届满前 3 个月再次按照规定的程序申请定级。对再次申请原等级的企业，在标准化等级有效期内符合以下条件的，经定级部门确认后，直接予以公示和公告:

（1）未发生生产安全死亡事故;

（2）一级企业未发生总计重伤 3 人及以上或者直接经济损失总计 100 万元及以上的生产安全事故，二级、三级企业未发生总计重伤 5 人及以上或者直接经济损失总计 500 万元及以上的生产安全事故;

（3）未发生造成重大社会不良影响的事件;

（4）有关法律法规、规章、标准及所属行业定级相关标准未作重大修订;

（5）生产工艺、设备、产品、原辅材料等无重大变化，无新建、改建、扩建工程项目;

（6）按照规定开展自评并提交自评报告。

（五）企业标准化定级撤销情况

企业存在以下情形之一的，应当立即告知并由原定级部门撤销其等级:

（1）发生生产安全死亡事故的;

（2）连续 12 个月内发生总计重伤 3 人及以上或者直接经济损失总计 100 万元及以上的生产安全事故的;

（3）发生造成重大社会不良影响事件的;

（4）瞒报、谎报、迟报、漏报生产安全事故的;

（5）被列入安全生产失信惩戒名单的;

（6）提供虚假材料，或者以其他不正当手段取得标准化等级的;

（7）行政许可证照注销、吊销、撤销的，或者不再从事相关行业生产经营活动的;

（8）存在重大生产安全事故隐患，未在规定期限内完成整改的;

（9）未按照标准化管理体系持续、有效运行，情节严重的。

四、安全生产清单制管理

2019 年 6 月，四川省安全生产委员会办公室发布了《四川省安全生产委员会办公室关于在全省推行安全生产清单制管理工作的通知》（川安办〔2019〕37 号），四川省开启安全生产"清单革命"，致力于解决责任落实不到位的问题。

（一）清单管理概念

所谓安全生产清单就是把安全生产政策、法律法规、标准、规范的要求和实际工作的需要以清单形式固化下来，将责任和工作要求落实到单位和每一个责任人，实行照单履责、按单办事，从而减少工作失误和推诿扯皮，达到明晰责任、规范管理、简明扼要、提高效率、降低成本、防范化解安全风险的目的。

（二）清单种类

安全生产清单分为两类，一类是各级党委政府的安全生产属地监管责任和行业管理部门的安全生产行业监管责任清单，即《安全生产监管责任清单》，各级各部门各园区、开发区、出口加工区、自由贸易区管理机构根据行业领域管理的特点制定；另一类是企业的安全生产主体责任清单，包括《企业安全生产主体责任清单》、不同岗位的《安全生产岗位责任清单》、企业的《日常安全检查清单》，督促企业落实安全生产主体责任和全员安全生产责任制。

（三）清单范围

按照属地管理和分级负责、以属地管理为主的原则，实行按企业及园区、开发区、出口加工区、自由贸易区的管理权限确定，即中央在川和省属企业及省级以上园区、开发区、出口加工区、自由贸易区的责任清单落实到省一级的行业领域主管部门；煤矿、危险化学品、烟花爆竹、非煤矿山、道路交通、建筑施工、金属冶炼、民爆物品等高危行业企业和中央在川及省属企业的子公司（下属企业）和市（州）级所属企业及市（州）级以上园区、开发区、出口加工区、自由贸易区的责任清单落实到市（州）一级，由省级行业领域部门进行统计并负责行业领域指导；其他行业企业、县（市、区）园区、开发区落实到县（市、区）一级，由市（州）和省级行业主管部门分别统计并负责行业领域指导。

（四）工作任务

2020 年 2 月 26 日，四川省安全生产委员会印发了《进一步推进安全生产清单制管理工作方案》，规定企业应制定《企业安全生产管理责任清单》，包括《企业安全生产主体责任清单》《重大安全风险管控清单》《安全生产岗位责任清单》和《日常安全工作清单》（如《岗位安全操作规程清单》《隐患排查治理清单》《特种设备安全管理清单》《消防管理清单》）等。企业的清单应分层级涵盖董事长、总经理、各副总经理（总工、安全总监等），企业各管理部门（处、科）负责人及管理人员，各车间（二级厂、矿）主任（矿长）、副主任（副矿长），班组长，一线岗位作业人员。

参考文献：

[1]《中华人民共和国安全生产法》（中华人民共和国主席令第 88 号，2021 年 6 月 10 日第十三届全国人民代表大会常务委员会第二十九次会议第三次修正）

［2］《中华人民共和国消防法》（中华人民共和国主席令第 4 号，2021 年 4 月 29日第十三届全国人民代表大会常务委员会第二十八次会议第二次修正）

［3］《中华人民共和国职业病防治法》（中华人民共和国主席令第 60 号，2018 年12 月 29 日第十三届全国人民代表大会常务委员会第七次会议第四次修正）

［4］《中华人民共和国标准化法》（中华人民共和国主席令第 78 号）

［5］《生产安全事故应急条例》（中华人民共和国国务院令第 708 号）

［6］《生产安全事故报告和调查处理条例》（中华人民共和国国务院令第 493 号）

［7］《中华人民共和国标准化法实施条例》（中华人民共和国国务院令第 53 号）

［8］《工伤保险条例》（中华人民共和国国务院令第 375 号，根据 2010 年 12 月 20日《国务院关于修改〈工伤保险条例〉的决定》修订）

［9］《生产经营单位安全培训规定》（原国家安全生产监督管理总局令第 3 号，根据第 63 号、80 号修正）

［10］《安全生产培训管理办法》（原国家安全生产监督管理总局令第 44 号公布，根据第 63 号、80 号修正）

［11］《特种作业人员安全技术培训考核管理规定》（原国家安全生产监督管理总局令第 30 号公布；根据第 63 号、80 号修正）

［12］《生产安全事故应急预案管理办法》（原国家安全生产监督管理总局令第 88号公布，根据应急管理部令第 2 号修正）

［13］《安全生产违法行为行政处罚办法》（原国家安全生产监督管理总局令第 15号公布，根据第 77 号修正）

［14］《地方标准管理办法》（国家市场监督管理总局令第 26 号）

［15］《四川省安全生产条例》（2006 年 11 月 30 日四川省第十届人民代表大会常务委员会第二十四次会议通过）

［16］《四川省生产经营单位安全生产责任规定》（四川省人民政府令第 216 号）

第二章

安全生产管理

第一节　安全生产责任制

■**本节知识要点**

1. 安全生产责任制的概念、目的及形式；
2. 如何建立健全安全生产责任制；
3. 安全生产法律法规对安全生产责任制的具体要求；
4. 安全生产责任制的内容及建立健全安全生产责任体系的要求；
5. 企业主要负责人和安全管理人员的安全职责。

一、背景

　　1963 年 3 月 30 日国务院颁布 244 号文件《关于加强企业生产中安全工作的几项规定》，明确规定，为了进一步贯彻执行安全生产方针，加强企业生产中安全工作的领导和管理，以保证职工的安全与健康，促进企业生产，应建立"五项制度"：安全生产责任制；安全技术措施计划管理制度；安全生产教育制度；安全生产的定期检查制度；伤亡事故的调查和处理管理制度。这是我国第一次以国家文件的形式提出了各生产经营单位建立"安全生产责任制"的要求。

　　2004 年《国务院关于进一步加强安全生产工作的决定》进一步要求，依法加强和改进生产经营单位安全管理。强化生产经营单位安全生产主体地位，进一步明确安全生产责任，全面落实安全保障的各项法律法规。

　　实践证明，凡是建立健全并落实安全生产责任制的企业，各级领导重视安全生产、劳动保护工作，切实贯彻执行党和国家的安全生产、劳动保护法规，在认真负责地组织生产的同时，积极采取措施，改善劳动条件，工伤事故和职业性疾病就会减少。反之，其就会职责不清，相互推诿，从而使安全生产、劳动保护工作无人负责，无法进行，工伤事故与职业病就会不断发生。

二、定义和依据

（一）定义

安全生产责任制是根据我国的安全生产方针"安全第一，预防为主，综合治理"和安全生产法规建立的各级领导、职能部门、工程技术人员、岗位操作人员在劳动生产过程中对各自职责范围内的安全生产责任明确规定的一种制度。安全生产责任制是企业岗位责任制的组成部分，是企业中最基本的一项安全制度，也是企业安全生产、劳动保护管理制度的核心。

（二）相关法律依据

1.《中华人民共和国安全生产法》（中华人民共和国主席令第八十八号）

（1）生产经营单位必须遵守本法和其他有关安全生产的法律法规，加强安全生产管理，建立健全全员安全生产责任制和安全生产规章制度，加大对安全生产资金、物资、技术、人员的投入保障力度，改善安全生产条件，加强安全生产标准化、信息化建设，构建安全风险分级管控和隐患排查治理双重预防机制，健全风险防范化解机制，提高安全生产水平，确保安全生产。

平台经济等新兴行业、领域的生产经营单位应当根据本行业、领域的特点，建立健全并落实全员安全生产责任制，加强从业人员安全生产教育和培训，履行本法和其他法律法规规定的有关安全生产义务。

（2）生产经营单位的主要负责人是本单位安全生产第一责任人，对本单位的安全生产工作全面负责。其他负责人对职责范围内的安全生产工作负责。

（3）生产经营单位的主要负责人对本单位安全生产工作负有下列职责：

①建立健全并落实本单位全员安全生产责任制，加强安全生产标准化建设；

②组织制定并实施本单位安全生产规章制度和操作规程。

③组织制订并实施本单位安全生产教育和培训计划。

④保证本单位安全生产投入的有效实施。

⑤组织建立并落实安全风险分级管控和隐患排查治理双重预防工作机制，督促、检查本单位的安全生产工作，及时消除生产安全事故隐患。

⑥组织制定并实施本单位的生产安全事故应急救援预案。

⑦及时、如实报告生产安全事故。

（4）生产经营单位的全员安全生产责任制应当明确各岗位的责任人员、责任范围和考核标准等内容。生产经营单位应当建立相应的机制，加强对全员安全生产责任制落实情况的监督考核，保证全员安全生产责任制的落实。

2.《四川省安全生产条例》（四川省第十届人民代表大会常务委员会公告第 90 号）

（1）生产经营单位的主要负责人对本单位的安全生产全面负责，其他从业人员对安全生产负岗位责任。

（2）生产经营单位主要负责人应当履行下列安全生产职责：

①执行安全生产的法律法规和有关规定。

②建立健全和落实本单位安全生产责任制、安全生产规章制度及安全技术操作规程。

③依法建立适应安全生产工作需要的安全生产管理机构，配备安全生产管理人员。

④按规定足额提取和使用安全生产费用，缴纳安全生产风险抵押金，保证本单位安全生产投入的有效实施。

⑤配合政府及其有关部门的安全生产监督管理工作，每季度至少组织督促、检查一次本单位的安全生产，及时消除生产安全事故隐患，检查及处理情况应当记录在案。

⑥组织制定并实施本单位的生产安全事故应急救援预案，建立应急救援组织，完善应急救援条件，开展应急救援演练，并按规定报送安全生产监督管理部门或者有关部门备案。

⑦及时、如实按规定报告生产安全事故，落实生产安全事故处理的有关工作。

⑧实行安全生产工作目标管理，定期公布本单位安全生产情况，认真听取和积极采纳工会、职工关于安全生产的合理化建议和要求。

三、安全生产责任制的目的及形式

（一）安全生产责任制的目的

1. 增强每个人对安全生产的责任感，牢固树立"安全第一、预防为主"的思想。

2. 职责分明，各尽其责，普及到各类人员及不同的生产岗位。

（二）安全生产责任制的形式

1. 层层签订安全生产责任状，一级签一级，一直签到工人操作岗位，做到层层有人抓，处处有人管。

2. 实行安全生产目标管理，层层建立和落实安全生产责任制，直至企业、车间、班组。

四、如何建立健全安全生产责任制

（一）明确企业党政主要负责人的安全生产责任

按照党政同责的要求，企业董事长、党组织书记、总经理对本企业安全生产工作共同承担领导责任。企业主要负责人是本企业安全生产的第一责任人，对本企业安全生产主体责任全面负责，负责组织全面落实《安全生产法》赋予的企业18条安全生产主体责任，明确细化《安全生产法》第二十一条所列的各项职责。

（二）明确企业分管领导的安全生产责任

按照"一岗双责""管业务必须管安全、管生产经营必须管安全"的原则，根据企业工作分工，具体明确和细化分管安全生产工作的负责人和其他负责人职责范围内的安全生产工作职责。

（三）明确企业职能部门及其负责人的安全生产责任

依据本企业的职责分工，明确细化各职能部门及其负责人的安全生产职责，明确本部门负责人为该部门安全生产第一责任人。工艺技术、设备管理以及安全管理部门，要依据职责分工制定完善本企业各类岗位的安全技术操作规程。

明确企业党办、工会、共青团等工作部门及负责人在企业安全文化建设、宣传教育、法律法规执行情况的监督指导责任，以及组织开展群众性隐患排查治理等方面的责任。

（四）明确生产车间（班组、工段）及其负责人的安全生产责任

根据本企业的生产性质和本车间（班组、工段）的作业要求，明确细化和落实本车间（班组、工段）安全生产职责以及各岗位安全技术操作规程，明确本车间（班组、工段）负责人为安全生产第一责任人。特别明确生产车间（班组、工段）在隐患排查、应急处置等方面责任。

（五）明确其他各类从业人员的安全生产责任

根据本企业的实际，由各职能部门和生产车间（班组、工段），组织制定明确细化管理职责内的从业人员的安全生产职责和安全操作规程，做到安全责任到人。特别明确特种作业人员及企业一线操作人员的隐患排查、应急处置、遵章守规等方面责任。

（六）健全考核奖惩机制

在明确各级各类人员安全生产责任内容的基础上，明确企业主要负责人、分管负责人、职能部门负责人、生产车间（班组、工段）负责人及从业人员的责任内容和考核奖惩等事项，逐级、逐层次、逐岗位与从业人员签订安全生产责任书。考核结果作为从业人员职务晋升、收入分配的重要依据。

五、全员安全生产责任制的主要内容

全员安全生产责任制是生产经营单位岗位责任制的细化，是生产经营单位中最基本的一项安全制度，也是生产经营单位安全生产、劳动保护管理制度的核心。

全员安全生产责任制综合各种安全生产管理、安全操作制度、对生产经营单位及其各级领导、各职能部门、有关工程技术人员和生产工人在生产中应负的安全责任予以明确，主要包括各岗位的责任人员、责任范围和考核标准等内容。

在全员安全生产责任制中，主要负责人应对本单位的安全生产工作全面负责，其他各级管理人员、职能部门、技术人员和各岗位操作人员，应当根据各自的工作任务、岗位特点，确定其在安全生产方面应做的工作和应负的责任，并与奖惩制度挂钩。实践证明，凡是建立、健全了全员安全生产责任制的生产经营单位，各级领导重视安全生产工作，切实贯彻执行党的安全生产方针、政策和国家的安全生产法规，在认真负责地组织生产的同时，积极采取措施，改善劳动条件，生产安全事故就会减少。反之，就会职责不清，相互推诿，从而使安全生产工作无人负责，无法进行，生产安全事故就会不断发生。

六、全员安全生产责任制体系编制要求

安全生产法律法规明确要求各生产经营单位要根据生产经营特点，建立健全以主要负责人为核心，包括内部各层次、各部门、各岗位的安全生产责任体系。安全生产责任制体系编制包括但不仅限于以下人员：

（1）主要负责人是安全生产的第一责任人，对本单位的安全生产工作全面负责，应当依法履行安全生产职责。

（2）生产经营单位其他主要负责人和分管安全生产的负责人，对安全生产负直接

和具体领导责任，协助生产经营单位主要负责人抓好安全生产工作。其他负责人，对其分管范围内的安全生产承担相应领导责任。

（3）生产经营单位的安全生产管理人员负责检查本单位的安全生产状况，及时排查生产安全事故隐患；不能处理的，要及时报告本单位有关负责人，并提出改进安全生产管理的建议。

（4）生产经营单位从业人员要自觉接受安全生产教育和培训，掌握必要的安全生产知识，提高安全生产自我防范意识和安全生产技能。未经安全生产教育和培训合格的，不得上岗作业。在作业过程中，要严格遵守安全生产规程。发现事故隐患或者其他不安全因素，要立即向现场安全生产管理人员报告。

七、安全生产职责

（一）主要负责人安全生产职责

《安全生产法》规定，生产经营单位主要负责人在安全工作中应负的职责有以下几点：

1. 建立健全并落实本单位全员安全生产责任制，加强安全生产标准化建设。

2. 组织制定并实施本单位安全生产规章制度和操作规程。

3. 组织制订并实施本单位安全生产教育和培训计划。

4. 保证本单位安全生产投入的有效实施。

5. 组织建立并落实安全风险分级管控和隐患排查治理双重预防工作机制，督促、检查本单位的安全生产工作，及时消除生产安全事故隐患。

6. 组织制定并实施本单位的生产安全事故应急救援预案。

7. 及时、如实报告生产安全事故。

（二）生产经营单位分管安全生产工作负责人（包括安全总监或分管安全副总等）安全生产职责

生产经营单位分管安全生产工作负责人（包括安全总监或分管安全副总等）安全生产职责有以下几点：

1. 严格贯彻执行上级有关安全生产的法律法规、规章等，参与企业安全生产决策，负责本企业安全生产综合监管工作，落实安委会决议事项。

2. 组织拟定安全生产规章制度、安全操作规程等，明确各部门、各岗位的安全生产职责，督促贯彻执行。

3. 组织制订并实施安全生产教育和培训计划，监督检查各部门负责人、管理人员和从业人员的安全生产宣传、教育和培训工作；总结和推广安全生产工作先进经验。

4. 组织制订安全检查及隐患排查计划，并督促落实。

5. 组织建立健全风险评估与隐患治理双重预防机制，组织开展危险源辨识、风险评价，负责组织对重大事故隐患的整治工作。

6. 组织制定安全生产事故应急救援预案，督促建立应急救援组织完善应急救援条件，开展应急救援演练。

7. 参与事故救援处置工作，及时、如实按规定报告安全生产事故。

（三）生产经营单位安全生产管理人员安全生产职责

生产经营单位安全生产管理人员安全生产职责有以下几点：

1. 组织或者参与拟订本单位安全生产规章制度、操作规程和生产安全事故应急救援预案。

2. 组织或者参与本单位安全生产教育和培训，如实记录安全生产教育和培训情况。

3. 组织开展危险源辨识和评估，督促落实本单位重大危险源的安全管理措施。

4. 组织或者参与本单位应急救援演练。

5. 检查本单位的安全生产状况，及时排查生产安全事故隐患，提出改进安全生产管理的建议。

6. 制止和纠正违章指挥、强令冒险作业、违反操作规程的行为。

7. 督促落实本单位安全生产整改措施。

（四）生产经营单位从业人员安全生产职责

生产经营单位从业人员安全生产职责有以下几点：

1. 自觉遵守安全生产规章制度，从业人员发现直接危及人身安全的紧急情况时，有权停止作业或者在采取可能的应急措施后撤离作业场所。

2. 不断提高安全意识，丰富安全生产知识，增加自我防范能力。

3. 积极参加安全生产教育和培训，掌握本职工作所需的安全生产知识，提高安全生产技能，增强事故预防和应急处理能力。

4. 从业人员有权对本单位安全生产工作提出批评、检举、控告或者拒绝违章指挥、强令冒险作业。

5. 从业人员在作业过程中，应当严格落实岗位安全责任，遵守本单位的安全生产规章制度和操作规程，服从管理，正确佩戴和使用劳动防护用品。

第二节　安全生产管理体系建设

■ 本节知识要点

1. 安全生产管理体系的概念、特点及要素；
2. 建立并完善企业安全生产管理体系等内容。

一、概念及特点

（一）概念

安全生产管理体系是指基于安全生产管理的一整套体系，是一个完善的、有机的、有自身特点的整体。体系包括硬件、软件两方面。软件方面涉及思想、制度、教育、组织、管理等；硬件方面包括安全投入、设备、设备技术、运行维护等。

安全生产管理体系建设是指生产经营单位认真贯彻落实国家有关安全生产的法律法规和标准技术规范，学习借鉴先进的企业安全管理理念、管理方法和管理体系，建立涵盖企业生产经营全方位的，包括经营理念、工作指导思想、标准技术文件、实施程序等一整套安全管理文件、目标计划、实施、考核、持续改进的全过程控制的安全管理科学体系。

（二）特点

1. 系统性特点

安全生产管理体系要求企业在安全管理中具备从基层岗位到最高决策层的运作系统和监控系统，决策人依靠这两个系统确保体系有效运行。同时，安全生产管理体系还强调程序化、文件化的管理手段，以增强体系的系统性。

2. 先进性特点

安全生产管理体系运用系统工程原理，研究、确定所有影响要素，把管理过程和控制措施建立在科学的环境因素辨识、危险辨识、风险评价的基础上，对每个要素规定了具体要求，建立、保持一套以文件支持的程序，保证了体系的先进性。

3. 动态性特点

安全生产管理体系具有持续改进的特征，动态的审视体系的适用性、充分性和有效性，确保体系的日臻完善。

4. 预防性特点

安全生产管理体系中的环境因素与危险辨识、风险评价与控制充分体现了"预防为主"的方针，实施有效的风险辨识、评价与控制，可实现对事故的预防和生产作业的全过程控制，对各种作业和生产过程进行评价，并在此基础上进行安全生产管理体系策划，实现预防为主的目的，并对各种潜在的事故隐患制定应急救援预案，力求损失最小化。

（三）安全生产管理体系建设目的

建设安全生产管理体系的目的是实现企业安全管理理念和管理方式"四个转变"，

即：从"要我安全"转变为"我要安全"；从事后控制转变为事前预防；从只注重生产过程的安全生产管理转变为企业全方位的安全管理；从把安全生产作为企业一项具体工作转变为企业文化建设和管理体系建设的重要组成部分。

全面提升企业安全管理水平，真正体现以人为本、科学发展和企业社会责任，从而实现全社会安全生产形势的根本好转。

二、安全生产管理体系的组成要素

安全生产管理体系组成至少应包含十个方面的基本体系，即：组织体系、制度体系、目标及责任体系、教育体系、风险控制体系、监督保障体系、文化体系、评价体系、应急管理与事故管理体系、体系建立与维护。根据不同行业、企业的实际特点，在不同的侧重点和管理水平条件下，安全生产管理体系会有所拓展或调整。

（一）组织体系

组织体系是为贯彻安全生产法规，落实安全生产工作要求而成立或设置的领导机构、监督机构和保障机构等机构的有机组合，是实现安全生产目标和任务的人力资源配置，为推动安全生产管理体系建设和有效运行提供组织保障。组织体系的建立，应有其明确的组织机构设置原则、职责和权限。各级安全生产管理组织体系由安全管理领导小组、安全生产监督管理机构以及安全生产保障机构等构成。

（二）制度体系

制度体系是各部门为规范员工安全生产行为、有效防范安全生产风险、提升安全生产绩效、实现安全生产目标而在管理实践过程中不断总结出来的各种有用的经验、方法，是安全生产相关制度、规范、工作标准和流程的集合。安全制度体系应体现行业安全管理特点，包括：法律法规及标准识别、规章制度、操作规程、安全生产档案管理，生产安全、消防、交通、安保等基础管理制度，以及用电、特种设备、危险化学品等专项管理制度。

（三）目标及责任体系

目标及责任体系包含目标管理和责任管理两大部分。

目标管理是各部门根据自身安全生产实际，结合公司和部门在生产经营中的职能制定的安全生产指标和考核办法。安全生产目标可以是定量化的指标，还可以是具体的某项工作任务或工作要求。

责任管理是各部门所辖部门、岗位、人员在安全生产领域的工作范围内应负的责任及相应的权利的统称，把安全生产的具体工作与各级部门及各类人对应地联系起来，使与安全生产工作相关联的每一个部门、每一个人都承担相应的责任和权利。包括部门责任、领导者责任、管理者责任以及作业人员责任等，并通过对责任者的工作评估，进行考核、实施问责等。其主要包括：安全生产目标、安全生产机构及职责、安全生产投入、安全文化建设、安全生产信息化建设等。

（四）教育体系

教育体系是为了确保领导人员、各级管理人员、普通作业人员及特种作业人员等能达到所从事工作有关安全生产方面的要求，而开展的一系列教育培训活动的整体。主要包括：教育与培训制度、培训计划、师资力量、考核、取证等。

（五）风险控制体系

风险控制体系是为了防止危险源和危害因素演变为事故隐患，控制风险和进行风险转移，杜绝或减少事故发生概率，以及发生事故时进行快速、有序、有效的救援，减少人员伤亡和财产损失而建立的一整套风险管理制度和控制措施。其主要包括：安全生产风险识别与评价，安全风险分级管控、重大危险源辨识与管理、危险性预先分析、控制风险的管理措施、技术措施与设施，隐患排查治理、预测预警、应急管理措施，应急预案管理，事故管理，作业安全管理，职业健康管理，危机管理等。

（六）监督保障体系

监督保障体系是各级部门与安全生产工作相关的监督管理部门为了确保安全生产各项法律法规、制度、管理活动等执行到位，实现安全生产目标而采取的一系列监督管理措施和方法。监督保障体系应体现"统一领导、条块结合、分级管理、全员参与"的要求，包括设立安全生产监督管理部门、制定监管制度、明确监管职责、开展内部审核、日常监督检查、专项检查等。

（七）文化体系

安全生产文化体系是企业文化的一部分，具有明确的导向性，是全体员工在意识形态领域和思想观念上对安全生产工作认识的综合反映。安全生产文化有利于增强员工的凝聚力，提高员工的安全生产意识，引导员工的安全生产行为，提升员工的价值需求层次，加快管理方式的转变，使之从监督管理走向自我管理、团队管理。安全生产文化体系包括安全生产战略、价值观、行为准则、管理层承诺等。

（八）评价体系

评价体系是由与安全生产绩效评价相关的评价制度、评价指标、评价方法、评价标准、评价人员及奖惩办法等组成的有机整体。通过开展多维度的评价，可衡量各单位、各部门及个人的安全生产的工作成效，是判断安全生产体系运行效果和实施安全生产工作奖惩的主要依据。安全生产评价体系的设计应遵循"内容全面、方法科学、公平公正、操作简便"的原则。

（九）应急管理与事故管理体系

应急管理与事故管理体系是提高事故处置能力，及时有效组织事故救援、减少事故损失、严格进行事故调查、严肃追究事故责任、认真进行事故总结、预防和减少事故发生而建立的一整套管理措施。应急管理包括应急机构和队伍、应急预案、应急装备、应急演练、事故救援等，事故管理包括事故信息报送、事故救援、事故调查与分析、事故责任追究、事故经验教训总结等。

（十）体系建立与维护

安全生产体系建立与维护是指当外部环境或内部因素发生变化，现有体系不能很好地适应当前安全生产工作需要时，需对原体系进行补充、更改以适应新的安全生产工作需要而开展的一系列活动。企业应通过开展安全生产管理体系审核和内部认证等活动，评估安全生产管理体系运行质量，跟踪验证体系运行的适应性和有效性，发现问题及时按程序进行调整和完善，并通过不断地检讨和优化，达到持续改进的目的。

三、建立安全生产管理体系的基本步骤

建设安全生产管理体系是实现安全生产管理工作系统化、提升安全生产绩效的一

种手段，它不等同于建立一套安全生产管理体系文件或规章制度，有别于传统的体系认证。

安全生产管理体系建设的重点是通过开展一系列的安全生产管理活动，建立起规范化和科学化的预防管理机制，规范最高领导层、管理层、操作层等各级人员的安全生产行为，树立正确的安全生产管理理念，养成良好的作业习惯，并在实践中对安全生产管理体系进行持续优化。建立安全生产管理体系主要遵循以下基本步骤：

（一）主要领导决策

企业组织建立安全生产管理体系，需要主要领导，尤其是最高管理者的决策。只有在最高管理者充分认识到安全生产管理体系的重要性的基础上，企业才可能有效组织并开展相关工作。

（二）成立安全生产管理体系建设工作组

工作组的主要任务是负责建立安全生产管理体系。成员应来自企业内部各个部门，且工作组成员将成为体系运行的骨干力量。

（三）人员培训

安全生产管理体系建设工作组在开展工作之前，应接受相关标准、知识培训。尤其是危险源辨识、风险评价等方面的培训。

（四）初始状态评估

初始状态评估是建立科学、有效的安全生产管理体系的基础。企业可通过内部或外部评审组的形式，对关于企业现状的信息、资料进行收集、调查与分析，识别和获取适用于本企业的法律法规和标准规范，进行危险源辨识和风险评价，并将这些结果作为建立安全生产方针、制定安全生产目标和管理方案确定安全生产体的优先项，编制体系文件和建立安全生产管理体系的基础。

（五）体系策划与设计

该阶段主要是依据初始状态评估的结论，制定安全生产方针、安全生产目标、指标和相应的安全生产管理方案，确定组织机构和职责等。

（六）安全生产管理体系文件编制

安全生产管理体系具有文件化管理的特征。体系文件需要在运行过程中定期、不定期的评审和修订，以保证其完善和持续有效。

（七）安全生产管理体系试运行

试运行的目的是在实践中检验体系的充分性、适用性和有效性。

（八）内部审核及发布实施

经过一段时间的试运行，企业应当具备检验已建立的安全生产管理体系是否符合标准要求的条件，应开展内部审核，并根据审核结果确定是否进行修改、完善或正式发布实施。

第三节 安全生产管理规章制度和安全操作规程

> **█本节知识要点**
>
> 1. 安全生产管理规章制度的内容、作用及编制要求；
> 2. 安全生产安全操作规程的内容、作用及编制要求。

生产经营单位的安全生产管理规章制度和安全操作规程是根据其自身生产经营范围和性质、风险特性和危险程度及其具体工作内容，依照国家有关政策文件、法律法规、规章制度和标准规范的要求，有针对性规定的、具有可操作性的、保障安全生产的工作运转制度及工作方式、方法和操作程序。所以，在我国安全生产法规体系中，生产经营单位的安全生产管理规章制度是其重要的组成部分。

一、安全生产管理规章制度

安全生产管理规章制度是生产经营单位管理规章制度的重要组成部分，是保证生产经营活动安全、顺利进行的重要手段，主要包括两个方面的内容：

一是安全生产管理方面的规章制度，包括全员安全生产责任制、安全生产教育和培训、安全生产现场检查、生产安全事故报告、特殊区域内施工审批、危险物品安全管理、安全设施管理、要害岗位管理、特种作业安全管理、有限空间安全管理、安全值班、安全生产竞赛、安全生产奖惩、劳动防护用品的配备和发放等；

二是安全生产技术方面的规章制度，包括金属冶炼、起重机械、消防、电气、压力容器、建筑施工、危险场所作业、矿山灾害治理等安全技术。

（一）建立安全生产管理规章制度的重要意义

1. 建立健全并实施安全生产管理规章制度是生产经营单位的法定责任

建立健全并实施安全生产管理规章制度是生产经营单位的安全主体责任。《中华人民共和国安全生产法》第四条规定，生产经营单位必须遵守本法和其他有关安全生产的法律法规，加强安全生产管理，建立健全全员安全生产责任制和安全生产规章制度，加大对安全生产资金、物资、技术、人员的投入保障力度，改善安全生产条件，加强安全生产标准化、信息化建设，构建安全风险分级管控和隐患排查治理双重预防机制，健全风险防范化解机制，提高安全生产水平，确保安全生产。《中华人民共和国消防法》第十六条规定，机关、团体、企业、事业等单位应当履行下列消防安全职责：（一）落实消防安全责任制，制定本单位的消防安全制度、消防安全操作规程，制定灭火和应急疏散预案……《中华人民共和国突发事件应对法》第二十二条规定，所有单位应当建立健全安全管理制度，定期检查本单位各项安全防范措施的落实情况，及时消除事故隐患。《四川省生产经营单位安全生产责任规定》第三条规定，生产经营单位必须坚持安全第一、预防为主、综合治理的方针，组织实施本单位安全生产工作，健全制度，完善措施，严格管理，保障安全生产。

所以，建立健全并实施安全生产管理规章制度是安全生产法律法规明确规定的生

产经营单位的法定责任

2. 建立健全并实施安全生产管理规章制度是生产经营单位的全员安全责任

建立健全并实施安全生产管理规章制度既是生产经营单位的主体责任，也是全员安全责任。《中华人民共和国安全生产法》第五条规定，生产经营单位的主要负责人是本单位安全生产第一责任人，对本单位的安全生产工作全面负责。其他负责人对职责范围内的安全生产工作负责；第六条规定，生产经营单位的从业人员有依法获得安全生产保障的权利，并应当依法履行安全生产方面的义务。第二十一条规定，生产经营单位的主要负责人对本单位安全生产工作负有下列职责：（一）建立健全并落实本单位全员安全生产责任制，加强安全生产标准化建设；（二）组织制定并实施本单位安全生产规章制度和操作规程。第二十五条规定，生产经营单位的安全生产管理机构以及安全生产管理人员履行下列职责：（一）组织或者参与拟订本单位安全生产规章制度、操作规程和生产安全事故应急救援预案。第五十七条规定，从业人员在作业过程中，应当严格落实岗位安全责任，遵守本单位的安全生产规章制度和操作规程，服从管理，正确佩戴和使用劳动防护用品。生产经营单位的从业人员应落实岗位安全责任，服从管理，遵守安全生产管理规章制度或者操作规程，这是全员依法履行安全生产义务的具体规定，也是安全生产"党政工团，齐抓共管，一岗双责"原则的具体体现。

3. 建立健全并实施安全生产管理规章制度是生产经营单位文化建设的内在需要

安全生产管理，必须坚持依法治理的原则。遵守安全生产法律法规，是所有生产经营单位必须履行的义务，是在安全生产方面必须遵守的行为规范。生产经营单位文化建设对制度文化要求做到"内化于心、固化于制、外化于形、实化于行"，建立健全并实施生产经营单位适宜的安全生产管理规章制度就是要明确安全生产职责，规范安全生产行为，维护安全生产秩序，用系统化的制度文化管好人、管住事、科学处置应急事件。所以，建立健全并实施安全生产管理规章制度不仅是《安全生产法》的基本要求，也是制度文化建设的内在要求。

4. 建立健全并实施安全生产管理规章制度是预防重大责任事故罪的必要条件

建立健全并实施安全生产管理规章制度既是全员安全责任，更是预防岗位发生重大责任事故罪的必要条件。《中华人民共和国刑法》第十三条第一款规定，在生产、作业中违反有关安全管理的规定，因而发生重大伤亡事故或者造成其他严重后果的，处三年以下有期徒刑或者拘役；情节特别恶劣的，处三年以上七年以下有期徒刑。"违反有关安全管理规定"是指违反有关生产安全的法律法规、规章制度，具体包括以下三种情形：①国家颁布的各种有关安全生产的法律法规等规范性文件。②企业、事业单位及其上级管理机关制定的反映安全生产客观规律的各种规章制度，包括工艺技术、生产操作、技术监督、劳动保护、安全管理等方面的规程、规则、章程、条例、办法和制度。③虽无明文规定，但反映生产、科研、设计、施工的安全操作客观规律和要求，在实践中为职工所公认的行之有效的操作习惯和惯例等。所以，生产经营单位的安全生产第一责任人要履职尽责，组织建立健全并实施本单位安全生产管理规章制度，监督检查落实情况；从业人员要履行安全生产义务和岗位安全职责，遵章守纪，服从管理；生产经营单位要守法生产经营，持续保持长时期安全生产。

（二）建立安全生产管理规章制度的基本要求

安全生产规章制度是以全员安全生产责任制为核心制定的，指引和约束从业人员在安全生产行为的制度，是安全生产的行为准则。其作用是明确各岗位安全职责，规范安全生产行为，建立和维护安全生产秩序。安全生产管理规章制度包括全员安全生产责任制、安全生产管理规章制度和安全操作规程，是生产经营单位制定的组织生产经营过程和进行生产经营管理的规则和制度的总和，是生产经营单位内部的"法律"。安全生产规章制度的建立与健全是生产经营单位安全生产管理工作的重要内容。一些生产经营单位不重视安全生产，尤其是不重视规章制度建设，有的甚至没有规章制度，全员安全生产责任制不落实，极易发生生产安全事故。

生产经营单位制定或者修改有关安全生产管理规章制度，应当听取工会的意见。

（三）建设安全生产管理规章制度的基本原则

安全生产规章制度建设必须坚持"安全第一、预防为主、综合治理"的基本原则。安全第一，就是要求必须把安全生产放在各项工作的首位，正确处理好安全与发展、与生产进度和经济效益的关系；预防为主，就是要求生产经营单位的安全生产管理工作要以危险有害因素的辨识、评价和控制为基础，建立健全安全生产规章制度，通过制度的实施达到规范人员安全行为、消除物的不安全状态、实现安全生产工作目标；综合治理，就是要求在管理上综合采取组织措施、技术措施，落实生产经营单位的各级负责人、专业技术人员、管理人员、操作人员，以及党政工团有关管理部门的责任，构建"党政工团，齐抓共管，层层履职，各负其责"的安全生产管理体系。

生产经营单位编制的安全生产管理规章制度，还应遵循以下主要原则：

1. 第一责任人原则

我国安全生产法律法规对生产经营单位安全生产管理规章制度建设有明确的规定，其是生产经营单位主要负责人的职责，如《中华人民共和国安全生产法》第二十一条规定，建立健全并落实本单位全员安全生产责任制，加强安全生产标准化建设；组织制定并实施本单位安全生产规章制度和操作规程。安全生产管理规章制度的建设和实施，涉及生产经营单位的各个环节和全体人员，只有第一责任人负责，才能有效调动生产经营单位的所有资源，才能协调好各方面的关系，规章制度的落实才能够得到有效保证。

2. 系统性原则

安全风险来自生产经营活动过程之中。因此，安全生产管理规章制度的建设应遵循安全系统工程原理，涵盖生产经营全时、全员、全过程和全方位，主要包括：

（1）具有全天候生产经营特点的生产经营时间是连续性的，一刻也不能停止；

（2）规划设计、建设施工、设备安装、生产调试与运行、技术改造、事务管理等全过程；

（3）生产经营活动的每个环节、每个岗位、每个人；

（4）事故预防、应急处置、事故调查和处理等全方位。

3. 规范性原则

安全生产管理规章制度的建设应实现规范化和标准化管理，以确保安全生产管理规章制度建设的严密性、完整性、有序性，即：

（1）按照系统性原则的要求，建立完整的安全生产管理规章制度体系；

（2）建立安全生产管理规章制度起草、审核、发布、教育培训、执行、反馈、持续改进的组织管理程序；

（3）每一项安全生产管理规章制度的编制都要做到目的明确，流程清晰，内容准确，操作性强。

4. 完整性原则

一份完整的安全生产管理规章制度，主要包括以下内容：规章制度的名称；制定的目的和必要性；制定依据；适用范围；各部门应承担的职责；需要明确的工作程序；相关的奖惩规定；其他需要规定的内容；本制度涉及的支持性文件；本制度产生的记录；规章制度解释的部门；实施生效日期；现行规章制度被新的规章制度所取代时，应注明予以废止的规章制度名称、编号及版本号；需要进一步明确管理流程的应附相应的管理流程图。

（四）建设安全生产管理规章制度的步骤

一项安全生产管理规章制度可以依据以下步骤制定：

（1）风险研判：存在哪些风险，需要从哪些方面控制这些风险。

（2）编制流程：根据生产经营单位各部门职能职责，梳理各个环节之间的关系，编制流程示意图。

（3）环节要求：从原因、对象、环境、时间、人员、方法六个方面提出实现每个环节的具体规定。

（4）法规转化：将适用的法律法规和标准规范的规定转化为制度的内容。

（5）制定表格：编制管理规章制度执行过程中所需要的记录表。

（五）编制安全生产管理规章制度的注意事项

安全生产管理规章制度的建立与健全是生产经营单位安全生产管理工作的重要内容，也是一项政策性很强的工作。因而，生产经营单位在编制过程中要注意以下问题：

1. 依法制定，符合实际

安全生产管理规章制度必须以国家安全生产法律法规、方针政策和技术标准为依据，结合生产经营单位的具体情况来制定。安全生产责任制的划分要按照生产经营单位的生产管理模式，必须遵循安全生产"管生产经营必须管安全，管业务必须管安全"和"谁主管谁负责"的原则。

2. 有章可循，衔接配套

安全生产管理规章制度应涵盖生产经营所有环节、所有过程，确保与安全生产有关的事项都有章可循，同时又要注意制度之间的衔接配套，防止出现制度空缺而无章可循，也要防止制度交叉重复不一致而无所适从，导致管理混乱。

3. 科学合理，切实可行

安全生产管理规章制度是行为规范，必须符合客观规律，特别是操作规程。如果制度编制不科学将会误导人的行为；如果制度编制得不合理、烦琐复杂将难以顺利执行。

4. 简明扼要，清晰具体

安全生产管理规章制度的条文、文字要简练，意思表达要清晰，要求规定要具体，以便于记忆、易于操作。

（六）安全生产管理制度体系

根据生产经营单位的特点，安全生产管理制度体系由以下三部分组成：

1. 安全生产管理规章制度

（1）核心制度。主要包括安全生产责任制，安全生产承诺制度，安全生产党政同责、一岗双责管理制度，安全目标绩效考核管理制度等。

（2）基础制度。主要包括安全生产风险分级管控和事故隐患排查治理双重预防管理制度、安全生产教育培训管理制度、安全生产检查管理制度、安全生产会议管理制度、安全生产费用管理制度、生产安全事故报告和调查处理管理制度、劳动防护用品管理制度等。

（3）专业制度。主要包括特种设备安全管理制度、危险化学品安全管理制度、职业卫生管理制度、消防安全管理制度、危险作业安全管理制度等。

2. 安全操作规程

生产经营单位每个工种和岗位都要根据本工种和岗位的安全生产特点和要求，制定和落实本工种和岗位的安全操作规程。

3. 事故应急预案

事故应急预案是应急救援系统的重要组成部分，针对各种不同的紧急情况制定有效的应急预案，不仅可以指导应急人员的日常培训和演练，保证各种应急资源处于良好的备战状态，而且可以指导应急行动按计划有序进行。

生产经营单位应根据实际建立健全安全生产规章制度体系，除了相关法律法规、政策文件要求必须建立的规章制度外，还应根据行业、本单位生产经营特点建立相关的安全生产管理制度和一些特有的制度。因为专业制度、安全操作规程及应急预案个性化较强，不同的生产经营单位会有很大差异，可参考以下基本清单建立健全并实施安全生产管理制度：

（1）安全生产责任制。

（2）安全生产承诺制度。

（3）安全生产警示制度。

（4）安全目标绩效考核管理制度。

（5）安全生产风险分级管控和事故隐患排查治理双重预防管理制度。

（6）安全生产教育培训管理制度。

（7）安全生产会议管理制度。

（8）青年安全监督岗工作条例。

（9）安全生产责任制管理办法。

（10）安全生产费用管理办法。

（11）安全生产检查管理制度。

（12）应急预案管理制度。

（13）安全生产档案管理制度。

（14）劳动防护用品管理制度。

（15）相关方安全管理制度。

（16）生产安全事故报告和调查处理制度。

（17）领导干部和管理人员现场带班管理制度。

（18）危险化学品安全管理制度。

（19）职业卫生管理制度。

（20）消防安全管理制度。

（21）特种设备安全管理制度。

（22）危险作业安全管理制度。

（23）粉尘防爆安全管理办法。

（24）安全标志和安全防护装置管理办法。

（25）厂区道路安全管理办法。

（26）伤害预知预警活动管理考核办法。

（27）5S 管理考核办法。

（28）建设项目安全设施和职业卫生设施"三同时"管理办法。

（29）设备设施检维修管理办法。

（30）设备操作牌、检修牌使用管理办法。

（31）重大危险（风险）源管理办法。

（32）特种作业人员管理制度。

（33）"三违"行为管理办法。

（七）安全生产管理规章制度的编制要求

1. 基本格式

（1）标题。管理制度的标题主要有两种构成形式，一种是以适用对象和文种构成的，如《安全生产档案管理制度》；另一种是以单位名称、适用对象、文种构成的，如《××食品管理有限公司有限空间安全管理制度》。

（2）正文。管理制度的正文结构一般有以下两种形式。

①分章列条式（章条式）。这种形式是将管理制度的内容分成若干章，每章又分若干条。第一章是总则，中间各章为分则，最后一章为附则。

总则一般写原则性、普遍性、共同性的内容，包括制定依据、制定目的（宗旨）和任务、适用范围、有关定义、主管部门等。

分则指接在总则之后的具体内容，通常按事物间的逻辑顺序，或按各部分内容的联系，或按工作活动程序以及惯例分条列项，集中编排。表述奖惩办法的条文也可单独构成奖罚分则，作为分则的最后条文。

附则包括施行程序与方式、有关说明（该文书与其他文书之间的关系，规定附件的效用、数量以及不同文字文本的效用等）、负责解释的部门、施行日期等。

②条款式。这种管理制度只分条目不分章节，适用于内容比较简单的管理制度。

一般开头说明缘由、目的、要求等，主体部分分条列出管理制度的具体内容。其第一条相当于分章列条式写法的总则，最后一条相当于附则的写法。

（3）制发单位名称和日期。如有必要，可在标题下方正中加括号注明制发单位名称和日期，其位置也可以在正文之下，相当于公文落款的地方。

2. 写作要求

（1）体式的规范性。管理制度在一定范围具有法定效力，因此在体式上较其他事务文书更具有规范性。管理制度用语简洁、平易、严密。在格式上，不论是章条式还是条款式，本质上都是采用逐章逐条的写法，条款层次由大到小依次可分为编、章、节、条、款、目、项七级，一般以章、条、款三层组成最为常见。

（2）内容的严密性。管理制度需要从业人员遵守其特定范围的事项，因此其内容必须有预见性、科学性，就其整体而言，必须通盘考虑，使其内容具有严密性，否则无法遵守或执行。

（3）过程的完整性。管理制度要经过调研起草、征求意见、修改完善、领导会签、批准发布、执行反馈、定期评审、修订发布等完整的闭环过程，从而确保其始终是唯一的、可行的、有效的。

二、安全操作规程

规程是对工艺、操作、安装、检测、安全、管理等具体技术要求和实施程序所作的统一规定。安全操作规程是指在生产经营活动中，为消除能导致人身伤亡或者造成设备、财产破坏以及危害环境的因素而制定的具体技术要求和实施程序的统一规定。安全操作规程与岗位紧密联系，是保证岗位作业安全的重要基础。

（一）岗位安全操作规程的概念和基本要求

1. 岗位安全操作规程的基本概念和作用

（1）岗位安全操作规程是指根据物料性质、工艺流程、作业活动、设备使用要求而制定的作业岗位安全生产的作业要求，是岗位作业人员安全作业的最主要依据。管理岗位一般不编制岗位安全操作规程，其安全要求应执行相关管理制度。

（2）岗位安全操作规程是岗位作业人员现场安全作业的最主要依据。因此，岗位安全操作规程的内容应涵盖岗位涉及的各类设备设施的安全操作要求、各类作业活动的安全作业要求。

2. 岗位安全操作规程的基本内容和培训教育

（1）岗位安全操作规程的基本内容应包括：岗位主要危险有害因素及其风险，作业过程需穿戴的劳动防护用品，作业前、作业中和作业后的相关安全要求和禁止事项，作业现场的应急要求等，其中应包括对设备设施、作业活动、作业环境、现场管理等进行岗位自我事故隐患排查治理的要求。岗位安全操作规程的使用对象是第一线的岗位作业人员，内容应简洁、通俗、清晰。

（2）岗位安全操作规程应以纸质版发放到岗位人员，宜将规程的主要内容制成目视化看板、展板等放置在作业现场，并组织岗位安全操作规程的培训教育。新员工、转复岗人员、"四新"作业人员到岗位作业前，需进行岗位安全操作规程的培训教育后方可上岗，其他岗位作业人员应定期进行安全操作规程的再教育，以确保每个岗位作业人员熟悉并执行本岗位安全操作规程。

3. 岗位安全操作规程的更新

岗位设备设施、作业活动等发生变化时，采用新技术、新工艺、新设备、新材料时，应对岗位安全操作规程进行更新修订；岗位安全操作规程更新修订后，应将原岗位安全操作规程及时从相关岗位回收，重新发放新的岗位安全操作规程，同时对岗位安全操作规程的看板、展板等进行更新，并对岗位作业人员进行重新培训教育。

（二）岗位安全操作规程的编制范围

1. 需编制安全操作规程的岗位

（1）企业从事作业活动，且有相应安全风险的岗位，包括被派遣劳动者的作业岗位，应编制岗位安全操作规程；相关方人员在企业现场工作，应要求相关方编制相应的岗位安全操作规程；医院、学校等单位有相应风险的作业岗位，也应编制岗位安全操作规程。

（2）岗位安全操作规程的编制，应涵盖以下类型的作业岗位：

①设备作业，包括设备操作、运行值班和巡查等作业人员，如机械加工设备操作、焊接作业、电气设备操作、变配电运行值班、空压站运行巡查、装配加工作业、餐饮后厨作业、游乐设施操作等；

②手工作业，包括使用简单工具进行的作业，如使用化学品的绿化保洁作业、使用打磨工具打磨作业、使用工具进行装订包装作业等；

③维修检修岗位，如机械维修、维修电工、后勤设施维修、管道维修等；

④试验检测岗位，如使用化学品的试验检测、需现场取样的试验检测、使用有相应风险的设备和工具进行试验检测、锅炉水质化验、学校实验和试验指导教师、医院放射性检测等；

⑤仓储物流岗位，如搬运装卸、库房保管、库区巡查、输送机械作业、厂内机动车作业等；

⑥服务岗位，如宾馆客房服务、餐饮场所服务、景区游乐设施服务、商场收发货等；

⑦其他有相应安全风险，且在现场作业的岗位。

2. 岗位安全操作规程编制单元和形式

（1）岗位安全操作规程通常应按作业岗位为单元编制；根据相关岗位的实际情况，也可采取按作业流程、设备设施等为单元编制的方法。

（2）岗位安全操作规程可以单独编制，也可与本岗位设备操作规程、工艺作业指导书等合并编制；合并编制时，安全作业的要求应单独列出，或有清晰、明确的描述和提示。

（三）岗位安全操作规程编制的流程

1. 岗位安全操作规程编制的基本要求

（1）岗位安全操作规程属于企业规章制度的一个类别，编制工作应按文件编制的流程进行；对现有安全操作规程的完善流程，与编制流程基本一致，可根据实际情况适当简化。

（2）岗位安全操作规程的编制在企业主要负责人的组织下，由企业安全管理部门、安全管理人员组织协调，由相关专业和作业部门的技术人员、管理人员和作业岗位人员参与进行编制；必要时，可组成编写组，但编写组内应有相关的技术、管理和作业人员代表参加。

2. 岗位安全操作规程编制的步骤

（1）对作业岗位及其安全风险、安全作业要求等进行摸底调研，收集和识别相关标准、设备工具出厂资料的安全要求，并由岗位作业人员、涉及的技术和管理人员提出岗位安全作业的相关建议。

（2）岗位安全操作规程总体策划，确定本单位岗位安全操作规程架构。

（3）确定各个岗位安全操作规程的结构和主要内容，并起草形成初稿。

（4）编写人员和安全管理人员对初稿进行初评，根据初评意见修改后形成岗位安全操作规程评审稿；宜将初稿或评审稿发到相应的作业岗位征求意见，并根据反馈意见进行完善修改。

（5）组织岗位所在部门负责人、注册安全工程师、相关技术人员、管理人员、工会或员工代表等，对评审稿进行评审，根据评审意见修改后形成岗位安全操作规程报批稿；小微企业可将初评和评审环节合并进行，直接形成报批稿。

（6）履行岗位安全操作规程的审批手续，通常应由企业安全分管领导或企业安全管理人员审核后，报企业主要负责人批准发布，大中型企业主要负责人可通过授权委托安全分管领导批准。

岗位安全操作规程的下发应保存文件发放记录。

（四）岗位安全操作规程总体策划

1. 岗位安全操作规程编制的调研

岗位安全操作规程涉及面广，编制前应进行充分的调研，在调研基础上进行总体策划，以确保安全规程覆盖所有作业岗位，其内容规范、有效、可行；对现有安全操作规程的完善工作，也应根据实际情况进行必要的调研和策划。调研的对象是该岗位所在部门的安全员，该岗位设备、工艺等涉及的管理和技术人员，该岗位所在的班组长、岗位作业人员。调研的内容包括：

（1）岗位涉及的主要作业活动。如电工岗位，在调研时应了解其是否负责车间电气线路维修、设备电气维修、车间配电室日常巡查等，工作中是否涉及登高作业，是否还负责其他工作。又如某设备操作岗位，在调研时应了解其是否负责交接班和班前检查、作业过程的设备操作和故障排除、作业过程的巡视和运行记录、作业过程的定时抽样检测和记录、作业过程的其他工作；是否负责作业完成后的设备清洁保养、日常的设备检修，是否负责作业区域的定置管理，是否还负责其他工作。

（2）岗位涉及的设备设施、工具。如木工打磨作业岗位，在调研时应了解其是否使用电动或风动砂轮打磨机、抛光机等，使用的手持电动工具属于Ⅰ类还是Ⅱ类电动工具，是否在车间内设置打磨区并带有除尘、通风装置等；又如焊接作业岗位，在调研时应了解其是否从事电焊并使用电焊机，是否从事气焊并使用乙炔和氧气气瓶，是否从事保护焊等其他焊接并使用二氧化碳气瓶等其他物质，现场是否需要使用其他辅助工具等。

（3）岗位设备设施、作业活动、作业环境、现场管理涉及的主要危险有害因素（危险源）及其风险、现有控制措施。如后厨作业岗位，在调研时应关注其下列主要风险：使用炊事机械设备无防护或操作不当可能造成的机械伤害，潮湿场所的电气线路漏电或炊事机械漏电可能造成的触电，燃气管道损坏或操作不当可能造成的燃气泄漏引发火灾，排烟管道未经常清洗可能造成的油污遇明火起火，使用霉变腐烂的食材，食品加工过程不卫生可能导致的食物中毒等。

（4）在调研的同时，应了解岗位风险及其现场控制措施是否有效，需增加或完善哪些控制措施，如后厨作业岗位使用的液化气瓶软管是否定期检查和更换、排烟管道是否定期清洗、现场电气线路是否有漏电保护等，听取班组和岗位人员的介绍和建议。

2. 岗位安全操作规程架构总体策划的要求

（1）在调研基础上，编写人员与各类岗位所在部门共同对企业安全操作规程的架构进行总体策划，确定本企业需编制岗位安全操作规程的岗位、规程名称和数量等，其通常按作业岗位所在部门分别确定。

（2）应形成各作业岗位所在部门的安全操作规程架构清单，小微企业可形成企业安全操作规程架构清单；清单内应具体列出岗位名称、岗位涉及的设备设施工具、岗位涉及的主要作业活动、岗位需执行的其他安全操作规程等；清单的格式推荐见表 2.1。

表 2.1　安全操作规程架构清单示例

企业/部门：		安全操作规程架构清单			
序号	岗位名称	岗位安全操作规程名称	岗位涉及的设备设施、工具	岗位涉及的主要作业活动	岗位需执行的其他安全操作规程

3. 岗位安全操作规程架构总体策划的方法和要点

岗位安全操作规程以作业岗位为单元编制，结合岗位的实际情况具体确定。

（1）对于岗位作业人员需使用几种设备或工具的，宜将各设备、工具的安全要求纳入该岗位安全操作规程内，避免同一岗位执行多个安全操作规程；如机械维修岗位，需使用机械加工设备、砂轮机、电动工具，则宜在其岗位安全操作规程内明确这些设备、工具的安全操作要求，而不再单独编制某个设备、工具的安全操作规程。

（2）作业人员同时负责两个或以上岗位的作业，且负责的各岗位安全作业要求基本不同时，需同时分别编制各个岗位的安全操作规程；如某企业规定某作业人员同时负责车床作业和车间机械设备维护工作，则该作业人员应同时执行车床、机械设备维护两份岗位安全操作规程，而不宜合并。

（3）作业人员同时负责两个或以上设备的作业，但负责的各设备安全作业要求具有相关性和共同性，可以合并编制涵盖几种设备的一个岗位安全操作规程，但对不同设备的特殊安全要求应单独列出；如小型企业的机械加工作业人员通常同时操作车床、铣床、钻床、台钻等机械加工设备，可以编制机加工岗位安全操作规程，在对机械加工通用安全要求进行规范的同时，具体规定各设备的特殊要求。

（4）生产线的岗位作业人员，同时负责不同的相关工序作业时，可按生产线相关工序编制岗位安全操作规程；如某装配生产线，某岗位人员负责上料、装配、检测等工序作业，则可合并编制上料、装配和检测岗位安全操作规程，另一个岗位负责生产线后道的下线、包装、捆扎工序作业，则另行编制后道工序的岗位安全操作规程。

（5）不同的部门内的同类岗位的实际情况完全或基本一致时，如不同车间的维修电工岗位、不同车间的车床作业岗位等，所从事的工作基本相同时，可编制本单位统一的该类岗位安全操作规程；如各部门同类岗位实际情况差别较大，则需单独编制，如动力车间的电工维修，通常包括变配电设备的维修保养，由于其作业活动风险大，且作业涉及道闸、停电作业等审批要求，因此应单独编制岗位安全操作规程，而不宜与一般的车间维修电工编制同一份岗位安全操作规程。

4. 岗位安全操作规程编制计划

涉及岗位众多的企业，应确定岗位安全操作规程编制计划。编制计划内应明确编制分工、各阶段的工作和时间表，并可规定下发和培训、学习的要求；编制计划表的格式推荐见表 2.2。

表 2.2 岗位安全操作规程编制计划示例

岗位安全操作规程编制计划				
第一阶段：各岗位安全操作规程初稿编制，要求____年____月_____日前交稿，各规程编制起草人和协助人员如下：				
序号	岗位安全操作规程名称	起草部门	起草人	配备部门/主要配合人
第二阶段：_______部负责组织作业部门和岗位人员，对初稿进行初评，根据初评意见修改后形成评审稿，要求____年____月_____日前完成；具体负责人：________、_________，各岗位所在部门安全员负责组织本部门相关人员参加。				
第三阶段：_______部负责组织作业部门、相关管理和技术人员、岗位作业人员，对评审稿进行评审，根据评审意见修改后形成报批稿，要求____年____月_____日前完成；具体负责人：________、_________，安全管理部门、各岗位所在部门负责人负责组织本部门相关人员、注册安全工程师参加。				
第四阶段：_______部负责组织办理岗位安全操作规程的审批手续，___________审核后，报________批准发布，要求____年____月_____日前完成；具体负责人：_______。				
第五阶段：_______部负责将岗位安全操作规程下发到各相关部门，要求____年____月_____日前下发，并对各部门内部是否发放到岗位人员，是否组织有效的培训学习等情况进行监督检查；具体负责人：_______、_________。各相关部门负责人、安全员负责组织内部发放，并保持岗位人员签收记录，组织各班组、各岗位作业人员培训和学习岗位安全操作规程，保存记录，要求____年____月_____日前完成，并将培训学习情况报_______部。				
计划编制人：		批准人：		日期：

（五）岗位安全操作规程的基本结构六要素

岗位安全操作规程的内容应涵盖岗位所有的安全作业要求，并符合相关政府及部门的安全生产标准化的要求。其基本结构应包括六个必备要素，且各要素内容应符合岗位实际。六个必备要素具体如下：

1. 适用范围

设置本要素的目的，是明确岗位安全操作规程的适用岗位范围，避免其他岗位人员误用。本要素应具体规定本安全操作规程适用于哪些岗位，如："本规程适用于本公司各部门维修电工岗位""本规程适用于本公司某某车间的某某车床操作岗位""本规程适用于本公司某某部动力设备作业岗位，包括本岗位负责的空压机、制冷机作业"。

2. 岗位安全作业职责

设置本要素的目的，是确定本作业岗位的安全职责并进行具体描述。本要素应简要规定岗位人员负责的安全职责，通常包括本岗位日常事故隐患自我排查治理、本岗位安全操作规程安全作业、设备保养过程安全作业、本岗位事故和紧急情况的报告和现场处置等；特殊的岗位还应包括其巡视、检查等职责。

3. 岗位危险有害因素

设置本要素的目的，是通过岗位安全操作规程，提示岗位存在的风险，以确保岗位人员熟悉本岗位风险，树立风险意识，从而自觉执行岗位安全操作规程。本要素应列出岗位涉及的主要危险危害因素。主要危险危害因素，应归纳为岗位最常见的、且风险相对较大的事故风险和职业危害风险，数量不限，通常3~10个为宜；其他风险可提示岗位人员见本企业或本部门的危险源风险识别清单。主要危险危害因素应按本岗位相关作业活动分别描述，描述时应简洁地说明风险发生的原因、过程和结果，如：某维修岗位使用台钻、砂轮机和电动工具，应分别描述使用这些设备、工具的风险；某岗位操作高速机械灌装生产设备，应分别描述其机械伤害风险和接触噪声的风险；某打磨岗位涉及在一般场所打磨和易燃易爆场所打磨，则应在描述一般场所打磨的风险的基础上，增加在易燃易爆场所打磨的风险。危险危害因素的描述通常使用列表的方法，推荐的列表格式见表2.3。

表2.3 岗位危险危害因素

作业活动	主要危险危害因素	可能造成的事故/伤害风险	可能伤害的对象

4. 岗位防护用品要求

设置本要素的目的，是明确规定岗位作业过程需佩戴的劳动防护用品，防止岗位人员出现不使用防护用品的隐患。本要素应具体列出各类活动分别应佩戴的具体劳动防护用品。如：岗位作业人员进入作业区域应穿戴工作服、工作帽，长发应盘在工作帽内，袖口及衣服角应系扣；进入变配电设施现场进行检修、倒闸及维修作业应穿戴绝缘靴；带电检修和倒闸时应戴绝缘手套；某设备操作岗位作业时需佩戴防噪声耳塞，班后清扫设备时需戴防尘口罩等。

5. 岗位作业安全要求

设置本要素的目的，是规范作业全过程的安全要求，是岗位安全操作规程的核心内容。本要素应具体规定作业前、作业过程和作业后的岗位安全作业要求，包括隐患自查自改、各类活动的安全要求和禁止性要求等；编写的具体内容较多，可根据岗位实际，选择文字描述或列表的方法。通常的编写内容包括：

（1）作业前的安全要求，通常包括开机、作业前对交接班记录和标识、设备设施和工具、安全装置、周边作业环境等进行隐患自查的要求、消除隐患或上报的要求和方法、开机前准备和开机的安全作业步骤和安全注意事项等。

（2）作业过程的安全要求，通常包括正常作业的安全操作注意事项、排除故障时应注意的安全事项、其他作业过程应注意的安全事项等，作业过程检查或巡查发现隐患的处置或上报要求等，作业过程禁止性事项等。

（2）作业后的安全要求，通常包括设备清扫保养过程应注意的安全事项、关闭电源和气源前应注意的安全事项、工作结束离开现场应进行的现场相关隐患检查和处置、交接班记录和标识的要求等。

6. 岗位应急处置要求

设置本要素的目的，是将岗位涉及的现场应急要求列出，即使本岗位不需编制现场处置方案时，也能确保岗位人员熟悉和执行应急处置措施。本要素应提示岗位可能发生的紧急情况、事故征兆、事件事故，并简要规定岗位第一时间进行处置的方法，如该岗位应急措施涉及流程和内容需编制所在区域、设备的现场处置方案，则可提示其具体执行某某现场处置方案。通常需提示和规定的内容包括：

（1）作业区域发生火险时的处置和疏散方法，如立即停机断电；立即使用周边的灭火器进行灭火并同时报告带班人员；处置无效时立即撤离现场，按现场疏散指示标识到某某集合地集合等。

（2）设备发生紧急情况或事件事故时的处置方法，如设备发生某某故障，应使用某某工具进行排除；设备发生某某故障，需人工排除时应关机或关闭生产线电源；人员的肢体、衣服、头发等被机械运转部位夹住或卷入时，应立即按下设备的紧急停止开关等。

（3）发生事件事故后报告的方法：通常要求首先报告带班人员，紧急情况下可直接报告单位安全管理人员或值班室、监控室等，并列出报告电话。

（4）现场有人员受到伤害时的处置方法：可列出在第一时间进行抢救处置的简要方法，比较复杂的抢救方法通常可作为岗位安全操作规程的附件。

（六）岗位安全操作规程的编写要求和方法

1. 岗位安全操作规程的版本格式

编制岗位安全操作规程，首先应确定岗位安全操作规程的版本格式。大型企业通常按企业标准编制岗位安全操作规程，将其纳入企业技术标准或工作标准；其他企业可根据本单位文件编制的格式要求，确定岗位安全操作规程版本格式，小微企业的岗位安全操作规程版本应尽量简洁。

2. 岗位安全操作规程结构、内容的确定和编写

在基本结构六要素的基础上，确定各个岗位安全操作的结构和内容，并参照本指南提供的范例编写。岗位安全操作规程的结构和内容通常可选择以下方式：

（1）岗位从事单一作业活动，或使用单一设备及简单的辅助设备、工具时，可按六个必备要素进行编制。编制方法可参照附件提供的范例。

（2）作业活动简单的小微企业的作业岗位、小型单位的服务岗位等，可以对基本结构进行适当合并简化，以求岗位安全操作规程更加实用、可行。如：适用范围和岗位安全作业职责可以合并为一个因素，岗位作业安全要求和岗位劳动防护用品佩戴要求、岗位应急要求的基本内容不得删减，但要素可适当合并。编制方法可参照附件提供的范例。

（3）岗位涉及的设备设施和作业活动较复杂时，如机械维修、餐饮后厨、电焊气焊等作业岗位均需操作不同的设备、从事不同的作业活动，岗位安全操作规程的"岗位作业职责要素"内应具体规定该岗位从事不同的作业活动、使用不同设备设施时负责的相关作业职责。同时，应根据实际情况灵活确定其他要素的结构和内容，如可在"主要危险危害因素"内分别描述操作不同设备、从事不同作业活动的风险；可按不同

设备、不同的作业活动分别描述"岗位劳动防护用品佩戴要求"、"岗位作业安全要求"（含作业前、作业过程和作业后）、"岗位应急要求"；岗位需保存相关记录的，可将记录表格作为附件。编写方法可参照附件提供的范例。

（4）岗位涉及巡查、检测等作业活动，需规定频次和指标，需填写并保存记录，如空压机作业岗位，需定时对设备压力等进行检查，变配电运行和检修岗位需按管理制度要求填写并保存运行记录时，通常在基本结构六要素基上增加相应要素，提出规范要求，或将相应的要求指标、记录表格作为岗位安全操作规程的附件。编写方法可参照附件提供的范例。

（5）岗位需求的安全知识，岗位涉及的管理要求和技术规范，岗位涉及的安全装置清单等，通常不在岗位安全操作规程内具体描述；大中型企业推行岗位安全规范的，也可将这些内容纳入安全操作规程，如危化品库房保管员需掌握的危化品储存间距要求、危化品特性及其禁忌知识等，并在基本结构六要素基础上，将这些知识、管理和技术要求形成摘要作为岗位安全操作规程的增加要素或附件；编写方法可参照附件提供的范例。

（6）岗位涉及的某些作业环节涉及多个作业流程步骤，且风险较大时，可按作业流程分解法编制岗位安全操作规程，如锅炉作业岗位，先将作业活动分解为不同的作业流程步骤，除"适用范围""岗位作业职责"要素外，针对作业活动的各个流程步骤，编制各步骤的危险有害因素、劳动防护用品佩戴要求、作业安全要求、应急措施等基本要素内容。编写方法可参照附件提供的范例。

总之，生产经营单位应根据确定的各岗位安全操作规程的结构，确定各岗位安全操作规程的主要内容；内容的确定应在前期对岗位调研收集整理的资料基础上，依据安全生产标准化的要求进行，编写前事先确定岗位安全的禁止性要求、需特别强调的岗位个性化安全要求等重点内容；必要时，可形成各岗位安全操作规程的起草大纲，以便起草人员按规定的要求开展编制工作，保证初稿的编制质量。

（七）叉车作业岗位安全操作规程范例

1. 适用范围

本标准适用于本公司各车间各类叉车作业人员的安全操作，包括柴油车和电动车。

2. 岗位安全作业职责

（1）负责本岗位日常事故隐患自我排查治理，包括班前、班中、班后的排查和处置。

（2）负责本岗位叉车装卸作业，在作业和故障排除过程中，严格按照规定安全操作，正确佩戴和使用劳动防护用品。

（3）负责本岗位叉车的充电或加油过程的安全作业，严格按规定进行安全操作。

（4）负责本岗位叉车及其安全装置、工器具的日常保养，确保其安全功能完好有效，保养过程按规定安全作业，本岗位不能解决的问题，及时报修。

（5）负责本岗位事故和紧急情况的报告和现场处置。

3. 岗位主要危险有害因素（见表2.4）

表 2.4 叉车作业岗位主要危险有害因素

作业活动	主要危险有害因素	可能造成的事故/伤害	可能伤害的对象
叉车装卸和行驶	车辆维护保养不及时，车辆制动、转向系统等失灵等故障，造成车辆撞人、撞物	车辆伤害	操作人员和周边人员
	作业环境照明、标识、道路等不良，或人车混行，造成车辆撞人、撞物	车辆伤害	操作人员和周边人员
	驾驶人员违章超载、超速驾驶，造成车辆撞人、撞物	车辆伤害	操作人员和周边人员
车辆加油	柴油车加油时违规使用明火，导致起火或爆炸	火灾爆炸	操作人员和周边人员
	车辆漏油，遇明火、静电或火花等，导致起火爆炸。	火灾爆炸	操作人员和周边人员
车辆充电	充电操作不当，电动车超负荷充电，或充电设备故障造成充电线路过热，或电池爆燃，导致起火	火灾	操作人员和周边人员
	充电操作不当，或充电设备漏电，人员接触带电部位	触电	操作人员
	更换充电液，操作不当，化学液进入眼睛、皮肤	眼睛或皮肤伤害	操作人员
设备清扫保养、存放	叉车清扫保养时，肢体接触设备尖锐部位	机械伤害	操作人员
	叉车存放在高温部位，造成柴油自燃	火灾	周边人员

4. 个体防护用品穿戴要求

（1）作业人员应穿工作服、戴安全帽、系安全带，长发应盘在工作帽内，袖口及衣服角应系扣。

（2）作业人员不得穿拖鞋或其他不防滑的鞋类。

5. 叉车作业安全要求

（1）叉车驾驶人员应当按照国家有关规定经特种设备安全监督管理部门考核合格，取得国家统一格式的厂内机动车特种设备作业人员证书；作业时应随身携带证书（证书由所在单位统一保管时，应随身携带证书复印件）。

（2）叉车驾驶人员身体健康，无职业禁忌证。

（3）作业前准备安全要求。

①检查燃油储油量、电瓶电量是否符合要求；

②检查油管、水管、排气管及各附件有无渗漏现象；

③检查车轮螺栓紧固程度及各轮胎气压是否达到规定值；

④检查转向及制动系统的灵活性和可靠性；

⑤检查电气线路是否有松动现象，喇叭、转向灯、制动灯及各仪表工作是否正常；

⑥检查座椅是否牢固，安全带是否完好可用，灭火器材是否有效；

⑦查看叉车行驶路线的作业环境是否无异常情况，包括道路、照明等是否正常。

（4）叉车装卸和行驶安全要求。

①严禁酒后驾驶，行车中不准吸烟或与他人闲谈，行驶中严禁接打手机。

②严禁超速驾驶:

A. 厂内主干道上行驶,时速不得超过 10km;

B. 进出车间仓库转弯时速不得超过 5km;

C. 在车间内,时速不得超过 3km;

D. 在较差的道路条件下作业,起重量应适当降低,并降低行驶速度。

③严禁超负荷装载,装载和行驶注意以下安全事项:

A. 在装载货物时,应根据货物大小调整货叉距离,货物的重量应平均的由两货叉分搭,以免偏载或开动的货物向一边滑脱;

B. 货叉插入货堆后,叉壁应与货物的一面贴紧;

C. 叉车开动前,应将叉架后倾到固定位置上防止货物倾倒;行驶时起重门架要后倾;将货叉升起离地面 300mm 左右再行驶,距地面始终保持距离;

D. 搬运大体积货物时,货物挡着视线,叉车应倒车低速行驶;

E. 叉车开动时,必须先鸣笛、观察前后是否有人或障碍物;

F. 叉车转弯、进入现场必须鸣笛,减速缓行;严禁急刹车、高速转弯、行走时起升或下降货物。

④作业中应遵守"八不准":

A. 不准将货物升高做长距离行驶;

B. 不准用货叉挑起翻盘的方法卸货;

C. 不准用货叉直接铲运危险品、易燃品;

D. 不准用单货叉作业;

E. 不准用惯性力取货;

F. 不准在货盘或货叉上带人作业,货叉带起后,货叉下严禁站人;

G. 不准用制动惯性溜放圆形或易滚动的货物;

H. 不准两车装载同一物体。

⑤叉车中途停车,发动机空转时应后倾收回门架,发动机停业后应使滑架下落,并前倾使货叉着地。

⑥工作过程中,如果发现可疑的噪音或不正常的现象,必须立即停车检查,及时采取措施加以排除,在没有排除故障前不得继续作业。

(5)作业结束后的安全要求。

①停车后应关闭油门或总开关;严禁让发动机空转而无人看管,更不允许将货物吊于空中而驾驶员离开驾驶位置;停车离开时必须将车钥匙取下。

②每天作业完后对叉车进行日常清洁保养,清洁保养时应避免接触车辆突出和尖锐部位,严禁吸烟和使用明火。

③车辆停用时,应停放在指定位置,不应停放在坡地上;将货叉落地;不准将车停在坡道口。

④叉车充电安全要求:

A. 叉车应到本单位专用充电点充电,充电时叉车应处于停车状态;充电区域内禁止吸烟;

B. 充电前应检查充电设备是否完好,充电插头、充电夹及线路是否无破损,确认完好有效方可开始充电；

C. 开始充电后，应根据蓄电池的允许容量，确定电流强度，并检查充电是否正常，如整流器发热或其他部分损坏，应立即切断电源；在未切断电源前，严禁取用蓄电池；

D. 充电正常进行5分钟后，人员方可离开现场，在结束充电后及时停止充电作业。

⑤叉车加油安全要求：

A. 车辆加油时应熄火；到加油站或本单位加油点加油时，严禁吸烟、严禁使用手机；

B. 在本单位加油点加油时，应使用专门配备的防静电抽油工具，并防止柴油泄漏；

C. 现场少量柴油溅出时应立即清理，发生大量泄漏时应采取应急措施。

6. 岗位应急要求

（1）车辆行驶中由于碰撞、翻车等引起人体伤害和物体倒塌、飞落、挤压等，立即抢救伤者。

（2）车辆在充电时发生设备漏电，应立即关闭充电设备电源；如发生人员触电，不得用肢体接触触电者，首先应关闭电源，来不及关闭时，应使用绝缘物体将带电物挑开。

（3）车辆加油时，发生柴油泄漏，应立即停止作业，并报告当班带班人员；不得在泄漏现场使用手机和其他产生静电或火花的设备工具，并立即开启通风装置进行通风。

（4）车辆或周边发生火险时，应立即停止作业，使用车载和周边的灭火器进行灭火并同时报告当班带班人员；处置无效时立即撤离现场，按现场指示标识疏散到集合点。

第四节　企业安全生产标准化

┌--- ■**本节知识要点** ---

1. 企业安全生产标准化基本概念；
2. 企业安全生产标准化建设基本流程；
3. 企业安全生产标准化建设的意义；
4. 安全标准化体系建设的方式及内容。
└

2004 年，《国务院关于进一步加强安全生产工作的决定》（国发〔2004〕2 号）提出了在全国所有的工矿、商贸、交通、建筑施工等企业普遍开展安全质量标准化活动的要求。2010 年 4 月 15 日，国家安全生产监督管理总局以 2010 年第 9 号公告发布了《企业安全生产标准化基本规范》安全生产行业标准，标准编号为 AQ/T9006-2010，自 2010 年 6 月 1 日起实施。随着安全生产标准化工作的持续推进，安全生产标准化规范体系的完善，安全生产标准化的作用凸显，我国已从法律层面上确定了安全生产标准化的地位，并将创建规范上升为国家标准《企业安全生产标准化基本规范》（GB/T 33000-2016）。2014 年的《安全生产法》中提出，生产经营单位推进安全生产标准化建设，提高安全生产水平，确保安全生产。2021 年《安全生产法》修订后，进一步要求生产经营单位加强安全生产标准化建设。2021 年 10 月 27 日，中华人民共和国应急管理部印发《企业安全生产标准化建设定级办法》的通知（应急〔2021〕83 号），进一步规范和促进企业开展安全生产标准化建设，建立并保持安全生产管理体系，全面管控生产经营活动各环节的安全生产工作，不断提升安全管理水平。

安全生产标准化体现了"安全第一、预防为主、综合治理"的方针和"以人为本"的科学发展观，强调企业安全生产工作的规范化、科学化、系统化和法制化，强化风险管理和过程控制，注重绩效管理和持续改进，符合安全管理的基本规律，代表了现代安全管理的发展方向，是先进安全管理思想与我国传统安全管理方法、企业具体实际的有机结合，有效地提高了企业的安全生产水平，从而推动了我国安全生产状况的根本好转。

一、安全生产标准化的基本概念

安全生产标准化是指企业通过落实安全生产主体责任，全员全过程参与，建立并保持安全生产管理体系，全面管控生产经营活动各环节的安全生产与职业卫生工作，实现安全健康管理系统化、岗位操作行为规范化、设备设施本质安全化、作业环境器具定置化，并持续改进。

二、建设安全生产标准化的目的和意义

（一）安全生产标准化建设的目的

（1）严格落实企业安全生产责任制，加强安全科学管理，实现企业安全管理的规范化。

（2）加强安全教育培训，强化安全意识、技术操作和防范技能，杜绝"三违"。

（3）加大安全投入，提高专业技术装备水平，深化隐患排查治理，改进现场作业条件。

（4）通过安全生产标准化建设，实现岗位达标、专业达标和企业达标，各行业（领域）企业的安全生产水平明显提高，安全管理和事故防范能力明显增强。

（二）安全生产标准化建设的意义

（1）企业全面贯彻实施《安全生产法》的具体表现。

（2）落实企业安全生产主体责任的重要举措。

（3）预防事故，控制事故，加强源头管理的重要技术手段。

（4）提高企业安全管理水平，提升企业本质安全度的重要途径。

（5）各级政府部门实施安全生产监督管理的重要依据。

（6）有效防范事故发生的重要手段。

三、安全生产标准化建设依据

依据《安全生产法》（中华人民共和国主席令第八十八号）第二十一条，生产经营单位的主要负责人对本单位安全生产工作负有"建立健全并落实本单位全员安全生产责任制，加强安全生产标准化建设"的职责。

依据《企业安全生产标准化建设定级办法》（应急〔2021〕83号），企业安全生产标准化适用范围包括化工（含石油化工）、医药、危险化学品、烟花爆竹、石油开采、冶金、有色、建材、机械、轻工、纺织、烟草、商贸等行业，标准化定级等级由高到低分为一级、二级、三级。其中，应急管理部为一级企业以及海洋石油全部等级企业的定级部门，省级和设区的市级应急管理部门分别为其行政区域内二级、三级企业的定级部门。

2016年12月13日国家标准《企业安全生产标准化基本规范》（GB/T 33000－2016）发布，并于2017年4月1日起实施。其适用于工矿商贸和危险化学品企业开展安全生产标准化建设工作，有关行业制修订安全生产标准化标准、评定标准，以及对安全生产标准化工作的咨询、服务、评审、科研、管理和规划等。其他企业和生产经营单位可参照执行。

为进一步推进冶金、有色、建材、机械、轻工、纺织、烟草、商贸等行业（以下统称冶金等工贸行业）企业安全生产标准化工作制度化、规范化和科学化，相关部门依据《企业安全生产标准化基本规范》，先后制定了《冶金等工贸行业企业安全生产标准化评分细则》《冶金等工贸行业小微企业安全生产标准化评定标准》。

工矿商贸企业涉及的安全生产标准化评定标准主要包括但不限于：

《商场企业安全生产标准化评定标准》

《饮料生产企业安全生产标准化评定标准》

《调味品生产企业安全生产标准化评定标准》

《酒类（葡萄酒、露酒）生产企业安全生产标准化评定标准》

《服装生产企业安全生产标准化评定标准》

《造纸企业安全生产标准化评定标准》

《制糖企业安全生产标准化评定标准》

《食品生产企业安全生产标准化评定标准》

《白酒生产安全生产标准化评定标准》

《啤酒生产安全生产标准化评定标准》

《乳制品生产安全生产标准化评定标准》

《机械制造企业安全生产标准化评定标准》

《日用硅酸盐制品（日用玻璃、日用陶瓷、日用搪瓷）生产企业安全生产标准化评定标准》

《纺织企业安全生产标准化评定标准》

《平板玻璃企业安全生产标准化评定标准》

《石膏板生产企业安全生产标准化评定标准》

《水泥企业安全生产标准化评定标准》

《建筑卫生陶瓷企业安全生产标准化评定标准》

《电解铝（含熔铸、碳素）企业安全生产标准化评定标准》

《氧化铝企业安全生产标准化评定标准》

《冶金企业安全生产标准化评定标准（焦化）》

《冶金企业安全生产标准化评定标准（炼钢）》

《冶金企业安全生产标准化评定标准（炼钢）》

《冶金企业安全生产标准化评定标准（煤气）》

《冶金企业安全生产标准化评定标准（烧结球团）》

《冶金企业安全生产标准化评定标准（铁合金）》

《冶金企业安全生产标准化评定标准（轧钢）》

《冶金企业等工贸企业安全生产标准化基本规范评定标准》

《有色金属压力加工企业安全生产标准化评定标准》

《有色重金属冶炼企业安全生产标准化评定标准》

《冶金等工贸行业小微企业安全生产标准化评定标准》

四、安全生产标准化的核心要求

《企业安全生产标准化基本规范》（GB/T 3300-2016）规定了企业安全生产标准化管理系统建立、保持与评定的原则和一般要求，以及目标职责、制度化管理、教育培训、现场管理、安全风险管控及隐患排查治理、应急管理、事故管理和持续改进 8 个体系要素的核心技术要求。

（一）原则和一般要求

1. 原则

企业开展安全生产标准化工作，应遵循"安全第一、预防为主、综合治理"的方针，落实企业主体责任；以安全风险管理、隐患排查治理、职业病危害防治为基础，以安全生产责任制为核心，建立安全生产标准化管理体系，实现全员参与，全面提升安全生产管理水平，持续改进安全生产工作，不断提升安全生产绩效，预防和减少事故的发生，保障人身安全健康，保证生产经营活动的有序进行。

2. 一般要求

企业应采用"策划、实施、检查、改进"的"PDCA"动态循环模式，依据本标准的规定，结合企业自身特点，自主建立并保持安全生产标准化管理体系；通过自我检查、自我纠正和自我完善，构建安全生产长效机制，持续提升安全生产绩效。

（二）核心技术要求

1. 目标职责

企业应根据自身安全生产实际，制定其总体和年度安全生产与职业卫生目标，并将安全生产目标纳入企业总体生产经营目标。年度安全生产目标需明确目标的制定、分解、实施、检查、考核等环节要求，并按照所属基层单位和部门在生产经营活动中所承担的职能，将目标分解为指标，确保落实。

机构职责的内容包括：

（1）机构设置。企业应落实安全生产组织领导机构，成立安全生产委员会，并应按照有关规定设置安全生产和职业卫生管理机构，或配备相应的专职或兼职安全生产和职业卫生管理人员，按照有关规定配备注册安全工程师，建立健全从管理机构到基层班组的管理网络。

（2）主要负责人及管理层职责。企业主要负责人全面负责安全生产和职业卫生工作，并履行相应责任和义务。分管负责人应对各自职责范围内的安全生产和职业卫生工作负责。各级管理人员应按照安全生产和职业卫生责任制的相关要求，履行其安全生产和职业卫生职责。

（3）全员参与。企业应建立健全安全生产和职业卫生责任制，明确各级部门和从业人员的安全生产和职业卫生职责，并对职责的适宜性、履职情况进行定期评估和监督考核。此外，企业应为全员参与安全生产和职业卫生工作创造必要的条件，建立激励约束机制，鼓励从业人员积极建言献策，营造自下而上、自上而下全员重视安全生产和职业卫生的良好氛围，不断改进和提升安全生产和职业卫生管理水平。

（4）安全生产投入。企业应建立安全生产投入保障制度，按照有关规定提取和使用安全生产费用，并建立使用台账。

（5）安全文化建设。企业应开展安全文化建设，确立本企业的安全生产和职业病危害防治理念及行为准则，并教育、引导全体从业人员贯彻执行。

（6）安全生产信息化建设。企业应根据自身实际情况，利用信息化手段加强安全生产管理工作，开展安全生产电子台账管理、重大危险源监控、职业病危害防治、应急管理、安全风险管控和隐患自查自报、安全生产预测预警等信息系统的建设。

2. 制度化管理

企业的制度化管理包括：

（1）法规标准。企业应建立安全生产和职业卫生法律法规、标准规范的管理制度，应将适用的安全生产和职业卫生法律法规、标准规范的相关要求及时转化为本单位的规章制度、操作规程，并及时传达给相关从业人员，确保相关要求落实到位。

（2）规章制度。企业应建立健全安全生产和职业卫生规章制度，并征求工会及从业人员意见和建议，规范安全生产和职业卫生管理工作，同时应确保从业人员及时获取制度文本。

（3）操作规程。企业应按照有关规定，结合本企业生产工艺、作业任务特点以及岗位作业安全风险与职业病防护要求，编制齐全适用的岗位安全生产和职业卫生操作规程，发放到相关岗位员工，并严格执行。

（4）文档管理。企业应建立文件和记录管理制度，明确安全生产和职业卫生规章制度、操作规程的编制、评审、发布、使用、修订、作废以及文件和记录管理的职责、程序和要求。同时，企业应每年至少评估一次安全生产和职业卫生法律法规、标准规范、规章制度、操作规程的适宜性、有效性和执行情况。根据评估结果、安全检查情况、自评结果、评审情况、事故情况等，企业应及时修订安全生产和职业卫生规章制度、操作规程。

3. 教育培训

企业教育培训包括以下几个方面：

（1）教育培训管理。企业安全教育培训应包括安全生产和职业卫生的内容，其规定企业应建立健全安全教育培训制度，按照有关规定进行培训。培训大纲、内容、时间应满足有关标准的规定。

（2）人员教育培训

①主要负责人和管理人员：企业的主要负责人和安全生产管理人员应具备与本企业所从事的生产经营活动相适应的安全生产和职业卫生知识与能力。

②从业人员：企业应对从业人员进行安全生产和职业卫生教育培训。未经安全教育培训合格的从业人员，不应上岗作业。

③外来人员：企业应对进入企业从事服务和作业活动的承包商、供应商的从业人员和接收的中等职业学校、高等学校实习生，进行入厂（矿）安全教育培训，并保存记录。

4. 现场管理

（1）设备设施管理。

①设备设施建设：建设项目的安全设施和职业病防护设施应与建设项目主体工程同时设计、同时施工、同时投入生产和使用。

②设备设施验收：企业应执行设备设施采购、到货验收制度，购置、使用设计符合要求、质量合格的设备设施。

③设备设施运行：企业应对设备设施进行规范化管理，建立设备设施管理台账。

④设备设施检维修：企业应建立设备设施检维修管理制度，制订综合检维修计划，加强日常检维修和定期检维修管理，落实"五定"原则。

⑤检测检验：特种设备应按照有关规定，委托具有专业资质的检测、检验机构进行定期检测、检验。

⑥设备设施拆除、报废：企业应建立设备设施报废管理制度。设备设施的报废应办理审批手续，在报废设备设施拆除前应制定方案，并在现场设置明显的报废设备设施标志。

（2）作业安全。

①作业环境和作业条件：企业应事先分析和控制生产过程及工艺、物料、设备设施、器材、通道、作业环境等存在的安全风险。生产现场应实行定置管理，保持作业环境整洁。

②作业行为：企业应依法合理进行生产作业组织和管理，加强对从业人员作业行为的安全管理，对设备设施、工艺技术以及从业人员作业行为等进行安全风险辨识，采取相应的措施，控制作业行为安全风险。

③岗位达标：企业应建立班组安全活动管理制度，开展岗位达标活动，明确岗位达标的内容和要求。

④相关方：企业应建立承包商、供应商等安全管理制度。

（3）职业健康。

企业应为从业人员提供符合职业卫生要求的工作环境和条件，为接触职业病危害的从业人员提供个人使用的职业病防护用品，建立、健全职业卫生档案和健康监护档案。同时还应当进行：

①职业病危害告知：企业与从业人员订立劳动合同时，应将工作过程中可能产生的职业病危害及其后果和防护措施如实告知从业人员，并在劳动合同中写明。企业应按照有关规定，在醒目位置设置公告栏，公布有关职业病防治的规章制度、操作规程、职业病危害事故应急救援措施和工作场所职业病危害因素检测结果。

②职业病危害项目申报：企业应按照有关规定，及时、如实向所在地安全监管部门申报职业病危害项目，并及时更新信息。

③职业病危害监测与评价：企业应对工作场所职业病危害因素进行日常监测，并保存监测记录。定期检测结果中职业病危害因素浓度或强度超过职业接触限值的，企业应根据职业卫生技术服务机构提出的整改建议，结合本单位的实际情况，制定切实有效的整改方案，立即进行整改。

（4）警示标志。

企业应按照有关规定和工作场所的安全风险特点，在有重大危险源、较大危险因素和严重职业病危害因素的工作场所，设置明显的、符合有关规定要求的安全警示标志和职业病危害警示标识。

5. 安全风险管控及隐患排查治理

（1）安全风险管理。

①安全风险辨识：企业应建立安全风险辨识管理制度，组织全员对本单位安全风险进行全面、系统的辨识。安全风险辨识范围应覆盖本单位的所有活动及区域，并考虑正常、异常和紧急三种状态及过去、现在和将来三种时态。

②安全风险评估：企业应建立安全风险评估管理制度，明确安全风险评估的目的、范围、频次、准则和工作程序等。

③安全风险控制：企业应选择工程技术措施、管理控制措施、个体防护措施等，对安全风险进行控制。

④变更管理：企业应制定变更管理制度。变更前应对变更过程及变更后可能产生的安全风险进行分析，制定控制措施，履行审批及验收程序，并告知和培训相关从业人员。

（2）重大危险源辨识与管理。

企业应建立重大危险源管理制度，全面辨识重大危险源，对确认的重大危险源制定安全管理技术措施和应急预案。

（3）隐患排查治理。

企业应建立隐患排查治理制度，逐级建立并落实从主要负责人到每位从业人员的隐患排查治理和防控责任制，并按照有关规定组织开展隐患排查治理工作，制定隐患治理方案，对隐患及时进行治理。隐患治理完成后，企业应按照有关规定对治理情况进行评估、验收，实行隐患闭环管理。

此外，企业应如实记录隐患排查治理情况，至少每月进行统计分析，及时将隐患排查治理情况向从业人员通报。

（4）预测预警。

企业应根据生产经营状况、安全风险管理及隐患排查治理、事故等情况，运用定量或定性的安全生产预测预警技术，建立体现企业安全生产状况及发展趋势的安全生产预测预警体系。

6. 应急管理

（1）应急准备。

企业应按照有关规定建立应急管理组织机构或指定专人负责应急管理工作，建立与本企业安全生产特点相适应的专（兼）职应急救援队伍，在开展安全风险评估和应急资源调查的基础上，建立生产安全事故应急预案体系。同时，企业应根据可能发生的事故种类特点，按照有关规定设置应急设施，配备应急装备和物资，建立应急设备物资管理台账，安排专人管理，并定期检查、维护、保养，确保其完好、可靠。

此外，企业应定期组织公司、车间、班组开展生产安全事故应急演练，做到一线从业人员参与应急演练全覆盖，并对演练进行总结和评估，根据评估结论和演练发现的问题，修订、完善应急预案，改进应急准备工作。

涉及矿山、金属冶炼等的企业以及生产、经营、运输、储存、使用危险物品或处置废弃危险物品的生产经营单位，应建立生产安全事故应急救援信息系统，并与所在地县级以上地方人民政府负有安全生产监督管理职责部门的安全生产应急管理信息系统互联互通。

（2）应急处置。

发生事故后，企业应根据应急预案要求，立即启动应急响应程序，按照有关规定报告事故情况，并开展先期处置。

（3）应急评估。

企业应对应急准备、应急处置工作进行评估。完成险情或事故应急处置后，企业应主动配合有关组织开展应急处置评估。

7. 事故管理

（1）事故报告。

企业应建立事故报告程序，明确事故内外部报告的责任人、时限、内容等，并教育、指导从业人员严格按照有关规定的程序报告发生的生产安全事故。

（2）调查和处理。

企业应建立内部事故调查和处理制度，按照有关规定、行业标准和国际通行做法，将造成人员伤亡（轻伤、重伤、死亡等人身伤害和急性中毒）和财产损失的事故纳入事故调查和处理范畴。

（3）管理。

企业应建立事故档案和管理台账，将承包商、供应商等相关方在企业内部发生的事故纳入本企业事故管理。

8. 持续改进

（1）绩效评定。

企业每年至少应对安全生产标准化管理体系的运行情况进行一次自评，验证各项安全生产制度措施的适宜性、充分性和有效性，检查安全生产和职业卫生管理目标、指标的完成情况。

（2）持续改进。

企业应根据安全生产标准化管理体系的自评结果和安全生产预测预警系统所反映的趋势，以及绩效评定情况，客观分析企业安全生产标准化管理体系的运行质量，及时调整完善相关制度文件和过程管控，持续改进，不断提高安全生产绩效。

五、企业创建安全生产标准化流程

安全生产标准化的精髓是全员参与、持续改进，在创建安全生产标准化的过程中得到充分体现。企业安全生产标准化建设流程包括策划准备及制定目标、教育培训、现状梳理、管理文件制修订、实施运行及整改、企业自评、评审申请、外部评审八个阶段。其中，企业自评、评审申请、外部评审三个阶段属于定级工作程序。

（一）策划准备及制定目标

企业在策划准备阶段首先要成立领导小组，由企业主要负责人担任领导小组组长，所有相关的职能部门的主要负责人作为成员，确保安全生产标准化建设组织保障；成立执行小组，由各部门负责人、工作人员共同组成，负责安全生产标准化建设过程中的具体问题。

本阶段需制定安全生产标准化建设目标，并根据目标来制定推进方案，分解落实达标建设责任，确保各部门在安全生产标准化建设过程中任务分工明确，顺利完成各阶段工作目标。

（二）教育培训

安全生产标准化建设需要全员参与。教育培训首先要解决企业领导层对安全生产标准化建设工作重要性的认识，加强其对安全生产标准化工作的理解，从而使企业领导层重视该项工作，加大推动力度，监督检查执行进度；其次要解决执行部门、人员操作的问题，培训评定标准的具体条款要求是什么，本部门、本岗位、相关人员应该做哪些工作，如何将安全生产标准化建设和企业日常安全管理工作相结合。

同时，企业要加大安全生产标准化工作的宣传力度，充分利用企业内部资源广泛宣传安全生产标准化的相关文件和知识，加强全员参与度，解决安全生产标准化建设的思想认识和关键问题。

（三）现状梳理

企业对照相应专业评定标准（或评分细则），对企业各职能部门及下属各单位安全管理情况、现场设备设施状况进行现状摸底，摸清各单位存在的问题和缺陷；对于发现的问题，定责任部门、定措施、定时间、定资金，及时进行整改并验证整改效果。现状摸底的结果作为企业安全生产标准化建设各阶段进度任务的针对性依据。

企业要根据自身经营规模、行业地位、工艺特点及现状摸底结果等及时调整达标目标，注重建设过程，使达标目标有效可行，不可盲目追求达标等级。

（四）管理文件制修订

安全生产标准化对安全管理制度、操作规程等要求，核心在其内容的符合性和有效性，而不是对其名称和格式的要求。企业要对照评定标准，对主要安全管理文件进行梳理，结合现状摸底所发现的问题，准确判断管理文件亟待加强和改进的薄弱环节，提出有关文件的制修订计划；以各部门为主，自行对相关文件进行制修订，由标准化执行小组对管理文件进行把关。

（五）实施运行及整改

根据制修订后的安全管理文件，企业要在日常工作中进行实际运行，并根据运行情况，对照评定标准的条款，按照有关程序，将发现的问题及时进行整改及完善。

六、安全生产标准化定级工作程序

企业安全生产标准化定级按照自评、申请、评审、公示、公告的程序进行。

（一）自评

企业应当自主开展标准化建设，成立由其主要负责人任组长、有员工代表参加的工作组，按照生产流程和风险情况，对照所属行业标准化定级标准，将本企业标准和规范融入安全生产管理体系，做到全员参与，实现安全管理系统化、岗位操作行为规范化、设备设施本质安全化、作业环境器具定置化。每年至少开展一次自评工作，并形成书面自评报告，在企业内部公示不少于 10 个工作日，及时整改发现的问题，持续改进安全绩效。

（二）申请

申请定级的企业，依拟申请的等级向相应组织单位提交自评报告，并对其真实性负责。

1. 申请定级企业应具备的条件

应急管理部印发《企业安全生产标准化建设定级办法》（应急〔2021〕83 号）中规定，申请定级的企业应当在自评报告中，由其主要负责人承诺符合以下条件：

（1）依法应当具备的证照齐全有效。

（2）依法设置安全生产管理机构或者配备安全生产管理人员。

（3）主要负责人、安全生产管理人员、特种作业人员依法持证上岗。

（4）申请定级之日前 1 年内，未发生死亡、总计 3 人及以上重伤或者直接经济损失总计 100 万元及以上的生产安全事故。

（5）未发生造成重大社会不良影响的事件。

（6）未被列入安全生产失信惩戒名单。

（7）前次申请定级被告知未通过之日起满 1 年。

（8）被撤销标准化等级之日起满 1 年。

（9）全面开展隐患排查治理，发现的重大隐患已完成整改。

2. 组织单位收到企业的申请后，应当根据下列情况分别作出处理

（1）自评报告内容存在错误、不齐全或者不符合规定形式的，在 5 个工作日内一次书面告知企业需要补正的全部内容；逾期不告知的，自收到自评报告之日起即为受理。

（2）自评报告内容齐全、符合规定形式，或者企业按照要求补正全部内容后，对自评报告逐项进行审核。对符合申请条件的，将审核意见和企业自评报告一并报送定级部门，并书面告知企业；对不符合的，书面告知企业并说明理由。

（3）审核、报送和告知工作应当在 10 个工作日内完成。

（三）评审

定级部门对组织单位报送的审核意见和企业自评报告进行确认后，由组织单位通知负责现场评审的单位成立现场评审组在 20 个工作日内完成现场评审，将现场评审情况及不符合项等形成现场评审报告，初步确定企业是否达到拟申请的等级，并书面告知企业。

企业收到现场评审报告后，应当在 20 个工作日内完成不符合项整改工作，并将整改情况报告现场评审组。特殊情况下，经组织单位批准，整改期限可以适当延长，但延长的期限最长不超过 20 个工作日。

现场评审组应当指导企业做好整改工作，并在收到企业整改情况报告后 10 个工作日内采取书面检查或者现场复核的方式，确认整改是否合格，书面告知企业，并由负责现场评审的单位书面告知组织单位。

企业未在规定期限内完成整改的，视为整改不合格。

（四）公示

组织单位将确认整改合格、符合相应定级标准的企业名单定期报送相应定级部门；定级部门确认后，应当在本级政府或者本部门网站向社会公示，接受社会监督，公示时间不少于 7 个工作日。公示期间，收到企业存在不符合定级标准以及其他相关要求问题反映的，定级部门应当组织核实。

（五）公告

对公示无异议或者经核实不存在所反映问题的企业，定级部门应当确认其等级，予以公告，并抄送同级工业和信息化、人力资源和社会保障、国有资产监督管理、市场监督管理等部门和工会组织，以及相应银行保险和证券监督管理机构。

七、复评与撤销

（一）复评

企业标准化等级有效期为 3 年。已经取得标准化等级的企业，可以在有效期届满前 3 个月再次按照规定程序申请定级。

对再次申请原等级的企业，在标准化等级有效期内符合以下条件的，经定级部门确认后，直接予以公示和公告：

（1）未发生生产安全死亡事故。

（2）一级企业未发生总计重伤 3 人及以上或者直接经济损失总计 100 万元及以上的生产安全事故，二级、三级企业未发生总计重伤 5 人及以上或者直接经济损失总计 500 万元及以上的生产安全事故。

（3）未发生造成重大社会不良影响的事件。

（4）有关法律法规、规章、标准及所属行业定级相关标准未作重大修订。

（5）生产工艺、设备、产品、原辅材料等无重大变化，无新建、改建、扩建工程项目。

（6）按照规定开展自评并提交自评报告。

（二）撤销

发现企业存在以下情形之一的，应当立即告知并由原定级部门撤销其等级。

（1）发生生产安全死亡事故的。

（2）连续 12 个月内发生总计重伤 3 人及以上或者直接经济损失总计 100 万元及以上的生产安全事故的。

（3）发生造成重大社会不良影响事件的。

（4）瞒报、谎报、迟报、漏报生产安全事故的。

（5）被列入安全生产失信惩戒名单的。

（6）提供虚假材料，或者以其他不正当手段取得标准化等级的。

（7）行政许可证照注销、吊销、撤销的，或者不再从事相关行业生产经营活动的。

（8）存在重大生产安全事故隐患，未在规定期限内完成整改的。

（9）未按照标准化管理体系持续、有效运行，情节严重的。

第五节　安全风险分级管控与隐患排查治理

---- ■本节知识要点 ----

1. 安全风险分级管控与隐患排查治理的概念；

2. 安全风险辨识方法及辨识工具的概念，利用工作危害分析法（JHA）、作业条件危险性分析法（LEC）、安全检查表法（SCL）等进行安全风险等级划分及风险控制措施制定；

3. 事故隐患排查治理的方式及相关规定；

4. 安全风险分级管理与隐患排查治理的关系。

一、概述

在党中央、国务院的高度重视和坚强领导下，我国生产安全总体稳定、持续好转，但安全生产形势依然严峻。2016年1月初，习近平总书记在中共中央政治局常委会会议上发表重要讲话，并指出，必须坚决遏制重特大事故频发势头，对易发重特大事故的行业领域采取风险分级管控、隐患排查治理双重预防性工作机制，推动安全生产关口前移，加强应急救援工作，最大限度减少人员伤亡和财产损失。2021年修订的《中华人民共和国安全生产法》（中华人民共和国主席令第八十八号）突出了从源头上防范化解安全风险的要求，将安全风险分级管控和隐患排查治理双重预防机制建设要求纳入生产经营单位的安全生产法定职责。

安全生产双重预防体系建设是针对企业安全生产领域的突出问题，采取安全风险分级管控和隐患排查治理的预防措施，防范安全风险升级成事故隐患以及未及时排查治理的隐患演变成事故。

（一）术语和定义

1. 安全风险分级管控

安全风险分级管控是指对安全生产领域可能导致重大人员伤亡、财产损失及其他不良社会影响的单位、场所、部位、建设项目、设备设施和活动等进行风险排查、评估和管控。企业通过定性及定量的方法把企业风险用数值的形式表现出来，并按等级从高到低依次划分为重大风险、较大风险、一般风险和低风险，然后结合风险大小和等级进行分层分级管控。

2. 隐患排查治理

隐患治理是指消除或控制隐患的活动或过程。企业通过整治排查风险管控过程中出现的缺失、漏洞和风险控制的失效环节，动态地管控风险。企业对排查出的事故隐患，按照事故隐患的等级进行登记，建立事故隐患信息档案，并按照职责分工实施监控治理。

3. 安全风险

安全风险（R）是指生产安全事故或健康损害事件发生的可能性（F）和后果严重

性（C）的组合，其表达公式为：$R = f(F, C)$。其中，可能性是指事故发生的概率。严重性是指事故一旦发生后，将造成的人员伤害和经济损失的严重程度。

4. 风险点

风险点是风险伴随的设施、部位、场所和区域，以及在设施、部位、场所和区域实施的伴随风险的作业活动，或以上两者的组合。

5. 风险源

风险源是指可能造成人员伤害或疾病、财产损失、工作环境破坏或这些情况组合的根源或状态，也称为危险源、危险有害因素等。

6. 事故隐患

事故隐患是指生产经营单位违反安全生产法律法规、规章、标准、规程和安全生产管理制度的规定，或者因其他因素引起风险管控措施失效或者弱化后的缺陷（漏洞），在生产经营活动中可能导致事故发生的物的危险状态、人的不安全行为、环境的不安全因素和管理缺陷。

（二）安全风险分级管控和事故隐患排查治理的关系

安全风险分级管控和事故隐患排查治理共同构成"双重预防机制"。两者相辅相成，互为依托。

安全风险分级管控是要从源头上摸清生产经营单位存在的风险、风险的级别，并制定相应的管控措施。安全风险分级管控由风险源辨识、风险评价分级、风险管控三大部分组成，形成风险分级管控清单，为企业有效开展隐患排查治理工作提供依据。

隐患排查治理就是对风险点的管控措施通过隐患排查等方式进行全面管控，及时发现风险点管控措施是否失效或存在缺陷（遗漏），及时完善管控措施，达到治理隐患的目的。

安全风险分级管控为隐患排查治理提供依据，同时隐患排查治理能对安全风险分级管控进行验证，并能促进完善安全风险分级管控内容，形成企业安全生产管理的良性循环。

二、安全风险分级管控

安全风险分级管控程序可分为六个步骤：风险点确定、危险源辨识、风险评价、风险分级、风险控制措施的制定与实施、持续改进。

（一）风险点确定

1. 风险点划分原则

（1）设施、部位、场所、区域。企业应遵循"大小适中、便于分类、功能独立、易于管理、范围清晰"的原则，按照原料、产品储存区域、生产车间或装置、公辅设施等功能分区进行划分。对于规模较大、工艺复杂的系统，企业可按照所包含的工序、设施、部位进行细分。

（2）操作及作业活动。其应涵盖生产经营全过程所有常规和非常规状态的作业活动，风险等级高、可能导致严重后果的作业活动应作为风险点。

2. 风险点排查

（1）风险点排查内容。按照风险点划分原则，企业应在生产活动区域内对生产经营全过程进行风险点排查，确定包括风险点名称、类型、区域位置、可能发生的事故类型及后果等内容的基本信息。

（2）风险点排查方法。风险点排查应按生产（工作）流程的阶段、场所、装置、设施、作业活动或上述几种方法的结合等进行。

（二）风险源辨识

1. 辨识方法

生产过程中作业活动的风险源辨识宜采用工作危害分析法（JHA），即：针对每个作业活动中的每个作业步骤或作业内容，识别出与此步骤或内容有关的危险源，建立作业活动清单。企业可以针对设备设施等宜采用安全检查表法（SCL）进行风险源辨识，建立设备设施清单。对于复杂的工艺，企业可采用危险与可操作性分析法（HAZOP）、危险度评价、事故树分析法等进行风险源辨识。

企业进行风险源辨识时应依据《生产过程危险和有害因素分类与代码》（GB/T 13861-2022）的规定，充分考虑四种不安全因素：人的因素、物的因素、环境因素、管理因素。

企业运用工作危害分析法（JHA）对作业活动开展风险源辨识时，应在将作业活动划分为作业步骤或作业内容的基础上，系统辨识风险源。企业在进行作业活动划分时，一般以生产（或工艺）流程的阶段划分为主，也可以采取按地理区域划分、按作业任务划分的方法，或几种方法的有机结合。

企业运用安全检查表法（SCL）对场所、设备或设施等进行风险源辨识时，应将设备设施按功能或结构划分为若干检查项目，针对每一检查项目，列出检查标准，对照检查标准逐项检查并确定不符合标准的情况和后果。

2. 辨识范围

风险源的辨识范围应覆盖所有的作业活动和设备设施，包括：

（1）规划、设计（重点是新、改、扩建项目）和建设、投产、运行等阶段。

（2）常规和非常规作业活动。

（3）事故及潜在的紧急情况。

（4）所有进入作业场所人员的活动。

（5）原材料、产品的运输和使用过程。

（6）作业场所的设施、设备、车辆、安全防护用品。

（7）工艺、设备、管理、人员等变更。

（8）丢弃、废弃、拆除与处置。

（9）气候、地质及环境影响等。

（三）风险评价

风险评价是对风险分级，通过采用科学、合理的方法对风险源所伴随的风险进行定性或定量分析和评估，对现有控制措施的充分性加以考虑，以及对风险是否可接受予以确定的过程。

目前常用的风险评价方法有工作危害分析法（JHA）、安全检查表分析法（SCL）、风险矩阵分析法（LS）、作业条件危险性分析法（LEC）、风险程度分析法（MES）。风险评价方法的具体介绍见附录I所示。

企业在对风险点和各类危险源进行风险评价时，应结合自身可接受风险实际，制定事故（或事件）发生的可能性、严重性、频次、风险值的取值标准和评价级别，进行风险评价。风险判定准则的制定应充分考虑以下要求：

（1）有关安全生产的法律法规。

（2）设计规范、技术标准。

（3）本单位的安全管理、技术标准。

（4）本单位的安全生产方针和目标等。

（5）相关方的投诉。

（四）风险分级

风险分级是根据确定的评价方法与风险判定准则进行风险评价，判定风险等级。风险等级判定应遵循从严从高的原则。一般情况下，安全生产风险等级从高到低划分为 1 级（重大风险）、2 级（较大风险）、3 级（一般风险）和 4 级（低风险），分别用红、橙、黄、蓝四种颜色标示。

1. 重大风险

重大风险即可能造成重大人员伤亡和主要设备损坏的风险类型。若存在重大风险隐患，企业应立即采取控制措施，视具体情况决定是否停产整改。需要停产整改的，只有当风险降至可接受后，才能开始或继续工作。

以下情形可以直接判定为重大风险：

（1）违反法律法规及国家标准中强制性条款的。

（2）发生过死亡、重伤、重大财产损失事故，且现在发生事故的条件依然存在的。

（3）根据 GB 18218 涉及危险化学品重大危险源的。

（4）具有中毒、爆炸、火灾、等危险的场所，作业人员在 10 人及以上的。

经风险评价确定为重大风险的，应建立《重大风险统计表》。

2. 较大风险

较大风险即指可能造成人员伤害和设备损伤的风险类型。若存在较大风险隐患，企业应制定改进措施进行控制管理。

3. 一般风险

一般风险指可能造成人员伤害和设备损伤的风险类型。若存在一般风险隐患，则企业需要部室（车间）级、班组、岗位管控，进行控制管理。

4. 低风险

低风险指不会造成人员伤害和设备损伤的风险类型，其一般由班组、岗位管控。

（五）风险管控

1. 制定管控措施的基本原则

制定风险控制措施时应从工程技术措施、管理措施、培训教育措施、个体防护措施、应急处置措施这五类中进行选择。同时，风险控制措施的选择应考虑：

（1）可行性。

（2）可靠性。

（3）先进性。

（4）安全性。

（5）经济合理性。

（6）经营运行情况及可靠的技术保证和服务。

生产经营单位应基于安全风险辨识、评估结果，区分不同层级实施分级管控，并密切监测安全风险的动态变化，根据安全风险动态变化情况及风险管控的成效，动态调整安全风险管控措施。

2. 风险控制一般措施

设备设施类危险源通常采用以下控制措施：安全屏护、报警、联锁、限位、安全泄放等工艺设备本身固有的控制措施和检查、检测、维保等常规的管理措施。作业活动类危险源的控制措施通常考虑管理制度、操作规程的完备性，管理流程合理性，作业环境可控性，作业对象完好状态及作业人员技术能力等方面。

针对重大风险的管控措施：

（1）制订动态监测计划，定期更新监测数据或状态，每月不少于1次，并单独建档。

（2）单独编制专项应急措施。

（3）按年度组织专业技术人员对风险管控措施进行评估改进。

（4）对进入重大风险影响区域的本单位从业人员组织开展安全防范、应急逃生避险和应急处置等相关培训和演练。

3. 风险告知

建立安全风险公告制度，在主要风险点的醒目位置设置安全风险公告栏，制作岗位安全风险告知卡。对存在重大安全风险的工作场所和岗位，要设置明显警示标志，强化危险源监测和预警。

（六）持续改进

由于风险的动态变化特征以及外在条件因素的变化，企业应持续开展风险识别、评估分级工作，每年至少进行一次全面评估。企业应依据风险管控的结果，对等级发生变化的风险重新评价等级，调整安全生产风险控制措施。

企业应主动根据以下情况的变化对风险管控的影响进行风险分析，更新风险信息：

（1）法规、标准等增减、修订变化所引起风险程度的改变。

（2）发生事故后，有对事故、事件或其他信息的新认识，对相关危险源的再评价。

（3）组织机构发生重大调整。

（4）风险程度变化后，需要对风险控制措施的调整。

（5）根据非常规作业活动、新增功能性区域、装置或设施以及其他变更情况等，适时开展危险源辨识和风险评价。

三、安全生产事故隐患排查治理

企业是隐患排查治理工作的主体，是隐患排查治理工作的直接实施者。企业隐患排查治理工作主要包括四个方面：自查隐患、治理隐患、自报隐患和分析趋势。自查隐患是为了发现自身所存在的隐患，保证全面，减少遗漏；治理隐患是为了将自查中发现的隐患控制住，防止引发不良后果，尽可能从根本上解决问题；自报隐患是为了将自查和治理情况报送政府有关部门，以使其了解企业在排查和治理方面的信息；分析趋势是为了建立安全生产预警系统，对安全生产状况做出科学、综合、定量的判断，为合理分配安全监管资源和加强安全管理提供依据。

（一）事故隐患分类

按照可能发生的事故类型不同，事故隐患可归纳为21大类：火灾、爆炸、中毒和窒息、水害、坍塌、滑坡、泄漏、腐蚀、触电、坠落、机械伤害、煤与瓦斯突出、公路设施伤害、公路车辆伤害、铁路设施伤害、铁路车辆伤害、水上运输伤害、港口码头伤害、空中运输伤害、航空港伤害、其他类隐患等。

（二）隐患分级

隐患的分级是以隐患的整改、治理和排除的难度及其影响范围为标准的。以此为标准分级，隐患可以分为一般事故隐患和重大事故隐患。一般事故隐患，是指危害和整改难度较小，发现后能够立即整改排除的隐患。重大事故隐患，是指危害和整改难度较大，应当全部或者局部停产停业，并经过一定时间整改治理方能排除的隐患，或者因外部因素影响致使生产经营单位自身难以排除的隐患。

确定重大隐患应遵循以下原则：

（1）违反法律法规有关规定，整改时间长或可能造成较严重危害的。

（2）涉及重大危险源且不能立即排除整改的隐患。

（3）涉及具有中毒、爆炸、火灾等危险且长期滞留人员在 10 人及以上的场所，存在不能立即排除整改的隐患。

（4）危害和整改难度较大，一定时间得不到整改的。

（5）因外部因素影响致使生产经营单位自身难以排除的隐患。

（6）涉及液氨制冷、粉尘防爆、有限空间、冶金煤气和高温熔融金属等危害和整改难度大，无法立即整改排除的隐患。

（7）设区的市级以上负有安全生产监督管理职责的部门认定的。

（三）隐患排查

生产经营单位应在风险辨识评估、分级管控的基础上开展隐患排查工作，应结合本单位生产经营活动实际，编制适宜的综合性、专项性、日常性、季节性、节假日前、复工复产、事故类比等相关隐患排查清单。每年年初应制订年度隐患排查工作计划，明确隐患排查的内容、方式、频次和任务分工等。

1. 隐患排查重点

生产经营单位隐患排查主要包括但不限于以下几个方面：

（1）风险辨识不全，存在未被辨识出的风险源及其他风险。如未识别出等于或超过《危险化学品重大危险源》（GB 18218-2018）临界量的危险化学品；未识别出人员密度大于 0.5 人/平方米建筑场所的坡道、楼梯、扶梯、出入口处等人员聚集区域。

（2）风险评估分级不准，尤其是风险等级评定偏低的风险。如未将跨度 36 m 及以上的钢结构安装工程，或跨度 60 m 及以上的网架和索膜结构安装工程，涉及《工贸行业重点可燃性粉尘目录（2015 版）》中爆炸危险性级别为高的粉尘，且涉尘作业人数超过 9 人等识别为重大风险的。

（3）风险点（源）未采取管控措施，处于失管状态。

（4）风险管控措施不足，方式单一、有效性不足。

（5）风险管控工程技术措施失效，如关闭、停用、损坏或出现其他故障。

（6）风险管控管理措施虚设，如安全生产责任、规章制度、安全操作规程等未有效落实，未按规章制度或计划开展安全教育培训，未正确佩戴个人劳动防护用品等。

（7）剩余风险是否可接受。

2. 排查类型

隐患排查的类型主要有综合检查、专项检查、季节性检查、节假日检查、日常检查、专业诊断性检查、复工复产检查以及事故类比排查等。

（1）综合检查

综合检查是以落实岗位安全责任制为重点、各岗位人员共同参与的全面检查，企业至少每年组织检查或抽查一次，基础单位、班组可以增加综合检查的频次。

（2）专项检查

专项检查是对锅炉、压力容器、电气设备、机械设备、安全装备，监测仪器、危险物品、运输车辆等系统分别进行的检查，及在装置开、停机前，新装置竣工及试运转等时期进行的专项安全检查。

（3）季节性检查

季节性检查是根据各季节特点开展的专项检查。春季安全大检查以防雷、防静电、防解冻跑漏为重点；夏季安全大检查以防暑降温、防食物中毒、防台风、防洪防汛为重点；秋季安全大检查以防火、防冻保温为重点；冬季安全大检查以防火、防爆、防煤气中毒、防冻防凝、防滑为重点。

（4）节假日检查

节假日检查主要是节前对安全、保卫、消防、生产准备、备用设备、应急预案等进行的检查，特别是对节日干部、检维修队伍的值班安排和原辅料备品备件、应急预案的落实情况等应进行重点检查。

（5）日常检查

日常检查包括班组、岗位员工的交接班检查和班中巡回检查，以及基层单位领导和工艺、设备、安全等技术人员的经常性检查。各岗位应严格履行日常检查制度，特别应对关键装置要害部位的危险点、源进行重点检查和巡查。

（6）专业诊断性检查

专业诊断性检查指技术力量不足或安全生产管理经验欠缺的企业委托安全生产专家排查隐患，包括粉尘防爆、有限空间等专业性、技术性较强领域的排查。

（7）复工复产检查

复工复产检查指企业应在生产设备长期停产后重新启动、工艺变更及设备检维修后复产，以及节假日或意外停工停产后恢复生产作业前，对复工复产方案、人员安排、重点作业场所、环境状况、风险源管控措施运行情况等进行排查。

（8）事故类比排查

事故类比排查指对企业内或同类企业发生事故后的举一反三的安全排查。

隐患排查应做到全面覆盖、责任到人，定期排查与日常管理相结合，专业排查与综合排查相结合，一般排查与重点排查相结合。

3. 排查周期

企业应根据法律法规要求，结合公司生产工艺特点，确定日常、综合、专业或专项、季节、节假日等隐患排查类型的周期。具体包括：

（1）日常隐患排查周期根据风险分级管控相关内容和公司实际情况确定。

（2）综合性隐患排查应由公司级至少每季度组织一次；基层单位（车间）结合岗位责任制排查，至少每月组织一次。

（3）专业或专项隐患排查应由工艺、设备、电气、仪表等专业技术人员或相关部门至少每半年组织一次。

（4）季节性隐患排查应根据季节性特点及本单位的生产实际，至少每季度开展一次。

（5）节假日隐患排查应在重大活动及节假日前进行一次隐患排查。

此外，当发生以下情形之一，企业应及时组织进行相关专项隐患排查：

（1）颁布实施有关新的法律法规、标准规范或原有适用法律法规、标准规范重新修订的。

（2）组织机构和人员发生重大调整的。

（3）装置工艺、设备、电气、仪表、公用工程或操作参数发生重大改变的。

（4）外部安全生产环境发生重大变化。

（5）发生事故或对事故、事件有新的认识。

（6）气候条件发生大的变化或预报可能发生重大自然灾害。

4. 隐患排查方法

隐患排查采取的方法主要包括：常规检查、安全检查表法、专家或第三方专业性检查、仪器检测法、信息化技术应用等。

（1）常规检查

常规检查是常见的一种检查方法，通常有安全管理人员作为检查工作的主体，到作业场所的现场，通过感观或辅助一定的简单工具、仪表等，对作业人员的行为、作业场所的环境条件、生产设备设施等进行的定期检查。安全检查人员通过这一手段，及时发现现场存在的安全隐患并采取措施予以消除，纠正施工人员的不安全行为。

常规检查完全依靠安全检查人员的经验和能力，检查的结果直接受安全检查人员个人素质的影响。因此，其对安全检查人员个人素质的要求较高。

（2）安全检查表法

为使检查工作更加规范，将个人的行为对检查结果的影响减少到最小，常采用安全检查表法。安全检查表，是事先把系统加以剖析，列出各层次的不安全因素，确定检查项目，并把检查项目按系统的组成顺序编制成表，以便进行检查或评审。安全检查表是进行安全检查，发现和查明各种危险和隐患，监督各项安全规章制度的实施，及时发现事故隐患并制止违章行为的一个有力工具。

安全检查表应列举需查明的所有可能会导致事故的不安全因素，每个检查表均需注明检查时间、检查人等，以便分清责任。安全检查表的设计应做到系统、全面，检查项目应明确。

（3）专家或第三方专业性检查

生产经营单位委托专家或第三方专业技术机构对本单位的安全生产状况进行综合性或专项安全检查，充分发挥专家和第三方机构的安全专业技术能力。

（4）仪器检测检查法

利用现代化检测仪器，对本单位的重要生产安全设备设施内部的缺陷及作业环境条件进行定量化的检验和测量，确保其符合安全生产条件。由于被检查对象不同，检查所用的仪器和手段也不同。

（5）信息化技术应用

工业互联网、5G、大数据分析、云计算、人工智能（AI）等新一代信息技术与安全管理的深度融合，推动安全管理向数字化、网络化、智能化发展，因此生产经营单位应根据自身实际情况，利用物联网收集的生产数据、报警信息、事故信息等，建立大数据分析模型，构建每一生产环节的运行模式，使实时监控和预警成为可能，实现生产管理实时决策，重大危险源的快速辨识、监控、跟踪和决策支持，使得风险和安全隐患在出现征兆时就可以被识别、分析、联动预警；利用信息化手段加强安全生产管理工作，开展安全生产电子台账管理、重大危险源监控、职业病危害防治、应急管理、安全风险管控和隐患自查自报、安全生产预测预警等信息系统的建设。

（四）隐患治理

1. 基本原则和要求

事故隐患排查治理应分级落实，即按照公司级、部门级、班组级、岗位级，遵循"三全"和"五到位"的原则落实。"三全"即安全隐患排查要做到"全员、全方位、全过程"，范围要涵盖公司所有的生产、办公和生活相关的基础管理和现场管理的所有内容，避免出现安全管理的死角和盲点。"五到位"即安全隐患治理责任到位、措施到位、资金到位、时限到位和预案到位，每一级均应建立隐患治理台账，对隐患清单、隐患整理过程以及隐患治理效果验证保持完好记录。

隐患治理应做到方法科学、资金到位、治理及时有效、责任到人、按时完成。能立即整改的隐患必须立即整改，无法立即整改的隐患，治理前要研究制定防范措施，落实监控责任，防止隐患发展为事故。

2. 隐患治理流程

隐患治理流程包括：

（1）通报隐患信息。隐患排查结束后，企业将隐患名称、存在位置、不符合状况、隐患等级、治理期限及治理建议等信息向从业人员进行通报。

（2）下发隐患整改通知。对于当场不能立即整改的，由隐患排查组织部门下达隐患整改通知，按照管控层级下发至隐患所在的责任部门或者责任人员进行整改。对于日常排查出的隐患，班组及岗位应立即整改，不能立即整改或者超出整改能力范围的按照程序上报，由上级责任部门下发隐患整改通知。隐患整改通知内容应包含隐患描述、隐患等级、建议整改措施、治理责任单位和主要责任人、治理期限等内容。

（3）实施隐患治理。隐患存在单位在实施隐患治理前应当对隐患存在的原因进行分析，参考治理建议制定可靠的治理措施和应急措施或预案，估算整改资金并按规定时限落实整改。

①明确隐患治理责任。

一般隐患治理责任应由隐患所在的责任部门负责。

重大隐患治理责任应由生产经营单位主要负责人或技术负责人牵头，安全生产管理机构或其他专业部门负责。

②制定隐患治理方案。

生产经营单位应在隐患治理方案或隐患整改通知书中明确隐患治理责任部门或人员。

一般隐患可不制定治理方案，重大隐患治理应制定治理方案。治理方案应包括但不限于下列内容：

治理的目标和任务；

采取的方法和措施；

治理的时限和要求；

负责治理的机构和人员及职责；

经费和物资的落实；

防止治理期间发生事故的安全措施及应急处置方案。

重大隐患治理的牵头负责人或责任部门应严格按照治理方案实施治理。

隐患治理中涉及危险作业的，生产经营单位应按危险作业的相关规定实施作业环节的管理。

治理过程中无法保证安全的，应撤出危险区域内作业人员，疏散可能危及的人员，设置警戒标识，暂时停产停业或停止使用相关设备设施。

隐患治理过程中，应采集相关治理信息，留存相关治理资料。

③治理情况反馈。隐患存在单位在规定的期限内将治理完成情况反馈至隐患整改通知下发部门验收，未能及时整改完成的应说明原因与整改通知制发部门协同解决。

④验收。按照"谁排查谁验收"的原则，隐患排查组织部门应当对隐患整改效果组织验收并出具验收意见。隐患治理责任部门或责任人，在完成隐患治理后，应及时向生产经营单位安全生产管理部门提出验收申请。接到验收申请后，生产经营单位安全生产管理部门应直接组织或督促相关验收部门（人员）进行治理验收。

重大隐患治理效果验收应由生产经营单位负责人组织相关管理人员、技术人员、施工人员进行验收，必要时可邀请专家对治理情况进行评估，出具评估报告或意见。一般隐患治理效果验收应由验收部门或人员直接进行现场核实。对未达到治理要求的隐患或剩余风险仍不可接受的，应重新治理，调整风险控制措施或增加治理措施。

第六节　重大危险源辨识与控制

■**本节知识要点**

1. 重大危险源的概念；
2. 重大危险源的辨识方法；
3. 重大危险源的分级评估；
4. 重大危险源的控制措施。

一、重大危险源概述

20世纪70年代以来，重大工业事故的不断发生，引起国际社会的广泛重视，随之产生了重大危险、重大危险设施等概念。重大事故往往与重大危险源关联密切，为防范化解重大风险，有效防范应对重点领域潜在风险，各国建立健全了重大危险源的管控体系。

（一）定义

依据《危险化学品重大危险源辨识》（GB 18218-2018）的定义，重大危险源是指长期地或临时地生产、储存、使用和经营危险化学品，且危险化学品的数量等于或超过临界量的单元。

（二）重大危险源与重大风险源的区别

风险是从发生事故的可能性和后果严重性的组合，是综合判定的结果。风险源并不特指涉及危险物品的场所或设施。风险涉及的范围更广，重大危险源也属于重大风险，但重大风险源不一定是重大危险源。

（三）重大危险源相关依据

《危险化学品重大危险源监督管理暂行规定》（国家安监总局令第40号，第79号修订）

《危险化学品重大危险源辨识》（GB 18218-2018）

《港口危险货物重大危险源监督管理办法》（交水规〔2021〕6号）

《水电水利工程施工重大危险源辨识及评价导则》（DL/T 5274-2012）

《风电场重大危险源辨识规程》（NB/T 10575-2021）

《危险化学品重大危险源安全监控通用技术规范》（AQ 3035-2010）

《危险化学品重大危险源 罐区现场安全监控装备设置规范》（AQ 3036-2010）

《危险化学品生产装置和储存设施风险基准》（GB 36894-2018）

二、重大危险源辨识

（一）重大危险源辨识方法

《安全生产法》第一百一十八条规定，国务院应急管理部门和其他负有安全生产监督管理职责的部门应当根据各自的职责分工，制定相关行业、领域重大危险源的辨识标准。

根据重大危险源的定义，确定重大危险源的核心因素是危险物品的数量是否等于或者超过临界量。所谓临界量，是指对某种或某类危险物品规定的数量，若单元中的危险物品数量等于或者超过该数量，则该单元应定为重大危险源。具体危险物质的临界量，由危险物品的性质决定。本教材中的重大危险源特指危险化学品重大危险源。重大危险源的辨识应按照《危险化学品重大危险源辨识》（GB 18218-2018）进行。

1. 适用范围

危险化学品重大危险源辨识标准适用于生产、储存、使用和经营危险化学品的生产经营单位。其不适用于：核设施和加工放射性物质的工厂，但这些设施和工厂中处理非放射性物质的部门除外；军事设施；采矿业，但涉及危险化学品的加工工艺及储存活动除外；危险化学品的厂外运输（包括铁路、道路、水路、航空、管道等运输方式）；海上石油天然气开采活动。

2. 术语和定义

危险化学品：指具有毒害、腐蚀、爆炸、燃烧、助燃等性质，对人体、设施、环境具有危害的剧毒化学品和其他化学品。

单元：涉及危险化学品的生产、储存装置、设施或场所，分为生产单元和储存单元。

临界量：某种或某类危险化学品构成重大危险源所规定的最小数量。

生产单元：危险化学品的生产、加工及使用等的装置及设施，当装置及设施之间有切断阀时，以切断阀作为分隔界限划分为独立的单元。

储存单元：用于储存危险化学品的储罐或仓库组成的相对独立的区域，储罐区以罐区防火堤为界限划分为独立的单元，仓库以独立库房（独立建筑物）为界限划分为独立的单元。

3. 辨识流程

危险化学品重大危险源辨识流程如图 2.1 所示。

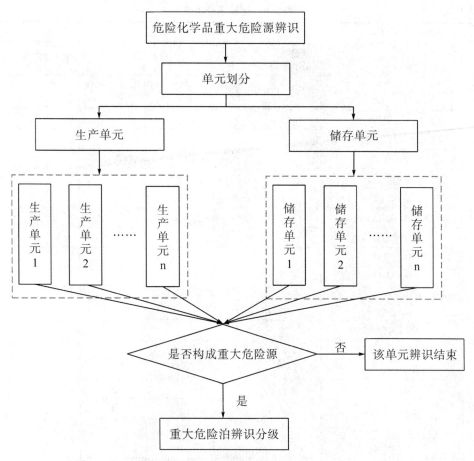

图 2.1　危险化学品重大危险源辨识流程

危险化学品临界量确定。危险化学品是属于《危险化学品目录（2015 年版）》中列举的物质，按照《化学品分类和危险性公示通则》（GB 13690-2009），将危害分为物理危险、健康危害、环境危害三大类，根据《化学品分类和标签规范》（GB 30000）系列将危险化学品分为 28 个大项和 81 小项（见表 2.5）。在开展重大危险源辨识前，企业首先要确定哪些危险化学品属于辨识范围和其对应的临界量。危险化学品的纯物质及其混合物的性质可以依据《危险化学品目录（2015 版）实施指南（试行）》（安监总厅管三〔2015〕80 号）的危险化学品分类信息表和确定原则进行判定。危险化学品临界量的确定方法按照《危险化学品重大危险源辨识》（GB 18218-2018）的要求执行。

表 2.5　化学品分类表

危险和危害种类		类别						
	爆炸物	不稳定爆炸物	1.1	1.2	1.3	1.4	1.5	1.6
物理危险	易燃气体	1	2	A（化学不稳定性气体）	B（化学不稳定性气体）			
	气溶胶	1	2	3				
	氧化性气体	1						
	加压气体	压缩气体	液化气体	冷冻液化气体	溶解气体			
	易燃液体	1	2	3	4			
	易燃固体	1	2					
	自反应物质和混合物	A	B	C	D	E	F	G
	自热物质和混合物	1	2					
	自燃液体	1						
	自燃固体	1						
	遇水放出易燃气体的物质和混合物	1	2	3				
	金属腐蚀物	1						
	氧化性液体	1	2	3				
	氧化性固体	1	2	3				
	有机过氧化物	A	B	C	D	E	F	G
健康危害	急性毒性	1	2	3	4	5		
	皮肤腐蚀/刺激	1A	1B	1C	2	3		
	严重眼损伤/眼刺激	1	2A	2B				
	呼吸道或皮肤致敏	呼吸道致敏物 1A	呼吸道致敏物 1B	皮肤致敏物 1A	皮肤致敏物 1B			
	生殖细胞致突变性	1A	1B	2				
	致癌性	1A	1B	2				
	生殖毒性	1A	1B	2	附加类别（哺乳效应）			
	特异性靶器官毒性---次接触	1	2	3				
	特异性靶器官毒性-反复接触	1	2					
	吸入危害	1	2					
环境危害	危害水生环境	急性 1	急性 2	急性 3	长期 1	长期 2	长期 3	长期 4
	危害臭氧层	1						

底色为深色是指列入危险化学品确定原则的类别；底色为浅色是指未列入危险化学品确定原则的类别。

（二）单元划分

按照企业涉及的危险化学品生产场所、装置、储存区，单元划分为生产单元和储存单元。

（三）辨识指标

生产单元、储存单元内存在危险化学品的数量等于或超过规定的临界量，即被定为重大危险源。单元内存在的危险化学品的数量根据危险化学品种类的多少区分为以下两种情况：

（1）生产单元、储存单元内存在的危险化学品为单一品种时，该危险化学品的数量即为单元内危险化学品的总量，若等于或超过相应的临界量，则定为重大危险源。

（2）生产单元、储存单元内存在的危险化学品为多品种时，按下式计算，若满足条件，则定为重大危险源：

$$S = \frac{q_1}{Q_1} + \frac{q_1}{Q_1} + \cdots + \frac{q_1}{Q_1} \geqslant 1$$

式中：

S——辨识指标；

q_1，q_2，$\cdots$，q_n——每种危险化学品的实际存在量，单位为吨（t）；

Q_1，Q_2，$\cdots$，Q_n——与每种危险化学品相对应的临界量，单位为吨（t）。

危险化学品储罐以及其他容器、设备或仓储区的危险化学品的实际存在量按设计最大量确定。

对于危险化学品混合物，如果混合物与其纯物质属于相同危险类别，则视混合物为纯物质，按混合物整体进行计算。如果混合物与其纯物质不属于相同危险类别，则应按新危险类别考虑其临界量。

三、重大危险源分级

（一）分级指标

采用单元内各种危险化学品实际存在（在线）量与其在《危险化学品重大危险源辨识》（GB 18218-2018）中规定的临界量比值，经校正系数校正后的比值之和 R 作为分级指标。

（二）R 的计算方法

$$R = \alpha\left(\beta_1 \frac{q_1}{Q_1} + \beta_2 \frac{q_2}{Q_2} + \cdots + \beta_n \frac{q_n}{Q_n}\right)$$

式中：

R——重大危险源分级指标；

α——该危险化学品重大危险源厂区外暴露人员的校正系数；

β_1，β_2，$\cdots$，β_n——与各危险化学品相对应的校正系数；

q_1，q_2，$\cdots$，q_n——每种危险化学品实际存在（在线）量，单位为吨（t）；

Q_1，Q_2，$\cdots$，Q_n——与各危险化学品相对应的临界量，单位为吨（t）。

（三）校正系数 β 的取值

根据单元内危险化学品的类别不同，设定校正系数 β 值，见表 2.6 和表 2.7。

表 2.6　常见毒性气体校正系数 β 值取值表

毒性气体名称	一氧化碳	二氧化硫	氨	环氧乙烷	氯化氢	溴甲烷	氯
β	2	2	2	2	3	3	4
毒性气体名称	硫化氢	氟化氢	二氧化氮	氰化氢	碳酰氯	磷化氢	异氰酸甲酯
β	5	5	10	10	20	20	20

表 2.7　未列举的危险化学品校正系数 β 取值表

类别	符号	危险性分类及说明	β 校正系数
急性毒性	J1	类别 1，所有暴露途径，气体	4
	J2	类别 1，所有暴露途径，固体、液体	1
	J3	类别 2、类别 3，所有暴露途径，气体	2
	J4	类别 2、类别 3，吸入途径，液体（沸点≤35℃）	2
	J5	类别 2，所有暴露途径，液体（除 J4 外）、固体	1
爆炸物	W1.1	不稳定爆炸物；1.1 项爆炸物	2
	W1.2	1.2、1.3、1.5、1.6 项爆炸物	2
	W1.3	1.4 项爆炸物	2
易燃气体	W2	类别 1 和类别 2	1.5
气溶胶	W3	类别 1 和类别 2	1
氧化性气体	W4	类别 1	1
易燃液体	W5.1	类别 1；类别 2 和类别 3，工作温度高于沸点	1.5
	W5.2	类别 2 和类别 3，具有引发重大事故的特殊工艺条件；包括危险化工工艺、爆炸极限范围或附近操作、操作压力大于 1.6 MPa 等	1
	W5.3	不属于 W5.1 或 W5.2 的其他类别 3	1
	W5.4	不属于 W5.1 或 W5.2 的其他类别 3	1
自反应物质和混合物	W6.1	A 型和 B 型自反应物质和混合物	1.5
	W6.2	C 型、D 型、E 型自反应物质和混合物	1
有机过氧化物	W7.1	A 型和 B 型有机过氧化物	1.5
	W7.2	C 型、D 型、E 型、F 型有机过氧化物	1
自燃液体和自燃固体	W8	类别 1，自燃液体 类别 1，自燃固体	1
氧化性固体和液体	W9.1	类别 1	1
	W9.2	类别 2、类别 3	1
易燃固体	W10	类别 1，易燃固体	1
遇水放出易燃气体的物质和混合物	W11	类别 1 和类别 2	1

（四）校正系数 α 的取值

根据重大危险源的厂区边界向外扩展 500 米范围内常住人口数量，设定厂外暴露人员校正系数 α 值（见表 2.8）。

表 2.8　校正系数 α 取值表

厂外可能暴露人员数量	α
100 人以上	2.0
50~99 人	1.5
30~49 人	1.2
1~29 人	1.0
0 人	0.5

（五）分级标准

根据计算出来的 R 值，按表 2.9 确定危险化学品重大危险源的级别。

表 2.9　危险化学品重大危险源级别和 R 值的对应关系

危险化学品重大危险源级别	R 值
一级	$R \geqslant 100$
二级	$100 > R \geqslant 50$
三级	$50 > R \geqslant 10$
四级	$R < 10$

四、重大危险源评估

（一）评估依据

依据《危险化学品重大危险源监督管理暂行规定》（国家安监总局令 2015 第 79 号），危险化学品单位应当对重大危险源进行安全评估并确定重大危险源等级。危险化学品单位可以组织本单位的注册安全工程师、技术人员或者聘请有关专家进行安全评估，也可以委托具有相应资质的安全评价机构进行安全评估。

1. 评估要求

重大危险源有下列情形之一的，企业应当委托具有相应资质的安全评价机构，按照有关标准的规定采用定量风险评价方法进行安全评估，确定个人和社会风险值：

（1）构成一级或者二级重大危险源，且毒性气体实际存在（在线）量与其在《危险化学品重大危险源辨识》中规定的临界量比值之和大于或等于 1 的。

（2）构成一级重大危险源，且爆炸品或液化易燃气体实际存在（在线）量与其在《危险化学品重大危险源辨识》中规定的临界量比值之和大于或等于 1 的。

2. 可容许个人风险标准

个人风险是指因危险化学品重大危险源各种潜在的火灾、爆炸、有毒气体泄漏事故造成区域内某一固定位置人员的个体死亡概率，即单位时间内（通常为年）的个体死亡率。通常用个人风险等值线表示。

通过定量风险评价，危险化学品单位周边重要目标和敏感场所承受的个人风险应满足表 2.10 中可容许风险标准要求。

表 2.10　可容许个人风险标准

危险化学品单位周边重要目标和敏感场所类别	可容许风险/年
1. 高敏感场所（如学校、医院、幼儿园、养老院等）； 2. 重要目标（如党政机关、军事管理区、文物保护单位等）； 3. 特殊高密度场所（如大型体育场、大型交通枢纽等）	$<3\times10^{-7}$
1. 居住类高密度场所（如居民区、宾馆、度假村等）； 2. 公众聚集类高密度场所（如办公场所、商场、饭店、娱乐场所等）	$<1\times10^{-6}$

3. 可容许社会风险标准

社会风险是指能够引起大于等于 N 人死亡的事故累积频率（F），即单位时间内（通常为年）的死亡人数。其通常用社会风险曲线（F-N 曲线）表示。

可容许社会风险标准采用 ALARP（As Low As Reasonable Practice）原则作为可接受原则。ALARP 原则通过两个风险分界线将风险划分为 3 个区域，即不可容许区、尽可能降低区（ALARP）和可容许区。

（1）若社会风险曲线落在不可容许区，除特殊情况外，该风险无论如何不能被接受。

（2）若社会风险曲线落在可容许区，风险处于很低的水平，该风险是可以被接受的，无需采取安全改进措施。

（3）若社会风险曲线落在尽可能降低区，则需要在可能的情况下尽量减少风险，即对各种风险处理措施方案进行成本效益分析等，以决定是否采取这些措施。

危险化学品重大危险源产生的社会风险应满足图 2.2 中可容许社会风险标准要求。

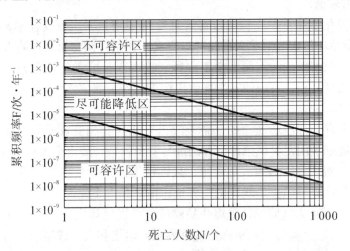

图 2.2　可容许社会风险标准（F-N）曲线

4. 重大危险源安全评估报告内容

重大危险源安全评估报告应当客观公正、数据准确、内容完整、结论明确、措施可行，并包括下列内容：

（1）评估的主要依据。

（2）重大危险源的基本情况。

（3）事故发生的可能性及危害程度。

（4）个人风险和社会风险值（仅适用定量风险评价方法）。

（5）可能受事故影响的周边场所、人员情况。

（6）重大危险源辨识、分级的符合性分析。

（7）安全管理措施、安全技术和监控措施。

（8）事故应急措施。

（9）评估结论与建议。

5. 重新评估的情形

有下列情形之一的，企业应当对重大危险源重新进行辨识、安全评估及分级：

（1）重大危险源安全评估已满三年的。

（2）构成重大危险源的装置、设施或者场所进行新建、改建、扩建的。

（3）危险化学品种类、数量、生产、使用工艺或者储存方式及重要设备、设施等发生变化，影响重大危险源级别或者风险程度的。

（4）外界生产安全环境因素发生变化，影响重大危险源级别和风险程度的。

（5）发生危险化学品事故造成人员死亡，或者 10 人以上受伤，或者影响到公共安全的。

（6）有关重大危险源辨识和安全评估的国家标准、行业标准发生变化的。

6. 重大危险源评估方法

重大危险源风险评估可采用事故后果计算法、定量风险评价或危险指数法等方法进行，此处不做详细阐述。

定量风险评价也称为概率风险评价，是从量化风险的角度，评价危险化学品危险源对周边环境造成的事故影响的风险可接受程度，对所采取安全措施降低风险的有效性进行判定，并在此基础上提出相关安全措施建议的技术方法。其可用于通过个人风险和社区风险的分析，确定重大危险源的外部安全防护距离。

五、重大危险源控制措施

重大危险源安全风险防控是危险化学品安全生产工作的重中之重。生产经营单位应压实企业安全生产主体责任，规范和强化重大危险源安全风险防控工作，有效遏制重特大事故。企业对重大危险源应从安全管理、工程技术防护、应急措施等方面提出控制措施。

（一）安全管理

企业辨识重大危险源时应遵循以下管理要求：

（1）全面辨识重大危险源，对重大危险源进行等级建档，设置重大危险源监控系统，进行日常监控，并按有关规定向所在地安全生产监督管理部门备案。

（2）对辨识确认的重大危险源及时、逐项进行登记建档。重大危险源档案应当包括下列文件、资料：

①辨识、分级记录；

②重大危险源基本特征表；

③涉及的所有化学品安全技术说明书；

④区域位置图、平面布置图、工艺流程图和主要设备一览表；

⑤重大危险源安全管理规章制度及安全操作规程；

⑥安全监测监控系统、措施说明、检测、检验结果；

⑦重大危险源事故应急预案、评审意见、演练计划和评估报告；

⑧安全评估报告或者安全评价报告；

⑨重大危险源关键装置、重点部位的责任人、责任机构名称；

⑩重大危险源场所安全警示标志的设置情况；

⑪其他文件、资料。

（3）建立完善重大危险源安全管理规章制度和安全操作规程，对确认的重大危险源制定安全管理技术措施和应急处置措施，并采取有效措施保证其得到执行。

（4）按照《危险化学品企业重大危险源安全包保责任制办法（试行）》完善危险化学品重大危险源安全风险管控制度，明确重大危险源的主要负责人、技术负责人、操作负责人，从总体管理、技术管理、操作管理三个层面对重大危险源实行安全包保。

（5）对重大危险源的管理人员和操作岗位人员进行安全操作技能培训，使其了解重大危险源的危险特性，熟悉重大危险源安全管理规章制度和安全操作规程，掌握本岗位的安全操作技能和应急措施。

（6）定期检查重大危险源的安全生产状况，及时采取措施消除事故隐患。事故隐患难以立即排除的，应当及时制定治理方案，落实整改措施、责任、资金、时限和预案。

（二）工程技术防护

（1）企业应根据构成重大危险源的危险化学品种类、数量、生产、使用工艺（方式）或者相关设备、设施等实际情况，按照下列要求建立健全安全监测监控体系，完善控制措施：

①重大危险源配备温度、压力、液位、流量、组分等信息的不间断采集和监测系统以及可燃气体和有毒有害气体泄漏检测报警装置，并具备信息远传、连续记录、事故预警、信息存储等功能；一级或者二级重大危险源，具备紧急停车功能。记录的电子数据的保存时间不少于30天。

②重大危险源的化工生产装置装备满足安全生产要求的自动化控制系统；一级或者二级重大危险源，装备紧急停车系统。

③对重大危险源中的毒性气体、剧毒液体和易燃气体等重点设施，设置紧急切断装置；毒性气体的设施，设置泄漏物紧急处置装置。涉及毒性气体、液化气体、剧毒液体的一级或者二级重大危险源，配备独立的安全仪表系统（SIS）。

④重大危险源中储存剧毒物质的场所或者设施，设置视频监控系统。

⑤安全监测监控系统符合国家标准或者行业标准的规定。

（2）定期对重大危险源的安全设施和安全监测监控系统进行检测、检验，并进行经常性维护、保养，保证重大危险源的安全设施和安全监测监控系统有效、可靠运行。维护、保养、检测应当做好记录，并由有关人员签字。

（3）危险化学品生产装置或者储存数量构成重大危险源的危险化学品储存设施（运输工具加油站、加气站除外），与下列场所、设施、区域的距离应当符合国家有关规定：

①居住区以及商业中心、公园等人员密集场所；

②学校、医院、影剧院、体育场（馆）等公共设施；

③饮用水源、水厂以及水源保护区；

④车站、码头（依法经许可从事危险化学品装卸作业的除外）、机场以及通信干线、通信枢纽、铁路线路、道路交通干线、水路交通干线、地铁风亭以及地铁站出入口；

⑤基本农田保护区、基本草原、畜禽遗传资源保护区、畜禽规模化养殖场（养殖小区）、渔业水域以及种子、种畜禽、水产苗种生产基地；

⑥河流、湖泊、风景名胜区、自然保护区；

⑦军事禁区、军事管理区；

⑧法律、行政法规规定的其他场所、设施、区域。

已建的危险化学品生产装置或者储存数量构成重大危险源的危险化学品储存设施不符合前款规定的，由所在地设区的市级人民政府安全生产监督管理部门会同有关部门监督其所属单位在规定期限内进行整改；需要转产、停产、搬迁、关闭的，由本级人民政府决定并组织实施。

储存数量构成重大危险源的危险化学品储存设施的选址，应当避开地震活动断层和容易发生洪灾、地质灾害的区域。

（三）应急措施

（1）在重大危险源所在场所设置明显的安全警示标志，写明紧急情况下的应急处置办法。

（2）将重大危险源可能发生的事故后果和应急措施等信息，以适当方式告知可能受影响的单位及人员。

（3）依法制定重大危险源事故应急预案，建立应急救援组织或者配备应急救援人员，配备必要的防护装备及应急救援器材、设备、物资，并保障其完好和方便使用。

（4）对存在吸入性有毒、有害气体的重大危险源，应当配备便携式浓度检测设备、空气呼吸器、化学防护服、堵漏器材等应急器材和设备；涉及剧毒气体的重大危险源，还应当配备两套以上（含本数）气密型化学防护服；涉及易燃易爆气体或者易燃液体蒸气的重大危险源，还应当配备一定数量的便携式可燃气体检测设备。

（5）制订重大危险源事故应急预案演练计划，并按照下列要求进行事故应急预案演练：

①对重大危险源专项应急预案，每年至少进行一次；

②对重大危险源现场处置方案，每半年至少进行一次。

应急预案演练结束后，危险化学品单位应当对应急预案演练效果进行评估，撰写应急预案演练评估报告，分析存在的问题，对应急预案提出修订意见，并及时修订完善。

第七节　安全生产目标管理

▣本节知识要点

1. 安全生产目标考核评估的依据；
2. 安全生产目标管理的基本内容；
3. 安全生产目标考核评估基本方法。

目标管理广泛应用在企业管理领域。目标管理是以目标为导向，以人为中心，以成果为标准，从而使组织和个人取得最佳业绩的现代管理方法。目标管理亦称"成果管理"，俗称责任制，是指在企业个体职工的积极参与下，自上而下地确定工作目标，并在工作中实行"自我控制"，自下而上地保证目标实现的一种管理办法。安全生产目标管理是企业整体发展目标体系的重要组成部分，是实现企业安全生产的行动指南，是企业发展的重要保障。

一、安全生产目标管理概述

（一）安全生产目标管理的定义

依据《四川省安全生产条例》和《四川省生产经营单位安全生产责任规定》（四川省人民政府令第216号）规定，生产经营单位应当建立健全安全生产目标管理和责任追究制度，实行安全生产目标管理，定期公布本单位安全生产情况，认真听取和积极采纳工会、职工关于安全生产的合理化建议和要求。

安全生产目标管理是安全生产科学管理的一种方法。企业应根据其管理目标，在分析外部环境和内部条件的基础上确定安全生产所要达到的目标并努力实现。安全生产目标管理的任务是制定奋斗目标，明确责任，落实措施，实行严格的考核与奖励，以激励广大职工积极参加全面、全员、全过程的安全生产管理，主动按照安全生产的奋斗目标和安全生产责任制的要求，落实安全措施。

（二）安全生产目标考核评估的法律依据

生产经营单位是安全生产的首要参与者和直接受益者，生产经营单位有效落实安全生产主体责任是进一步降低安全风险和事故发生率的重要保障。《安全生产法》指出，生产经营单位全员安全生产责任制应当明确各岗位的责任人员、责任范围和考核标准等内容。生产经营单位应当建立相应的机制，加强对全员安全生产责任制落实情况的监督考核，保证全员安全生产责任制的落实。

安全生产目标考核评估是落实企业安全生产目标责任制的重要手段和方法。通过考核和评估，验证生产经营单位制定的安全生产目标完成程度，为优化制定安全生产目标提供依据。

《四川省生产经营单位安全生产责任规定》（四川省人民政府令第216号）强调，生产经营单位应当建立健全安全生产管理绩效量化考核制度，对安全生产责任目标完成情况进行考核，考核结果应当与职务任免、劳动报酬挂钩。危险性较大行业的生产经营单位可以实行内部风险管理制度，推行安全结构工资制，形成有效的安全生产激励和约束机制。生产经营单位的安全生产管理机构或者安全生产管理人员协助本单位决策机构和有关负责人组织制定本单位安全生产年度管理目标并实施考核工作。生产经营单位未建立健全和落实安全生产规章制度、分解落实安全生产责任目标的，由县级以上安全生产监督管理部门予以通报，责令限期改正，可以并处 2 000 元以上 2 万元以下罚款。

二、安全生产目标管理

安全生产管理的目标是减少和控制危害，减少和控制事故，尽量避免生产过程中由于事故造成的人身伤害、财产损失、环境污染以及其他损失。安全生产目标是指生产经营单位在生产经营时的人身伤害、财产损失、环境保护等方面的目标；通常以事故数量、死亡人数、重伤人数、尘毒作业点合格率、噪声作业点合格率和设备完好率等预期达到的目标值来表示。安全目标管理是系统的、动态的管理，生产经营单位通过安全生产目标管理实现导向作用、组织作用、激励作用、计划作用和控制作用等效果。

按照安全管理的职能分类，我们可将目标管理划分为：安全目标决策、安全目标协调、安全目标计划、安全目标监督、安全目标组织、安全目标控制。

生产经营单位应根据自身安全生产实际，制定文件化的总体和年度安全生产与职业卫生目标，并纳入企业总体生产经营目标。制定一个既先进又可靠的整体安全目标，即安全管理的总体目标，总体目标要自上而下地层层分解，制定各级、各部门直到每个职工的安全目标。要重视对目标成果的考核与评价。重视目标实施过程的管理和控制。

生产经营单位应明确目标的制定、分解、实施、检查、考核等环节要求，并按照所属基层单位和部门在生产经营活动中所承担的职能，将目标分解为指标，确保落实；定期对安全生产与职业卫生目标、指标实施情况进行评估和考核，并结合实际及时进行调整。

（一）安全生产目标的制定原则和依据

1. 安全生产目标制定原则

安全生产目标管理是重视人、激励人、充分调动人的主观能动性的管理，充分体现"以人为本"的安全生产要义。生产经营单位在制定安全生产目标时，应充分考虑目标的科学性、合理性，实现目标的方法措施和考核评估的方式，一般应遵循以下制定原则：

（1）系统性原则。生产经营单位应运用系统性原理，科学、全面制定安全生产目标；同时应突出重点，分清主次，不能平均分配、面面俱到。

（2）可实施原则。生产经营单位能够根据安全目标的要求，明确各级目标责任制和责任人，确定完成安全目标的实施办法。

（3）先进性原则。目标的制定既要能够实现，同时也要具备适度的挑战性，制定的目标一般略高于实施者的能力和水平，使之经过努力可以完成。

（4）可量化原则。科学量化安全总目标、分目标及小目标，有利于制定考核标准和奖惩办法，并开展考核评估。

（5）全员参与原则。实行各级领导负责制，目标分解到各层级、各部门、各岗位，经营单位主要负责人及全体员工是实现安全生产目标的责任主体。

（6）信息反馈原则。生产经营单位通过安全检查、评估等方式，及时反馈安全生产目标完成进展，适时调整目标或实施方案措施。安全生产目标管理与经济责任制挂钩，以实现企业安全正常化和企业效益最大化。

2. 安全生产目标制定依据

安全生产目标的实现具有科学性、阶段性、可实施性、可考核评估性，同时还要具备合法性，与国家对安全生产的相关政策法规保持一致。因此，生产经营单位的安全生产目标通常依据以下内容进行制定：

（1）安全生产相关法律法规、政策性文件等。

（2）上级主管部门部署的安全生产工作任务和提出的要求。

（3）生产经营单位的安全生产中长期规划。

（4）生产经营单位自身安全生产状况，包括生产技术水平、生产设备设施的安全状态、重大危险源、危险因素及其危险程度、员工安全能力和意识状态、安全管理现状及薄弱环节等内容。

（5）历年工伤事故和职业病统计数据。

（6）生产经营单位的经济条件等。

（二）安全生产目标内容

安全生产目标包括生产经营单位总体安全生产目标和年度安全生产目标。

根据生产经营性质和特点，生产经营单位制定的安全生产目标主要包括：生产安全事故控制指标（事故负伤率及各类安全生产事故发生率）、隐患排查治理、安全生产责任制、安全教育培训、安全管理制度建设、风险识别与管控、应急预案与演练、防护用品配备率、经济损失等目标。

总体目标具有战略性，是企业宗旨的展开和具体化，是企业宗旨中确认的企业经营目的、社会使命的进一步阐明和界定。具有宏观性、长期性、全面性。

年度安全生产目标是为实现总体目标所采取的阶段性、策略性指标。具有可量化性、可实施性。

（三）安全生产目标分解

生产经营单位应将制定的安全生产目标，层层分解，落实到人，分解时需要做到让员工明白应该干什么、什么时候干、干到什么程度、达到什么要求。

依据《四川省生产经营单位安全生产责任规定》（四川省人民政府令第 216 号），生产经营单位必须依法建立健全本单位安全生产责任制度、安全生产目标管理制度，并将本单位的安全生产责任目标分解到各部门、各岗位，明确责任人员、责任内容和考核奖惩要求。

安全生产目标管理制度包括以下内容：

（1）主要负责人的安全生产目标。

（2）分管安全生产的负责人和其他负责人的安全生产目标。

（3）管理科室、车间、分公司等部门及其负责人的安全生产目标。

（4）班组和班组长的安全生产目标。

（5）岗位从业人员的安全生产目标。

安全生产目标分解一般越是上层，其目标越带有战略性、指导性和概括性；越是下层，其目标越带有战术性，其内容越加具体。安全生产目标分解原则如下：

（1）逐级分解，一级比一级严格，一级比一级细化，形成纵横目标网络。

（2）各级不完全相同，体现岗位相关性。

安全生产目标分解具体工作可概括为：

（1）企业目标纵向层层分解到班组、个人，横向分解到各个部门、岗位，规定目标行进方向。

（2）将项目组织目标分解到各个班组，明确各班组的具体目标任务。

（3）把班组的组织目标分解到岗位、具体到个人，确定个人工作目标。

（4）对部门、成员之间的目标组织协调，共同实现各自目标，促进安全生产目标的达成。

分解示例见图2.3。

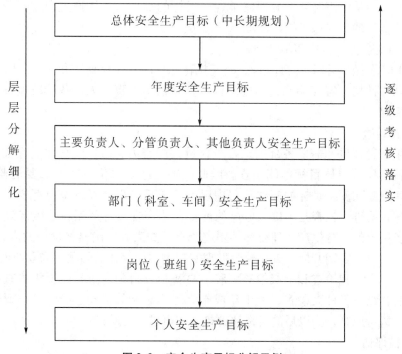

图2.3　安全生产目标分解示例

例如：企业年度安全生产目标制定。

1. 安全生产目标控制指标

（1）特大事故、重大事故为零。

（2）一般事故死亡率、重伤率为零。

（3）隐患整改率100%。

（4）安全生产投入保障及时率100%。

（5）创建安全生产标准化达标。

（6）三级安全培训教育率100%。

（7）特种作业人员持证上岗率100%。

（8）特种设备检验合格率100%。

（9）消防设施设备配置及完好率100%。

2. 安全生产工作指标

各部门安全生产工作指标的落实、制度执行、培训教育、现场检查、隐患整改、文档管理、事故报告、劳动防护等。

三、考核评估基本方法

（一）安全生产目标实施保障

为促使安全生产目标能够实现，生产经营单位应采取一系列的保障措施。保障措施主要体现在组织制度、监督检查、考核评估、信息反馈等方面。

1. 组织制度保障

安全生产目标由主要负责人组织实施，全员参与；生产经营单位应建立健全安全生产目标管理制度，细化各级目标，制定程序、实施过程、监督检查、考核评估、信息反馈等要求。从组织制度上确保安全生产目标的实现，是体现生产经营单位落实安全生产主体责任的重要保障措施。

2. 编制安全生产目标实施计划

遵循 PDCA 循环〔plan（计划）、do（执行）、check（检查）和 act（处理）〕，制订实施计划，计划内容应明确：实施目标、计划措施、责任人、各阶段检查内容、问题及处理情况。

3. 监督检查

安全生产管理目标需要各部门、各级人员共同努力、协作配合才能完成，子目标不能实现就会导致总体目标不能实现。因此，生产经营单位应实行必要的监督检查，确保目标实现。在安全目标的实践过程中以及完成后，生产经营单位都要对各项目完成的情况进行检查。检查是评价、考评的前提，是实现目标的手段。生产经营单位应根据各级各岗位的安全生产管理目标，制定监督检查表，明确监督检查的内容、方法、频次、责任人员，定期开展检查，及时发现实施过程中存在的问题，采取纠偏措施。

检查方式有自我检查和上级检查两种。自我检查可随时进行，上级检查一般是在目标完成后，结合各种大检查、上半年或年终工作总结等活动进行。检查要做到依据目标标准，坚持原则，为以后的目标评价打下实事求是的基础。

4. 考核评估

对目标执行情况进行检查和评价，是发挥目标管理激励作用的最终体现。一个循环周期结束后，生产经营单位必须对执行结果进行评价，总结经验教训，使达标者信心更增，没达标者明确前进方向。

生产经营单位应依据安全生产目标制定相应的考核评估办法，定期组织考核评估，将安全生产目标的实现程度与经济挂钩，体现奖惩机制的重要作用，以有效保障目标管理的实施。

评价内容一般包括目标执行各层次情况的汇总，存在各类问题的汇总，目标完成情况按照评价方法中的规定标准进行自我评定，对完成目标所实施的方法、进度、手段、条件等情况进行评定，总结成功经验和失败教训。另外，考核评估需要上级指导。上级以检查结果和目标卡片、资料台账为依据，在协商、讨论的基础上，对目标执行者进行指导，正确评价其结果，找出成功点和教训点。评价结果作为奖惩依据，要切实兑现，使安全目标管理具有严肃性和持久性。

5. 信息反馈

良好的信息反馈机制，是确保上下层级、不同部门之间信息畅通的保障，也便于企业及时掌握安全生产目标完成进展，适时调整目标和措施。

（二）安全生产目标考核方法

生产经营单位应当根据年度安全生产目标和分解指标，制定安全生产目标考核奖惩办法，激励全体员工参加安全生产管理，落实安全生产责任，降低事故风险。

在安全目标管理上，评价方法主要有百分分配法和综合评价法。综合评价法的公式为：综合评价＝完成程度×困难程度×中途努力程度±修正值。修正值是因客观条件出乎意料的变化，使目标完成比制定时变难（＋）或变易（－）而给定的一个修正系数。三者比例应事先确定，比例大小为：完成程度≥困难复杂程度≥努力程度。

评分制是一种普遍采用的考核方法，依据考核标准，对安全生产目标完成情况进行评分，并以评分结果对被考核单位、部门、岗位或个人进行奖惩。生产经营单位在评分制的基础上设置控制性目标，一票否决。

具体实施过程包括：

（1）签订《安全生产目标责任书》。

（2）制定《安全生产目标管理考核标准》。

（3）定期考核安全生产目标落实情况。

（4）综合评分。

（5）根据评分结果进行奖励和处罚。

例如：某企业制定的安全生产目标考核办法。

1. 考核采取季度评估考核以及年终考核相结合的方式进行。安全生产领导小组每季度根据对部门控制指标落实情况和工作指标完成情况的检查打分，根据打分情况实施季度考核。年终考核由半年度评估考核以及现场检查组成，由总经理根据考核情况实施年终考核。

2. 安全生产目标的评估考核，以《年度安全生产目标与指标考核表》为依据，考核实行百分制评分，逐项扣分，单项分值扣完为止。每半年评估考核一次，分为优秀、优良、合格、不合格四个等级，总分在 90 分及以上为优秀，80~89 分为优良，60~79 分为合格，60 分以下为不合格。

3. 实行"一票否决"制度，发生较大及以上事故的按不合格评定。

第八节　安全生产培训

■本节知识要点

1. 安全生产培训的现状、目的和特点，安全生产培训机构的条件；
2. 安全生产培训的具体对象范围，安全生产培训组织实施要求；
3. 安全培训工作的特点和要求；
4. 安全生产培训内容及考核的要求，培训档案管理的内容。

一、安全生产培训概述

（一）安全生产培训的现状及形势

当前，随着安全生产培训工作的不断深入与加强，我国安全生产形势持续稳定好转，安全生产事故总量和伤亡人数呈逐年下降趋势，这与我国开展大量卓有成效的安全培训工作密不可分。安全生产培训在新时期安全生产工作中的地位和作用日益凸显，已然成为防范和减少事故的重要手段之一。但是，我国的安全生产依然面临严峻的形势，也给安全生产培训工作提出了新的挑战。为此，针对不同时期安全生产工作的特点，党中央、国务院以及相关职能部门先后出台了一系列加强安全生产培训工作的决定，可见安全生产培训是实现安全发展的重要基础性工作。

（二）安全生产培训的目的和意义

安全生产培训工作主要是针对事故发生的特点，重点加强风险辨识的培训，全方位、全过程辨识生产工艺、设备设施、作业环境、人员行为和管理体系等方面存在的安全风险；加强风险教育和技能培训，确保每名员工都能熟悉掌握企业风险类别、危险源辨识和风险评估办法、风险管控措施，以及隐患类别辨识、隐患排查方法与治理措施、应急救援与处置措施等，提升安全风险管控和隐患排查治理能力。

（三）安全培训工作的特点和要求

安全生产培训工作所面临的基本形势具有以下特点：一是依然严峻的安全生产形势要求各单位开展更高质量的安全生产培训工作，着力解决目前存在的个别地方政府与部分生产经营单位安全生产理念不牢、安全生产意识不强的问题；二是依然薄弱的安全生产基础要求各单位开展更为科学规范的安全培训工作，加快落实生产经营单位的安全生产主体责任，加强从业人员安全技能的提升。同时，我们需要尽快建立健全安全生产培训工作体系，完善培训条件，保证培训质量。

二、安全生产培训机构条件

安全培训的机构应当具备从事安全生产培训工作所要求的条件。开展生产经营单位主要负责人和安全生产管理人员、特种作业人员等相关人员培训的安全培训机构，应当将教师、教学和实习实训设施等情况书面报告所在地应急管理部门。《安全培训机构基本条件》（AQ/T 8011-2006）第三条规定，安全培训机构基本条件如下：

（一）安全培训机构的基本条件

（1）配备 3 名以上专职的安全培训管理人员。

（2）有健全的培训管理组织，能够开展培训需求调研、培训策划设计，有学员考核、培训登记、档案管理、过程控制、经费管理、后勤保障等制度，并建立相应工作台账。

（3）具有熟悉安全培训教学规律、掌握安全生产相关知识和技能的师资力量，专（兼）职师资应当在本专业领域具有 5 年以上的实践经验。

（4）具有完善的教学评估考核机制，确保培训有效实施。

（5）有固定、独立和相对集中并且能够满同时满足 60 人以上规模培训需要的教学及后勤保障设施。

（二）从事自主安全培训活动生产经营单位的基本条件

从事自主安全培训活动的生产经营单位，参照本部分（一）条件要求。

（三）从事现场安全培训的基本条件

采取现场培训的，具备与所承担的安全培训相适应的固定场所、设备及相应的硬件设施。

（四）从事远程安全培训的基本条件

采取远程培训的，具备满足远程培训所需要的教学设备和基础设施，建立课程质量评估和教师评优淘汰机制，配备远程培训管理员，建立或共享网络化的培训和信息管理平台，具备远程培训和远程互动交流功能。

（五）从事特种作业人员安全培训的培训机构基本条件

（1）具备本部分（一）要求的安全培训机构基本条件。

（2）具备与所培训作业类别相适应的实际操作条件。

（3）具备与所培训作业类别相适应的教学场地。

（4）具备与所培训作业类别相适应的，专门的安全生产知识和实际操作能力的培训教师。专（兼）职教师应当在相应作业类别领域具有 5 年以上的实践经验。

三、安全生产培训对象

生产经营单位应当根据本行业、领域的特点，加强从业人员安全生产教育和培训，这里的从业人员包括主要负责人、安全生产管理人员、特种作业人员和其他从业人员。未经安全生产教育和培训合格的从业人员，不得上岗作业。具体要求如下：

（一）主要负责人和安全生产管理人员

生产经营单位的主要负责人和安全生产管理人员应当接受安全培训，且必须具备与本单位所从事的生产经营活动相应的安全生产知识和管理能力。

（二）特种作业人员

特种作业人员是指从事容易发生事故，对操作者本人、他人的安全健康及设备、设施的安全可能造成重大危害的人员。其必须经专门的安全技术培训并考核合格，取得《中华人民共和国特种作业操作证》（以下简称特种作业操作证）后，方可上岗作业。

（三）其他从业人员

其他从业人员指除主要负责人、安全生产管理人员和特种作业人员之外的从业人员，其他从业人员应接受安全生产教育和培训，需具备必要的安全生产知识，熟悉有关的安全生产规章制度和安全操作规程，掌握本岗位的安全操作技能，了解事故应急处理措施，知悉自身在安全生产方面的权利和义务。另外，使用派遣劳动者、实习生也属于本生产经营单位其他从业人员。

四、安全生产培训组织实施

我国安全培训工作按照统一规划、归口管理、分级实施、分类指导、教考分离的原则进行。

（一）生产经营单位

《安全生产培训管理办法》第八条规定，生产经营单位的从业人员的安全培训，由生产经营单位负责。生产经营单位应当组织好本单位从业人员的安全生产培训工作，具体要求如下：

1. 安全生产培训主体责任

《安全生产培训管理办法》明确了生产经营单位安全生产培训的主体责任，也明确了生产经营单位主要负责人、安全生产管理机构和人员、从业人员的安全培训职责。

（1）生产经营单位应当按照安全生产法和有关法律、行政法规和本规定，建立健全安全培训工作制度。

（2）生产经营单位的主要负责人对本单位安全生产工作负有组织制定并实施本单位安全生产教育和培训计划的职责。

（3）生产经营单位的安全生产管理机构以及安全生产管理人员应当履行组织或者参与本单位安全生产教育和培训，如实记录安全生产教育和培训情况的职责。

（4）生产经营单位应当保证本单位安全培训工作所需资金。

（5）生产经营单位安排从业人员进行安全培训期间，应当支付工资和必要的费用。

2. 自主培训与委托培训的选择

（1）具备安全培训条件的生产经营单位应当以自主培训为主，也可以委托具备安全培训条件的机构进行安全培训。

（2）不具备安全培训条件的生产经营单位，应当委托具有安全培训条件的机构对从业人员进行安全培训。生产经营单位委托其他机构进行安全培训的，保证安全培训的责任仍由本单位负责。

3. 生产经营单位安全生产培训组织实施

生产经营单位从业人员的安全培训工作，由生产经营单位组织实施。生产经营单位应当坚持以考促学、以讲促学，确保全体从业人员熟练掌握岗位安全生产知识和技能。

（二）安全生产培训机构

安全生产培训机构实行自律管理，依照安全生产相关法律、行政法规和章程，为生产经营单位提供安全培训有关服务，具体要求有：

（1）从事安全培训的机构应当具备从事安全培训工作所需要的条件。开展生产经营单位主要负责人和安全生产管理人员，特种作业人员以及注册安全工程师等相关人员培训的安全培训机构，应当将教师、教学和实习实训设施等情况书面报告所在地应急管理部门。

（2）安全培训机构从事安全培训工作的收费，应当符合法律法规的规定。法律法规没有规定的，应当按照行业自律标准或者指导性标准收费。

（3）从事特种作业人员安全技术培训的机构，必须按照有关规定具备安全生产培训条件后，方可从事特种作业人员的安全技术培训。培训机构应当按照国家安全生产行政主管部门制定的特种作业人员培训大纲进行特种作业人员的安全技术培训。

（4）国家鼓励安全培训机构利用现代信息技术开展安全培训，包括远程培训。

（三）安全生产培训监管

1. 对生产经营单位的监管内容

应急管理部门应当对生产经营单位的安全培训情况进行监督检查，检查内容包括：

（1）安全培训制度、年度培训计划、安全培训管理档案的制定和实施的情况。

（2）安全培训经费投入和使用的情况。

（3）高危行业生产经营单位主要负责人、安全生产管理人员接受安全生产知识和管理能力考核的情况，非高危行业生产经营单位主要负责人和安全生产管理人员培训的情况。

（4）特种作业人员操作资格证持证上岗的情况。

（5）应用新工艺、新技术、新材料、新设备以及转岗前对从业人员安全培训的情况。

（6）建立安全生产教育和培训档案，并如实记录的情况。

（7）其他从业人员安全培训的情况。

（8）法律法规规定的其他内容。

2. 对安全生产培训机构的监管内容

应急管理部门应当对安全培训机构开展安全培训活动的情况进行监督检查，检查内容包括：

（1）具备从事安全培训工作所需要的条件的情况。

（2）建立培训管理制度和教师配备的情况。

（3）执行培训大纲、建立培训档案和培训保障的情况。

（4）培训收费的情况。

（5）法律法规规定的其他内容。

3. 举报制度

任何单位或者个人对生产经营单位、安全培训机构违反有关法律法规的行为，均有权向应急管理部门报告或者举报。应急管理部门为举报人保密的同时，并按照有关规定对举报进行核查和处理。

五、安全生产培训内容

安全生产培训应当按照规定的安全培训大纲进行。除危险物品的生产、经营、储存单位和矿山、金属冶炼单位以外，其他生产经营单位的主要负责人、安全生产管理人员及其他从业人员的安全培训大纲，由省级安全生产监督管理部门组织制定；特种作业人员安全培训大纲，由国家有关行政主管部门制定。根据《生产经营单位安全培训规定》和《特种作业人员安全技术培训考核管理规定》的相关规定，非高危行业生产经营单位从业人员的培训内容和培训时间要求如下：

（一）主要负责人培训的内容和时间

1．初次培训的主要内容

（1）国家安全生产方针、政策和有关安全生产的法律法规、规章及标准。

（2）安全生产管理基本知识、安全生产技术、安全生产专业知识。

（3）重大危险源管理、重大事故防范、应急管理和救援组织以及事故调查处理的有关规定。

（4）职业危害及其预防措施。

（5）国内外先进的安全生产管理经验。

（6）典型事故和应急救援案例分析。

（7）其他需要培训的内容。

2．再培训内容

对生产经营单位主要负责人，应定期进行再培训，再培训的主要内容是新知识、新技术和新颁布的政策、法规，有关安全生产的法律法规、规章、规程、标准和政策，安全生产的新技术、新知识，安全生产管理经验，典型事故案例等。

3．培训时间

非高危行业生产经营单位主要负责人初次安全培训时间不得少于 32 学时，每年再培训时间不得少于 12 学时。

（二）安全生产管理人员培训的主要内容和时间

1．初次培训的主要内容

（1）国家安全生产方针、政策和有关安全生产的法律法规、规章及标准。

（2）安全生产管理、安全生产技术、职业卫生等知识。

（3）伤亡事故统计、报告及职业危害的调查处理方法。

（4）应急管理、应急预案编制以及应急处置的内容和要求。

（5）国内外先进的安全生产管理经验。

（6）典型事故和应急救援案例分析。

（7）其他需要培训的内容。

2．再培训的主要内容

对生产经营单位安全生产管理人员，应定期进行再培训，再培训的主要内容是新知识、新技术和新颁布的政策、法规，有关安全生产的法律法规、规章、规程、标准和政策，安全生产的新技术、新知识，安全生产管理经验，典型事故案例等。

3．培训时间

非高危行业生产经营单位安全生产管理人员初次安全培训时间不得少于 32 学时，每年再培训时间不得少于 12 学时。

（三）特种作业人员的培训

1．特种作业目录

按照《特种作业人员安全技术培训考核管理规定》附件要求，特种作业范围共 11 个作业类别、51 个工种，主要包括电工作业、焊接与热切割作业、高处作业、制冷与空调作业、煤矿安全作业、金属非金属矿山安全作业、石油天然气安全作业、冶金（有色）生产安全作业、危险化学品安全作业、烟花爆竹安全作业和认定的其他作业类别。同时，原国家安全监管总局发布的《关于做好特种作业（电工）整合工作有关事项的通知》（安监总人事〔2018〕18号）要求，将电力电缆作业、继电保护作业、电气试验作业和防爆电气作业4个类别调整到特种作业电工作业目录。

2. 特种作业培训要求

特种作业人员的安全技术培训、考核、发证、复审工作实行统一监管、分级实施、教考分离的原则。故《特种作业人员安全技术培训考核管理规定》第十一条要求，从事特种作业人员安全技术培训的机构，应当制订相应的培训计划、教学安排，并按照国家安全生产行政主管部发布的特种作业人员培训大纲进行特种作业人员的安全技术培训。跨省、自治区、直辖市从业的特种作业人员，可以在户籍所在地或者从业所在地参加培训。

（四）其他从业人员的教育培训

生产单位的其他从业人员，在上岗前必须经过厂（矿）、车间（工段、区、队）、班组三级安全培训教育。三级安全教育是指厂、车间、班组的安全教育。三级教育培训的形式、方法以及考核标准各有侧重。由于特种作业人员作业岗位对安全生产影响较大，需要经过特殊培训和考核，所以制定了特殊要求，但对从业人员的其他安全教育培训、考核工作，同样适用于特种作业人员。

1. 厂（矿）级岗前安全培训内容

（1）本单位安全生产情况及安全生产基本知识。

（2）本单位安全生产规章制度和劳动纪律。

（3）从业人员安全生产权利和义务。

（4）有关事故案例等。

2. 车间（工段、区、队）级岗前安全培训内容

（1）工作环境及危险因素。

（2）所从事工种可能遭受的职业伤害和伤亡事故。

（3）所从事工种的安全职责、操作技能及强制性标准。

（4）自救互救、急救方法、疏散和现场紧急情况的处理。

（5）安全设备设施、个人防护用品的使用和维护。

（6）本车间（工段、区、队）安全生产状况及规章制度。

（7）预防事故和职业危害的措施及应注意的安全事项。

（8）有关事故案例。

（9）其他需要培训的内容。

3. 班组级岗前安全培训内容

（1）岗位安全操作规程。

（2）岗位之间工作衔接配合的安全与职业卫生事项。

（3）有关事故案例。

（4）其他需要培训的内容。

4. 培训时间

生产经营单位新上岗的从业人员，岗前安全培训时间不得少于24学时，每年再培训的时间不得少于8学时。

（五）再培训的情形

（1）中央企业的分公司、子公司及其所属单位和其他生产经营单位，发生造成人

员死亡的生产安全事故的，其主要负责人和安全生产管理人员应当重新参加安全培训。

（2）离开特种作业岗位6个月以上的特种作业人员，应当重新进行实际操作考试，经确认合格后方可上岗作业。

（3）特种作业人员对造成人员死亡的生产安全事故负有直接责任的，应当按照《特种作业人员安全技术培训考核管理规定》重新参加安全培训。

（4）生产经营单位采用新工艺、新技术、新材料或者使用新设备时，应当对有关从业人员重新进行有针对性的安全培训。

（5）从业人员在本生产经营单位内调整工作岗位或离岗一年以上重新上岗时，应当重新接受车间（工段、区、队）和班组级的安全培训。

六、考核及证书管理

（一）考务管理

1. 考核机构

安全生产培训考核应当坚持教考分离、统一标准、统一题库、分级负责的原则，分步推行有远程视频监控的计算机考试。

（1）国家安全生产行政主管部门负责中央企业的总公司、总厂或者集团公司的主要负责人和安全生产管理人员的考核。

（2）省级安全生产行政主管部门负责省属生产经营单位和中央企业分公司、子公司及其所属单位的主要负责人和安全生产管理人员的考核；负责特种作业人员的考核。

（3）市级安全生产行政主管部门负责本行政区域内除中央企业、省属生产经营单位以外的其他生产经营单位的主要负责人和安全生产管理人员的考核。

（4）除主要负责人、安全生产管理人员、特种作业人员以外的生产经营单位的其他从业人员的考核，由生产经营单位组织考核。

2. 考核标准

（1）除主要负责人、安全生产管理人员、特种作业人员以外的生产经营单位的其他从业人员的考核，由生产经营单位按照省级安全生产行政主管部门公布的考核标准，自行组织考核。

（2）特种作业人员的考核标准，由国家安全生产行政主管部门制定。

（二）证书管理

1. 证书类型及样式

（1）危险物品的生产、经营、储存单位和矿山、金属冶炼单位主要负责人、安全生产管理人员经考核合格后，颁发安全合格证。

（2）特种作业人员经考核合格后，颁发《中华人民共和国特种作业操作证》，特种作业操作证由中华人民共和国应急管理部统一式样、标准及编号。

（3）其他人员经培训合格后，颁发培训合格证。

（4）安全合格证（见图2.4）、特种作业操作证（见图2.5）和上岗证的式样，由国家安全生产行业主管部门统一规定，证书查询 http://cx.mem.gov.cn/。

正面 背面

图 2.4 安全合格证样式

正面 背面

图 2.5 特种作业操作证

2. 证书有效期

（1）安全合格证的有效期为 3 年。有效期届满需要延期的，持证人员应当于有效期届满 30 日前向原发证部门申请办理延期手续。

（2）特种作业操作证有效期为 6 年，每 3 年复审 1 次。特种作业人员在特种作业操作证有效期内，连续从事本工种 10 年以上，严格遵守有关安全生产法律法规的，经原考核发证机关或者从业所在地考核发证机关同意，特种作业操作证的复审时间可以延长至每 6 年 1 次。

（3）特种作业操作证申请复审或者延期复审前，特种作业人员应当参加必要的安全培训并考试合格。复审、延期复审仍不合格，或者未按期复审的，特种作业操作证失效。

3. 证书适用范围

特种作业操作证和省级安全生产行政主管部门（机构）颁发的主要负责人、安全生产管理人员的安全合格证，在全国范围内有效。

七、安全生产培训档案管理

生产经营单位应当由生产经营单位的安全生产管理机构建立健全从业人员安全生产教育和培训档案，如实记录并建档备查，安全生产培训档案要详细、准确记录培训的时间、内容、参加人员以及考核结果等情况。

安全培训机构应当建立安全培训工作制度和人员培训档案。安全培训相关情况，应当如实记录并建档备查。

八、培训不到位的处罚

《安全生产培训管理办法》第三十四条规定，安全培训机构有下列情形之一的，责令限期改正，处 1 万元以下的罚款；逾期未改正的，给予警告，处 1 万元以上 3 万元以下的罚款：

（1）不具备安全培训条件的。

（2）未按照统一的培训大纲组织教学培训的。

（3）未建立培训档案或者培训档案管理不规范的。

安全培训机构采取不正当竞争手段，故意贬低、诋毁其他安全培训机构的，依照前款规定处罚。

《安全生产培训管理办法》第三十五条规定，生产经营单位主要负责人、安全生产管理人员、特种作业人员以欺骗、贿赂等不正当手段取得安全合格证或者特种作业操作证的，除撤销其相关证书外，处 3 000 元以下的罚款，并自撤销其相关证书之日起 3 年内不得再次申请该证书。

《安全生产培训管理办法》第三十六条规定，生产经营单位有下列情形之一的，责令改正，处 3 万元以下的罚款：

（1）从业人员安全培训的时间少于《生产经营单位安全培训规定》或者有关标准规定的。

（2）矿山新招的井下作业人员和危险物品生产经营单位新招的危险工艺操作岗位人员，未经实习期满独立上岗作业的。

（3）相关人员未按照本办法第十二条规定重新参加安全培训的。

参考文献：

［1］马卫国，徐院锋. 企业安全生产工作指导丛书：安全生产规章制度编制指南［M］. 北京：中国劳动社会保障出版社，2018.

［2］尚勇，张勇. 中华人民共和国安全生产法释义［M］. 北京：中国法制出版社，2021.

［3］隆泗，罗芬. 安全培训概论［M］. 徐州：中国矿业大学出版社，2022.

［4］《危险化学品生产、储存装置个人可接受风险标准和社会可接受风险标准（试行）》（原国家安全监管总局公告 2014 年第 13 号）

［5］安全生产培训管理办法（原安监总局 44 号令）

［6］特种作业人员安全技术培训考核管理规定（原安监总局 30 号令）

［7］生产经营单位安全培训规定（原安监总局 63 号令）

［8］四川省安全管理条例（四川省第十届人民代表大会常务委员会公告第 90 号）

［9］四川省生产经营单位安全生产责任规定（四川省人民政府令第 216 号）

［10］《国务院安委会办公室关于印发工贸行业企业安全生产标准化建设和安全生产事故隐患排查治理体系建设实施指南的通知》（安委办〔2012〕28 号）

［11］《四川省政府安委会办公室关于建立完善安全风险分级管控和隐患排查治理双重预防机制的通知》（川安办〔2016〕64 号）

［12］《北京市企业岗位安全操作规程编写指南》（北京市安全生产监督管理局，2016）

［13］《关于印发城市安全风险评估工作"一办法、三规范"的通知》（成安委〔2018〕16号）

［14］GB/T 33000-2016 企业安全生产标准化基本规范

［15］DB5101/T 118-2021 生产安全事故隐患排查治理工作指南

第三章

安全生产技术与事故预防

第一节　防火防爆技术

┌ - - - ■**本节知识要点** ─────────────────────────────┐

1. 燃烧的定义、本质及条件以及物质的燃烧特点和常见的燃烧现象;
2. 火灾的定义和分类、火灾等级、火灾发展过程等,防灭火技术及设施设备;
3. 爆炸及其分类、防爆技术及装备;
4. 防火防爆的相关安全规定和技术标准。

└───┘

　　火灾、爆炸是日常生产与生活中最常见的事故灾难。近年来,各种新技术、新材料、新工艺不断涌现并广泛应用于人们的日常生产和生活之中,火灾与爆炸时有发生,造成众多人员伤亡及巨大经济损失,给社会生产、生活带来极大危害。为了有效预防和控制火灾与爆炸事故发生,减小事故损失,生产经营单位相关人员需要熟悉燃烧和爆炸基础知识,掌握防控措施。

一、基础知识

(一) 燃烧

1. 燃烧的定义与本质

　　燃烧,俗称着火,指可燃物与氧化剂作用发生的放热反应,通常伴有火焰、发光和(或)烟气的现象 [《消防词汇 第 1 部分:通用术语》(GB/T 5907.1—2014)]。放热、发光、生成新物质是燃烧现象的三个特征。燃烧区的高温使其中的气体分子、固体粒子和某些不稳定(受激发)的中间体发生能级跃迁,从而发出各种波长的光;发光的气相燃烧区域就是火焰,它的存在是燃烧过程最明显的标志;由于燃烧不完全等原因,气体产物中会混有微小颗粒,就形成了烟。

2. 燃烧的必要条件

燃烧现象十分普遍，作为一种特殊的氧化还原反应，其发生必须具备可燃物、助燃物和点火源三个必然条件。

（1）可燃物。可燃物作为还原剂，不论是气体、液体还是固体，也不论是金属还是非金属，无机物还是有机物，凡是能与空气中的氧或其他氧化剂起燃烧反应的物质，均称为可燃物，如甲烷、硫化氢、酒精、汽油、铝粉、木粉、木材、塑料等。

（2）助燃物。助燃物作为氧化剂，凡是与可燃物结合能导致和支持燃烧的物质，都称为助燃物，如空气、氧气、氯气、氯酸钾、过氧化钠等。

（3）点火源。点火源是指能够使可燃物与助燃物发生燃烧反应的能量来源，凡是能引起物质燃烧的热源，统称为点火源。生产和生活中常用的多种热源都有可能转化为点火源。点火源最常见的是热能，还有其他能量，如电能、化学能、光能及机械能等，但一般都以热能的形式表现出来。常见的点火源有火焰、火星、电火花、静电、高温物体和雷电等，这些都是能直接释放出热能的点火源。还有些不易被人们注意的点火源，如静电放电、化学反应放热、光线照射与聚焦、撞击与摩擦和压缩等，这些也是点火源。

上述三个条件通常被称为燃烧三要素。但是，即使具备了三要素并且相互结合、相互作用，燃烧也不一定发生。要发生燃烧还必须满足其他条件，如可燃物和助燃物要有一定的数量和浓度，点火源要有一定的温度和足够的热量等。燃烧发生时，三要素可表示为封闭的三角形，通常称为燃烧三角形，如图3.1所示。

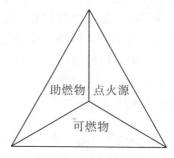

图3.1　燃烧三角形

3. 燃烧的充分条件

具备了燃烧的必要条件，并不意味着燃烧必然发生。在各种必要条件中，还有一个"量"的概念，这就是发生燃烧或持续燃烧的充分条件。

（1）一定的可燃物浓度。可燃气体或蒸气只有达到一定浓度时，才会发生燃烧或爆炸。例如，甲烷只有在其浓度达到5%时才有可能发生燃烧。而车用汽油在-38℃以下、灯用煤油在40℃以下、甲醇在7℃以下均不能达到燃烧所需的浓度，因此虽有充足的氧和明火，仍不能发生燃烧。

（2）一定的氧气含量。各种不同的可燃物发生燃烧，均有本身固定的最低含氧量要求。低于这一浓度，虽然燃烧的其他必要条件全部具备，燃烧仍然不会发生。例如，汽油燃烧的最低含氧量要求为14.4%，煤油为15%，乙醚为12%。

（3）一定的点火能量。各种不同可燃物发生燃烧，均有本身固定的最小点火能量要求。例如，在化学计量浓度下，汽油的最小点火能量为0.2mJ，乙醚为0.19mJ，甲为0.215mJ。

（4）未受抑制的链锁反应。对于无焰燃烧，以上三个条件同时存在，相互作用，燃烧即会发生。而对于有焰燃烧，除以上三个条件外，在燃烧过程中存在未受抑制的自由基（游离基），形成链锁反应，使燃烧能够持续下去。

燃烧的充分条件，可用燃烧四面体表示，如图 3.2 所示。

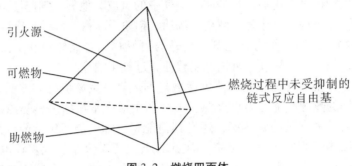

引火源

可燃物

燃烧过程中未受抑制的链式反应自由基

助燃物

图 3.2　燃烧四面体

4. 可燃物质的燃烧特点

（1）气体可燃物的燃烧特点。由于化学组成不同，各种可燃气的燃烧过程和燃烧速度也不相同。简单的气体燃烧只需受热、氧化等过程，而复杂的气体要经过受热、分解、氧化等过程才能开始燃烧。因此，简单的小分子气体比复杂的大分子气体燃烧速度更快。

可燃气体燃烧属性为有焰燃烧，也称气相燃烧，具体有扩散燃烧和预混燃烧两种类型。扩散燃烧是可燃气体与空气混合是在燃烧过程中进行，是稳定的燃烧。家用煤气的燃烧就是扩散燃烧，如图 3.3 所示，火焰的明亮层是扩散区，火焰中心发暗的锥形空间叫燃料锥。空气中的氧分子由火焰外围空间向内扩散，煤气分子由燃料锥向外扩散，煤气分子与氧分子在扩散区相遇，完成化学反应。扩散燃烧的火焰中有明显可区分的焰心、内焰和外焰，如图 3.4 所示。

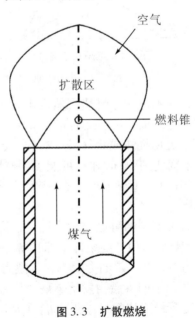

空气

扩散区

燃料锥

煤气

图 3.3　扩散燃烧

内焰 —
外焰
焰心
灯芯
酒精

图3.4　酒精灯的燃烧

预混燃烧是可燃气体与空气混合，且在燃烧之前就已完成。预混燃烧有利于可燃气体充分燃烧。但当混合气体中可燃气体的浓度处于一定范围内时，那么其遇到火源就会发生爆炸式燃烧，简称爆炸，也叫动力燃烧，本节第三部分将详细阐述。

（2）液体可燃物的燃烧特点。液体可燃物的燃烧，实际上是可燃液体表面蒸气的燃烧，因此，液体可燃物的燃烧属性是气相燃烧，比如酒精灯的燃烧，如图3.4所示。液态烃类（如汽油）燃烧时，通常具有橘色火焰并散发浓密的黑色烟云。醇类（如酒精）燃烧时，通常具有透明的蓝色火焰，几乎不产生烟雾。某些醚类燃烧时，液体表面伴有明显的沸腾状，这类物质的火灾难以扑灭。在不同类型油类的敞口储罐的火灾中容易出现三种特殊现象：沸溢、喷溅和冒泡。液体在燃烧过程中，由于向液层内不断传热，因而会使含有水分、粘度大且沸点在100℃以上的重油、原油产生沸溢和喷溅现象，造成大面积火灾。这种现象称为突沸，往往会造成很大的危害。这类油品称为沸溢性油品。

（3）固体可燃物的燃烧特点。固体可燃物必须经过受热、蒸发、热分解，固体上方可燃气体浓度达到燃烧极限，才能持续不断地发生燃烧。固体可燃物由于其分子结构的复杂性、物理性质的不同，其燃烧方式也不同，主要有蒸发燃烧、分解燃烧、表面燃烧、阴燃和粉尘爆炸五种。

①蒸发燃烧。熔点较低的可燃固体，受热后熔融，然后与可燃液体一样蒸发成蒸气而燃烧。因此，固体可燃物的蒸发燃烧，燃烧属性是气相燃烧。如石蜡、硫、磷等固体可燃物的燃烧就是蒸发燃烧。

②分解燃烧。分子结构复杂的固体可燃物，因受热而温度升高，发生无氧化作用的不可逆化学分解，热分解产物再氧化燃烧，称为分解燃烧。例如，木材、纸张、棉、麻、毛丝、热固塑料、合成橡胶等的燃烧。

③表面燃烧。难以热分解的固体可燃物，不能发生蒸发燃烧或分解燃烧。当氧气包围物质的表层时，其呈炽热状态发生无焰燃烧，也称固相燃烧。如木炭、焦炭等的燃烧。由此可见，分解燃烧，具有气相燃烧和固相燃烧的混合属性。木材燃烧时，受热先蒸发掉水分，继而开始分解出可燃气体，以氢和甲烷为主，以有焰燃烧为主，当木材完全分解后，有焰燃烧停止，只剩下木炭的表面燃烧。

④阴燃。阴燃，指物质无可见光的缓慢燃烧，通常会产生烟气和温度升高的现象。一些固体可燃物质在空气不流通、散热不畅或含水分较高时会阴燃。随时阴燃的进行，热量聚集、温度升高，当空气导入后，其可能会转为有焰燃烧，如成捆堆放的棉、麻、纸张，以及大堆垛的煤、草、谷物和湿木材等。

⑤粉尘爆炸。可燃性固体物质以粉尘、纤维或飞絮的形式与空气形成混合物，被点燃后发生快速燃烧。粉尘爆炸属于预混燃烧，归类于气相燃烧。

综上，可燃气体的燃烧，可燃液体的燃烧，可燃固体的蒸发燃烧、分解燃烧和表面燃烧，都是有可见光的燃烧。可燃气体的燃烧、可燃液体的燃烧、可燃固体的蒸发燃烧都是有焰燃烧，即气相燃烧，气体燃烧有扩散燃烧和预混燃烧两种形式。可燃固体的表面燃烧是无焰燃烧，即固相燃烧；可燃固体的分解燃烧，因分解产物不同，常有气相燃烧和固相燃烧的混合属性；可燃固体的阴燃，是没有可见光的燃烧，且没有火焰。

可燃物质燃烧类型分解示意如图 3.5 所示。

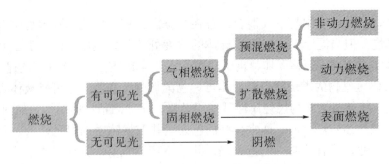

图 3.5　可燃物质燃烧类型分解

5. 几种常见的燃烧现象

（1）闪燃。可燃液体表面的蒸气，以及易熔固体熔化后表面的蒸气，与空气混合后，遇引火源发生一闪即灭的现象称为闪燃。闪燃是液体发生火灾的危险信号。在规定的试验条件下，可燃性液体或固体表面产生的蒸气在试验火焰作用下发生闪燃的最低温度，称为闪点。闪点是确定可燃液体火灾危险性的重要指标，是确定可燃液体生产、储存场所火灾危险性的主要指标。闪点越低的液体，其火灾危险性也就越大。例如，汽油和煤油相比，汽油闪点低，见火源就能着火，而煤油的闪点高（40℃），只有把它加热到40℃时，遇火源才能发生闪燃。所以，汽油比煤油危险。

（2）自燃。可燃物在没有外部火源的作用时，因受热或自身发热并蓄热所产生的燃烧，称为自燃。可燃物质发生自燃的最低温度，称为自燃点。自燃点越低，火灾危险性越大。易于自燃的物质，与空气接触即能自行燃烧。常见可燃物的自燃点见表 3.1。

表 3.1　常见可燃物质的自燃点

物质名称	自燃点/℃	物质名称	自燃点/℃
黄磷	30	汽油	280
二硫化碳	102	煤油	380~425
乙醚	170	柴油	350~380
硫化氢	260	煤	320

（3）着火。可燃物质在有足够助燃物质（如充足的空气、氧气等）的情况下，达到一定温度，在火源的作用下产生有焰燃烧，并在火源移去后能持续燃烧的现象，称为着火。燃点（也称着火点）是可燃物质开始起火持续燃烧的最低温度。燃点是评定固体物质火灾危险性的重要特性指标。燃点越低的物质，其火灾危险性越大。常见可燃物质的燃点见表 3.2。

表 3.2 常见可燃物质的燃点

物质名称	燃点/℃	物质名称	燃点/℃
樟脑	70	布匹	200
赛璐珞	100	棉花	210
橡胶	120	松木	250
纸张	130	硫黄	255
麻绒	150	醋酸纤维	320
赤磷	160	涤纶纤维	390

（4）爆炸。这里所说的爆炸专指可燃气体、可燃液体蒸气以及可燃固体粉尘与空气形成混合物后，被点燃发生爆炸式燃烧。本节第三部分将详细阐述爆炸。

（二）火灾

1. 火灾定义

《消防词汇 第1部分：通用术语》（GB/T 5907.1-2014）将火灾定义为在时间或空间上失去控制的燃烧。

《火灾统计管理规定》（公通字〔1996〕82号）明确了所有火灾不论损害大小，都列入火灾统计范围。以下情况也应列入火灾统计范围：

（1）易燃易爆化学物品燃烧爆炸引起的火灾。

（2）破坏性试验中引起非实验体的燃烧。

（3）机电设备因内部故障导致外部明火燃烧或者由此引起其他物件的燃烧。

（4）车辆、船舶、飞机以及其他交通工具的燃烧（飞机因飞行事故而导致本身燃烧的除外），或者由此引起其他物件的燃烧。

2. 火灾分类

《火灾分类》（GB/T 4968-2008）将火灾分为以下六类：

（1）A类火灾：固体物质火灾。这种物质通常具有有机物性质，一般在燃烧时能产生灼热的余烬。

（2）B类火灾：液体或可熔化的固体物质火灾。

（3）C类火灾：气体火灾。

（4）D类火灾：金属火灾。

（5）E类火灾：带电火灾，即物体带电燃烧的火灾。

（6）F类火灾：烹饪器具内的烹饪物（如动植物油脂）火灾。

各类火灾示例见表3.3。

表 3.3 火灾类别示例

火灾类别	火灾性质	火灾示例
A类火灾	固体物质火灾	木材、棉、毛、麻、纸张等火灾
B类火灾	液体和可熔化的固体物质火灾	汽油、煤油、白酒、沥青、石蜡等火灾
C类火灾	气体火灾	天然气、液化石油气、氢气等火灾
D类火灾	金属火灾	锂、钾、钠、镁，钛、铝等及其合金火灾
E类火灾	带电火灾	电机、变压器、电缆等带电状态下的火灾
F类火灾	烹饪器具内烹饪物火灾	专指烹饪器具内烹饪物火灾

3. 火灾等级

根据公安部《关于调整火灾等级标准的通知》（公消〔2007〕234号），火灾等级标准定为特别重大、重大、较大和一般四个等级，从2007年6月1日起执行。

（1）特别重大火灾：是指造成30人以上死亡，或者100人以上重伤，或者1亿元以上直接财产损失的火灾。

（2）重大火灾：是指造成10人以上30人以下死亡，或者50人以上100人以下重伤，或者5 000万元以上1亿元以下直接财产损失的火灾。

（3）较大火灾：是指造成3人以上10人以下死亡，或者10人以上50人以下重伤，或者1 000万元以上5 000万元以下直接财产损失的火灾。

（4）一般火灾：是指造成3人以下死亡，或者10人以下重伤，或者1 000万元以下直接财产损失的火灾。

注："以上"包括本数，"以下"不包括本数。

特别指出，火灾等级是根据2007年颁布实施的《生产安全事故报告和调查处理条例》（国务院493号令）进行调整的，等级及标准均保持一致。

4. 火灾发展过程

火灾的形成一般是由小到大，由阴燃到明火到蔓延成灾的过程。专家通过对大量的火灾事故的研究分析得出，一般火灾事故的发展分为起火、成长、全盛、衰退四个阶段，如图3.6所示。

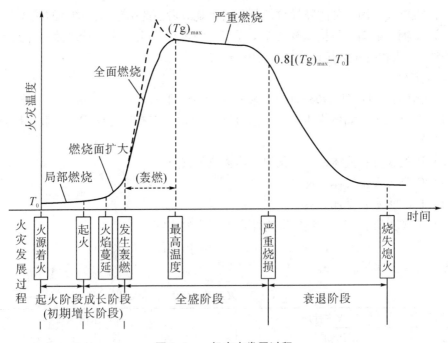

图3.6　一般火灾发展过程

（1）起火阶段：是火灾开始发生的阶段，这一阶段燃烧面积不大，仅限于初始起火点附近，主要特征是冒烟、阴燃。

（2）成长阶段：出现明火，向相邻可燃物蔓延，火势增大，环境温度升高，燃烧区域局限于起火点周围可燃物。

（3）全盛阶段：随着火灾持续发展，环境温度持续升高，周围可燃物受热烘干并分解出可燃气体，在某一刻发生轰燃现象，所有可燃物起火燃烧，进入全盛阶段。轰然是火灾发展到全盛阶段的转折点。

（4）衰退阶段：随着可燃物被烧尽，火势减弱，温度逐渐下降，火灾进入衰退阶段直至熄灭。

火灾防控技术就是基于火灾发展过程，对火灾发展过程进行技术和或人为的干预，以改变或终止火灾发展过程，以实现防止火灾发生、阻止火灾蔓延成灾的目的。

（三）爆炸

1. 爆炸及其分类

爆炸是一种物质或者一个系统的能量在极短时间内迅速释放，产生的能量作用于周围介质，通常伴随有强烈放热、发光和声响的效应。《消防词汇 第1部分：通用术语》（GB/T 5907.1—2014）中，爆炸定义为在周围介质中瞬间形成高压的化学反应或状态变化，通常伴有强烈放热、发光和声响。这个定义具有特定倾向性，供参考。

按照物质发生爆炸的原因和性质，我们通常将爆炸分为物理爆炸、化学爆炸和核爆炸三类。

（1）物理爆炸。这是一种纯物理过程，只发生物态变化，不发生化学反应。这类爆炸是容器内的气体压力升高超过容器所能承受的压力，造成容器破裂所致，如蒸汽锅炉爆炸、轮胎爆炸、高压气瓶爆炸和高压锅爆炸等。

（2）化学爆炸。物质发生高速放热化学反应，产生大量气体，并急剧膨胀做功而形成的爆炸现象。化学爆炸前后，物质的化学成分和性质均发生了根本变化。如炸药的爆炸、可燃气体与空气形成了混合气体爆炸、可燃粉尘与空气形成的爆炸性混合物的爆炸，均属化学爆炸。

（3）核爆炸（原子爆炸）。这是由于原子核发生裂变反应或聚变反应，释放出核能所形成的爆炸。如原子弹、氢弹和中子弹的爆炸，都属于核爆炸。

在工业企业防火防爆技术中，通常只涉及物理爆炸和化学爆炸，此处重点介绍化学操作。

2. 化学爆炸

本节从行政监管主体和适用法规的不同出发，并结合化学品分类、爆炸时的物质形态以及爆炸原理，将化学爆炸分为爆炸品爆炸、可燃气体（蒸气）爆炸、可燃粉尘爆炸、化学品爆炸四类进行分析。爆炸品爆炸、可燃气体（蒸气）爆炸和可燃粉尘爆炸本质上也属于化学品爆炸。

炸药是一种含能的亚稳性物质，一般情况较稳定，外界能量超过起爆激发能量时，会快速发生放热反应，产生大量气体，对外做功。炸药是自供氧体现，不需要外界供氧就能发生爆炸。炸药在军事上可用作炮弹、航空炸弹、导弹、地雷、鱼雷、手榴弹等弹药的爆炸装药，也可用于核弹的引爆装置和军事爆破。其在工业上广泛应用于采矿、隧道开挖、建筑物拆除、油气开采等工程爆破，以及爆炸成型、爆炸复合等爆炸加工，还广泛应用于地质、矿产勘探等科学技术领域。

根据《危险货物分类和品名编号》（GB 6944—2012），爆炸品为第1类，包括以下六项：

1.1项：有整体爆炸危险的物质和物品；

1.2 项：有进射危险，但无整体爆炸危险的物质和物品；

1.3 项：有燃烧危险并有局部爆炸危险或局部进射危险或这两种危险都有，但无整体爆炸危险的物质和物品；

1.4 项：不呈现重大危险的物质和物品；如催泪弹药、发烟弹药。

1.5 项：有整体爆炸危险的非常不敏感物质；

1.6 项：无整体爆炸危险的极端不敏感物品。

《危险货物品名表》（GB 12268-2012）对爆炸品进行了罗列。

（1）可燃气体（蒸气）爆炸

可燃物质以气体或蒸气状态发生的爆炸称为可燃气体爆炸。按照爆炸时所发生的化学变化，可燃气体爆炸分为气体单分解爆炸和气体混合物爆炸。

①气体单分解爆炸。单一气体在一定压力作用下发生分解，并产生大量的热，使气态产物膨胀而引起的爆炸。工业生产中能够发生单分解爆炸的气体包括乙炔、乙烯、环氧乙烷、氮氧化物等。这些气体发生单分解爆炸需要达到临界压力并具有一定的分解热。所谓临界压力，是指能使单一气体发生爆炸的最低压力。例如，乙炔的临界压力是 1.3×105Pa，其发生单分解爆炸时的反应方程式为

$$C_2H_2 = 2C+H_2+Q \text{（热量）}$$

在乙炔的生产、储存和使用过程中，如果操作压力或者储存压力超过其临界压力，乙炔就可能会发生单分解爆炸。如果不考虑热损失，其爆炸温度可达 3 100℃；爆炸压力为初始压力的 9~10 倍，会对周围物体和环境造成很大的危害。

②气体混合物爆炸。可燃性气体（或可燃液体蒸气）和空气等助燃性气体形成的混合气体在点火源的作用下发生的爆炸，称为气体混合物爆炸，其示意图如图 3.7 所示。与空气一定比例混合后，遇火源可能会爆炸的气体包括：氢气、硫化氢、一氧化碳、天然气（主要成分：甲烷）、液化石油气（主要成分：丙烷、丁烷、丙烯、丁烯）、乙炔、氨气，汽油、酒精等。

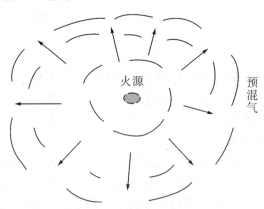

图 3.7 可燃气体或蒸气爆炸

可燃气体与空气混合遇火源能发生爆炸的浓度范围称为爆炸极限（用体积百分数表示）。与空气混合遇火源能发生爆炸的可燃气体的最低浓度，称为爆炸下限；与空气混合遇火源能发生爆炸的可燃气体的最高浓度，称为爆炸上限。可燃性气体或蒸气浓度低于爆炸下限或高于爆炸下限，遇点火源均不会发生爆炸。不同的可燃气体的爆炸极限是不同的，如甲烷的爆炸极限为 5%~15%，液化石油气的爆炸极限为 1.5%~

9.5%，乙炔的爆炸极限为 2.5%~82%，氢气的爆炸极限为 4%~75%，氨气的爆炸极限为 1.5%~27%。可燃气的爆炸下限越低，爆炸极限范围越宽，发生爆炸的机会越多，爆炸危险性越大。

在工业生产及日常生活中，很多爆炸事故都是由可燃性气体与空气形成爆炸性混合物引起的。如可燃性气体从工艺装置、设备管线泄漏到空气中，或空气渗入存有可燃性气体的设备管线中，都会形成爆炸性混合物，遇到点火源，就会发生爆炸事故。

非特别指明，可燃气体爆炸专指气体混合物爆炸。

（2）可燃粉尘爆炸

粉尘爆炸是指悬浮在空气中的可燃粉尘接触到明火、电火花等点火源时发生的爆炸现象。煤矿里的煤粉爆炸，磨面厂的面粉爆炸，木材加工厂的锯木粉爆炸，铝生产加工厂的铝粉爆炸等都属粉尘爆炸。

世界上第一次有记录的粉尘爆炸事故发生在 1785 年 12 月，意大利都灵的一个面包作坊。在我国，1987 年 3 月 15 日哈尔滨亚麻厂发生的亚麻粉尘爆炸事故，导致 58 人死亡，65 人重伤，112 人轻伤；2014 年 8 月 2 日，江苏省昆山市中荣金属制品有限公司铝粉爆炸事故，造成 75 人死亡，185 人受伤。

①粉尘爆炸的条件。只有具备了一定条件的粉尘才可能发生爆炸。粉尘爆炸一般应同时具备以下五个条件。

粉尘本身具有可燃性。可燃粉尘分无机粉尘和有机粉尘。无机粉尘有煤粉、炭粉、铝粉、镁粉等；有机粉尘有面粉、木粉等。

足够的氧含量。当空气中的氧含量降低到一定程度时，由于粉尘的氧化反应速度太低，放热速率将不足以维持火焰传播。

点火源。存在点火源且点火能量需大于粉尘的最小引燃能。常见的点火源有明火、高温物体、电弧和电火花、撞击、摩擦、绝热压缩等。

扩散。粉尘必须与空气混合且处于悬浮尘云状态才能与氧气有足够的氧化反应接触面积。

受限空间。粉尘云需处于相对封闭的空间，压力和温度才能急剧上升。

②粉尘爆炸的机理。一般认为，粉尘爆炸的发展过程为：粉尘粒子表面通过热传导和热辐射，从点火源获得能量，使表面温度急剧升高，粉尘发生热分解或干馏，释放出的可燃气体与空气混合形成爆炸性气体混合物，被点火源点燃。已点燃的粉尘又成为周围未燃粉尘的点火源，进而导致宏观上的粉尘爆炸。

与可燃气体爆炸相比，粉尘爆炸的燃烧速率和爆炸压力均比气体爆炸小，但因燃烧时间长，产生的能量大，其造成的破坏程度要严重得多；而且初始爆炸产生的冲击波会使堆积的粉尘扬起悬浮于空中，引起二次粉尘爆炸，一般二次粉尘爆炸的能量和破坏力要远远大于第一次粉尘爆炸。

（3）化学品爆炸

除爆炸品爆炸、可燃气体爆炸和可燃粉尘爆炸外，其他形式的化学爆炸就归类于危险化学品爆炸。这类化学品爆炸的主要特点是不需要助燃剂，单品在一定条件下或与其他物品混合就能发生爆炸，不存在气体爆炸和粉尘爆炸所必需的爆炸极限。如碳化钙遇水释放出乙炔气体和热量，在一定环境中反应本身就会发生爆炸并引起乙炔气体的爆炸燃烧。强氧化剂次氯酸钙（漂白粉的主要成分），如遇高温、水、酸或油脂都会引起燃烧爆炸，并且遇可燃物质（如硫磺）会增加其危险性。2009年9月15日，四川省宜宾市翠屏区发生的危险化学品爆炸事故，经调查发现是漂白粉与硫磺相邻堆放，发生反应造成的。

二、防火技术

防火技术，从功能上讲，包括防止火灾发生和限制其影响两项功能，限制火灾影响又主要包括限制火灾蔓延和安全疏散两项内容；从形式上讲，包括软件防火管理措施和硬件防火设施设备两种形式，硬件设施设备又包括独立性设备及系统性设施；从特定对象上讲，分建筑防火和工艺防火。针对非高危行业，本部分主要讲解防火基本技术、建筑防火技术和消防设施三个方面，消防设施在本节的第六部分专门讲述。

（一）防火基本技术

防火基本技术，就是根据燃烧的必要条件，通过控制可燃物、控制助燃物和控制点火源以达到防火的目的。

1. 控制可燃物

（1）用不燃物质或难燃物质代替可燃物质或易燃物质，对可燃物质进行阻燃处理以降低其燃烧性能。

（2）根据物质的危险性采取针对性控制措施。如对于易自燃且遇水易发生爆炸的物质金属钠，可储存于液体石蜡或煤油中。对于接触会引起燃烧甚至爆炸的氧化剂与还原剂，应分开存放，严禁混存。

（3）在容易出现爆炸性气体或粉尘的场所，消除可燃物的存在是不大可能的，往往借助于通风措施等来降低空气中可燃物的含量，使其浓度不在爆炸极限范围内。

2. 控制助燃物

（1）密闭措施。为防止易燃气体、蒸气和可燃性粉尘与空气构成爆炸性混合物，应使设备密闭化。对于有正压的设备更须保证其密闭性，以防气体或粉尘逸出；在负压下操作的设备，应防止空气进入。为了保证设备的密闭性，在保证安装和检修方便的情况下，对危险设备或系统应尽量少使用法兰连接。输送危险气体、液体的管道应采用无缝管。如设备本身不能密闭，可采用液封。

（2）惰性介质保护。惰性气体指的是那些化学活泼性差、没有燃爆危险性的气体，在高温、高压、易燃、易爆气体生产中，加入惰性气体可以冲淡可燃气体及氧气的浓度。例如采用氮气、二氧化碳、水蒸气等，它们的作用就是隔绝空气或者降低氧含量，减少可燃物质的燃烧浓度。使用惰性介质时，要有固定储存输送装置。我们应根据生产情况、物料危险特性，采用不同的惰性介质和不同的装置。例如，氢气的充填系统最好备有高压氮气，地下苯储罐周围应配有高压蒸气管线等。

（3）隔绝空气储存。与空气接触、受潮、受热易自燃的物品可以隔绝空气进行安全储存。如将黄磷液封于水中，钠液封在煤油中，二硫化碳用水封存，活性镍存于酒精中，烷基铝封存于氮气中。

3. 控制点火源

虽然并不是所有可燃物质的燃烧都需要点火源，但绝大多数火灾都是由点火源引发的，因此点火源的控制是防止燃烧和爆炸的重要环节。根据能量来源的方式不同，点火源可以分为明火火源、高温火源、电火花与电弧、摩擦与撞击、绝热压缩、光线照射和聚焦、化学反应热七类。本节主要阐述明火火源、高温火源及电火花与电弧的控制。

（1）明火火源控制。实验表明，绝大多数的明火火焰温度超过700℃，而绝大多数可燃物的自燃点低于700℃。因此，一般情况下当有助燃物存在时，明火火焰接触可燃物并加热一段时间便会将其点燃，常见的明火火焰包括火柴火焰、打火机火焰、蜡烛火焰、煤炉火焰、液化石油气灶具火焰、酒精喷灯火焰、工业蒸汽锅炉火焰，焊割火焰等。其中，工业生产中的明火主要是指生产过程中的加热用火和维修用火。加热用火的控制：加热易燃液体时，应尽量避免采用明火，而采用蒸汽、过热水、中间载热体或电热等；如果必须采用明火，则设备应严格密闭，并定期检查，防止泄漏。工艺装置中明火设备的布置，应远离可能泄漏可燃气体或蒸汽（气）的工艺设备及储罐区；在积存有可燃气体、蒸气的地沟、深坑、下水道内及其附近，没有消除危险之前，不能进行明火作业。在确定的禁火区内，要加强管理，杜绝明火的存在。在有火灾爆炸危险的厂房内，应尽量避免焊割作业，必须进行切割或焊接作业时，应严格执行动火安全规定。在有火灾爆炸危险场所使用喷灯进行维修作业时，应按动火制度进行并将可燃物清理干净。

（2）高温火源控制。高温物体在一定环境中能够向可燃物传递热量并能导致可燃物着火。常见的高温物体包括高温表面、烟头、火星、焊割作业产生的金属熔渣等。高温表面工业生产中，加热装置、高温物料输送管线及机泵等，其表面温度均较高，要防止可燃物落在上面，引燃着火。可燃物的排放要远离高温表面。如果高温管线及设备与可燃物装置较接近，高温表面应有隔热措施。加热温度高于物料自燃点的工艺过程，应严防物料外泄或空气进入系统。照明灯具的外壳或者表面都有很高温度，灯泡表面的高温可点燃附近的可燃物品，因此在易燃易爆场所，严禁使用这类灯具。烟头是一种常见的点火源，烟头中心部位的温度约为700℃，一般情况下，沉积状态的可燃粉尘、可燃纤维、纸张、某些可燃液体蒸气等均能被烟头点燃。因此，在生产、储存、使用易燃易爆物品的场所，应该采取有效管理措施，设置"禁止吸烟"的安全标志，杜绝烟头。火星是一类常见的高温点火源，它是各种燃料在燃烧过程中产生的微小炭粒以及其他复杂的碳化物等。火星的温度高达350℃以上，棉、麻、纸张等可燃固体以及可燃气体、蒸气、粉尘等触及火星都可能被引燃。因此，汽车等机动车辆进入火灾爆炸危险性场所时，排气管上应该安装火星熄灭器；在码头和车站装卸易燃物品时，应注意严防来往船舶和机车烟囱飞出的火星接触易燃物品而引发火灾。焊割作业金属熔渣焊接切割作业时产生的熔渣，温度可达1 500℃~2 000℃。地面作业时熔渣水平飞散距离可达0.5m~1m，高处作业时熔渣飞散距离较远。一般情况下，熔渣粒径越大，飞散距离越近，环境温度越高，则熔渣越不容易冷却，其危险性就越大。

（3）电火花与电弧控制。电弧一种自持气体导电，实质是电子击穿气体而流动；电火花是短暂的亮度小的电弧。一般电火花的温度都很高，电弧的温度可达3 600℃~6 000℃。电火花和电弧不仅能引起绝缘材料燃烧，而且可以引起金属熔化飞溅，构成危险的火源。电火花的放电能量均大于可燃气体、可燃蒸气、可燃粉尘与空气混合物的最小引燃能，都有可能点燃这些混合物。在工业生产过程中，为了满足各种防爆要求，我们必须了解并正确选择防爆电气的结构类型。另外，静电放电火花、雷击电弧等也是常见的电火花。静电防护主要是设法消除或控制静电的产生和积累条件，主要有工艺控制法、泄漏法和中和法。

（二）建筑防火技术

建筑指为人类生活、生产提供物质技术基础的各类建（构）筑物。其按照使用性质可分为民用建筑、工业建筑、构筑物及其他建筑等。民用建筑按使用功能可分为居住建筑和公共建筑两大类。其中，居住建筑可分为住宅建筑和宿舍建筑，公共建筑可分为办公建筑、旅馆酒店建筑、商业建筑、居民服务建筑、文化建筑、教育建筑、体育建筑、卫生建筑、科研建筑、交通建筑、人防建筑、广播电影电视建筑等。工业建筑分厂房（机房、车间）和仓库。

针对非高危生产企业，本书以厂房、库房为对象阐述建筑防火技术。

1. 建筑火灾危险性

（1）厂房的火灾危险性。厂房的火灾危险性根据生产中使用或产生的物质性质及其数量等因素划分，可分为甲、乙、丙、丁、戊类，见表3.4。

表3.4　厂房的火灾危险性分类

火灾危险性类别	使用或产生下列物质生产的火灾危险性特征
甲	1. 闪点小于28℃的液体； 2. 爆炸下限小于10%的气体； 3. 常温下能自行分解或在空气中氧化能导致迅速自燃或爆炸的物质； 4. 常温下受到水或空气中水蒸气的作用，能产生可燃气体并引起燃烧或爆炸的物质； 5. 遇酸、受热、撞击、摩擦、催化以及遇有机物或硫黄等易燃的无机物，极易引起燃烧或爆炸的强氧化剂； 6. 受撞击、摩擦或与氧化剂、有机物接触时能引起燃烧或爆炸的物质； 7. 在密闭设备内操作温度不小于物质本身自燃点的生产
乙	1. 闪点不小于28℃但小于60℃的液体； 2. 爆炸下限不小于10%的气体； 3. 不属于甲类的氧化剂； 4. 不属于甲类的易燃固体。 5. 助燃气体； 6. 能与空气形成爆炸性混合物的浮游状态的粉尘、纤维、闪点不小于60℃的液体雾滴
丙	1. 闪点不小于60℃的液体； 2. 可燃固体
丁	1. 对不燃烧物质进行加工，并在高温或熔化状态下经常产生强辐射热、火花或火焰的生产； 2. 利用气体、液体、固体作为燃料或将气体、液体进行燃烧作其他用的各种生产； 3. 常温下使用或加工难燃烧物质的生产常温下使用或加工不燃烧物质的生产
戊	常温下使用或加工不燃烧物质的生产

（2）仓库的火灾危险性。仓库的火灾危险性根据储存物品的性质和储存物品中的可燃物数量等因素划分，可分为甲、乙、丙、丁、戊类，见表3.5。

表 3.5   库房的火灾危险性分类

火灾危险性类别	储存物品的火灾危险性特征
甲	1. 闪点小于 28℃的液体； 2. 爆炸下限小于 10%的气体，受到水或空气中水蒸气的作用能产生爆炸下限小于 10%气体的固体物质； 3. 常温下能自行分解或在空气中氧化能导致迅速自燃或爆炸的物质； 4. 常温下受到水或空气中水蒸气的作用，能产生可燃气体并引起燃烧或爆炸的物质； 5. 遇酸、受热、撞击、摩擦以及遇有机物或硫黄等易燃的无机物，极易引起燃烧或爆炸的强氧化剂； 6. 受撞击、摩擦或与氧化剂、有机物接触时能引起燃烧或爆炸的物质
乙	1. 闪点不小于 28℃但小于 60℃的液体； 2. 爆炸下限不小于 10%的气体； 3. 不属于甲类的氧化剂； 4. 不属于甲类的易燃固体； 5. 助燃气体； 6. 常温下与空气接触能缓慢氧化，积热不散引起自燃的物品
丙	1. 闪点不小于 60℃的液体； 2. 可燃固体
丁	难燃烧物品
戊	不燃烧物品

2. 城市消防规划

城市消防规划是建立城市消防安全体系、维护城市消防安全的一项基础工作，统筹考虑城市总体布局的消防安全要求和城市消防事业发展需要，提出消防规划原则，合理安排城市消防安全布局，调整大、中型易燃易爆危险品设施布局，在空间布局上为城市消防安全奠定坚实基础。城市消防规划包括城市消防安全布局、消防站、消防通信、消防供水、消防车通道和消防装备等。

城市消防安全布局应按城市消防安全和综合防灾的要求，对易燃易爆危险品场所或设施及影响范围、建筑耐火等级低或灭火救援条件差的建筑密集区、历史城区、历史文化街区、城市地下空间、防火隔离带、防灾避难场地等进行综合部署和具体安排，制定消防安全措施和规划管制措施。

易燃易爆危险品场所或设施应设置在城市的边缘或相对独立的安全地带；大、中型易燃易爆危险品场所或设施应设置在城市建设用地边缘的独立安全地区，不得设置在城市常年主导风向的上风向、主要水源的上游或其他危及公共安全的地区。对周边地区有重大安全影响的易燃易爆危险品场所或设施，应设置防灾缓冲地带和可靠的安全设施。城市建设用地范围内新建易燃易爆危险品生产、储存、装卸、经营场所或设施的安全距离，应控制在其总用地范围内。

易燃易爆危险品场所或设施与相邻建筑、设施、交通线等的安全距离应符合国家现行相关标准的规定。城市建设用地范围内应控制汽车加油站、加气站和加油加气合建站的规模和布局，并应符合现行国家标准《汽车加油加气站设计与施工规范》（GB 50156）、《建筑设计防火规范》（GB 5016）的有关规定。城市燃气系统应统筹规划，区域性输油管道和压力大于 1.6MPa 的高压燃气管道不得穿越军事设施、国家重点文物

第三章 安全生产技术与事故预防

保护单位、其他易燃易爆危险品场所或设施用地、机场（机场专用输油管除外）、非危险品车站和港口码头；城市输油、输气管与周围建筑和设施之间的安全距离应符合国家现行有关技术标准的规定。

现有影响城市消防安全的易燃易爆危险品场所或设施，应结合城市更新改造，进行调整规模、技术改造、搬迁或拆除等。构成重大隐患的，应采取停用、搬迁或拆除等措施，并应纳入近期建设规划。

制定和实施城市消防规划，为建立和完善城市消防安全体系，提高城市防灾、抗灾和救灾综合能力，维护城市消防安全提供决策和管理依据，对于完备城市消防功能具有重要的指导作用。

3. 耐火等级

耐火等级是衡量建筑耐火程度的分级标准，建筑构件的燃烧性能和耐火极限是确定建筑整体耐火性能的基础。建筑耐火等级是由组成建筑物的墙、柱、梁、楼板以及屋顶承重构件等主要构件的燃烧性能和耐火极限决定的，共分为四级，一级耐火性能最高，四级最低。

（1）建筑材料的燃烧性能。建筑材料的燃烧性能，是指在规定条件下，材料或物质的对火反应特性。我国建筑材料及制品的燃烧性能分为 A、B1、B2、B3 四个等级，见表3.6。

表3.6　建筑材料及制品的燃烧性能等级

燃烧性能等级	名称	燃烧性能等级	名称
A	不燃材料（制品）	B2	可燃材料（制品）
B1	难燃材料（制品）	B3	易燃材料（制品）

建筑构件的燃烧性能由组成建筑构件材料的燃烧性能决定，在我国，建筑构件有不燃性建筑构件、难燃性建筑构件和可燃性建筑构件。钢梁柱，砖墙，钢筋混凝土制成的梁、柱、墙及楼板等构件是不燃性建筑构件；经阻燃处理后的木质防火门等是难燃性建筑构件；木柱、木梁和木楼板等是可燃性建筑构件。

（2）建筑构件的耐火极限。耐火极限，是指在标准耐火试验条件下，建筑构件、配件或结构从受到火的作用时起，至失去承载能力、完整性或隔热性时止所用的时间，用小时表示。如防火墙的耐火极限基本不低于3.00h，但甲、乙类厂房和甲、乙、丙类仓库内防火墙的耐火极限不应低于4.00h。

不同耐火等级厂房、库房主要建筑构件的燃烧性能和耐火极限，见表3.7。

表3.7　不同耐火等级厂房、库房主要建筑构件的燃烧性能和耐火极限

构件名称	耐火等级			
	一级	二级	三级	四级
防火墙	不燃性 3.00	不燃性 3.00	不燃性 3.00	不燃性 3.00
承重墙	不燃性 3.00	不燃性 2.50	不燃性 2.00	难燃性 0.50
梁	不燃性 2.00	不燃性 1.50	不燃性 1.00	难燃性 0.50
柱	不燃性 3.00	不燃性 2.50	不燃性 2.00	难燃性 0.50

表3.7(续)

构件名称	耐火等级			
	一级	二级	三级	四级
楼板	不燃性 1.50	不燃性 1.00	不燃性 0.75	难燃性 0.50
疏散楼梯	不燃性 1.50	不燃性 1.00	不燃性 0.75	可燃性

4. 平面布置

对于工业建筑,企业在进行建筑的总平面布局时,应根据其生产流程及各组成部分的生产特点和火灾危险性,结合地形、风向等条件,按功能分区集中布置。一般规模较大的企业根据实际需要,可划分生产区、储存区、行政办公区和生活区等。同一工厂内,应尽量将火灾危险性相同或相近的建筑集中布置,以便于安全管理。

为减少火灾爆炸的危害、保证人身安全和便于救援,厂(库)的平面布置要求如下:

(1)甲、乙类生产场所(仓库)不应设置在地下或半地下。

(2)员工宿舍严禁设置在厂(库)房内;办公室、休息室等不应设置在甲、乙类厂(库)房内,也不应贴邻库房,确需贴邻本厂房时,其耐火等级不应低于二级,并应采用耐火极限不低于 3.00h 的防爆墙与厂房分隔,且应设置独立的安全出口;办公室、休息室设置在丙类厂(库)房内时,应采用耐火极限不低于 2.50h 的防火隔墙和 1.00h 的楼板与其他部位分隔,并应至少设置 1 个独立的安全出口,隔墙上需开设相互连通的门时,应采用乙级防火门。

(3)厂房内设置中间仓库时,甲、乙类中间仓库应靠外墙布置,其储量不宜超过 1 昼夜的需要量;丙类中间仓库应采用防火墙和耐火极限不低于 1.50h 的不燃性楼板与其他部位分隔;丁、戊类中间仓库应采用耐火极限不低于 2.00h 的防火隔墙和 1.00h 的楼板与其他部位分隔。

(4)厂房内的丙类液体中间储罐应设置在单独房间内,其容量不应大于 5m³。设置中间储罐的房间,应采用耐火极限不低于 3.00h 的防火隔墙和 1.50h 的楼板与其他部位分隔,房间门应采用甲级防火门。

(5)变、配电站不应设置在甲、乙类厂房内或贴邻,且不应设置在爆炸性气体、粉尘环境的危险区域内。供甲、乙类厂房专用的 10kV 及以下的变、配电站,当采用无门、窗、洞口的防火墙分隔时,可一面贴邻,并应符合现行国家标准《爆炸危险环境电力装置设计规范》(GB 50058)等标准的规定。

5. 防火间距

防火间距,是防止着火建筑在一定时间内引燃相邻建筑,便于消防扑救的间隔距离。在确定防火间距时,主要考虑飞火、热对流和热辐射等的作用。其中,火灾的热辐射作用是主要方式。热辐射强度与灭火救援力量、火灾延续时间、可燃物的性质和数量、相对外墙开口面积的大小、建筑物的长度和高度以及气象条件等有关。

厂房之间及与乙、丙、丁、戊类仓库,民用建筑等的防火间距不应小于表 3.8 的规定。

甲类仓库之间及与其他建筑、明火或散发火花地点、铁路、道路等的防火间距不应小于表 3.9 的规定。乙、丙、丁、戊类仓库之间及与民用建筑的防火间距,不应小更多建筑之间防火间距要求，详见《建筑设计防火规范》（GB 50016）。

表 3.8　厂房之间及与乙、丙、丁、戊类仓库、民用建筑的防火间距　　　　单位：m

名称			甲类厂房 单、多层 一、二级	乙类厂房（仓库） 单、多层 一、二级	乙类厂房（仓库） 单、多层 三级	乙类厂房（仓库） 高层 一、二级	丙、丁、戊类厂房（仓库） 单、多层 一、二级	丙、丁、戊类厂房（仓库） 单、多层 三级	丙、丁、戊类厂房（仓库） 单、多层 四级	丙、丁、戊类厂房（仓库） 高层 一、二级	民用建筑 裙房，单、多层 一、二级	民用建筑 裙房，单、多层 三级	民用建筑 裙房，单、多层 四级	民用建筑 高层 一类	民用建筑 高层 二类
甲类厂房	单、多层	一、二级	12	12	14	13	12	14	16	13	25			50	
乙类厂房	单、多层	一、二级	12	10	12	13	10	12	14	13	25			50	
乙类厂房	单、多层	三级	14	12	14	15	12	14	16	15					
乙类厂房	高层	一、二级	13	13	15	13	13	15	17	13					
丙类厂房	单、多层	一、二级	12	10	12	13	10	12	14	13	10	12	14	20	15
丙类厂房	单、多层	三级	14	12	14	15	12	14	16	15	12	14	16	25	20
丙类厂房	单、多层	四级	16	14	16	17	14	16	18	17	14	16	18		20
丙类厂房	高层	一、二级	13	13	15	13	13	15	17	13	13	15	17	20	15
丁、戊类厂房	单、多层	一、二级	12	10	12	13	10	12	14	13	10	12	14	15	13
丁、戊类厂房	单、多层	三级	14	12	14	15	12	14	16	15	12	14	16	18	15
丁、戊类厂房	单、多层	四级	16	14	16	17	14	16	18	17	14	16	18		15
丁、戊类厂房	高层	一、二级	13	13	15	13	13	15	17	13	13	15	17	15	13
室外变、配电站	变压器总油量（t）	≥5，≤10					12	15	20	12	15	20	25	20	
室外变、配电站	变压器总油量（t）	>10，≤50	25	25	25	25	15	20	25	15	20	25	30	25	
室外变、配电站	变压器总油量（t）	>50					20	25	30	20	25	30	35	30	

表 3.9　甲类仓库之间及与其他建筑、明火或散发火花地点、铁路、道路等的防火间距

单位：m

名称	甲类仓库（储量/t）			
	甲类储存物品第 3、4 项		甲类储存物品第 1、2、5、6 项	
	≤5	>5	≤10	>10
高层民用建筑、重要公共建筑	50			
裙房、其他民用建筑、明火或散发火花地点	30	40	25	30
甲类仓库	20	20	20	20
厂房和乙、丙、丁、戊类仓库　一、二级	15	20	12	15
厂房和乙、丙、丁、戊类仓库　三级	20	25	15	20
厂房和乙、丙、丁、戊类仓库　四级	25	30	20	25

表3.9(续)

名称	甲类仓库（储量/t）			
	甲类储存物品第3、4项		甲类储存物品第1、2、5、6项	
	≤5	>5	≤10	>10
电力系统电压为35kV~500kV且每台变压器容量不小于10MVA的室外变、配电站，工业企业的变压器总油量大于5t的室外降压变电站	30	40	25	30
厂外铁路线中心线	40			
厂内铁路线中心线	30			
厂外道路路边	20			
厂内道路路边　主要	10			
厂内道路路边　次要	5			

表3.10　乙、丙、丁、戊类仓库之间及与民用建筑的防火间距　　　　单位：m

名称		乙类仓库			丙类仓库				丁、戊类仓库			
		单、多层		高层	单、多层			高层	单、多层			高层
		一、二级	三级	一、二级	一、二级	三级	四级	一、二级	一、二级	三级	四级	一、二级
乙、丙、丁、戊类仓库	单、多层　一、二级	10	12	13	10	12	14	13	10	12	14	13
	单、多层　三级	12	14	15	12	14	16	15	12	14	16	15
	单、多层　四级	14	16	17	14	16	18	17	14	16	18	17
	高层　一、二级	13	15	13	13	15	17	13	13	15	17	13
民用建筑	裙房，单、多层　一、二级	25			10	12	14	13	10	12	14	13
	裙房，单、多层　三级				12	14	16	15	12	14	16	15
	裙房，单、多层　四级				14	16	18	17	14	16	18	17
	高层　一类	50			20	25	25	20	15	18	18	15
	高层　二类				15	20	20	15	13	15	15	13

6. 防火分隔

根据建筑物的火灾危险性，合理划分防火分区、防烟分区，设置防火分隔物是保障安全生产的重要措施。

（1）防火分区。防火分区的作用在于发生火灾时，将火势控制在一定的范围内，以有利于灭火救援、减少火灾损失。建筑物根据使用性质、火灾危险性、耐火等级以及建筑消防设施等因素确定防火分区的大小。竖向防火分区之间以楼板进行划分，水平防火分区之间采用防火墙分隔。厂房的层数和每个防火分区的最大允许建筑面积应符合表3.11的规定。仓库的层数和面积应符合表3.12的规定。更多防火分区的要求，详见《建筑设计防火规范》（GB 50016）。

（2）防火分隔设施。在工业建筑中，除了前面说的用于防火分区分隔的防火墙、楼板，当设置防火墙确有困难时采用的防火卷帘或防火分隔水幕分隔，在防火墙开设门、窗、洞口时设置的甲级防火门、窗，以及疏散通道上所使用的乙级防火门、管道井和电缆井所使用的丙级防火门、通风空气调节系统的风管上设置的防火阀、排烟风管上设置排烟防火阀，也是防火分隔设施。另外，建筑内各类管道穿越楼板、隔墙、变形缝等处的孔隙封堵所采用防火封堵材料，也是防火分隔的重要组成部分。

表 3.11　厂房的层数和每个防火分区的最大允许建筑面积

生产的火灾危险性类别	厂房的耐火等级	最多允许层数	每个防火分区的最大允许建筑面积/m²			
			单层厂房	多层厂房	高层厂房	地下或半地下厂房（包括地下或半地下室）
甲	一级	宜采用单层	4 000	3 000	—	—
	二级		3 000	2 000	—	—
乙	一级	不限	5 000	4 000	2 000	—
	二级	6	4 000	3 000	1 500	—
丙	一级	不限	不限	6 000	3 000	500
	二级	不限	8 000	4 000	2 000	500
	三级	2	3 000	2 000	—	—
丁	一、二级	不限	不限	不限	4 000	1 000
	三级	3	4 000	2 000	—	—
	四级	1	1 000	—	—	—
戊	一、二级	不限	不限	不限	6 000	1 000
	三级	3	5 000	3 000	—	—
	四级	1	1 500	—	—	—

表 3.12　仓库的层数和面积

储存物品的火灾危险性类别		仓库的耐火等级	最多允许层数	每座仓库的最大允许占地面积和每个防火分区的最大允许建筑面积/m²						地下或半地下仓库（包括地下或半地下室）
				单层仓库		多层仓库		高层仓库		
				每座仓库	防火分区	每座仓库	防火分区	每座仓库	防火分区	
甲	3、4项	一级	1	180	60	—	—	—	—	—
	1、2、5、6项	一、二级	1	750	250	—	—	—	—	—
乙	1、3、4项	一、二级	3	2 000	500	900	300	—	—	—
		三级	1	500	250	—	—	—	—	—
	2、5、6项	一、二级	5	2 800	700	1 500	500	—	—	—
		三级	1	900	300	—	—	—	—	—
丁	1项	一、二级	5	4 000	1 000	2 800	700	—	—	150
		三级	1	1 200	400	—	—	—	—	—
	2项	一、二级	不限	6 000	1 500	4 800	1 200	4 000	1 000	300
		三级	3	2 100	700	1 200	400	—	—	—

表3.12(续)

储存物品的火灾危险性类别	仓库的耐火等级	最多允许层数	每座仓库的最大允许占地面积和每个防火分区的最大允许建筑面积/m²						
			单层仓库		多层仓库		高层仓库		地下或半地下仓库（包括地下或半地下室）
			每座仓库	防火分区	每座仓库	防火分区	每座仓库	防火分区	
丁	一、二级	不限	不限	3 000	不限	1 500	4 800	1 200	500
	三级	3	3 000	1 000	1 500	500	—	—	—
	四级	1	2 100	700	—	—	—	—	—
戊	一、二级	不限	不限	不限	不限	2 000	6 000	1 500	1 000
	三级	3	3 000	1 000	2 100	700	—	—	—
	四级	1	2 100	700	—	—	—	—	—

7. 厂（库）房防爆

（1）泄压设施。有爆炸危险的厂房库房设置足够的泄压面积，可大大减轻爆炸时的破坏强度，避免因主体结构遭受破坏而造成人员重大伤亡和经济损失。因此，有爆炸危险的厂房库房的围护结构要有相适应的泄压面积，厂房库房的承重结构和重要部位的分隔墙体应具备足够的抗爆性能。

有爆炸危险的甲、乙类厂房宜独立设置，并采用敞开或半敞开式。其承重结构宜采用钢筋混凝土或钢框架、排架结构。有爆炸危险的厂房或厂房内有爆炸危险的部位应设置泄压设施。泄压设施宜采用轻质屋面板、轻质墙体和易于泄压的门、窗等，应采用安全玻璃等在爆炸时不产生尖锐碎片的材料。泄压设施的设置应避开人员密集场所和主要交通道路，并宜靠近有爆炸危险的部位。作为泄压设施的轻质屋面板和墙体的质量不宜大于60kg/m²。

有粉尘爆炸危险的筒仓，其顶部盖板应设置必要的泄压设施。有爆炸危险的仓库或仓库内有爆炸危险的部位，宜按本节规定采取防爆措施、设置泄压设施。

（2）防爆措施。使用和生产甲、乙、丙类液体的厂房，其管、沟不应与相邻厂房的管、沟相通，下水道应设置隔油设施。甲、乙、丙类液体仓库应设置防止液体流散的设施。遇湿会发生燃烧爆炸的物品仓库应采取防止水浸渍的措施。

散发较空气重的可燃气体、可燃蒸气的甲类厂房和有粉尘、纤维爆炸危险的乙类厂房，应采用不发火花的地面，采用绝缘材料作整体面层时，应采取防静电措施。散发可燃粉尘、纤维的厂房，其内表面应平整、光滑，并易于清扫。厂房内不宜设置地沟，确需设置时，其盖板应严密，地沟应采取防止可燃气体、可燃蒸气和粉尘、纤维在地沟积聚的有效措施，且应在与相邻厂房连通处采用防火材料密封。

（3）隔爆设施。具有爆炸危险的建筑物中常设置隔爆设施，主要有防爆墙、防爆门和防爆窗。防爆墙具有抵御爆炸冲击波的作用，同时具有一定的耐火性能。常见的有防爆砖墙、防爆钢筋混凝土墙、防爆钢板墙等。防爆墙上不得设置通风孔，不宜开设门、窗、洞口；如必须开设时，应加装防爆门窗。防爆门又称为装甲门，主要是因为其门板选用抗爆强度高的锅炉钢板或装甲钢板。防爆门的铰链应衬有青铜套轴和垫圈，门扇四周边衬贴橡皮带软垫，用以防止防爆门启闭时因摩擦撞击而产生火花。防爆窗是指能抵抗来自建筑内部或外部爆炸冲击波的特种窗，其窗框一般采用角钢板，窗玻璃选用抗爆强度高、爆炸时不易破碎的安全玻璃。

8. 安全疏散

(1) 安全出口。安全出口，是指供人员安全疏散用的楼梯间和室外楼梯的出入口或直通室内外安全区域的出口。安全出口的设置以保证人员有不同方向的疏散路径为原则。厂房内每个防火分区或一个防火分区内的每个楼层，其安全出口的数量应经计算确定，且不应少于2个；每座仓库的安全出口不应少于2个。相邻2个安全出口最近边缘之间的水平距离不应小于5m。

(2) 疏散距离。安全疏散距离是控制安全疏散设计的基本要素，疏散距离越短，人员的疏散过程越安全。该距离的确定既要考虑人员疏散的安全，也要兼顾建筑功能和平面布置的要求，不同火灾危险性场所和不同耐火等级建筑的安全疏散距离不同。厂房内任一点至最近安全出口的直线距离不应大于表3.13的规定。

表3.13　厂房内任一点至最近安全出口的直线距离　　　　　　单位：m

生产的火灾危险性类别	耐火等级	单层厂房	多层厂房	高层厂房	地下或半地下厂房（包括地下或半地下室）
甲	一、二级	30	25	—	—
乙	一、二级	75	50	30	—
丙	一、二级	80	60	40	30
	三级	60	40		
丁	一、二级	不限	不限	50	45
	三级	60	50		
	四级	50	—		
戊	一、二级	不限	不限	75	60
	三级	100	75		
	四级	60	—		

(2) 疏散楼梯。发生火灾时，楼梯是人员的主要疏散通道，要保证疏散楼梯在火灾时的安全，不能被烟或火侵袭，以确保人员安全疏散。对于高度较高的建筑，其敞开式楼梯间具有烟囱效应，会使烟气很快通过楼梯间向上扩散蔓延，危及人员的疏散安全。同时，高温烟气的流动也大大加快了火势蔓延。因此，高层厂房和甲、乙、丙类多层厂房的疏散楼梯应采用封闭楼梯间或室外楼梯；建筑高度大于32m且任一层人数超过10人的厂房，应采用防烟楼梯间或室外楼梯；高层仓库的疏散楼梯应采用封闭楼梯间。

9. 建筑消防设施在本节第六部分专门阐述。

三、灭火技术

灭火技术，就是根据燃烧四面体，通过破坏燃烧的充分条件以达到灭火目的。

（一）灭火机理

1. 窒息法

可燃物的燃烧是氧化作用，需要在最低氧浓度以上才能进行。窒息法即阻止空气进入燃烧区或用情性气体稀释空气，使燃烧因得不到足够的氧气而熄灭的灭火方法。

如用石棉布、浸湿的棉被、砂土等不燃或难燃材料覆盖燃烧物；关闭门窗，堵上洞口，封闭燃烧区域；将水蒸气、惰性气体注入燃烧区域内；在条件许可的情况下，用水灌注淹没。采用窒息法，必须在确认火已熄灭且温度降至着火点以下后，方可打开孔洞进行检查，严防因过早打开封闭的房间或设备，导致回燃。

2. 冷却法

燃点（也称着火点）是可燃物质持续燃烧的最低温度。冷却法就是将灭火剂直接喷洒在燃烧着的物体上，将可燃物质的温度降到燃点以下，使燃烧不能持续而熄灭。冷却法常用水和二氧化碳作灭火剂冷却降温灭火，属于物理灭火方法。人们也可将水喷洒在火场附近未燃的物质上起冷却作用，防止起火。

3. 隔离法

隔离法就是将火源处或其周围的可燃物质隔离或移开。这样，燃烧会因缺少可燃物而停止。如将火源附近的可燃、易燃、易爆和助燃物品搬走；关闭可燃气体、液体管路的阀门，以减少和阻止可燃物质进入燃烧区；设法阻拦流散的液体；拆除与火源毗连的易燃建筑物等。

4. 化学抑制法

有焰燃烧是通过链式反应进行的，化学抑制法是使灭火剂参与到燃烧反应中去，起到抑制链式反应的作用。具体而言就是使燃烧反应中产生的自由基与灭火剂中的卤素离子相结合，形成稳定分子或低活性的自由基，从而切断氢自由基与氧自由基的连锁反应链，使燃烧停止。

以上四种灭火方法中，窒息法、冷却法、隔离法，在灭火过程中，灭火剂不参与燃烧反应，因此属于物理灭火方法；而化学抑制法则属于化学灭火方法。四种灭火方法所对应的具体灭火措施是多种多样的，在灭火过程中，我们应根据可燃物的性质、燃烧特点、火灾大小、火场的具体条件以及消防技术装备性能等实际情况，选择一种或几种灭火方法。一般情况下，综合运用几种灭火法效果较好。

（二）灭火剂

灭火剂是能够有效破坏燃烧条件、终止燃烧的物质。灭火剂的种类很多，常见的有以下几种。

1. 水

水的来源丰富、取用方便、价格便宜，是最常用的天然灭火剂。它可以单独使用，也可与不同的化学剂组成混合液使用。

（1）灭火原理。

①冷却作用。水的比热容较大，当与炽热的燃烧物接触时，在被加热和汽化的过程中，会大量吸收燃烧物的热量，使燃烧物的温度降低到着火点以下而灭火。

②窒息作用。在密闭的房间或设备中，此作用比较明显。水汽化成水蒸气，体积能扩大 1 700 倍，可稀释燃烧区中的可燃气与氧气，使它们的浓度下降，从而使可燃物因缺氧而停止燃烧。

③隔离作用。其也可叫冲击作用，即在高压水流的冲击作用下，正在燃烧的物质与未着火的物质分隔开而灭火。

冷却作用和窒息作用是水的主要灭火功能，隔离作用对于固体火灾适用，而对于液体火灾是禁忌。

（2）水灭火剂的适用范围。除下列情况，都可以考虑用水灭火：

①忌水物质，如轻金属、电石等不能用水扑救。因为它们能与水发生化学反应，生成可燃性气体并放热，会扩大火势甚至导致爆炸。

②不溶于水，且密度比水小的易燃液体。如汽油、煤油等着火时不能用水扑救。但原油、重油等可用雾状水扑救。

③密集水流不能扑救带电设备火灾，也不能扑救可燃性粉尘聚集处的火灾。

④不能用密集水流扑救储存大量浓硫酸、浓硝酸场所的火灾，因为水流能引起酸的飞溅、流散，遇可燃物质后，又有引起燃烧的危险。

⑤高温设备着火不宜用水扑救，因为这会使金属机械强度受到影响。

⑥精密仪器设备、贵重文物档案、图书着火，不宜用水扑救。

2. 泡沫

凡能与水相溶，并可通过化学反应或机械方法产生灭火泡沫的灭火药剂都称为泡沫灭火剂。

（1）泡沫灭火剂分类。根据泡沫生成机理，泡沫灭火剂可以分为化学泡沫灭火剂和空气泡沫灭火剂。化学泡沫是由酸性或碱性物质及泡沫稳定剂相互作用而生成的膜状气泡群，气泡内主要是二氧化碳。化学泡沫具有良好的灭火性能，但设备较为复杂且投资大、维护费用高。空气泡沫又称机械泡沫，是由一定比例的泡沫液、水和空气在泡沫生成器中进行机械混合搅拌而生成的膜状气泡群，泡内一般为空气。空气泡沫灭火剂按泡沫的发泡倍数，又可分为低倍数泡沫（发泡倍数≤20倍）、中倍数泡沫（发泡倍数为21~200倍）和高倍数泡沫（发泡倍数≥201倍）三类。

（2）泡沫灭火原理。

①窒息作用。泡沫中充填大量气体，相对密度小（0.001~0.5），可漂浮于着火液体或固体的表面，形成一个泡沫覆盖层，使燃烧物表面与空气隔绝。

②隔离作用。对于相邻的物质，泡沫阻断了火焰的热辐射，阻止蒸发，隔绝空气，起到隔离作用。

③泡沫析出的水和其他液体有冷却作用。

（3）泡沫灭火剂适用范围。泡沫灭火剂主要用于扑救不溶于水的可燃、易燃液体，如石油产品等的火灾；也可用于扑救木材、纤维、橡胶等固体物的火灾。高倍数泡沫可有特殊用途，如消除放射性污染等。因为泡沫灭火剂中含有一定量的水，所以不能用来扑救带电设备及忌水性物质引起的火灾。

3. 二氧化碳

（1）灭火原理。二氧化碳灭火剂在消防工作中有较广泛的应用。二氧化碳是以高压充装于钢瓶中的，当它从容器中喷出时，由于二氧化碳绝热膨胀，吸收大量的热量，起到冷却作用；而且大量二氧化碳气笼罩在燃烧区域周围，还能起到隔离燃烧物与空气的作用。因此，二氧化碳的灭火效率也较高，当二氧化碳占空气浓度的30%~35%时，燃烧就会停止。

（2）二氧化碳灭火剂适用范围。

①不导电、不含水，可用于扑救电气设备和部分忌水性物质的火灾。

②灭火后不留痕迹，可用于扑救精密仪器，机械设备，图书、档案等火灾。

③不适合扑救阴燃和有复燃可能的火灾。

④不适扑救碱金属（如钠、钾）和碱土金属（如镁）火灾，因为会发生化学反应并引起爆炸。

4. 七氟丙烷

七氟丙烷灭火剂具有清洁、低毒、良好的电绝缘性、灭火效率高、不破坏大气臭氧层等特点，是用来替代对环境存在危害的哈龙 1301 和哈龙 1211 灭火剂的洁净气体，且效果良好。

（1）灭火原理。

①冷却作用。七氟丙烷灭火剂是以液态的形式喷射到保护区域内，在喷出喷头时，液态灭火剂迅速转变为气态，吸收大量的热量。七氟丙烷灭火剂是由大分子组成的，灭火时分子中的键断裂，也会吸收热量。

②化学抑制作用。七氟丙烷在接触到高温表面或火焰时，会分解产生活性自由基，大量捕捉、消耗燃烧链式反应中产生的自由基，破坏和抑制燃烧的链式反应，起到迅速将火焰扑灭的作用。

（2）七氟丙烷灭火剂的适用范围。七氟丙烷灭火剂无色、无味、低毒，设计灭火浓度一般小于 10%，对人体是安全的；具有良好的清洁性，在大气中完全汽化不留残渣；具有良好的气相电绝缘性；灭火速度极快。其适用于下列火灾的扑救。

①以全淹没灭火方式扑救电气火灾、液体火灾或可熔固体火灾、固体表面火灾、灭火前能切断气源的气体火灾。

②计算机房、通信机房、变配电室、精密仪器室、发电机房、图书库、资料库、档案库、金库等场所。

5. 干粉

干粉灭火剂是一种干燥的、易于流动的微细固体粉末，由能灭火的基料和防潮剂、流动促进剂、结块防止剂等添加剂组成。灭火时，干粉在驱动气体的压力作用下从容器中喷出，以粉雾的形式灭火。

（1）干粉灭火剂分类。干粉灭火剂依据其种类及适用范围，分为普通、多用途和专用三大类。普通干粉灭火剂，又称 BC 干粉灭火剂，以碳酸氢钠为基料的钠盐干粉为主要代表，主要用于扑救可燃液体、可燃气体及带电设备的火灾。多用途干粉灭火剂，又称 ABC 干粉灭火剂，以硫酸铵与磷酸铵盐的混合物为主要代表，不仅适用于扑救可燃液体、可燃气体及带电设备的火灾，还适用于扑救一般固体火灾。专用干粉灭火剂，又称 D 类专用干粉灭火剂，专门用于扑救钾、钠、镁等金属火灾，主要有：以石墨为基料，添加流动促进剂的干粉；以氯化钠为基料，添加专用添加剂以适用于金属火灾的干粉；以碳酸氢钠为基料，添加某些结壳物料以适用于金属火灾的干粉。

（2）灭火原理。干粉灭火剂的灭火原理主要包括化学抑制作用、隔离作用和窒息作用。

①化学抑制作用。当粉粒与火焰中产生的自由基接触时，自由基被瞬间吸附在粉粒表面，消耗了燃烧反应中的自由基，使自由基的数量急剧减少，从而导致燃烧反应中断，使火焰熄灭。

②隔离作用。喷出的粉末覆盖在燃烧物表面，能构成阻碍燃烧的隔离层。

③窒息作用。粉末在高温下分解生成的不活泼气体又可稀释燃烧区内的氧气浓度，起到窒息作用。

（3）干粉灭火剂的适用范围。干粉灭火剂综合了泡沫、二氧化碳、卤代烷等灭火剂的特点，灭火效率高；化学干粉的物理化学性质稳定，无毒性、不腐蚀、不导电，易于长期储存；干粉适用温度范围广，能在-50℃~60℃的温度条件下储存与使用；干粉雾能防止热辐射，因而在大型火灾中，即使不穿隔热服也能进行灭火；干粉可用管道进行输送。因此，干粉灭火剂除了适用于扑救可燃固体、易燃液体、忌水性物质火灾外，也适用于扑救油类、油漆、电气设备的火灾。

干粉灭火后留有残渣，因而不适于扑救精密仪器设备、旋转电机等的火灾；干粉的冷却作用弱，不能扑救阴燃火灾；干粉不能迅速降低燃烧物品的表面温度，容易发生复燃，若与泡沫或喷雾水配合使用，效果更佳。

（三）灭火器

灭火器是一种内置灭火剂、可便携式灭火的消防产品，它由简体、器头、喷嘴、压力表保险销、虹吸管、密封器等部件组成，结构简单、操作便捷，用于扑救初起火灾。

1. 灭火器分类

灭火器按移动方式分为手提式灭火器、推车式灭火器和简易式灭火器；按驱动灭火器的压力型式分为贮气瓶式灭火器和贮压式灭火器；按灭火介质分为水基型灭火器、干粉型灭火器、二氧化碳灭火器和洁净气体灭火器。

2. 灭火器型号

各类灭火器都有特定的型号与标识。

①手提式灭火器的型号编制方法如图3.8所示。

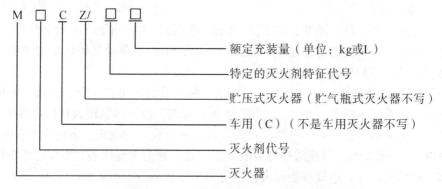

图3.8 手提式灭火器的型号编制方法

灭火剂代号：S指清水或带添加剂的水，P指泡沫灭火剂，F指干粉灭火剂，T指二氧化碳灭火剂，J指洁净气体灭火剂。特定的灭火剂特征代号：以清水或泡沫为灭火剂的水基型灭火器是否具有扑灭水溶性液体火灾的能力，有则用AR表示，没有则不写；干粉灭火器是否具有扑灭A类火灾的能力，ABC干粉灭火器用ABC表示，BC干粉灭火器则不写。如：

MFZ/ABC4—4kg手提贮压式ABC干粉灭火器。

MPZ/AR6—6kg手提贮压式抗溶性泡沫灭火器。

②推车式灭火器的型号编制方法如图3.9所示。

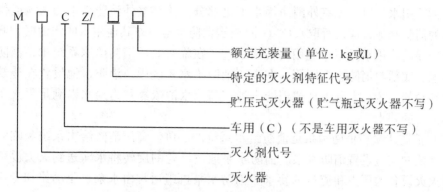

额定充装量（单位：kg或L）

特定的灭火剂特征代号

贮压式灭火器（贮气瓶式灭火器不写）

车用（C）（不是车用灭火器不写）

灭火剂代号

灭火器

图3.9 推车式灭火器的型号编制方法

3. 灭火器选择

根据国家标准《火灾分类》（GB/T 4968-2008），火灾分为A、B、C、D、E、F六类，各种类型的火灾场所适用的灭火器依据灭火剂的种类有所不同。A类火灾场所应选择水基型灭火器、磷酸铵盐干粉灭火器、泡沫灭火器。B类火灾场所应选择泡沫灭火器、碳酸氢钠干粉灭火器、磷酸铵盐干粉灭火器、二氧化碳灭火器、灭B类火灾的水型灭火器。极性溶剂的B类火灾场所应选择灭B类火灾的抗溶性灭火器。C类火灾场所应选择磷酸铵盐干粉灭火器、碳酸氢钠干粉灭火器、二氧化碳灭火器。D类火灾场所应选择扑灭金属火灾的专用灭火器。E类火灾场所应选择磷酸铵盐干粉灭火器、碳酸氢钠干粉灭火器或二氧化碳灭火器，但不得选用装有金属喇叭喷筒的二氧化碳灭火器。F类火灾场所应选择水基型灭火器、干粉灭火器和泡沫灭火器。

每个灭火器配置点的灭火器数量不得少于2具，不宜多于5具。

四、消防设施

消防设施，指专门用于火灾预防、火灾报警、灭火以及发生火灾时用于人员疏散的火灾自动报警系统、自动灭火系统、消防给水及消火栓系统、防烟排烟系统以及应急广播和应急照明、防火分隔设施、安全疏散设施等固定消防系统和设备。本节主要阐述消防给水及消火栓系统、火灾自动报警系统、自动灭火系统。

（一）消防给水及消火栓系统

1. 消防给水系统

消防给水系统由消防水源、消防给水设施、管路系统、室内外灭火设备及系统附件组成。消防给水系统分高压消防给水系统、临时高压消防给水系统和低压消防给水系统。高压消防给水系统能始终保持满足水灭火设施所需的工作压力和流量，火灾时无须消防水泵直接加压；临时高压消防给水系统，平时不能满足水灭火设施所需的工作压力和流量，火灾时能自动启动消防水泵以满足水灭火设施所需的工作压力和流量；低压消防给水系统，仅能满足车载或手抬移动消防水泵等取水所需的工作压力和流量。特别提示，高压消防给水系统、临时高压消防给水系统和低压消防给水系统，不是由特定压力指标来区分，而是由消防水源与建筑之间对于水压及流量的供求关系决定。

消防水源主要有市政管网、消防水池及江河湖泊等天然水源。消防给水设施包括消防水泵、稳压泵、高位消防水箱、水泵接合器等。

（1）消防水池。消防水池是指人工建造的储水设施，主要供室内消防用水，也可供室外消防用水，以补充室外消防用水不足部分。储存室外消防用水的水池或供消防车取水的消防水池，应设置取水口（井）。当消防水池兼作其他用水的水池时，我们需要采取确保消防用水量不作他用的技术措施。在临时高压消防给水系统中，消防水池通常设置在底部与消防水泵同层；在高压消防给水系统中，消防水池设置在建筑顶部或地势较高的位置，常称为高位消防水池。高位水池依靠重力给水以满足灭火系统对压力和流量的要求。

（2）消防水泵。消防水泵是消防给水系统的心脏。高压消防给水系统和临时高压消防给水统中均应设置消防水泵。消防水泵通过叶轮的旋转将水输送到灭火设备并满足各种灭火设备的压力和流量的要求。消防水泵机组通常由水泵、驱动器和专用控制柜等组成，一组消防水泵由主泵和备用泵组成，为消防给水提供可靠保障。

（3）高位消防水箱。高位消防水箱是设置在高处直接向水灭火设施供应初期火灾消防用水量的储水设施。其通常应用在临时高压消防给水系统中。其目的一是维持系统在准工作状态，二是在火灾初期提供消防用水，三是为系统启动提供动力。特别提示，高位消防水箱不属消防水源。

（4）稳压设备。在临时高压消防给水系统中，若消防水箱设置高度不足，不能满足系统最不利点所需的压力要求时，应设置稳压设备。稳压设备一般由稳压泵、气压罐、管道附件及控制装置等组成。稳压泵也应设置备用泵，通常可按"一用一备"原则选用。

（5）水泵接合器。水泵接合器是供消防水车向建筑室内消防给水管网输送消防用水的预留接口。在火灾情况下，当为室内消防给水管网供水的水泵发生故障或室内消防用水不足时，消防车从室外取水通过水泵接合器输送至室内消防给水管网，供灭火使用。它既可用于补充消防用水量，又可用于提高消防给水管网的压力。

2. 室外消火栓系统

室外消火栓系统是设置在城镇道路边市政供水管网上或建筑外侧道路边消防给水管网上的供水设施，直接设置在城镇道路边市政供水管网上的室外消火栓常称为市政消火栓。室外消火栓主要供消防车从市政给水管网或室外消防给水管网取水实施灭火，也可直接连接水带、水枪出水灭火。

室外消火栓（含市政消火栓）宜采用地上式室外消火栓，在严寒、寒冷等冬季结冰地区宜采用干式地上消火栓，严寒地区宜增设消防水鹤。

3. 室内消火栓系统

室内消火栓系统直接连接于消防给水系统，是建筑物应用最广泛的一种消防设施，既适用于有效扑救初期火灾，也可供消防救援人员用于专业扑救。连接于临时高压给水系统的室内消火栓系统，原理如图3.10所示。

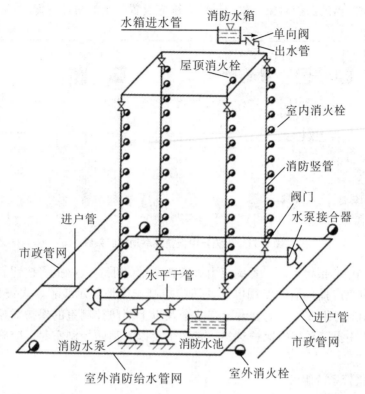

水箱进水管　消防水箱

单向阀
出水管

屋顶消火栓

室内消火栓

消防竖管

阀门
水泵接合器

进户管

市政管网

水平干管

进户管

市政管网

消防水泵　消防水池

室外消防给水管网　室外消火栓

图 3.10　消防给水及消火栓系统

当火灾发生后，打开消火栓箱，将水带与消火栓连接，将水枪与水带连接，打开消火栓阀门，水从水枪流出，即可灭火。按下消火栓箱内的按钮向消防控制中心报警，同时设在高位水箱出水管上的流量开关和设在消防水泵出水干管上的压力开关，或报警阀压力开关应能直接启动消防水泵。在供水的初期，由于消防水泵的启动需要一定的时间，初期供水由高位消防水箱来供给。对于消防水泵的启动，还可由消防水泵现场、消防控制中心控制。消火栓泵一旦启动便不得自动停泵，其停泵只能由现场手动控制。

（二）火灾自动报警系统

火灾自动报警系统，是探测火灾早期特征、发出火灾报警信号，为人员疏散、防止火灾蔓延和启动自动灭火设备提供控制与指示的消防系统。

1. 火灾报警系统形式

火灾自动报警系统形式分为区域报警系统、集中报警系统、控制中心报警系统。

（1）区域报警系统。系统应由火灾探测器、手动火灾报警按钮、火灾声光警报器及火灾报警控制器等组成，系统中可包括消防控制室图形显示装置和指示楼层的区域显示器。其适合仅需要报警，不需要联动自动消防设备的保护对象。火灾报警控制器应设置在有人值班的场所。

（2）集中报警系统。系统应由火灾探测器、手动火灾报警按钮、火灾声光警报器、消防应急广播、消防专用电话、消防控制室图形显示装置、火灾报警控制器、消防联动控制器等组成，火灾集中报警及联动控制系统如图 3.11 所示。其适合不仅需要报警，同时需要联动自动消防设备，且只设置一台具有集中控制功能的火灾报警控制器和消防联动控制器的保护对象。集中报警系统应设置一个消防控制室。

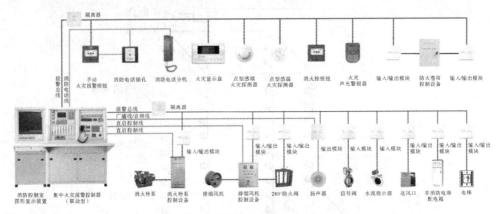

图 3.11　火灾集中报警及联动控制系统

（3）控制中心报警系统。系统应由火灾探测器、手动火灾报警按钮、火灾声光警报器、消防应急广播、消防专用电话、消防控制室图形显示装置、火灾报警控制器、消防联动控制器等组成。其适合设置有两个及以上消防控制室的保护对象，或已设置两个及以上集中报警系统的保护对象。有两个及以上消防控制室时，应确定一个主消防控制室。

2. 火灾报警系统组件

（1）火灾探测器。火灾探测器是火灾自动报警系统的基本组成部分之一，和手动火灾报警按钮一样，都是火灾信号的触发器件，能向火灾报警控制器发出火灾报警信号。火灾探测器利用传感器探测火灾参数并发出信号。根据探测火灾参数的不同，火灾探测器可以分为感温火灾探测器、感烟火灾探测器、感光火灾探测器、气体探测器和复合火灾探测器五种基本类型。

此外，根据监视范围的不同，火灾探测器可以分为点型火灾探测器和线型火灾探测器；根据是否具有复位功能，火灾探测器可以分为复位探测器和不可复位探测器；根据维修保养时是否拆卸，火灾探测器可以分为可拆卸火灾探测器和不可拆卸火灾探测器。

（2）火灾报警控制器。火灾报警控制器是火灾自动报警系统的中枢，用以接收、显示和传递火灾报警信号，发出控制信号和接收反馈信号，为火灾探测器及模块提供稳定的工作电源，监视探测器及系统自身的工作状态。

（3）声光警报器。在火灾自动报警系统中，用以发出区别环境声、光的火灾警报信号的装置称为声光警报器。它以声、光和音响等方式向报警区域发出火灾警报信号，以警示人们迅速逃生，提醒相关工作人员组织人员疏散、处置火警和灭火救援。

（4）消防联动控制器。在火灾发生时，联动控制器按设定的控制逻辑向相应灭火系统、防烟排烟系统、疏散指示系统、防火门、防火卷帘等消防设施设备发出联动控制信号，实现对灭火系统、疏散指示系统、防排烟系统及防火卷帘等其他有关设备的控制功能。其接收联动控制设施设备的动作反馈信号，实现对联动控制设施设备的状态监视功能。

消防控制室图形显示装置是火灾自动报警系统中的辅助性装置，作用是显示区域平面图及设备分布情况，有利于更迅速地了解火情，指挥现场处理火情。消防应急广播和消防专用电话是火灾自动报警系统中的独立装置。消防应急广播的主要功能是向现场人员通报火灾发生，指挥并引导现场人员疏散。消防电话是用于消防控制室与建筑中各部位之间通话的独立通信系统。

3. 可燃气体探测报警系统

可燃气体探测报警系统是一个独立的子系统，属于火灾预警系统。可燃气体探测报警系统由可燃气体报警控制器、可燃气体探测器和火灾声光警报器等组成，能够在保护区域内泄漏可燃气体的浓度低于爆炸下限的条件下提前报警，从而预防由于可燃气体泄漏引发的火灾和爆炸事故的发生。

4. 电气火灾监控系统

电气火灾监控系统也是一个独立的子系统，属于火灾预警系统。电气火灾监控系统通常由电气火灾监控器、剩余电流式电气火灾监控探测器和测温式电气火灾监控探测器组成。其可用于具有电气火灾危险的场所。

（三）自动灭火系统

自动灭火系统是个庞大复杂的家族，按灭火介质分为水灭火系统、气体灭火系统、泡沫灭火系统和干粉灭火系统。其中水灭火系统最实用也最为复杂，按灭火时水的形态，水灭火系统亦可分为自动喷水灭火系统、水喷雾灭火系统和细水雾灭火系统。气体灭火系统中有二氧化碳灭火系统、七氟丙烷灭火系统和 IG541 混合气体灭火系统等。

1. 自动喷水灭火系统

自动喷水灭火系统根据所使用喷头形式，分为开式自动喷水灭火系统和闭式自动喷水灭火系统；开式自动喷水灭火系统中有雨淋系统和水幕系统，闭式自动喷水灭火系统中有湿式系统、干式系统、预作用系统、防护冷却系统。

（1）湿式自动喷水灭火系统。湿式自动喷水灭火系统（以下简称"湿式系统"）由闭式喷头、湿式报警阀、水流指示器或压力开关、供水与配水管道以及供水设施等组成，在准工作状态下，管道内充满用于启动系统的有压水，如图 3.12 所示。

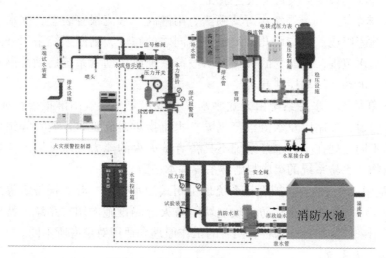

图 3.12　湿式自动喷水灭火系统

（2）干式自动喷水灭火系统。干式自动喷水灭火系统（以下简称"干式系统"）由闭式喷头、干式报警阀、水流指示器或压力开关、供水与配水管道、充气设备以及供水设施等组成，如图3.13所示。在准工作状态下，配水管道内充满用于启动系统的有压气体。干式系统的启动原理与湿式系统相似，只是将传输喷头开放信号的介质由有压水改为有压气体。

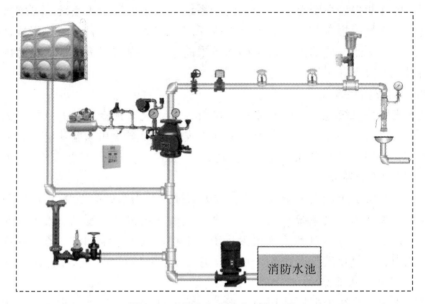

图3.13　干式自动喷水灭火系统

（3）预作用自动喷水灭火系统。预作用自动喷水灭火系统（以下简称"预作用系统"）由闭式喷头、预作用组、水流报警装置、供水与配水管道、充气设备和供水设施等组成。在准工作状态下，配水管道内不充水，由火灾报警系统自动开启雨淋后，转换为湿式系统。预作用系统与湿式系统、干式系统的不同之处在于预作用系统采用预作用阀，并配套设置火灾自动报警系统。

（4）雨淋系统。雨淋系统由开式喷头、雨淋阀、水流报警装置、供水与配水管道以及供水设施等组成。它与前几种系统的不同之处在于，雨淋系统采用开式喷头，由雨淋阀控制喷水范围，由配套的火灾自动报警系统或传动管系统启动雨淋系统。雨淋系统有电动、液动和气动控制方式。

（5）水幕系统。水幕系统由开式洒水喷头或水幕喷头、雨淋报警组或感温雨淋、供水与配水管道、控制以及水流报警装置（水流指示器或压力开关）等组成。它与前几种系统的不同之处在于，水幕系统不具备直接灭火的能力，而是用于挡烟阻火和冷却保护分隔物。水幕系统的组成与雨淋系统基本一致。

（6）防护冷却系统。防护冷却系统是由闭式洒水喷头、湿式报警组等组成的，发生火灾时用于冷却防火卷帘、防火玻璃墙等防火分隔设施的闭式系统。特别注意，水幕系统也可用来作防护冷却保护，两者的工作原理和适用对象有所不同。

2. 气体灭火系统

气体灭火系统是以一种或多种气体作为灭火介质，通过这些气体在保护对象周围的局部区域或整个防护区内建立起灭火浓度以实现灭火的系统。气体灭火系统具有灭火效率高、灭火速度快、保护对象无污损等优点，主要用在不适于设置水灭火系统等其他灭火系统的环境中，如数据中心、档案室、移动通信基站（房）等。气体灭火系统根据灭火介质分类，主要有二氧化碳灭火系统、七氟丙烷灭火系统、IG541 混合气体灭火系统等。

（1）二氧化碳灭火系统。其灭火机理主要是窒息，其次是冷却。在灭火过程中，二氧化碳从储存气瓶中释放出来，分布于燃烧物的周围，稀释空气中的氧含量。一方面，氧含量降低会使燃烧时的热产生率减小，而当热产生率减小到低于热散失率时燃烧就会停止。这是二氧化碳所产生的窒息作用。另一方面，二氧化碳释放时温度急剧下降，形成细微的固体干冰粒子，干冰吸取周围的热量而升华，即能产生冷却燃烧物的作用。

（2）七氟丙烷灭火系统。其灭火机理主要是化学抑制，其次是冷却。七氟丙烷在接触到高温表面或火焰时，分解产生活性自由基，大量捕捉、消耗燃烧链式反应中产生的自由基，破坏和抑制燃烧的链式反应，起到迅速将火焰扑灭的作用。七氟丙烷灭火剂是以液态的形式喷射到保护区域内，在喷出喷头时，液态灭火剂迅速转变为气态，吸收大量的热量。七氟丙烷灭火剂是由大分子组成的，灭火时分子中的键断裂，也会吸收热量。七氟丙烷灭火系统如图 3.14 所示。

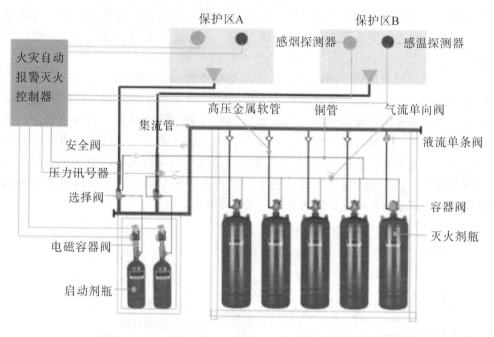

图 3.14　七氟丙烷灭火系统

（3）IG541 混合气体灭火系统。IG541 混合气体灭火剂是由氮气、氩气和二氧化碳气体按一定比例混合而成的。由于这些气体都在大气层中自然存在，且来源丰富，因此它对大气层臭氧没有损耗，也不会加剧地球的"温室效应"，更不会产生具有长久影响大气的化学物质。混合气体无毒、无色、无味、无腐蚀性及不导电，既不支持燃烧，又不与大部分物质产生反应。从环保的角度来看，它是一种较为理想的灭火剂。混合气体释放后把氧气浓度降低到不能支持燃烧来扑灭火灾。通常防护区空气中含有 21% 的氧气和小于 1% 的二氧化碳。当防护区中氧气降至 15% 以下时，大部分可燃物将停止燃烧。混合气体能把防护区氧气降至12.5%，同时把二氧化碳提升至4%。二氧化碳比例的提高，加快人的呼吸速率和吸收氧气的能力，从而来补偿环境气体中氧气的较低浓度。灭火系统中灭火设计浓度不大于43%时，该系统对人体是安全无害的。

各系统按系统的结构特点分为无管网灭火系统和管网灭火系统；按应用方式分为全淹没灭火系统和局部应用灭火系统。特别说明，气溶胶灭火系统也被列为气体灭火系统，其灭火介质实质是固体，灭火后有残留物，本节不做详细介绍。

3. 泡沫灭火系统

泡沫灭火系统是通过机械作用将泡沫灭火剂、水与空气充分混合并产生泡沫实施灭火的灭火系统，具有安全可靠、经济实用、灭火效率高、无毒性等优点，广泛应用于甲、乙、丙类液体储罐及石油化工装置区等场所。泡沫灭火系统的灭火机理主要体现在隔氧窒息、辐射热阻隔和吸热冷却作用。

（1）系统分类。泡沫灭火系统按泡沫混合液发泡倍数分为低倍数泡沫灭火系统、中倍数泡沫灭火系统和高倍数泡沫灭火系统。低倍数泡沫是发泡倍数低于20的灭火泡沫；中倍数泡沫是发泡倍数介于20~200的灭火泡沫；高倍数泡沫是发泡倍数高于200的灭火泡沫。

低倍数泡沫灭火系统按系统结构分为固定式、半固定式或移动式系统；按喷射方式分为液上喷射系统和液下喷射系统。中倍数与高倍数泡沫灭火系统按应用方式分为全淹没系统、局部应用系统、移动式系统三种。全淹没系统为固定式自动系统，局部应用系统分为固定与半固定两种方式。

（2）系统组成及原理。泡沫灭火系统主要组件有泡沫消防水泵、泡沫液泵、泡沫液储罐、泡沫产生器以及相应管道和器件等。图3.15是用于固定顶油罐的固定式液下喷射低倍数泡沫灭火系统示意图。消防水泵供水与泡沫液储罐中的泡沫液混合，泡沫混合液通过泡沫产生器时吸收空气成倍数产生泡沫后，通过液下喷射进油罐内并上浮到油表面，实现灭火目的。图3.16是泡沫灭火系统中泡沫液储罐的连接示意图。消防水泵向管道供水，一部分压力水通过进水阀进入泡沫液储罐，泡沫液通过出水阀混入供水管道，泡沫液与水的混合比例由比例混合器确定。

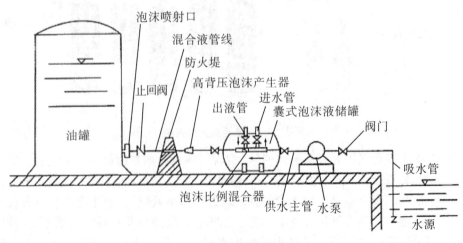

图 3.15 泡沫灭火系统

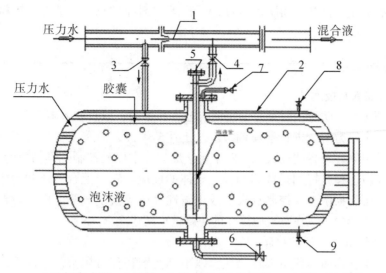

1.比例混合器　2.罐体　3.进水阀　4.出液阀　5.加液口法兰盖
6.泡沫液放出阀　7.胶囊排气阀　8.水腔出气阀　9.水腔排水阀

图 3.16　泡沫液储罐连接

4. 干粉灭火系统

干粉灭火系统是由干粉贮存容器、驱动组件、输送管道、喷放组件、探测及控制器件等组成的灭火系统，如图 3.17 所示。其按充装灭火剂的种类可分为 BC 干粉灭火系统和 ABC 干粉灭火系统；按驱动方式可分为贮气瓶型干粉灭火系统、贮压型干粉灭火系统和燃气驱动型干粉灭火系统；按安装方式分为固定式干粉灭火系统和半固定式干粉灭火系统。干粉灭火系统的灭火机理主要是化学抑制作用，其次是隔离和窒息作用。

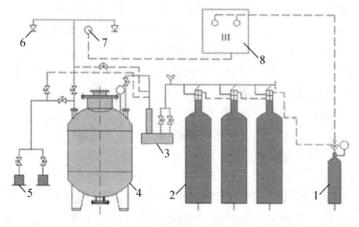

1—启动气体瓶组
2—高压驱动气体瓶组
3—减压装置
4—干粉储罐
5—干粉枪及卷盘
6—喷嘴
7—火灾探测器
8—控制装置

图 3.17　干粉灭火系统

当保护对象着火后，温度上升达到规定值，火灾探测器发出火灾信号到控制装置，控制装置打开相应的报警设备（声光及警铃），并发出启动信号后将启动气体瓶组打开，启动瓶内的氮气通过管道将高压驱动气体瓶组的瓶头打开，高压气体进入集气管，经过减压装置减压至规定压力后，通过进气进入干粉储罐内，搅动罐中干粉灭火剂，使其疏松形成便于流动的气粉混合物，当干粉罐内的压力升到规定压力数值时，定压动作机构开始动作，打开干粉罐出口球，干粉灭火剂经过总门、选择、输粉管和喷嘴对着火对象喷射灭火。

五、防爆技术

（一）防爆基本技术

对于物理爆炸，防爆主要是控制物质的温度和压力，以及在容器上设置调压装置，当压力超过安全压力时，进行泄压调节。对于炸药爆炸，防爆主要是采用安全性能好的炸药，另外控制好外界的点火源。对于化学爆炸，主要是控制化学物质的合理存放，控制好化学反应过程，特别是放热和释放气体的反应。对于混合气体和粉尘爆炸，防爆主要从降低可燃物浓度，控制点火源或用惰性气体置换空气等方面进行控制。下面主要针对气体或粉尘扩散在空气中爆炸的防爆进行阐述。

1. 采用爆炸危险性低的物质

以不燃或难燃物质替代可爆炸物质，以不爆溶剂替代可爆溶剂，以高沸点溶剂替代挥发性大的溶剂，以介质加热替代直接加热，以负压低温替代加热蒸发等。常见的不燃溶剂有四氯化碳、二氯甲烷等，常见的高沸点溶剂有乙二醇、DMF 等。

2. 控制浓度

实际生产中，完全依靠设备密闭，消除可燃物在生产场所的难度大，我们往往还要借助通风或者抽排可燃物质来降低车间空气中可燃物的浓度。抽排和送风设备应单独分开，送风系统应输入较纯净的空气。局部抽排时应注意爆炸性气体或粉尘的密度，密度比空气大的要防止可能在低洼处积聚，密度比空气小的要防止可能在高处死角上积聚，因为有时即使很少量也会在局部达到爆炸极限。

3. 惰性介质保护

惰性介质主要包括化学活泼型差、没有燃爆危险的气体。化工生产中常用的惰性介质有氮气、二氧化碳、水蒸气及烟道气等。这些气体常用于以下几个方面：

（1）易燃固体粉碎、研磨、筛分、混合以及粉状物料输送时，可用惰性介质保护。

（2）可燃气体混合物在处理过程中可加入惰性介质保护。

（3）具有着火爆炸危险的工艺装置、储罐、管线等配备惰性介质，以备在发生危险时使用，可燃气体的排气系统尾部用氮封。

（4）采用惰性介质（氮气）压送易燃液体。

（5）爆炸性危险场所中，非防爆电气、仪表等的充氮保护以及防腐蚀等。

（6）有着火危险设备的停车检修护理。

（7）危险物料泄漏时用惰性介质稀释。

使用惰性介质时，要有固定储存输送装置。根据生产情况、物料危险特性，采用不同的惰性介质和不同的装置。例如，氢气的充填系统最好备有高压氮气，地下苯储罐周围应配有高压蒸汽管线等。化工生产中惰性介质的需用量取决于系统中氧浓度的下降值。

4. 控制点火源

虽然并不是所有爆炸都需要点火源，但绝大多数爆炸都是由点火源引发的，因此点火源的控制是防止爆炸的关键。根据能量来源的方式不同，点火源可以分为明火火源、高温火源、电火花与电弧、摩擦与撞击、绝热压缩、光线照射和聚焦、化学反应热七类。本节主要阐述明火火源、高温火源及电火花与电弧的控制。详细表述见防火技术部分。

5. 正确合理储存危险物质

各种危险化学品的性质不同，如果储存不当，就可能导致严重的火灾、爆炸事故。比如，无机酸本身不可燃，但与可燃物质相遇可能会引起燃烧或爆炸；氯酸盐与镁、铝、锌等可燃金属粉末混合时，可能会引起金属的燃烧或爆炸；活泼金属可在卤素中自行燃烧。为了防止不同性质的物质混合储存而引起着火或者爆炸，我们应了解有关储存的原则。依据《常用化学危险品贮存通则》（GB 15603-1995），化学危险品储存方式分隔离储存、隔开储存、分离储存三种。化学危险品应根据其性能分区、分类、分库储存。

（二）防爆工艺技术

化工生产中，因某些设备与装置危险性较大，应采取分区隔离、露天布置和远距离操纵等措施。

1. 分区隔离

对个别危险性大的设备，企业可采用隔离操作和防护屏的方法使操作人员与生产设备隔离。例如，合成氨生产中，合成车间压缩岗位的布置。在同一车间的各个工段，企业应视其生产性质和危险程度而予以隔离；各种原料成品、半成品的储藏，企业亦应按其性质、储量不同而进行隔离。

2. 露天布置

为了便于有害气体的散发，减少因设备泄漏而造成易燃气体在厂房内积聚的危险，企业宜将这类设备和装置布置在露天或半露天场所。如氮肥厂的煤气发生炉及其附属设备，加热炉、炼焦炉、气柜、精馏塔等。石油化工生产中的大多数设备都是露天放置的。

3. 远距离操纵

在化工生产中，大多数的连续生产过程，主要是根据反应进行情况和程度来调节各种阀门的；而某些阀门，操作人员难以接近，开闭又较费力，或要求迅速启闭，上述情况都应进行远距离操纵。操纵人员只需在操纵室进行操作，记录有关数据。对于热辐射高的设备及危险性大的反应装置，也应采取远距离操纵。远距离操纵的方法有机械传动、气压传动、液压传动和电动操纵。

（三）防爆安全装置

防爆泄压设施、紧急制动装置、安全联锁装置等防火防爆安全装置是化工工艺设备不可缺少的部件或元件，它们可以起到阻止火灾、爆炸蔓延扩展、减少破坏的作用。

1. 防爆泄压装置

防爆泄压装置包括安全、防爆片、防爆门和放空管等。系统内一旦发生爆炸或压力骤增时，我们可以通过这些设施释放能量，以减小巨大压力对设备的破坏或阻止爆炸事故的发生。

（1）安全阀。安全阀是为了防止设备或容器内非正常压力过高引起物理性爆炸而设置的。当设备或容器内压力升高超过一定限度时安全阀能自动开启，排放部分气体，当压力降至安全范围内后再自行关闭，从而实现设备和容器内压力的自动控制，防止设备和容器的破裂爆炸。常用的安全阀有弹簧式、杠杆式。

（2）防爆片。防爆片又称防爆膜、爆破片，通过法兰装在受压设备或容器上。当设备或容器内因化学爆炸或其他原因产生过高压力时，防爆片作为人为设计的薄弱环节自行破裂，高压流体即通过防爆片从放空管排出，使爆炸压力难以继续升高，从而保护设备或容器的主体免遭更大的损坏，使在场的人员不致遭受致命的伤害。

（3）防爆门。防爆门一般设置在燃油、燃气或燃烧煤粉的燃烧室外壁上，以防止燃烧爆炸时，设备遭到破坏。

（4）放空管。在某些极其危险的设备上，为防止可能出现的超温、超压而引起爆炸的恶性事故发生，企业可设置自动或手动控制的放空管以紧急排放危险物料。

2. 紧急制动装置

紧急制动装置是指当设备和管道断裂、填料脱落、操作失误时能防止介质大量外泄或因物料积聚、分解造成超温、超压，可能引起着火、爆炸而设置的紧急切断物料的安全装置。

（1）紧急切断阀。紧急切断阀是指当发生火灾爆炸事故时，为防止可燃气体、易燃气体大量泄漏，在容器的气相管（含槽车）出口位置设置的一种紧急切断装置。正常情况下紧急切断保持开启状态，发生事故时，通过油压泄放或气体泄放，或者断开电源使门关闭。紧急切断不得当门使用。

（2）单向阀。单向阀又称止逆阀、止回阀，其作用是仅允许流体向一定方向流动，遇有回流即自动关闭。单向阀常用于防止高压物料窜入低压系统而引起管道、容器或设备破裂，也可用作防止回火的安全装置，如液化石油气瓶上的调压阀就是单向阀的一种。

（3）过流阀。过流阀也称快速阀，一般安装在液化石油气储罐的液相管和气相管出口或汽车铁路槽车的气、液相出口上。在正常工作情况下，管道中通过规定范围内的流量时，阀门是开启的，储罐内的液化石油气可以从过流阀通过；当管道或附属设备破裂以及填料脱落等事故发生时，过流阀会自动关闭，从而防止储罐内的液化石油气大量流失。

3. 自动控制与安全保护装置

（1）自动控制。化工自动化生产中，大多是对连续变化的参数进行自动调节。若在生产控制中要求一组机构按一定的时间间隔作周期性动作，如合成氨生产中原料气的制造，要求一组阀门按一定的要求作周期性切换，就可以采用自动程序控制系统来实现。它主要是由程序控制器按一定时间间隔发出信号，驱动执行机构动作。

（2）安全保护装置。

①信号报警装置。化工生产中，在出现危险状态时信号报警装置可以警告操作者，及时采取措施消除隐患。发出信号的形式一般为声、光等，通常都与测量仪表相联系。需要说明的是，信号报警装置只能提醒操作者注意已发生的不正常情况或故障，不能自动排除故障。

②保险装置。保险装置在发生危险状况时，能自动消除不正常状况。例如，氨的氧化反应中氨浓度处于其爆炸极限附近，气体输送管路上应该安装保险装置。在温度或压力影响下，反应过程中氨的浓度提高很容易达到其爆炸下限，此时保险装置会切断氨的输入，只允许空气进入，从而可以防止爆炸性混合物的形成。

③安全联锁装置。所谓联锁就是利用机械或电气控制依次接通各个仪器及设备，

并使之彼此发生联系，达到安全生产的目的。安全联锁装置是对操作顺序有特定安全要求、防止误操作的一种安全装置，有机械联锁和电气联锁。例如，需要经常打开的带压反应器，开启前必须将器内压力排除，而经常连续操作容易出现疏忽，因此我们可将打开孔盖与排除器内压力的门进行联锁。例如，在硫酸与水的混合操作中，必须先往设备中注入水再注入硫酸，否则将会发生喷溅和灼伤事故；将注水门和注酸门依次联锁起来，就可达到此目的。如果只凭工人记忆操作，很可能因为疏忽使顺序颠倒，发生事故。

（四）电气防爆技术

在爆炸性环境，电气设备引燃爆炸性混合物有两方面的原因：一是电气设备产生电火花、电弧；二是电气设备表面（与爆炸性混合物接触的表面）高温。电气防爆就是将设备在正常运行时产生的电火花、电弧和高温部分置于防爆外壳内以达到防爆目的。

爆炸性环境，是指在大气条件下，可燃性物质以气体、蒸气或粉尘的形式与空气形成的混合物，被点燃后，能够保持燃烧自行传播的环境。爆炸性环境分为爆炸性气体环境和爆炸性粉尘环境两类。

1. 爆炸性气体环境

爆炸性气体环境，指在大气条件下，可燃性物质以气体或蒸气的形式与空气形成的混合物，被点燃后，能够保持燃烧自行传播的环境。

（1）爆炸性气体混合物分级分组。爆炸性气体混合物应按其最大试验安全间隙（MESG）或最小点燃电流比（MICR）分为ⅡA、ⅡB、ⅡC三级，见表 3.14；按引燃温度分为 T1—T6 共六组，见表 3.15。

表 3.14 爆炸性气体混合物分级

级别	最大试验安全间隙（MESG）/mm	最小点燃电流比（MICR）
ⅡA	≥0.9	>0.8
ⅡB	0.5<MESG<0.9	0.45≤MICR≤0.8
ⅡC	≤0.5	<0.45

最小点燃电流比（MICR）为各种可燃物质的最小点燃电流值与实验室甲烷的最小点燃电流值之比。

表 3.15 爆炸性气体引燃温度分组

组别	引燃温度 t/℃	组别	引燃温度 t/℃
T1	t>450	T4	135<t≤200
T2	300<t≤450	T5	100<t≤135
T3	200<t≤300	T6	85<t≤100

（2）释放源。释放源，指可释放出能形成爆炸性混合物的物质所在的部位或地点。按可燃物质的释放频繁程度和持续时间长短，释放源分为连续级释放源、一级释放源、二级释放源。

①连续级释放源应为连续释放或预计长期释放的释放源。下列情况可划为连续级

释放源：

　　—没有用惰性气体覆盖的固定顶盖贮罐中的可燃液体的表面；

　　—油、水分离器等直接与空间接触的可燃液体的表面；

　　—经常或长期向空间释放可燃气体或可燃液体的蒸气的排气孔和其他孔口。

　　②一级释放源应为在正常运行时，预计可能周期性或偶尔释放的释放源。下列情况可划为一级释放源：

　　—在正常运行时，会释放可燃物质的泵、压缩机和阀门等的密封处；

　　—贮有可燃液体的容器上的排水口处，在正常运行中，当水排掉时，该处可能会向空间释放可燃物质；

　　—正常运行时，会向空间释放可燃物质的取样点；

　　—正常运行时，会向空间释放可燃物质的泄压阀、排气口和其他孔口。

　　③二级释放源应为在正常运行时，预计不可能释放，当出现释放时，仅是偶尔和短期释放的释放源。下列情况可划为二级释放源：

　　—正常运行时，不能出现释放可燃物质的泵、压缩机和阀门的密封处；

　　—正常运行时，不能释放可燃物质的法兰、连接件和管道接头；

　　—正常运行时，不能向空间释放可燃物质的安全阀、排气孔和其他孔口处；

　　—正常运行时，不能向空间释放可燃物质的取样点。

　　（3）危险区域划分。根据爆炸性气体混合物出现的频繁程度和持续时间，爆炸性气体环境分为0区、1区、2区。

　　①0区应为连续出现或长期出现爆炸性气体混合物的环境；

　　②1区应为在正常运行时可能出现爆炸性气体混合物的环境；

　　③2区应为在正常运行时不太可能出现爆炸性气体混合物的环境，或即使出现也仅是短时存在的爆炸性气体混合物的环境。

　　符合下列条件之一时，可划为非爆炸危险区域：

　　①没有释放源且不可能有可燃物质侵入的区域；

　　②可燃物质可能出现的最高浓度不超过爆炸下限值的10%；

　　③在生产过程中使用明火的设备附近，或炽热部件的表面温度超过区域内可燃物质引燃温度的设备附近；

　　④在生产装置区外，露天或开敞设置的输送可燃物质的架空管道地带，但其阀门处按具体情况确定。

　　（4）通风的影响。爆炸危险区域的划分应按释放源级别和通风条件确定，存在连续级释放源的区域可划为0区，存在一级释放源的区域可划为1区，存在二级释放源的区域可划为2区，并应根据通风条件按下列规定调整区域划分：

　　①当通风良好时，可降低爆炸危险区域等级；当通风不良时，应提高爆炸危险区域等级。

　　②局部机械通风在降低爆炸性气体混合物浓度方面比自然通风和一般机械通风更为有效时，可采用局部机械通风降低爆炸危险区域等级。

　　③在障碍物、凹坑和死角处，应局部提高爆炸危险区域等级。

　　④利用堤或墙等障碍物，限制比空气重的爆炸性气体混合物的扩散，可缩小爆炸危险区域的范围。

图 3.18 是可燃物质重于空气、通风良好且为第二级释放源的主要生产装置区的爆炸危险区域划分示意图。在爆炸危险区域内，地坪下的坑、沟可划为 1 区；与释放源的距离为 7.5m 的范围内可划为 2 区；以释放源为中心，总半径为 30m，地坪上的高度为 0.6m，且在 2 区以外的范围内可划为附加 2 区。

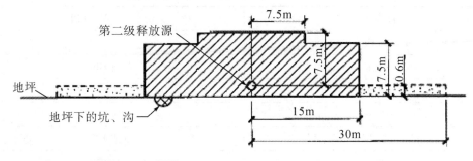

图 3.18　二级释放源爆炸性气体环境危险区域划分

2. 爆炸性粉尘环境

爆炸性粉尘环境，指在大气条件下，可燃性物质以粉尘的形式与空气形成的混合物，被点燃后，能够保持燃烧自行传播的环境。在爆炸性粉尘环境中，粉尘可分为ⅢA、ⅢB、ⅢC 三级。ⅢA 级为可燃性飞絮，ⅢB 级为非导电性粉尘，ⅢC 级为导电性粉尘。

（1）释放源。粉尘释放源应按爆炸性粉尘释放频繁程度和持续时间长短分为连续级释放源、一级释放源、二级释放源，释放源应符合下列规定：

①连续级释放源应为粉尘云持续存在或预计长期或短期经常出现的部位；

②一级释放源应为在正常运行时预计可能周期性的或偶尔释放的释放源；

③二级释放源应为在正常运行时，预计不可能释放，如果释放也仅是不经常地并且是短期地释放。

下列三项不应被视为释放源：

①压力容器外壳主体结构及其封闭的管口和入孔；

②全部焊接的输送管和溜槽；

③在设计和结构方面对防粉尘泄露进行了适当考虑的阀门压盖和法兰接合面。

（2）危险区域划分。根据爆炸性粉尘环境出现的频繁程度和持续时间，爆炸性粉尘环境分为 20 区、21 区、22 区。

①20 区应为空气中的可燃性粉尘云持续地或长期地或频繁地出现于爆炸性环境中的区域；

②21 区应为在正常运行时，空气中的可燃性粉尘云很可能偶尔出现于爆炸性环境中的区域；

③22 区应为在正常运行时，空气中的可燃粉尘云一般不可能出现于爆炸性粉尘环境中的区域，即使出现，持续时间也是短暂的。

3. 爆炸性环境电气设备选择

在爆炸性环境内，电气设备应根据爆炸危险区域的分区、可燃性物质和可燃性粉尘的分级、可燃性物质的引燃温度、可燃性粉尘云和可燃性粉尘层的最低引燃温度等因素进行选择。

（1）按危险区域划分选择电气设备保护级别，见表3.16。

表3.16 爆炸性环境内电气设备保护级别的选择

危险区域	设备保护级别（EPL）
0 区	Ga
1 区	Ga 或 Gb
2 区	Ga、Gb 或 Gc
20 区	Da
21 区	Da 或 Db
22 区	Da、Db 或 Dc

（2）按可燃性物质和可燃性粉尘分级选择电气设备类别，见表3.17。

表3.17 气体、蒸气或粉尘分级与电气设备类别的关系

气体、蒸气或粉尘分级	设备类别
ⅡA	ⅡA、ⅡB 或 ⅡC
ⅡB	ⅡB 或 ⅡC
ⅡC	ⅡC
ⅢA	ⅢA、ⅢB 或 ⅢC
ⅢB	ⅢB 或 ⅢC
ⅢC	ⅢC

（3）按可燃性气体、蒸气的引燃温度选择电气设备温度组别，见表3.18。

表3.18 Ⅱ类电气设备的温度组别选择与引燃温度之间的关系

电气设备温度组别	电气设备允许最高表面温度/℃	气体/蒸气的引燃温度/℃	适用的设备温度组别
T1	450	>450	T1-T6
T2	300	>300	T2-T6
T3	200	>200	T3-T6
T4	135	>135	T4-T6
T5	100	>100	T5-T6
T6	85	>85	T6

Ⅲ类电气设备的最高表面温度应按国家现行有关标准的规定进行选择。

第二节　防中毒和窒息安全技术

■**本节知识要点**

1. 中毒和窒息的概念；
2. 生产性毒物进入人体途径和影响因素；
3. 中毒症状和现场处理；
4. 防中毒安全设施；
5. 防中毒安全措施。

一、防中毒基础知识

（一）相关概念

中毒和窒息：指在生产条件下毒物进入人体引起危及生命的急性中毒以及在缺氧条件下发生的窒息事故。

该概念适用于有毒物经呼吸道和皮肤、消化道进入人体引起的急性中毒和窒息事故，也包括在废弃的坑道、竖井、涵洞中、地下管道等不通风的地方工作，因为氧气缺乏，发生晕倒，甚至死亡的事故。其不适用于病理变化导致的中毒和窒息事故，也不适用于慢性中毒的职业病导致的死亡。

毒物：作用于人体产生有害作用的物质。

生产性毒物：生产过程中产生的，存在于工作环境空气中的毒物。

（二）生产性毒物分类

引发中毒和窒息事故的毒物大致可划为金属和类金属、刺激性气体、窒息性气体、有机化合物、高分子化合物、农药等。

（1）常见的金属和类金属毒物有铅、汞、锰、镍、铍、砷、磷及其化合物等。

（2）刺激性气体是指对眼和呼吸道黏膜有刺激作用的气体，就是化学工业常遇到的有毒气体。刺激性气体的种类甚多，最常见的有氯、氨、氮氧化物、光气、氟化氢、二硫化氢、三氧化硫和硫酸二甲酯等。

（3）窒息性气体是指能造成机体缺氧的有毒气体。窒息性气体可分为单纯窒息性气体、血液窒息性气体和细胞窒息性气体。如氮气、甲烷、乙烷、乙烯、一氧化碳、硝基苯的蒸气、氰化氢、硫化氢等。

（4）有机化合物大多数属于有毒有害物质，例如应用广泛的二甲苯、二硫化碳、汽油、甲醇、丙酮等，苯的氨基和硝基化合物，如苯胺、硝基苯等。

（5）高分子化合物本身无毒或毒性很小，但在加工和使用过程中，可释放出游离单体对人体产生危害，如酚醛树脂遇热释放出苯酚和甲醛具有刺激作用。某些高分子化合物由于受热、氧化而产生毒性更为强烈的物质，如聚四氟乙烯塑料受高热分解出四氟乙烯、六氟乙烯、八氟异丁烯，人吸入后会引起化学性肺炎或肺气肿。

（6）农药包括杀虫剂、杀菌剂、杀螨剂、除草剂等农药的使用对保证农作物的增产起着重要作用，但如生产、运输、使用和贮存过程中未采取有效的预防措施，可引起中毒。

（三）生产性毒物的来源和存在形态

1. 生产性毒物的来源

生产性毒物的来源主要有以下几个方面：

（1）生产原料，如生产颜料、蓄电池使用的氧化铅、生产合成纤维、燃料使用的苯等。

（2）中间产品，如用苯和硝酸生产苯胺时，产生的硝基苯。

（3）成品，如农药厂生产的各种农药。

（4）辅助材料，如橡胶、印刷行业用作溶剂的苯和汽油。

（5）副产品及废弃物，如炼焦时产生的煤焦油、沥青，冶炼金属时产生的二氧化硫。

（6）夹杂物，如硫酸中混杂的坤等。

2. 生产性毒物的存在形态

生产性毒物可以固体、液体、气体或气溶胶的形式存在。但就其对人体危害而言，则以空气污染具有特别重要的意义。

（1）气体：常温、常压下呈气态的物质，如氯气、硫化氢、二氧化硫等。

（2）蒸气：固体升华、液体蒸发或挥发可形成蒸气，前者如碘，后者如苯、甲苯等。凡沸点低、蒸气压力大的液体都易产生蒸气。

（3）气溶胶：悬浮于空气中的粉尘、烟和雾等微粒的统称。

粉尘：为能较长时间悬浮在空气中的固体微粒，其粒子大小多在 $0.1\mu m \sim 10\mu m$。常见无机粉尘包括煤、石英、铝、铅、水泥、玻璃纤维等；常见有机粉尘包括皮毛、丝、骨、棉、麻、谷物、合成染料等。上述各类粉尘的两种或多种混合存在，称为混合性粉尘。此种粉尘在生产中最常见。

烟：指悬浮于空气中直径小于 $0.1\mu m$ 的固体微粒。金属熔融时产生的蒸气在空气中迅速冷凝、氧化而成，如熔炼铅、铜时的铅烟、铜烟；有机物加热或燃烧时，也可形成烟。

雾：悬浮于空气中的液体微粒，常是蒸气冷凝或液体喷洒而成，如电镀烙时的酸雾，喷漆作业时的漆雾。

二、生产性毒物进入人体的途径及影响因素

（一）毒物进入人体的途径

在生产中，生产性毒物进入人体的途径，呼吸道是最主要的，其次为皮肤，也可由消化道进入。

呼吸道：气体、蒸气及气溶胶形成的毒物均可经呼吸道进入人体。由于肺泡呼吸膜极薄，呼吸膜的扩散面积又很大，正常成人达 $70m^2$，故毒物可迅速通过，且直接进入人体循环，因此其毒作用发生较快。

皮肤：是身体最大的器官，毒物可通过被动渗透经真皮达到皮下吸收，也可以通过汗腺和毛囊进到真皮层。

消化道：经消化道摄入毒物所致的职业中毒甚为少见，常见于意外事故。但有时

由于个人卫生习惯不良或毒物污染食物时，毒物也可以从消化道进入体内，尤以固体和粉末状毒物。

（二）影响生产性毒物的因素

1. 毒物本身的特性

化学结构毒物的化学结构决定毒物在体内可能参与和干扰的生理生化过程，因而对决定毒物的毒性大小和毒性作用特点有很大影响。

物理特性毒物的溶解度、分散度、挥发度等物理特性与毒物的毒性有密切的关系。

2. 毒物的浓度、剂量与接触时间

毒物的毒性作用与其剂量密切相关，空气中毒物浓度高、接触时间长，则进入体内的剂量大，发生中毒的概率高。

3. 毒物的联合作用

生产环境中常有同时存在多种毒物，两种或两种以上毒物对机体的相互作用称为联合作用。应用国家标准对生产环境进行卫生学评价时，必须考虑毒物的相加、相乘及拮抗作用。

4. 生产环境和劳动强度

（1）生产环境中的物理因素与毒物的联合作用日益受到重视。

（2）在高温或低温环境中毒物的毒性作用比在常温条件下大。

（3）紫外线、噪声和振动可增加某些毒物的毒害作用。

（4）体力劳动强度大时，机体的呼吸、循环加快，可加速毒物的吸收。

（5）重体力劳动时，机体耗氧量增加，使机体对导致缺氧的毒物更为敏感。

三、中毒症状及现场处置

（一）中毒症状

由于毒物作用特点不同，有些毒物在生产条件下只引起慢性中毒，如铅、锰中毒；而有些毒物常可引起急性中毒，如甲烷、一氧化碳、氯气等。由于毒物的毒作用特点不同，表现上差异较大，且毒物种类繁多，不能一一列举，这里只作概括性介绍。

1. 神经系统

慢性中毒早期常见神经衰弱综合征和精神症状，一般为功能性改变，脱离接触后可逐渐恢复。铅、锰中毒可损伤运动神经、感觉神经，引起周围神经炎。震颤常见于锰中毒或急性一氧化碳中毒后遗症。重症中毒时可发生脑水肿。

2. 呼吸系统

一次吸入某些气体可引起窒息，长期吸入刺激性气体能引起慢性呼吸道炎症，可出现鼻炎、鼻中隔穿孔、咽炎、支气管炎等上呼吸道炎症。吸入大量刺激性气体可引起严重的呼吸道病变，如化学性肺水肿和肺炎。

3. 血液系统

许多毒物对血液系统能够造成损害，根据不同的毒性作用，损害常表现为贫血、出血、溶血、高铁血红蛋白以及白血病等。铅可引起低血色素贫血，苯及三硝基甲苯等毒物可抑制骨髓的造血功能，表现为白细胞和血小板减少，严重者发展为再生障碍性贫血。一氧化碳与血液中的血红蛋白结合形成碳氧血红蛋白，使组织缺氧。

4. 消化系统

毒物对消化系统的作用多种多样，汞盐、砷等毒物大量经口进入时，可出现腹痛、恶心、呕吐与出血性肠胃炎。铅及铊中毒时，可出现剧烈的持续性的腹绞痛，并有口腔溃疡、牙龈肿胀，牙齿松动等症状。长期吸入酸雾，牙釉质破坏、脱落，称为酸蚀症。吸入大量氟气，牙齿上会出现棕色斑点，导致牙质脆弱，也称为氟斑牙。许多损害肝脏的毒物，如四氯化碳、溴苯、三硝基甲苯等，会引起急性或慢性肝病。

5. 泌尿系统

汞、铀、砷化氢、乙二醇等可引起中毒性肾病。如急性肾功能衰竭、肾病综合征和肾小管综合征等。

6. 其他

生产性毒物还可引起皮肤、眼睛、骨骼病变。许多化学物质可引起接触性皮炎、毛囊炎。接触铬、铍的工人，皮肤易发生溃疡，如长期接触焦油、沥青、砷等可引起皮肤黑变病，甚至诱发皮肤癌。酸、碱等腐蚀性化学物质可能引起刺激性眼炎，严重者可能引起化学性灼伤。溴甲烷、有机汞、甲醇等中毒，可发生视神经萎缩，以至失明。有些工业毒物还可诱发白内障。

（二）中毒事故现场处置措施

1. 采取有效个人防护

进入事故现场的应急救援人员必须根据发生中毒的毒物，选择佩戴个体防护用品。进入半水煤气、一氧化碳、硫化氢、二氧化碳、氮气等中毒事故现场，必须佩戴防毒面具、正压式呼吸器、穿消防防护服；进入液氨中毒事故现场，必须佩戴正压式呼吸器、穿气密性防护服，同时做好防冻伤的防护。

2. 询情、侦查

救援人员到达现场后，应立即询问中毒人员、被困人员情况，毒物名称、泄漏量等，并安排侦查人员进行侦查，内容包括确认中毒、被困人员的位置，泄漏扩散区域及周围有无火源、泄漏物质浓度等，并制定处置具体方案。

3. 确定警戒区和进攻路线

综合侦查情况，确定警戒区域，设置警戒标志，疏散警戒区域内与救援无关人员至安全区域，切断火源，严格限制出入。救援人员在上风、侧风方向选择救援进攻路线。

4. 现场急救

（1）迅速将染毒者迅速撤离现场，转移到上风或侧上风方向空气无污染地区；有条件时应立即进行呼吸道及全身防护，防止继续吸入染毒。

（2）立即脱去被污染者的服装；皮肤污染者，用流动清水或肥皂水彻底冲洗；眼睛污染者，用大量流动清水彻底冲洗。

（3）对呼吸、心跳停止者，应立即进行人工呼吸和心脏按压，采取心肺复苏措施，并给予吸氧气。

（4）严重者立即送往医院观察治疗。

5. 排除险情

（1）禁火抑爆。迅速清除警戒区内所有火源、电源、热源和与泄漏物化学性质相抵触的物品，加强通风，防止引起燃烧爆炸。

（2）稀释驱散。在泄漏储罐、容器或管道的四周设置喷雾水枪，用大量的喷雾水、开花水流进行稀释，抑制泄漏物漂流方向和飘散高度。室内加强自然通风和机械排风。

（3）中和吸收。高浓度液氨泄漏区，喷含盐酸的雾状水中和、稀释、溶解，构筑围堤或挖坑收容产生的大量废水。

（4）关阀断源。安排熟悉现场的操作人员关闭泄漏点上下游阀门和进料阀门，切断泄漏途径，在处理过程中，应使用雾状水和开花水配合完成。

（5）器具堵漏。使用堵漏工具和材料对泄漏点进行堵漏处理。

（6）倒灌转移。液氨储罐发生泄漏，在无法堵漏的情况下，可将泄漏储罐内的液氨倒入备用储罐或液氨槽车。

6. 洗消

（1）围堤堵截。筑堤堵截泄漏液体或者将其引流到安全地点，储罐区发生液体泄漏时，要及时关闭雨水阀，防止物料沿明沟外流。

（2）稀释与覆盖。对于一氧化碳、氢气、硫化氢等气体泄漏，为降低大气中气体的浓度，救援人员可向气云喷射雾状水稀释和驱散气云，同时可采用移动风机，加速气体向高空扩散。对液氨泄漏，为减少向大气中的蒸发，救援人员可用喷射雾状水稀释和溶解或用含盐酸水喷射中和，抑制其蒸发。

（3）收容（集）。对于大量泄漏，救援人员可选择用泵将泄漏出的物料抽到容器或槽车内；当泄漏量小时，救援人员可用吸附材料、中和材料等吸收中和。

四、防中毒安全设施

（一）劳动防护用品和装备

当作业场所中有害化学品的浓度超标时，作业人员就必须使用合适的个体防护用品。个体防护用品不能降低作业场所中有害化学品的浓度，它仅仅是一道阻止有害物进入人体的屏障。防护用品本身的失效就意味着保护屏障的消失，因此个体防护不能被视为控制危害的主要手段，而只能作为一种辅助性措施。

劳动防护用品和装备主要有头部防护器具、呼吸防护器具、眼防护器具、躯干防护用品、手足防护用品等。

其中，呼吸防护器具按防护原理分类主要分为过滤式和隔绝式两大类。过滤式呼吸防护用品是依据过滤吸收的原理，利用过滤材料滤除空气中的有毒、有害物质，将受污染空气转变为清洁空气供人员呼吸的一类呼吸防护用品。如防尘口罩、防毒口罩和过滤式防毒面具。隔绝式呼吸防护用品是依据隔绝的原理，使人员呼吸器官、眼睛和面部与外界受污染空气隔绝，依靠自身携带的气源或靠导气管引入受污染环境以外的洁净空气为气源供气，保障人员正常呼吸的呼吸防护用品，也称为隔绝式防毒面具。如贮氧式防毒面具、生氧式防毒面具、长管呼吸器及潜水面具等。过滤式呼吸防护用品的使用要受环境的限制，当环境中存在着过滤材料不能滤除的有毒有害物质，或氧含量低18%，或有毒物质浓度较高（>1%）时均不能使用，这种环境下应使用隔绝式呼吸防护用品。

（二）检测、报警设施

检测报警仪器装置是用于安全检查和安全数据分析等检验检测设备、仪器，常用报警器及设置地点见表3.19。

表 3.19   常用报警器及设置地点

有毒气体	使用场所/地点举例
氨	液氨储罐区、液氨储存间、液氨气化间、氨气阀门等
一氧化碳	密闭燃煤锅炉房、柴油机间、煤气化炉、煤气加热炉、高炉等
硫化氢	炼油装置、地下建筑/通风不良场所（垃圾站/坑、污水处理站）等
二氧化氮	二氧化氮储存间、阀门等
苯	炼油装置等等
甲醇	甲醇装置
氯气	氯气储存间、阀门等
二氧化硫	二氧化硫储存间、阀门等

检测报警仪器装置主要包括移动式和固定式的有毒有害气体、氧气等检测和报警设施，比如固定式有毒有害气体检测报警器（见图 3.19）和便携式有毒气体检测报警仪（见图 3.20）。

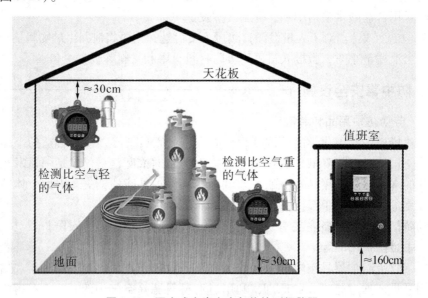

图 3.19   固定式有毒有害气体检测报警器

固定式有毒有害气体检测报警器由气体探测器和气体报警控制器两部分组成，探测器检测浓度，控制器现场显示、声光报警。一旦检测到有泄漏气体，探测器便将电信号传送给控制器。气体探测器安装在现场气体泄漏点附近。控制器安装在值班室、门卫、办公室等有人值班的地方。不同的检测气体，探头的安装高度也不同。检测比空气轻的气体，探头安装在离天花板30cm左右的位置，检测比空气重的气体，探头安装在离地面30cm左右的位置。传感口要朝下安装。

图 3.20　便携式有毒有害气体检测报警器

便携式有毒有害气体检测报警器按抽样原理可分为扩散式、泵吸式。所谓的扩散式就是将探头置于检测气体的危险地带，由空间待测定气体扩散到探头之中，而警报器则置于监测室中，进行指示和警报。而泵吸式则是将待测定气体泵吸入检测探头中，吸气泵与气体内置检测器设在一起，是将检测器设在待测气体的危险地点，从而检测执行指示与警报机能。扩散式主要用于开放场合，如敞开的工作车间，而泵吸式则可以使用在一些特殊的场合，如人不宜进去或进不去的坑道、管道、下水道、罐体、密封容器等需要检测的地方，泵吸式可以外接配件进行远距离采样检测。

（三）作业场所防护设施

职业中毒主要是通过毒物吸入人体所引起，为了减少毒物进入人体的量，首先要降低空气中毒物的浓度，这是预防职业中毒的重要措施。一般是安装通风设备设施，做好作业场所的通风、除尘、排毒。

通风分局部排风和全面通风两种。局部排风是把污染源罩起来，抽出污染空气，所需风量小，经济有效，并便于净化回收，局部排风罩见图 3.21。全面通风（也称稀释通风）则是用新鲜空气将作业场所中的污染物稀释到安全浓度以下，所需风量大，不能净化回收。

局部排风适合点式扩散的污染源，只需使污染源处于通风罩控制范围内。像实验室中的通风橱、焊接室或喷漆室可移动的通风管和导管都是局部排风设备。为了确保通风系统的高效率，通风系统设计的合理性十分重要。对于已安装的通风系统，要经常加以维护和保养，使其有效地发挥作用。

图 3.21　局部排风罩

全面通风适合面式扩散的污染源，主要是向作业场所提供新鲜空气，抽出污染空气，进而稀释有害气体、蒸气或粉尘，从而降低其浓度。采用全面通风时，在厂房设计阶段就要考虑空气流向等因素。因为全面通风的目的不是消除污染物，而是将污染物分散稀释，所以全面通风仅适合于低毒性作业场所，不适合于污染物量大的作业场所。

（四）安全警示标志

安全警示标志是作业场所内的各种指示、警示作业安全和逃生避难等警示标志。在可能发生中毒和窒息事故的场所，应根据有关法律法规和标准设置安全警示标志。有限空间作业时，还应设置围挡。有限空间警告标志和安全风险告知牌（见图 3.22）应配套使用，若因环境条件所限不宜设置安全风险告知牌时，可以单独设置有限空间警告标志。有限空间警告标志应设置在有限空间的入口处，使人员在进入有限空间时能够警醒。

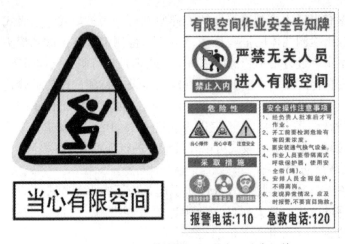

图 3.22　有限空间警告标志和安全风险告知牌

（五）紧急个体处置设施

紧急个体处置设施主要包括洗眼器、喷淋器等设施。洗眼器、喷淋器是当发生有毒有害物质（如化学液体等）喷溅到工作人员身体、脸、眼时，用于紧急情况下，暂时减缓有害物对身体的进一步侵害。如立式洗眼器，见图 3.23。

图 3.23　立式洗眼器

（六）应急救援设施

应急救援设施是用于堵漏、工程抢险装备和现场受伤人员医疗抢救装备。以有限空间作业事故为例，应急救援装备配置参考表 3.20。

表 3.20　有限空间作业事故应急救援装备参考配置表

设备设施类别	备注
围挡设施	
气体检测报警仪	检测气体种类与有限空间内可能存在的气体种类相符。至少应具备检测氧气、可燃气体、硫化氢和一氧化碳的功能
长管式强制送风设备	送风管长度应能够到达有限空间底部
照明灯具	工作电压应不大于 24 V，在积水、结露等潮湿环境的有限空间和金属容器中照明灯具电压应不大于 12 V
通信设备	型号、参数应满足环境要求
安全帽	
安全带	全身式安全带
安全绳	不少于两条
全面罩正压式空气呼吸器或全面罩供气式呼吸器	不少于两套
担架	
简易呼吸器	
全身套具或者腕套	
防护服	根据有限空间内存在的危险及有害因素种类、浓/强度选择，每名作业人员 1 人应配置 1 套
防护手套	
防护靴	
护目镜	
急救箱	急救箱内应配置医用酒精、医用手套、止血带、止血钳、急救夹板、脱脂棉签、剪刀、冰袋、急救使用说明等
吊装装备（含绞盘）	可选用三脚架救援系统或便携式吊杆系统；有限空间出入口能够架设三脚架的，应至少配置 1 套三脚架
速差自控器	

五、防中毒安全措施

职业中毒的病因是生产性毒物，故预防职业中毒必须采取综合措施，从根本上消除、控制或尽可能减少毒物对职工的侵害，遵循"三级预防"原则，推行"清洁生产"，重点做好"前期预防"。

（一）根除毒物

在工业生产中，用无毒物料代替有毒物料，用低毒物料代替高毒或剧毒物料，是从根本上解决毒性物料对人体的危害消除毒性物料危害的有效措施。如无苯涂料、无铅涂料、无汞仪表等。

（二）降低作业场所环境中毒物的浓度

环境空气中毒物浓度降到乃至低于最高容许浓度。

技术革新：密闭生产、遥控或程序控制、工艺改革。

通风排毒：密度不严或条件不许可密闭，应采用局部通风排毒系统，将毒物排除。局部通风排毒装置有排毒柜、排毒罩及槽边吸风等。

（三）工艺、建筑布局

有毒物逸散的作业，对作业区实行区分隔离，以免产生叠加影响。

在符合工艺设计的前提下，从毒性、浓度和接触人群等几方面考虑，应呈梯形分布。

有害物质发生源，应布置在下风侧。如布置在同一建筑物内时，放散有毒气体的生产工艺过程应布置在建筑物的上层。

对容易积存或被吸附的毒物如汞，可产生有毒粉尘飞扬的厂房，建筑物结构表面应符合有关卫生要求，防止沾积尘毒及二次飞扬。

（四）个体防护

个体防护用品包括呼吸防护器、防护帽、防护眼镜、防护面罩、防护服和皮肤防护用品等。选择个人防护用品应注意其防护特性和效能。

设置必要的卫生设施，如盥洗设备、淋浴室、更衣室和个人专用衣箱。对能经皮吸收或局部作用危害大的毒物还应配备皮肤和眼睛的冲洗设施。

（五）职业卫生服务

履行职业病危害告知义务，加强安全教育，让员工了解作业安全风险及防范措施，提高防护能力。应对作业场所空气中毒物浓度进行定期或不定期的监测和监督；对接触有毒物质的人群实施健康监护，认真做好上岗前和定期健康检查，排除职业禁忌，发现早期的健康损害，并及时采取有效的预防措施。

（六）安全卫生管理

管理制度不全、规章制度执行不严、设备维修不及时及违章操作等常是造成职业中毒的主要原因。

第三节　电气安全技术

---- ■本节知识要点 ----

1. 电击对人体的伤害，常见触电事故的急救方式；
2. 电气防火防爆安全技术以及安全管理要求；
3. 静电危害、静电产生的原因及消除措施；
4. 雷电分类、危害及防雷措施。

电气事故，指由电流、电磁场、雷电、静电和某些电路故障等直接或间接造成建筑设施、电气设备毁坏，人、动物伤亡，以及引起火灾和爆炸等后果的事件。根据考核大纲和培训对象实际，本节主要讲解交流 1 000V 和直流 1 500V 以下低压配电系统电对人体的电击伤害及其预防和急救、电气防火防爆技术，以及静电、雷电的危害和防控措施。

一、电击防护技术

电击，俗称触电，是指电流通过人体或动物躯体而引起的生理效应，包括感知、肌肉收缩及痉挛、呼吸困难、心脏功能紊乱、僵直、心脏骤停、呼吸停止、灼伤或其他细胞损伤。生理效应可能是有害的，如心室纤维性颤抖、灼伤和窒息等，或是无害的，如肌肉反应和感知。

我国没有安全电流和安全电压相关规定。一般情况下，30mA 以下的电流是允许流经人体的，但这些电流长时间通过人体也是有危险的。非正常流经人体的触电电流，在低压配电系统中称为剩余电流。《低压电气装置 第 4-41 部分：安全防护 电击防护》（GB/T16895.21-2020）规定保护设备动作的额定剩余电流不大于 30mA。

（一）电击的形式

在低压情况下，人体电击方式有直接接触和间接接触两种形式。

1. 直接接触

直接接触，指人或动物与带电部分的电接触。直接接触电击，又分为相（电压）触电和线（电压）触电。

（1）相（电压）触电也称单相触电，指人体接触三相电线路中的一根火线时所造成的触电，触电回路的电源电压为相电压。

在不对称的多回路多设备供电的低压配电系统中，为确保各相供电的稳定，配电变压器的输出端中性点（电源中性点）均直接接地。图 3.24 是在电源中性点直接接地系统中，人站在地面单相触电时形成的回路。

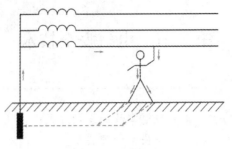

图 3.24 单相触电

在图 3.24 所示的单相触电示意图中，电流从电源，经导线、人体、大地、接地体、接电线，串联形成闭合回路。电源电压基本不变，通过人体的触电电流，由闭合回路的总电阻决定。相对人体电阻，电源、导线、大地、接地体以及接地线的电阻可忽略不计。人体阻抗以及人体与大地的接触电阻是影响触电电流的主要因素。

人体阻抗由人体内阻抗和皮肤阻抗组成。人体阻抗值取决于许多因素，如电流的路径、接触电压、电流的持续时间、频率、皮肤潮湿程度、接触的表面积、施加的压力和温度。经过对大量实验数据的分析研究（参照 GB/T13870.1-2008 电流对人和家畜的效应 第 1 部分：通用部分），人体电阻的平均值一般为 1 000Ω。

当人体与大地有效接触，人体与大地的接触电阻为 0。若人体电阻为 1 000Ω，则单相触电时流经人体的电流为 220mA，是相当危险的。一般情况下，人穿有鞋子，鞋底材质多为绝缘塑料，有时更是站在木桌等绝缘体上，人体与大地的接触电阻非常大，有效减小了流经人体的电流，从而可以摆脱。但是，人体可能因触电痉挛而摔倒，或因触电而慌乱，容易发生二次事故而造成严重后果。

图 3.24 所示单相触电闭合回路，是物理连接的闭合回路。单相触电，还存在非物理连接的等效闭合回路，如图 3.25 和图 3.26 所示。

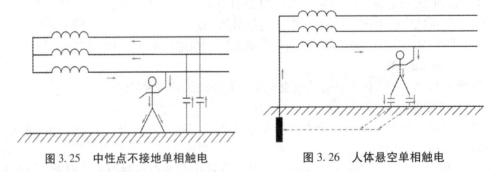

图 3.25 中性点不接地单相触电　　　图 3.26 人体悬空单相触电

在图 3.25 和图 3.26 中的非物理连接的情况下，火线与大地之间，悬空的带电人体与大地之间形成电容。对于直流，电容构成断路；而对于交流，电容形成通路。因此，在图 3.25 和图 3.26 中的非物理连接的情况下，单相触电仍然构成等效闭合回路。电流大小由包括电容在内的等效回路中的阻抗决定。在图 3.26 中人体悬空触电时，人体与电源形成等势体，人体电压与电源电压基本相同。

（2）线（电压）触电。人体同时接触三相电线路中的两根以上火线时所造成的触电，触电回路的电源电压为线电压。电流从一根火线经人体流入另一根火线，构成闭合回路，如图 3.27 所示。此时，加在人体上的电压为线电压，它是相电压的 3 倍，因此，它比单相触电的危险性更大。例如，380/220V 低压配电系统线电压为 380V，设人体电阻为 2 000Ω，则通过人体的电流为 190mA，足以致人死亡。

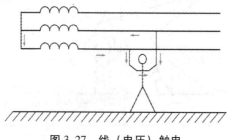

图 3.27　线（电压）触电

线（电压）触电最极端的情形是人体同时接触三相电线路中的三根火线。

2. 间接接触

间接接触，指人或动物与故障状态下带电的外露可导电部分的电接触。其是由于电气设备绝缘损坏等原因发生接地故障，设备金属外壳及接地点周围出现对地电压而引起的，包括跨步电压电击和接触电压电击。

（1）跨步电压电击。当电气设备或载流导体发生接地故障时，接地电流将通过接地体导向大地，并在地中接地体周围作球形的流散，如图 3.28 所示。

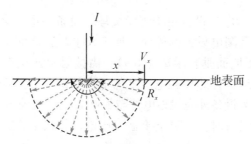

图 3.28　接地电流的流散场

一方面，在以接地故障点为球心的半球形散流场中，靠近接地点处的半球面上电流密度大，离开接地点的半球面上电流密度小，且越远越小；另一方面，靠近接地点处的半球面的截面积较小，电阻较大，离开接地点处的半球面面积变大，电阻减小，且越远电阻越小。因此，沿电流散流方向，同样距离两点的电位差，靠近接地点处比远离接地点处大。当离开接地故障点 20m 以外时，两点间的电位差趋于零。

我们将两点之间的电位差为零的地方称为电位的零点，即电气上的"地"。接地体周围，对"地"而言，接地点处的电位为 U_E，离开接地点处，电位逐步降低，其电位分布呈伞形下降，此时，人在有电位分布的故障区域内行走时，其两脚之间（一般为 0.8m 的距离）呈现出电位差，此电位差称为跨步电压 U_{STEP}，如图 3.29 所示。由跨步电压引起的电击叫跨步电压电击。在距离接地故障点 8~10m 以内，电位分布的变化率较大，人在此区域内行走，跨步电压高，就有触电的危险；在离接地故障点 8~10m 以外，电位分布的变化率较小，人的一步之间的电位差较小，跨步电压电击的危险性明显降低。

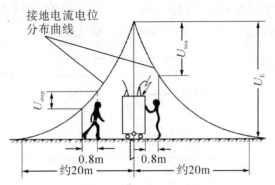

图 3.29　跨步电击和接触电击

人在受到跨步电压的作用时，电流将从一只脚经腿、胯部、另一只脚与大地构成回路，虽然电流没有通过人体的全部重要器官，但当跨步电压较高时，电击者会脚发麻、抽筋，跌倒在地，跌倒后，电流可能会改变路径（如从手至脚）从而流经人体的重要器官，危及生命。因此，发生接地故障时，室内不得接近接地故障点4m以内（因室内狭窄、地面较为干燥，离开4m之外一般不会遭到跨步电压的伤害），室外不得接近故障点8m以内。如果要进入此范围内工作，为防止跨步电压电击，进入人员应穿绝缘鞋。

（2）接触电压电击。电气设备由于绝缘损坏、设备漏电，会使设备的金属外壳带电。接触电压是指人触及漏电设备的外壳，加于人手与脚之间的电位差（脚距漏电设备0.8m，手及设备处距地面垂直距离1.8m）。由接触电压引起的电击叫接触电压电击。若设备的外壳不接地，在此接触电压下的电击情况与单相触电情况相同；若设备外壳接地，则接触电压为设备外壳对地电位与人站立点的对地电位之差，如图3.29所示。当人需要接近漏电设备时，为防止接触电压电击，接近人员应戴绝缘手套、穿绝缘鞋。

（二）电击电流

无论是直接接触，还是间接接触，引起肌体病理或生理效应的是流经肌体的电流。不同的电流会引起人体不同的生理反应，根据对人体威胁的严重程度，电击电流分为感知电流、痉挛电流、摆脱电流和心室纤维性颤动电流等。

（1）感知电流。其是使人体能够感觉，但不遭受伤害的电流。感知电流通过时，人体有麻醉、灼热感。人体或动物能感知的流过其身体的最小电流值，称为感知电流阈值。实验资料表明，不同的人，感知电流阈值是不一样的。

（2）痉挛电流。其也称反应电流，即通过人体的电流超过感知电流时，肌肉收缩增加，刺痛感觉增强，增大到一定程度，触电者将因肌肉不自主地收缩、颤抖，产生痉挛。对一固定频率和波形的电流，引起肌肉持续、无意识、不可克服地痉挛时的最小值，称为痉挛电流阈值［《电气安全术语》（GBT 4776-2017）称为痉挛电流阈值。《电流对人和家畜的效应 第1部分：通用部分》（GB/T13870.1-2008）称为反应电流阈值］。低压交流电的反应阈值约为0.5mA，直流的反应阈值约为2mA。

（3）摆脱电流。人体能自主摆脱的通过人体的电流。电流大到一定程度，触电者将因肌肉收缩、产生痉挛而紧抓带电体，不能自行摆脱。人体能自主摆脱的通过人体的最大电流值，称为摆脱电流阈值。不同的人触电后能自主摆脱电源的最大电流也不一样。男人的摆脱电流阈值比女人大，儿童的摆脱电流阈值更小。《电流对人和家畜的效应 第1部分：通用部分》（GB/T13870.1-2008）针对成年男人假设的交流摆脱电流阈值为10mA，适用于所有人的交流摆脱电流阈值为5mA。

（4）心室纤维性颤动电流。当电流流经心脏，因心肌的收缩和颤抖导致心室纤维性颤动，使心脏停止跳动而致人死亡，是触电事件中最危险的情形。引起心室纤维性颤动的最小电流值，称为心室纤维性颤动电流阈值。大量的试验表明，当电击电流大于30mA时，才会发生心室纤维性颤动的危险。

（三）电击防护技术

电击防护分基本防护、故障防护、加强防护和附加防护四种类型。

1. 基本防护

基本防护，也称直接接触防护，指正常条件下的电击防护。基本防护措施能在正常条件下防止与危险带电部分接触。基本防护的措施主要有基本绝缘、防护遮栏或外壳、阻挡物、置于伸臂范围之外、电压限制、稳态接触电流和能量的限制、电位均衡等。基本绝缘、防护遮栏或外壳、阻挡物、置于伸臂范围之外四项防护措施是防止电流通过人的身体。其中，阻挡物、置于伸臂范围之外，适用于由熟练的或受过培训的人员操作或管理的，具有或不具有故障保护的电气装置。电压限制、稳态接触电流和能量的限制、电位均衡三项防护措施是将通过人体的电流强度限制在没有危险的数值内。其中，电压限制主要指采用交流50V以下、直流120V以上的安全特低电压系统SELV或保护性特低电压系统PELV，且接触电压在任何情况下都不超过规定限值；稳态接触电流和能量的限制主要适用于医用电气设备；电位均衡是用于变电站和电气铁路系统，对高压装置或设备设置均衡电位的接地极。本节重点介绍基本绝缘和防护遮栏或外壳两种基本防护措施。

（1）基本绝缘。基本绝缘是电气设备或导线带电部分的绝缘覆盖，绝缘与电气设备或导体为一体，只有被破坏才能除去，其绝缘性能符合该设备和导线的有关标准，如图3.30所示。常用于基本绝缘的材料有塑料、橡胶、云母、玻璃、布、纸、漆等。绝缘材料绝缘性能主要用绝缘电阻、耐压强度、泄漏电流、和介质损耗等指标来衡量。其中，绝缘电阻是最基本的绝缘性能指标，用兆欧表测量，等于兆欧表对绝缘材料施加的直流电压与泄漏电流之比。

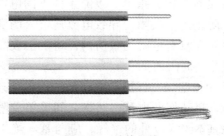

图3.30 绝缘导线

应当注意，绝缘材料在腐蚀性气体、潮湿、粉尘环境中或受机械损伤，绝缘性能会降低或丧失。同时，电气设备和导线的工作电压必须与其绝缘的电压等级相符。

（2）防护遮栏或外壳。其也称为屏护，指采用围墙、栅栏、护罩、护盖、箱盒等将带电体隔离，防止人员无意识地触及或过分接近带电体。配电线路的和电气设备的带电部分如果不便于包以绝缘，或者单靠绝缘不足以保证安全的场所，可采用屏护保护。

防护式开关（柜）的外壳、电气设备的控制柜，产品本身就自带屏护，如图 3.31 所示。绝缘导线在裸露的接线端子加护罩。

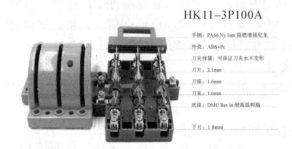

HK11-3P100A

手柄：PA66 Ny lom 阻燃增强尼龙
外壳：ABS+Pc
刀夹弹簧：可保证刀夹永不变形
刀片：2.1mm
刀座：1.6mm
刀夹：1.6mm
底座：DMC Res in 耐高温树脂
下片：1.8mm

图 3.31　闸刀开关结构

高压电力设施和只采用基本绝缘与所有可导电部分相隔开的低压电气装置，应采用相应保护等级的防护栅栏进行屏护，如图 3.32 所示，并设置醒目的安全标志，使人认识到越过栅栏会有电击危险。在电力抢险维修中，工作人员也采用临时性的栅栏用于屏护。而对于变电站整体防护围墙，则对非电力工作人员兼用电击防护的措施。

图 3.32　电力设施防护栅栏

2. 故障防护

故障防护，也称间接接触防护，指单一故障条件下的电击防护。故障防护，可以用下列方法之一来实现：防止由于故障而导致电流通过人的身体；将由于故障导致可能通过身体的电流强度限制在没有危险的数值内；将由于故障导致可能通过身体的电流持续时间限制在没有危险的时限内。

故障防护措施主要有附加绝缘、保护接地和保护等电位连接、保护屏蔽、高压装置和系统中的指示和分断、自动切断电源、回路之间简单分隔、非导电环境、电位均衡等。附加绝缘，提供除基本绝缘以外的绝缘，应与基本绝缘有相同的承受能力。保护接地和等电位连接，指建筑物体内金属管道、钢筋以及可触及的装置可导电结构或外壳，与建筑体内的接地导体、总接地端子连接，常通过插座的 PE 端连接。保护屏蔽，就是用与保护等电位联结系统连接的电气保护屏蔽体将电气回路和/或导体与危险带电部分隔开，并提供电气防护。高压装置和系统中的指示和分断，指设置指示故障的器件，并依据中性点的接地方式，手动分断或自动分断故障电流。回路之间的简单分隔，由最高电压确定的基本绝缘来实现。非导电环境，指当系统标称电压不超过交流或直流500V时，环境对地阻抗至少为50kΩ；或当系统标称电压高于交流或直流500V而不超过交流1 000V或直流1 500V时，环境对地阻抗至少为100kΩ。故障防护下的电位均衡，指通过设置附加的接地极，用以减少在故障情况下出现的接触电压和跨步电压。本节重点介绍保护接地系统和自动切断电源两种故障防护措施。

（1）保护接地系统。保护接地系统分TT系统、IT系统、TN系统。

在TT系统中，电源中性点接地，电气设备外露可导电部分接地，彼此电气上无关。图3.33为不配中性线的TT系统。

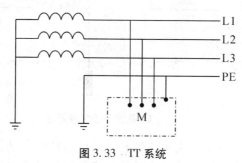

图3.33　TT系统

在IT系统中，电源中性点不接地，或通过大阻抗接地，电气设备的外露可导电部分接地。图3.34为电源中性点不接地的IT系统。

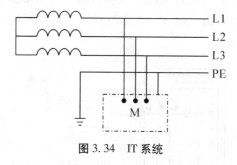

图3.34　IT系统

在TN系统中，电源中性点接地，电气设备的外露可导电部分通过保护导体连接到此接地点。根据中线性与接地线是否分开，TN系统已分为TN-C系统、TN-S系统、TN-C-S系统。图3.35为TN-C系统示意图。

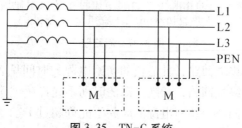

图3.35　TN-C系统

这里以TT系统为例，分析保护接地在防止人体电击伤害的作用。在TT系统中，若电气设备外露可导电部分不采用保护接地，如图3.36（a）所示，当人体接触一相碰壳的电气设备时，人体相当于发生单相电击，电流经电源、导线、人体、电源接地体形成回路，由于导线、电源、电源接地体的阻抗非常小，分担电压也非常小，可以忽略不计，作用于人体的电压近乎为电源电压220V，通过人体电流可能超过220mA，可以使人致命。若采用如图3.36（b）所示保护接地，人体与电气设备接地体并联后串入回路，由于电气设备接地电阻也非常小，并联电阻更小些。此时，并联后与电源、导线、电源接地体串联分担电源压220V，作用于人体的电压将大大减小，从而降低了电击的危险程度，但并不能完全保证人身安全。然而，由于电气设备外露可导电部分接地，上述故障电流将大幅增加，为自动切断电源提供了条件。

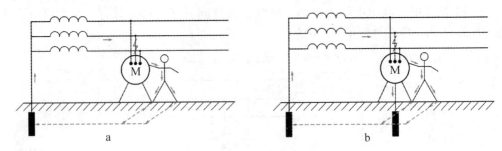

图 3.36　TT 系统保护接地原理

（2）自动切断电源。这是指发生故障时，保护器件将自动将受影响的一根或多根线导体断开。该故障预防措施，是以设置保护接地和保护等电位连接系统为基础，如果供电回路或设备内的线导体和外露可导电部分或保护导体之间发生阻抗可忽略不计的故障，故障电流动作保护器就自动断开设备、系统或装置的供电线导体。常见的断路器就是此类保护器，在短路、过载、久压时提供自动切断电源保护功能，如图 3.37 所示。

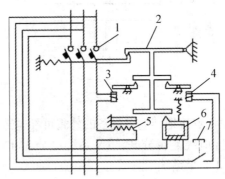

1.主触头　2.自由脱扣器　3.过电流脱扣器　4.分励脱扣器
5.热脱扣器　6.失压脱扣器　7.按钮

图 3.37　断路器

对于不超过 32A 的终端回路，其最长的切断电源的时间见表 3.21。在 TN 系统内，配电回路和超过 32A 的终端回路，切断电源的时间不允许超过 5s；在 TT 系统内，配电回路和超过 32A 的终端回路，切断电源的时间不允许超过 1s。

表 3.21　最长的切断时间　　　　　　　　　　　　　单位：s

系统	$50V < U_0 \leqslant 120V$		$120V < U_0 \leqslant 230V$		$230 < U_0 \leqslant 400V$		$U_0 > 400V$	
	a.c.	d.c.	a.c.	d.c.	a.c.	d.c.	a.c.	d.c.
TN	0.8	注	0.4	5	0.2	0.4	0.1	0.1

表3.21(续)

系统	50V<U0≤120V		120V<U0≤230V		230<U0≤400V		U0>400V	
	a.c.	d.c.	a.c.	d.c.	a.c.	d.c.	a.c.	d.c.
TT	0.3	注	0.2	0.4	0.07	0.2	0.04	0.1

注：切断电源的要求可能是为了电击防护之外的原因。

3. 加强防护

加强防护兼有基本防护和故障防护的功能。加强防护措施主要有加强绝缘、回路之间的防护分隔、限流源、保护阻抗器等。

（1）加强绝缘。加强绝缘能承受电的、热的、机械的以及环境的作用，具有与双重绝缘（基本绝缘和附加绝缘）同样的防护可靠性，主要用于低压装置和设备。

回路之间的防护分隔、某一回路与其他回路之间的防护分隔借助以下方法实现：

①基本绝缘和附加绝缘，各自按其最高电压确定，即相当于双重绝缘。

②按其最高电压确定的加强绝缘。

③由相邻回路耐压确定的回路基本绝缘，将每个相邻回路用保护屏蔽体隔开的保护屏蔽。

④以上方法组合。

（2）限流源。在正常运行条件下，限流源提供的接触电流不应超过交流 0.5mA 或直流 2mA，这是基本防护中的稳态接触电流限制措施。而在非正常条件或故障条件下，限流源提供的接触电流不应超过交流 3.5mA 或直流 10mA。

（3）保护阻抗器。保护阻抗器的作用也是限制接触电流。即在正常运行条件下，接触电流不应超过交流 0.5mA 或直流 2mA；在非正常条件或故障条件下，接触电流不应超过交流 3.5mA 或直流 10mA。

4. 附加防护

附加防护，指基本防护和/或故障防护之外的电击防护。附加防护的主要措施有剩余电流保护器（RCD）、辅助等电位联结的附加防护。

（1）剩余电流保护器（RCD）。在低压情况下，当采用下列基本防护和/或故障防护时，剩余电流保护器（RCD）作为附加防护：由基本绝缘或防护遮栏或外壳作为基本防护；由保护接地和保护等电位连接或自动切断电源作为故障防护。

当基本防护和/或故障防护失效，或使用者疏忽时，剩余电流保护器（RCD）提供附加防护，切断所有带电导体。相对故障电流动作保护器，剩余电流保护器（RCD）动作电流更小，最高标准值不超过 0.5A。剩余电流保护器（RCD）工作原理如图 3.38 所示。

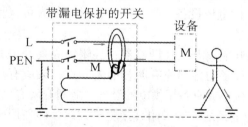

图 3.38　单相二线漏电保护器

第三章　安全生产技术与事故预防

（2）辅助等电位联结的附加防护。附加防护中的辅助等电位联结，能防止被联结部件出现危险接触电压。当采用基本绝缘或防护遮栏或外壳作为基本防护，和采用保护接地、保护等电位联结以及故障自动切断电源作为故障防护时，辅助等电位联结作为附加防护，有助于防止同时接触的外露可导电部分或外界可导电部分间出现危险的接触电压。

（四）安全操作

电气安全操作的措施分安全组织措施、安全技术措施。

1. 安全组织措施

安全组织措施是保证安全的制度措施。低压电气操作中安全组织措施主要有工作许可制度、工作监护制度、工作间断制度、工作终结和恢复送电制度。

（1）工作许可制度。工作许可制度是指在电气设备上进行停电或不停电工作，事先都必须得到工作许可，并履行许可手续方可工作的制度。工作许可人在签字许可之前，应确认安全措施，必要时同工作负责人到现场检查，向工作负责人指明注意事项。工作许可后，工作许可人、工作负责人、工作人员不应擅自变更安全措施。带电作业的，工作负责人在带电作业工作开始前，应与供配电管理部门或管理人员联系并履行相关手续。带电作业结束后应及时汇报。

（2）工作监护制度。工作监护制度是指工作人员在工作过程中，工作监护人必须始终在工作现场，对工作人员的安全认真进行监护，及时纠正违反安全的行为和动作的制度。专责监护人不得兼做其他工作，若需临时离开，应通知被监护的工作人员停止工作或离开工作现场，待专责监护人回来后方可恢复工作。

（3）工作间断制度。如遇雷、雨、大风或其他情况并威胁工作人员安全时，工作负责人或专责监护人可根据情况临时下令停止工作。间断期间，人员从工作现场撤出，所以安全措施保持不变；任何人不得私自进入现场进行工作或碰触任何物件。隔日复工应得到工作许可人的许可，且工作负责人应重新检查安全措施后方可恢复作业。

（4）工作终结和恢复送电制度。全部工作完毕后，工作人员应清扫、整理现场，检查工作质量是否合格，设备上有无遗漏的工作、材料。在对所进行的工作实施竣工检查合格后，工作负责人方可命令所有工作人员撤离工作地点，向工作许可人报告全部工作结束。必要时，工作许可人到现场验收任务完成情况。停电开展工作的，工作终结并经验收合格，工作许可人方可下令恢复供电。

2. 安全技术措施

电气操作中安全技术措施主要有停电、验电、装设接地线、悬挂标示牌、装设遮栏（围栏）等。

（1）停电。在低压配电系统中，符合下列情况的设备应停电：检修设备；与工作人员的距离小于0.35m的低压设备；带电部分临近工作人员，且无可靠安全措施的设备；其他需要停电的设备。

停电设备应同时断开隔离开关和断路器，且闭锁隔离开关的操作机构，不应只经断路器断开电源。停电设备的各端应有明显的断开点，或应有能反映设备运行状态的电气和机械指示。多路供电或有备用供电的设备，应断开所有供电线路。

（2）验电。低压配电系统一般采用直接验电方式，即使用验电器在设备的接地处验电。验电前，验电器应先在有电设备进行验证以确定其良好。三相配用电设备应逐项验电。

（3）装设接地线。检修设备，在停电和验电后，还应装设接地线。装设接地线不宜单人进行。装设接地线时，应先装接地端，后装接带电体端，拆除接地线的顺序与装设时相反。装、拆接地线导体端，应使用绝缘工具或采用绝缘保护，人体不应碰触接地线和未接地的导线。当验明设备确无电压后，应立即将检修设备接地。电容器接地前应充分放电，星形接线电容器的中性点应接地。三相设备采用三相短路式接地，若使用分相式接地线时，应设置三相合一的接地端。短路和接地线连接，不应用缠绕的方法。

（4）装设遮栏（围栏）。在低压配电系统中，部分停电的工作，工作人员与未停电设备的安全距离小于 0.7m 时，应装设临时遮栏，其与带电部分的距离不小于 0.35m，临时遮栏应装设牢固；也可用与带电部分直接接触的绝缘隔板代替临时遮栏。

（5）悬挂标示牌。在一经合闸即可送电到工作地点的隔离开关操作把手上，应悬挂"禁止合闸，有人工作！"的标示牌；在计算机显示屏上操作的隔离开关操作处，应设置"禁止合闸、有人工作！"的标记；在临时遮栏上应悬挂"止步、有电危险！"的标示牌。

（五）电击急救

实践证明，触电急救的关键是迅速脱离电源及正确的现场急救。只要伤者抢救及时，多数都可以"起死回生"。

1. 触电现场急救的原则

根据多年来现场抢救触电者的经验，现场触电急救的原则可总结为"迅速、就地、准确、坚持"八个字。

（1）迅速。在其他条件都相同的情况下，触电时间越长，造成心室颤动乃至死亡的可能性越大。而且，人触电后，由于痉挛或失去知觉等原因，会紧握带电体而不能自主脱离电源。因此，若发现有人触电，应采取一切可行的措施，迅速使其脱离电源，这是救活触电者的一个重要因素。实施抢救者必须保持头脑清醒，安全、准确、争分夺秒地使触电者脱离电源。

（2）就地。实施抢救者必须将触电者在现场附近就地进行抢救，千万不要长途送往医院抢救，以免耽误最佳宝贵抢救时间。据有关资料统计，从触电时算起，如能在 5min 以内及时对触电者进行抢救，则触电者的救生率可达 90% 左右。如在 10min 以内施行抢救，则救生率只能达到 60% 左右。如超过 15min 才施行抢救，则触电者生还希望甚微。

（3）准确。实施抢救者的人工呼吸动作必须到位准确、动作规范。

（4）坚持。只要有百分之一的希望就要尽百分之百的努力去抢救。人触电以后，会出现神经麻痹、呼吸中断、心脏停止跳动等现象，外表上出现昏迷不醒的状态，但不应该认为是死亡，而应该看作是假死，应坚持进行抢救。有触电者经 4h 或更长时间的心肺复苏而得救的事例。

2. 迅速脱离电源

脱离电源，就是要把触电者接触的那一部分带电设备的断路器（开关）、隔离开关（刀闸）或其他断路设备断开；或设法将触电者与带电设备脱离。低压触电可采用下列方法使触电者脱离电源。

（1）如果开关或插头就在触电地点附近，应迅速拉开开关或拔掉插头，以切断电源。但应注意到拉线开关或墙壁开关等只控制一根线的开关，有可能因安装问题只能切断中性线而没有断开电源的火线。比如在灯口触电时，拉开电灯开关，电灯虽然熄灭了，但还不能算切断了电源，因为有些电灯开关安装不符合规定要求，没有装在相线（火线）上，虽已拉开了电灯开关，但导线仍然带电。

（2）如果开关或插头距离触电地点很远，不能很快把开关或插头拉开，可用绝缘手钳或装有干燥木柄的斧、刀、锄头、铁等把导线切断，但必须注意切断电源侧（来电侧）的导线，而且注意切断电源线不可触及其他救护人员。

（3）如果导线断落在触电人身上或压在其身下时，可用干燥的木棒、木板、竹竿、木凳等绝缘性能的物件，迅速将带电导线挑开，但千万注意，不能使用任何金属棒或潮湿的东西去挑带电导线，以免救护人员自身触电，也要注意不要将所挑起的带电导线落在其他人身上。

（4）如果触电人的衣服是干燥的，而且不是裹缠在身上时，救护人员可站在绝缘物上用带有绝缘的毛织品、围巾、帽子、干衣服等把自己的一只手作严格的绝缘包裹，然后用这只手（千万不要用两只手）拉住触电人的衣服，把触电人拉离带电体，使触电者脱离电源，但不能触及触电人的皮肤，也不可拉触电人的脚，因触电人的脚可能是潮湿的，或鞋上有钉等，这些都是导体。

3. 对触电者触电情况的判别

（1）判定触电者有无意识。当发现有人触电后，在迅速使其脱离电源之后，可立即呼喊其姓名，如是陌生人，可立即喊话并摇动触电者："喂！你怎么啦？"如触电者能够应答证明其神志清醒，如无反应，则表示其神志已经不清。触电者如神志不清，应就地仰面躺平，使其气道通畅，并用5s时间，呼叫伤员或轻拍其肩部，以判定伤员是否意识丧失。另外，禁止摇动伤员头部呼叫伤员。

（2）呼吸、心跳情况的判定。触电者如意识丧失，应在开放气道10s内，用看、听、试的方法，判断触电者呼吸心跳情况。

看——看伤员的胸、腹壁有无呼吸起伏动作。

听——用耳贴近伤员的口鼻处，听有无呼气声音。

试——用面部的感觉测试口鼻部有无呼气气流。

判断心脏停止最有效的方法是摸颈动脉。因为其部位最靠近抢救者、动脉粗大，最为可靠，易学、易记。方法如下：

抢救者跪于病人身旁，一手置于前额使头部保持后仰位。另一只手在靠近抢救者的一侧，触诊颈动脉脉搏，将手指先轻轻置于甲状软骨水平、胸锁乳突肌前缘的气管上，然后将手指靠近抢救者一侧的气管旁软组织滑动，如有脉搏，即可触知；如未触知颈动脉搏动，则表明心脏已停跳，应立即进行胸外挤压抢救，在双人抢救时，此项工作应由吹气者来完成。此外抢救者也可解开触电者的衣扣，耳朵紧贴在胸部听心脏是否跳动。

若看、听、试的结果是既无呼吸又无颈动脉搏动，可判断触电者呼吸、心跳停止。

4. 现场急救

紧急救护的基本原则是在现场采取积极措施，保护伤员的生命，减轻伤情，减少痛苦，并根据伤情需要，迅速与医疗急救中心（医疗部门）联系救治。急救成功的关键是动作快，操作正确。任何拖延或操作错误都会导致伤员伤情加重或死亡。

在现实生活中，人们发现有人触电不懂得就地抢救的道理，常常是设法送医院。这是因为在送往医院的过程中，耽误了最宝贵的抢救时间，而使本可以救活的触电者无法生还。

触电者脱离电源以后，现场救护人员应迅速对触电者的伤情进行判断，对症抢救，同时设法联系医疗急救中心（医疗部门）的医生到现场接替救治。我们应根据触电伤员的不同情况，采用不同的急救方法。

（1）对触电后神志清醒者的触电急救。如果触电者神志清醒、有意识，心脏跳动，但呼吸急促、面色苍白，或曾一度电休克、但未失去知觉，现场人员此时不能用心肺复苏法抢救，应将触电者抬到空气新鲜，通风良好地方躺下，安静休息1~2h，让他慢慢恢复正常。天凉时要注意保温，并随时观察呼吸、脉搏变化。条件允许，送医院进一步检查。

（2）对触电者神志不清，判断意识无，有心跳，但呼吸停止或极微弱时的急救。现场人员应立即用仰头举颏法，使气道开放，并进行口对口人工呼吸；此时切记不能对触电者施行心脏按压。如此时不及时用人工呼吸法抢救，触电者将会因缺氧过久而引起心跳停止。

（3）对触电者神志丧失，判定意识无，心跳停止，但有极微弱的呼吸时的急救。现场人员应立即施行心肺复苏法抢救；不能认为尚有微弱呼吸，只需做胸外按压。因为这种微弱呼吸已起不到人体需要的氧交换作用，如不及时进行人工呼吸就会发生死亡，若能立即施行口对口人工呼吸法和胸外按压，就能抢救成功。

（4）对触电者心跳、呼吸均停止时的急救。现场人员应立即进行心肺复苏抢救，不得延误或中断。

（5）对触电者和雷击伤者心跳、呼吸停止，并伴有其他外伤时的急救。现场人员应先迅速进行心肺复苏急救，然后再处理外伤。

在进行上述救治的同时，现场人员应速请医生到现场抢救。医生到来之前，现场人员要按上述方法进行不间断急救，在送往医院的途中，也不能中止急救。

在抢救过程中，现场人员要每隔数分钟，应用看、听、试方法对伤员呼吸和心跳是否恢复进行再判定，每次判定时间均不得超过5~10s。若判定颈动脉已有搏动但无呼吸，则暂停胸外接压，而再进行人工呼吸；如脉搏和呼吸均未恢复，则继续坚持心肺复苏法抢救。

5. 心肺复苏法

心肺复苏法是指救护者在现场及时对呼吸、心脏骤停者实施人工胸外心脏按压和人工呼吸的急救技术，以建立含氧的血压循环、维护基本生命所需。触电者呼吸和心跳均停止时，救护者应立即按心肺复苏法三项基本措施（通畅气道、人工呼吸、胸外按压），正确进行就地抢救。

（1）通畅气道。当发现触电者呼吸微弱或停止时，救护者应立即通畅触电者的气道以促进触电者呼吸或便于抢救。通畅气道主要采用仰头举颏法，即一手置于前额使头部后仰，另一手的食指与中指置于下颌骨近下颏角处，抬起下颏，如图3.39所示。如发现伤员口内有异物，救护者可将其身体及头部同时侧转，迅速用一个手指或两个手指交叉从口角处插入，取出异物。操作时，注意防止将异物推到咽喉深部。

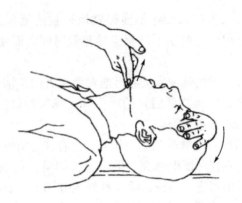

图 3.39　畅通气道

严禁用枕头或其他物品垫在伤员头下使头部抬高前倾，这样会更加重气道阻塞，且使胸外按压时流向脑部的血流减少，甚至消失。手指不要压迫伤员颈前部、额下软组织，以防压迫气道，颈部上抬时不要过度伸展，有假牙牙托者应取出。儿童颈部易弯曲，过度抬颈反而使气道闭塞，因此不要抬颈牵拉过甚。成人头部后仰程度应为90°，儿童头部后仰程度应为60°，婴儿头部后仰程度应为30°，颈椎有损伤的伤员应采用双下颌上提法。

通畅气道除仰头举颏法外，还有仰头抬颈法、推颌法、捶背法等几种方法。

（2）人工呼吸。当判断伤员确实不存在呼吸时，救护者应立即进行口对口人工呼吸。口对口人工呼吸法就是采取人工的机械动作促使肺部膨胀和收缩，以达到气体交换的目的，如图3.40所示。

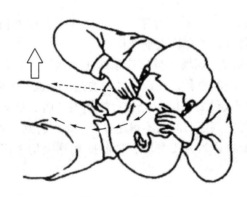

图 3.40　畅通气道

在实施人工呼吸前，救护者应迅速解开触电者的衣领，松开上身的紧身衣、围巾等，使其胸部能够自由扩张，以免妨碍呼吸。如果触电者牙关紧闭，救护者可用开口器、小木片、金属片等从嘴角伸入牙缝慢慢撬开，然后将头后仰，鼻孔朝天，这样触电者的舌根部就不会阻塞气流。口对口人工呼吸具体操作步骤如下：

①用按于前额一手的拇指与食指，捏住伤员鼻孔（或鼻翼）下端，以防气体从口腔内经自鼻孔逸出，救护员深吸一口气屏住并用自己的嘴唇包住伤员微张的嘴。

②向伤员口中吹气，持续1~1.5s，同时仔细观察伤员胸部有无起伏，如无起伏，说明气未吹进。

③吹气完毕，救护员应立即与伤员口部脱离，轻轻抬起头部，面向伤员胸部，吸

入新鲜空气，以便下一次人工呼吸；同时使伤员的口张开，捏鼻的手也可松开，以便伤员从鼻孔通气。观察伤员胸部向下恢复时，则有气流从伤员口腔排出。

抢救一开始，救护员应立即向伤员先吹气两口，吹气时胸廓隆起者，人工呼吸有效；吹气无起伏者，则气道通道不够，或鼻孔处漏气，或吹气不足，或气道有梗阻，应及时纠正。对于有严重的下颌及嘴唇外伤等难以采用口对口的人工呼吸的，救护员应采用口对鼻的人工呼吸。吹气时不要按压胸部。

（3）胸外按压。胸外按压是用人工的方法在胸外挤压心脏，代替心脏跳动时的唧筒作用，达到血液循环的目的，凡是心跳停止者可立即使用这种方法。在对心跳停止者未进行按压前，先手握空心拳，快速垂直击打伤员胸前区胸骨中下段 1~2 次，每次 1~2s，力量中等，若无效，则立即胸外按压，不能耽误时间。

按压时，伤员应仰卧于硬板上或地上，按压的部位位于胸骨中 1/3 与下 1/3 交界处。按压时，抢救者双臂绷直，双肩在伤员胸骨上方正中，双手掌根重叠于按压部位，双手指交叉抬起，靠自身重量垂直向下按压，如图 3.41 所示。按压的频率应保持在 100 次/min，且应平稳有节律地进行，不能间断。

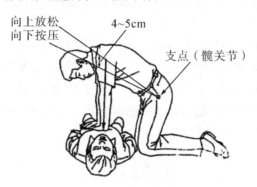

图 3.41　胸外按压

人工呼吸与胸外按压不能同步实施，应按"人工呼吸 2 次—胸外按压 30 次"的频率，周而复始连续循环进行。如果现场急救人员较多，可以进行双人操作，即一人进行胸外按压，另一人进行人工呼吸。双人操作要求两人必须互相协调，配合默契。

二、电气防火技术

电气火灾，指由电流、电弧、电火花或电磁场直接或间接引起的火灾。电气火灾中，电流、电弧、电火花或电磁场是点火能量之源。电流通常在导体中流动，实质是电子的运动；电弧一种自持气体导电，实质是电子击穿气体而流动；电火花是短暂的亮度小的电弧。特别说明，雷电和静电是电非常规的存在形式，防雷防静电措施也不所有同，在本章第三节专门讲述。

（一）电能致火的形式

电气火灾中，电或电磁场是点火能量之源。从致火的能量形式上分析，电能或电磁场致火有两种形式。一是电能或电磁场直接引发火灾。在易燃液体或气体环境，电弧、电火花就容易引发火灾，电磁波也能引发火灾。易燃液体或气体的点火能量较低，如汽油的点火能量仅 0.2mJ，电火花就容易点燃引发火灾。1990 年 7 月 3 日梨子园隧道火灾，经过调查分析，确认该起事故是由于列车在经过梨子园隧道发生脱轨，部分车辆发生颠覆，部分罐车罐体因颠覆而破裂，汽油泄漏在隧道内形成的蒸气浓度达到了爆炸极限，遇到隧道接触网悬挂点绝缘子表面放电而引起爆炸燃烧。本书将重点分析电能和电磁场致火的第二种形式，即电能或电磁场转化为热能引发火灾，这种形式较普遍，也较隐蔽。

（二）电气发热的原因

导线、变压器或电机等载流导体或设备在传输电能或将电能转化为其他能量的同时，其本身也将产生能量损耗，包括电阻损耗、铁磁损耗、附加损耗、介质损耗。

1. 电阻损耗

电阻损耗，也称铜损，这是由于输电线或变压器线圈本身以及线路中机械连接处都有电阻存在，当电流通过时，即产生电能损耗 $P = I^2 Rt$。电阻损耗大小与电流的二次方、电阻和时间成正比。电阻损耗是输电导体发热的主要原因，是电气火灾的主要根源。

2. 铁磁损耗

铁磁损耗，也称铁损，电流流经变压器或电机将产生明显的铁磁损耗，包括磁滞损耗和涡流损耗。

（1）磁滞损耗。铁磁物质在交变磁场的磁化作用下，由于内部的不可逆过程而存在磁滞现象。磁滞现象导致铁磁物质发热所造成的损耗，就称为磁滞损耗。

（2）涡流损耗。众所周知，当铁磁物质放置于变化的磁场中，或者在磁场中运动时，铁磁物质内部会产生感应电动势（或感应电流）。在变压器或电动机的铁芯就有感应电流，称为涡流，如图 3.42 所示。

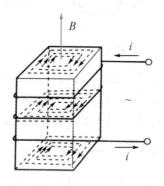

图 3.42　涡流

涡流会削弱原有磁场的强度，对电机、变压器等电气设备更是极为有害。它消耗电能，使铁芯发热，不仅会引起额外的大量功率损失，更严重的是还会使线圈温度过高，甚至损坏线圈的绝缘，造成严重的后果。

为了减少铁芯的涡流损耗和去磁作用，人们通过采用增加铁磁材料电阻率的办法。如用硅钢片叠片的方法代替整块铁芯材料，各片之间加上绝缘层，使涡流在各层之间受阻。

铁磁损耗是变压器和电机的铁芯发热的主要原因，影响缠绕在铁芯上的线圈的绝缘材料的绝缘性能和使用寿命。

3. 附加损耗

附加损耗由交流电流流过导体所产生的趋肤效应和邻近效应造成。当直流电流流过导体时，电流在导体中的任一横截面处的分布都是均匀的，故金属导体能得到充分利用。但是交流电流通过时则不然，由于趋肤效应和邻近效应的作用，电流沿导体分布不均匀，使导体的发热量大于直流电流通过时的发热量，相当于导体的电阻增加了。附加损耗是影响高压输电线路输电性能的重要因素。

4. 介质损耗

电气绝缘材料称为电介质，电介质能建立电场，储存电场能量，也能消耗电场能量。较高的电场强度会引起电介质被击穿破坏，长期的电气强度会导致电介质老化破坏。交流电场中，除泄漏电流表征的电导损耗外，由于周期性的极化，电场也将电能转化热能，共同构成了交流电场的介质损耗。

（三）电气发热的危害

发热对载流导体的危害主要表现在绝缘材料的绝缘性能降低、导体的机械强度下降和导体接触部分的接触性能变坏。

1. 绝缘性能降低

导体的绝缘材料在温度的长期作用下会逐渐老化，并逐渐丧失原有的力学性能和绝缘性能。绝缘材料老化的速度与导体的温度有关。当导体的温度超过一定的允许值后，绝缘材料的老化加剧，使用寿命明显缩短。由于绝缘材料变脆弱，绝缘性能显著下降，就可能被过电压甚至正常电压击穿。

根据国家标准《电气绝缘材料 耐热性 第7部分：确定绝缘材料的相对耐热指数（RTE）》（GB/T 11026.7-2014），电气绝缘材料按其耐热温度分为九级（见表3.22）。

表3.22　绝缘材料热分级

热分级	代表字母	预估耐热指数 ATE	相对耐热指数 RTE
90	Y	≥90	<105
105	A	≥105	<120
120	E	≥120	<130
130	B	≥130	<155
155	F	≥155	<180
180	H	≥180	<200
200	N	≥200	<220
220	R	≥220	<250
250	—	≥250	<275

温度增加则其使用寿命降低。对于大部分绝缘材料，我们可以用"八度规则"经验规律来估算其寿命，即超过耐受温度，温度每上升8℃～10℃，其寿命降低一半。如：A级绝缘材料其耐受温度为105℃，在这个温度以内，能长期工作达15~20年；如温度达到113℃～115℃，其使命将降为8~10年；如温度超过121℃～123℃，其使命将降为4~5年。

2. 机械强度下降

当导体的温度超过一定允许值后，温度过高会导致导体材料退火，使其机械强度显著下降。例如铝和铜在温度分别超过 100℃和 150℃后，其抗拉强度急剧下降。为了保证导体的可靠工作，我们需使其发热温度不得超过一定数值。这个限值叫作最高允许温度。按照有关规定，导体的正常最高允许温度一般不超过 70℃；短路最高允许温度可高于正常最高允许温度，对硬铝可取 200℃，硬铜可取 300℃。

3. 接触性能变坏。

当两个金属导体互相连接时，在接触区域内产生一个附加电阻，称为接触电阻。当导体之间连接处温度过高时，接连接处的接触表面会强烈氧化并产生一层电阻率很高的氧化薄膜，从而使接触电阻增加，连接处的温度更加升高，促进接触表面进一步氧化，这样就会形成恶性循环，导致连接处熔化松动甚至灾难。

（四）电气火灾的原因

正常工况条件下，由于环境散热或散热设施的作用，导线、变压器或电机等载流导体或设备的发热与散热处于热平衡。当发生过载、短路或接触电阻过大等外因，热平衡就被打破，发热的速度超过散热的速度，导线、变压器或电机等导体或设备温度升高，严重情形将导致火灾。

1. 过载

过载的本质是在正常电路中产生过电流的运行条件，过电流就是超过额定电流的任何电流。根据公式 $I = U/Z$，电压的升高或阻抗的降低，是导致过电流的两大因素。对于电源（配电变压器）、配电线路，负载都为并联连接，如图 3.43 所示。连接负载越多，阻抗越低，因此负载增多是过电流的主要因素。对于负载，施加的电压升高和自身阻抗的降低是过电流的主要因素。

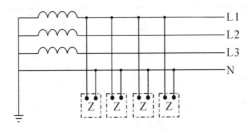

图 3.43　TN 系统负载连接

（1）电压升高。对于从配电变压器将三相分为三个单相向用电设施供电的形式，由于用电设备不可能均衡分配，且用电时间更无法统一，所有单相回路的负载，实质是构成配电变压器的不对称三相负载，造成变压器的三相电流也不对称。

一般情况下，由于变压器内部的漏阻抗压降不大，三相电流的不对称对供电电压的不对称影响不大。但在变压器的绕组为某种联结（如 Y/Y_0 联结）、磁路为某些磁路系统（如三相独立的磁路系统），负载的不对称可能会引起线路显著不对称，使变压器和负载无法正常工作。

负载的不对称导致中性点位移，从而导致相电压的不对称，有的相电压升高，有的相电压降低。电压过高，有导致火灾的风险；对于电机设备，电压过低，负载能力下降，也有导致火灾的风险。

（2）阻抗降低。对于异步电动机，电动机转速越低，等效阻抗越小，转速为零，等效负载短路。因此，如果三相异步电动机直接启动，启动电流非常大。为减小三相异步电动机的启动电流，常采用降压启动等降低启动电流的技术措施。另外，电机负载的增加，使得拖动负载所需力矩增大，会导致电机转速下降，等效负载阻抗降低，从而使通过线路和电机的电流增加，发热加剧，温度升高。堵转是最严重的情形，等效负载短路，极容易造成电机损坏甚至火灾事故。

2. 短路

短路是指在两个或多个导电部件之间形成偶然或人为的导电路径，使其之间的电位差等于或接近于零。短路是电气回路中最严重的故障状态，破坏力最强，也是电气火灾最常见的原因。短路时，线路中的电流超过额定电流的 3 倍，甚至高达 20 倍，而在特定场合甚至可高达 50 倍。短路造成导体和绝缘温度急剧上升，导体熔化，绝缘炭化，直至火灾。同时，短路电流也在导体之间产生电动力，导体扭曲变形。即使没有发生火灾，变压器或导线也因为电动力的作用而损坏，不能再投入使用。短路常常伴随电弧或电火花现象，这是因为短路处金属熔化形成空隙，从而导致出现电弧和电火花。

短路分为线间短路和线对地短路。线间短路指两根或多根线导体之间的短路，例如低压系统中两个火线 380V 线短路以及火线与零线 240V 相短路。线对地短路，是指在中性点直接接地系统或中性点经阻抗接地系统中，发生的线导体经接地导体和接地极和大地之间的短路。其他形式带电导体与大地之间意外出现导电通路，具有显著的阻抗，属接地故障。

3. 接触电阻过大

连接部分是电气回路中的薄弱环节，是过热的重点部位。因为导体连接部分存在接触电阻，所以电气回路除了因导体电阻产生热量外，还会因连接部分的接触电阻产生热量。接触电阻的大小受到连接处的材料、接触压力、连接形式、表面粗糙度、表面污染、表面温度等诸多因素的影响而具有不稳定性，有变大的倾向。局部接触电阻的变大，对整个电气回路的电流电压主要电气参数的影响是微小的，因此难以通过电流电压电气参数进行监测。相对于过载和短路，接触电阻变大具有长期渐进的过程和隐蔽的特性。接触电阻的变大将连接部分温度升高，继而又使接触电阻增加，形成恶性循环，轻则导致连接处熔化断开，影响整个电气回路，重则导致连接处起火，发生火灾事故，甚至导致电气回路短路。

4. 电磁场

电磁场引发火灾，也可称铁心过热引发火灾，其原理是变压器和电机等设备在通过电磁场进行电能传输或转化的过程中，其铁芯存在磁滞损耗和涡流损耗，这两种损耗导致铁芯发热。正常情况下，由于有散热措施，铁芯的发热和散热维持平衡，变压器和电机在规定温度范围内安全稳定运行。如果铁芯发热加剧或散热效能降失，平衡被打破，就会引起绝缘老化，也会直接引发火灾。铁芯发热加剧的内在原因是铁芯叠片之间绝缘性能降低。散热效能降失的主要原因为散热用电机、泵停转，或油、水等散热介质的数量不足或性能下降。另外，环境温度过高也是导致铁芯过热的重要原因。

除了上述四种电气火灾原因外，电弧和电火花也是电气火灾的重要原因。特别注意，电弧能导致表面熔化，甚至熔珠飞溅，进而点燃周围可燃物引发火灾，此种情形的火灾不属电气火灾，原因是火灾不是电弧引发的。例如 2000 年 11 月 25 日河南洛阳东都商厦特别重大火灾事故，就是电焊时金属熔珠点燃可燃物引发火灾。

从能量转化角度分析，过载、短路、接触电阻过大是电能转化为热能导致火灾，电弧和电火花是电能直接引发火灾。电磁场引发火灾较为复杂，首先是电能转化为磁能，然后磁能部分转化为热能，部分转化为电能（涡流）再转化为热能。

本文仅从专业角度分析电气火灾的直接的、客观的原因，而造成过载、短路、接触电阻过大、电弧、电火花、铁芯过热的原因是复杂的、多层次的、多维度的，宜在实践中综合分析。这里专门分析下未列入电气火灾原因的漏电故障。漏电，是常见的电气故障，容易导致电击事件，也可能导致电气火灾。相对于大于额定电流的过载、短路电流，漏电电流是非常小的。在漏电电流不确定的路径中，有两种可能导致电气火灾的形式：一是由于接地故障导致路径中接触电阻过大，小电流也有可能引发局部高温从而导致火灾；二是接地故障导致漏电在设备外壳堆积，对外放电产生电火花引发火灾。因此，本文不把漏电列为电气火灾的直接原因。但在前面"电击"小节中阐述的防漏电技术不仅是防止电击的措施，也是防止电气火灾的措施。

（五）电气防火技术

电气防火是系统性工程，包括电气设计、施工、监测和维护管理等过程，也包括电气设备及线路自身质量与性能。其中按照相关标准进行电气设计是防止容量不足、规格型号不配备等系统性缺陷最重要环节。本文主要阐述以电气故障保护设备为基础的低压配电系统电气防火技术、特定设备的电气防火技术以及特定环境的电气防火技术。

1. 熔断器

熔断器是用于保护短路和过电流的最简单的电器，安装在被保护设备或线路的电源端，当发生短路或过电流故障时，熔体熔化，使被保护设备或线路与电源隔离，常与开关、隔离开关、隔离器、断路器组织使用或形成组合电器。广泛用于低压系统中的线路、电动机保护以及半导体设备保护。其优点是高分断能力、高限流特性（低 I^2t 值）、高能效、简单、可靠、价廉和无需维护等，其缺点是保护特性差且不可重复使用。

熔断器主要参数有额定电压、额定电流、分断范围及适用时使用类别（此两项分别用字母表示）、电流种类和适用时额定频率，以及生产企业信息。这些参数和信息应标志在熔断体上，对于小熔断体，仅标志额定电压、额定电流、商标和制造厂的识别标志（如图 3.44 所示）。

图 3.44　熔断器标志

熔断器设计在短路和过电流两个条件下动作。典型的短路电流水平为 10 倍或以上的熔断器额定电流，过电流水平为低于 10 倍的熔断器额定电流。同时具有短路和过电流分断范围的熔断器为全范围分断能力熔断器（用小写字母 g 表示，见图 3.44 所示），只具有短路分断范围的熔断器为部分范围分断能力熔断器（用小写字母 a 表示），部分范围分断能力熔断器需与附加的过电流保护电器一起使用。

选择合适的熔断器，应考虑被保护设备和被切断电源的实际情况。对于电源，我们应确定系统电压、频率、满载电流和预期短路电流。对于设备，我们可选相应类别的熔断器，如分断范围及适用时使用类别编码 gM、aM 适用电动机保护、分断范围及适用时使用类别编码 gR、aR 适用半导体保护等。

2. 断路器

根据适用范围的不同，参照国家相关标准，本文将断路器分为高压断路器、低压断路器（由受过专业训练的人员和熟练人员安装和操作，常简称为断路器）和家用及类似场所用断路器（常简称为开关）；低压断路器分交流断路器和直流断路器；家用及类似场所用断路器分交流断路器、直流断路器和交直流断路器。本文主要阐述低压断路器及家用及类似场所用断路器中交流断路器。

（1）低压交流断路器。低压断路器除按所断电流类型分为交流断路器和直流断路器，也按选择性类别可分为 A 类断路器和 B 类断路器；按分断介质可分为空气断路器、真空断路器、气体断路器；按设计型式可分为万能式断路器和塑料外壳式断路器；按是否适合隔离可分适合隔离断路器和不适合隔离。B 类断路器具有短时耐受电流额定值及相应短延时功能，短时耐受电流额定值最值为额定电流的 12 倍，最小为 5kA，最大为 30kA，相应的短延时应不小于 0.05s。适合隔离断路器用"—⌐—"在标志中标识（见图 3.45 中标识）。

图 3.45　常见三相断路器实物图

低压断路器是一种机械开关电器，能接通、承载以及分断正常电路条件下的电流，也能在所规定的非正常电路（例如短路、过电流、欠压）下接通、承载一定时间和分断电流；适用于额定电压不超过交流 1 000V 或直流 1 500V 电路，由受过专业训练的人员和熟练人员安装和操作。

常规低压断路器主要提供短路、过电流、欠压三种故障保护。也有具有剩余电流保护的断路器和无过电流保护的断路器。常规低压断路器的电气原理如图 3.46 所示。

图所示为低压断路器合闸状态，当短路故障发生时，强大的短路电流让短路脱扣器（电磁铁）产生强大的磁力，吸住衔铁，推动杠杆、搭钩与锁键脱离，复位弹簧拉动主触点动触头与静触头分离，电路断开；当过电流故障发生时，热脱扣器热元件发热加剧，热脱扣器的双金属片受热向上弯曲，推动杠杆、搭钩与锁键脱离，复位弹簧拉动主触点动触头与静触头分离，电路断开；当欠压故障发生时，欠电压脱扣器（电磁铁）磁力降低，弹簧拉动衔铁向下运动，推动杠杆、搭钩与锁键脱离，复位弹簧拉动主触点动触头与静触头分离，电路断开。

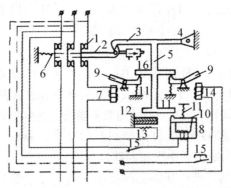

1-主触点；2-锁键；3-搭钩（代表自由脱扣机构）；
4-转轴；5-杠杆；6-复位弹簧；7-短路脱扣器；
8-欠电压脱扣器；9,10-衔铁；11-弹簧；12-热脱扣器
双金属片；13-热脱扣器热元件；14-分励脱扣器；
15-按键；16-电磁铁（DZ型无）

图 3.46　低压断路器原理图

低压断路器主要技术参数有额定电流 In，额定瞬时短路电流 Ii，额定电压 Ue 及对应的额定极限短路分断能力 Icu 和额定运行短路分断能力 Ics，额定绝缘电压 Ui，额定冲击耐受电压 Uimp，额定频率值（或范围）、选择性类别（A 或 B），以及是否适合隔离和是否适合 IT 系统的标识符号。

（2）家用及类似场所用交流断路器。就是常说的空气开关，额定电压不超过 440V（相间），额定电流不超过 125A，额定短路能力不超过 25 000A，适合隔离。供未受过训练的人员使用，并且无需维修。特别强调，不适合电动机的保护。

空气开关根据极数可分为：

——单极断路器；

——带一个保护极的二极断路器；

——带两个保护极的二极断路器；

——带三个保护极的三极断路器；

——带三个保护极的四极断路器；

——带四个保护极的四极断路器。

如图 3.47 所示。

图 3.47　空气开关系列

根据瞬时脱扣电流分为：

——B 型；

——C 型；

——D 型。

见表 3.23。

表 3.23　瞬时脱扣范围

脱扣形式	脱扣范围
B 型	>3In～5In（含 5In）
C 型	>5In～10In（含 10In）
D 型	>10In～20In（含 20In）a

注：D 型对特定场合，也可使用至 50In 的值。

3. 剩余电流动作断路器

其也称漏电保护器，本文所阐述的剩余电流动作断路器主要针对家用或类似用途，分带过电流保护的剩余电流动作断路器（RCBO，如图 3.48 所示）和不带过电流保护的剩余电流动作断路器（RCCB）。额定电压不超过 440V（相间），额定电流不超过125A，适合隔离。

图 3.48　剩余电流动作断路器

剩余电流动作断路器，主要提供漏电条件下的电击防护，也为在漏电条件下由于存在接地故障而引起的火灾危险进行保护。

剩余电流动作原理如图 3.49 所示，当没有漏电发生时，I2 = I1，剩余电流为零，即穿过互感器电流代数和为零，没有感应电动势，没有电流流经脱扣器。当有漏电发生时，I2<I1，剩余电流不为零，即穿过互感器电流代数和不为零，产生感应电动势为

脱扣器供电，脱扣器动作，开关断开。

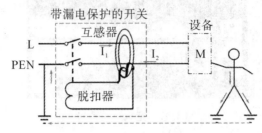

图 3.49　剩余电流动作原理图

4. 导线连接技术

导线连接的质量直接关系到整个线路能否安全可靠地长期运行，导线连接不良，导致连接处接触电阻过大，直接火灾发生。因此，导线连接技术对防止因接触电阻过大导致的电气火灾至关重要。

（1）大截面单股铜导线连接方法。具体步骤如下：

①先在两导线的芯线重叠处填入一根相同直径的芯线，再用一根截面约 1.5mm 的裸铜线在其上紧密缠绕。

②然后将被连接导线的芯线线头分别折回。

③再将两端的缠绕裸铜线继续缠绕 5~6 圈后剪去多余线头。

如图 3.50 所示。

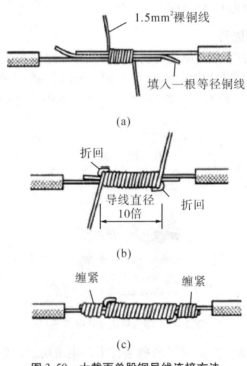

图 3.50　大截面单股铜导线连接方法

（2）小截面单股铜导线连接方法。具体步骤如下：

①先将两导线的芯线线头作"X"形交叉，再将它们相互缠绕 2~3 圈。

②然后扳直两线头，将每个线头在另一芯线上紧贴密绕 5~6 圈。

③缠绕好后，剪去多余线头，用钢丝钳平切口毛刺。

如图 3.51 所示。

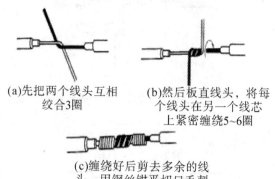

(a)先把两个线头互相
绞合3圈

(b)然后板直线头，将每
个线头在另一个线芯
上紧密缠绕5~6圈

(c)缠绕好后剪去多余的线
头，用钢丝钳平切口毛刺

图 3.51　小截面单股铜导线连接方法

（3）不等径单股铜导线连接方法。具体步骤如下：

①先将细导线的芯线在粗导线的芯线上紧密缠绕 5~6 圈。

②将粗导线芯线的线头折回紧压在缠绕层上。

③再用细导线芯线在其上继续缠绕 3~4 圈后剪去多余线头即可。

如图 3.52 所示。

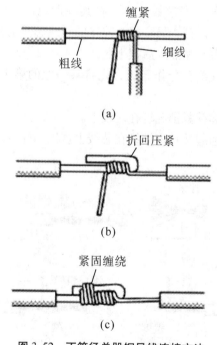

(a)

(b)

(c)

图 3.52　不等径单股铜导线连接方法

（4）单股铜导线的分支连接方法。具体步骤如下：

①将支路芯线的线头紧密缠绕在干路芯线上 5~8 圈后剪去多余线头即可。

②对于较小截面的芯线，可先将支路芯线的线头在干路芯线上打一个环绕结，再紧密缠绕 5~8 圈后剪去多余线头即可。

如图 3.53 所示。

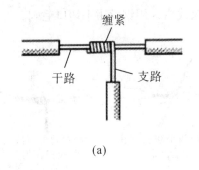

(a)

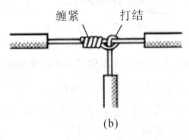

(b)

图 3.53　单股铜导线的分支连接方法

（5）多股铜导线的直接连接方法。具体步骤如下：

①首先将剥去绝缘层的多股芯线拉直，将其靠近绝缘层的约 1/3 芯线绞合拧紧，然后将其余 2/3 芯线成伞状散开，另一根需连接的导线芯线也如此处理。

②将两伞状芯线相对着互相插入后捏平芯线。

③然后将每一边的芯线线头分作 3 组，先将某一边的第 1 组线头翘起并紧密缠绕在芯线上。

④再将第 2 组线头翘起并紧密缠绕在芯线上。

⑤最后将第 3 组线头翘起并紧密缠绕在芯线上。以同样方法缠绕另一边的线头。

如图 3.54 所示。

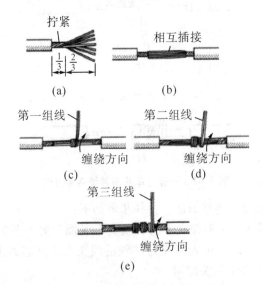

图 3.54　多股铜导线的直接连接方法

（6）多股铜导线的分支连接方法。具体步骤如下：

①将支路芯线 90 度折弯后与干路芯线并行。

②将线头折回并紧密缠绕在芯线上即可。

如图 3.55 所示。

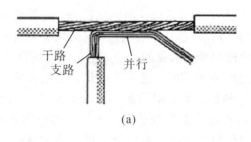

(a)

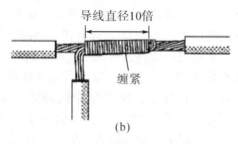

(b)

图 3.55　多股铜导线的分支连接方法

（7）导线与电器端子连接。截面 10 平方毫米及以下单股铜芯线，2.5 平方毫米及以下的多股铜芯线和单股铝线与电器的端子可直接连接，但多股铜芯线应先拧紧挂锡后再连接。多股铝芯线和截面超过 2.5 平方毫米的多股铜芯线的终端，应焊接或压接端子（如图 3.56 所示）后，再与电器的端子连接。

图 3.56　导线端子

导线的连接注意要点：

①刨切导线绝缘层时，不应损伤线芯；

②导线中间连接和分支连接应使用熔焊、线夹、瓷接头或压接法连接；

③分支线的连接处，干线不应受来自支线的横向拉力；

④接头应用绝缘带包缠均匀、严密，不低于原导线的绝缘强度。

5. 电气火灾监控

电气火灾监控，就是通过电气火灾探测器探测被保护线路中的剩余电流、温度、故障电弧等电气火灾危险参数变化和由于电气故障引起的烟雾变化及可能引起电气火灾的静电、绝缘参数变化，监控设备接收来自电气火灾监控探测器的报警信号，发出声、光报警信号和控制信号，指示报警部位，记录、保存并传送报警信息。

6. 电动机防火技术

本文以笼型三相异步电动机（以下简称"异步电动机"）为例，分析电动机电气火灾原因和电气防火技术。

（1）异步电动机电气火灾原因。与其他电气设备、电器产品一样，异步电动机的导电线路有过电流、短路、接触电阻过大导致火灾的风险；与变压器一样，异步电动机转子和定子的铁芯有电磁场导致火灾的风险。与其他电气设备、电器产品不同的是，异步电动机的导电线路过电流的原因，是由于电动机的机械负载等效阻抗降低。对于异步电动机，电动机转速越低，等效阻抗越小，转速为零，等效负载短路。在异步电动机运转过程中，在电动机及线路完好的情况下，有两种因素会导致等效阻抗变小：一是非正常因素，就是机械负载过载，最危险最极端的是堵转，转速降为零；二是正常因素，就是异步电动机启动时，转速为零，起动电流非常大。

（2）正确选择电动机起动方式。对于不适合直接起动的异步电动机，人们常采用降压起动，就是用降低电动机端电压的办法来减小起动电流。降压的方法一般有三种：一是起动过程中在定子绕组串入阻抗，根据串联分压原理降低定子绕组的电压，从而减小起动电流；二是采取自耦补偿起动，利用自耦变压器降低电动机定子绕组上的电压，从而减小起动电流；三是采用星-三角起动法，就是起动时定子线组是星型联结，转速稳定后电动机正常运转时切换为三角型联结，星-三角起动法只能用于正常运转时定子绕组为三角形联结的电动机。星-三角起动法的接线图如图 3.57 所示。

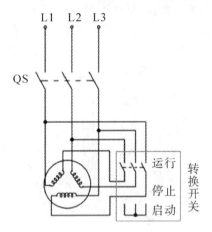

图 3.57　星-三角起动法接线图

星-三角起动法中，定子的六个出线端都要引出，并接到转换开关，如图 3.57 所示。起动前先把转换开关投向星形联结"启动"侧，再合上主开关 QS，接通电源。此时，定子每相绕组电压为线电压的 $1\sqrt{3}$，起动电流较小。待转子转速接近额定转速时，再把转换开关投向三角形联结"运行"侧，定子每相绕组电压即为线电压。

总之，降压起动减小起动电流，但起动转矩成平方降低，故只适合在轻载或空载情况下起动的三相异步电动机。

（3）正确选择电动机保护方式。一是短路保护，对于中小容量电动机，采用熔断器进行短路保护，既简单又可靠；对于大容量电动机，需要使用具有电磁吸力脱扣进行短路保护的断路器，或与熔断器组成双重保护。二是欠压保护，是采用电磁吸力脱扣进行欠压保护，断路器、自耦降压补偿器一般也装有欠压保护保护装置，主要用于防止电动机在低压下长期运行及在电源恢复供电后自起动。三是过载保护，由于电动机起动时存在短时过电流，因此电动机的过载保护要具有一定延时功能，以确保在电动机起动时的短时过电流情况下，过载保护装置不动作。对于大电容量电动机，主要采用无过电流的断路器与过电流延时继电器组合使用。四是断相保护，可采用热继电器、欠电流继电器，或者采用晶体管断相保护电路。五是漏电保护，主要采用剩余电流动作断路器。

7. 防爆电气设备

在爆炸性环境中，为防止电气设备的电火花、电弧以及高温成为点火源，采用防爆电气设备，是爆炸性环境电气防火防爆采取的关键技术措施。

(1) 防爆电气设备分类。防爆电气设备是按照特定标准要求设计、制造而不会引起周围爆炸性可燃混合物爆炸的特种电气设备，分为Ⅰ类、Ⅱ类、Ⅲ类。

Ⅰ类电气设备用于煤矿瓦斯气体环境。当电气设备表面可能堆积煤尘时，电气设备最高表面温度不应超过150℃；当电气设备表面不会堆积煤尘时（例如防尘外壳内部），电气设备最高表面温度不应超过450℃。

Ⅱ类电气设备用于除煤矿瓦斯气体环境之外的其他爆炸性气体环境。按照其拟使用的爆炸性气体环境的特性，Ⅱ类电气设备进一步分类为ⅡA类（代表性气体是丙烷）、ⅡB类（代表性气体是乙烯）、ⅡC类（代表性气体是氢气和乙炔）。

根据电气设备的最高表面温度，Ⅱ类电气设备又分T1组（≤450℃）、T2组（≤300℃）、T3组（≤200℃）、T4组（≤135℃）、T5组（≤100℃）、T6组（≤85℃）。电气设备的最高表面温度，不应超过拟使用环境中的具体气体的点燃温度。

Ⅲ类电气设备用于除煤矿之外的爆炸性粉尘环境。按照拟使用的爆炸性粉尘环境的特性，Ⅲ类电气设备又分ⅢA类（可燃性飞絮）、ⅢB类（非导电性粉尘）、ⅢC类（导电性粉尘）。

(2) 设备保护级别。这是根据设备成为点燃源的可能性和爆炸性气体环境、爆炸性粉尘环境及煤矿瓦斯爆炸性环境所具有的不同特征对设备规定的保护等级。

Ma级（EPL Ma），安装在煤矿瓦斯爆炸性环境中的设备，具有"很高"的保护等级，该级别具有足够的安全性，使设备在正常运行、出现预期故障或罕见故障，甚至在气体突然出现设备仍带电的情况下均不可能成为点燃源。

Mb级（EPL Mb），安装在煤矿瓦斯爆炸性环境中的设备，具有"高"的保护等级，该级别具有足够的安全性，使设备在正常运行或在气体突然出现和设备断电之间的时间内出现的预期故障条件下不可能成为点燃源。

Ga级（EPL Ga），爆炸性气体环境用设备，具有"很高"的保护等级，在正常运行、出现预期故障或罕见故障时不是点燃源。

Gb级（EPL Gb），爆炸性气体环境用设备，具有"高"的保护等级，在正常运行或预期故障条件下不是点燃源。

Gc级（EPL Gc），爆炸性气体环境用设备，具有"一般"的保护等级，在正常运行中不是点燃源，也可采取一些附加保护措施，保证在点燃源预期经常出现的情况下（例如灯具的故障）不会形成有效点燃。

Da级（EPL Da），爆炸性粉尘环境用设备，具有"很高"的保护等级，在正常运行、出现预期故障或罕见故障时不是点燃源。

Db级（EPL Db），爆炸性粉尘环境用设备，具有"高"的保护等级，在正常运行或出现的预期故障条件下不是点燃源。

Dc级（EPL Dc），爆炸性粉尘环境用设备，具有"一般"的保护等级，在正常运行过程中不是点燃源，也可采取一些附加保护措施，保证在点燃源预期经常出现的情况下（例如灯具的故障）不是点燃源。

爆炸性环境区域与适用的设备保护级别（EPL），见表3.24。

表3.24　爆炸性环境区域与适用的设备保护级别（EPL）

区域	设备保护级别（EPL）
0	Ga
1	Ga 或 Gb
2	Ga、Gb 或 Gc
20	Da
21	Da 或 Db
22	Da、Db 或 Dc

（3）防爆型式。

①隔爆外壳"d"。电气设备的一种防爆型式，其外壳能够承受通过外壳任何接合面或结构间隙进入外壳内部的爆炸性混合物在内部爆炸而不损坏，并且不会引起外部由一种、多种气体或蒸气形成的爆炸性气体环境的点燃。

②增安型"e"。电气设备的一种防爆型式，是指对电气设备采取一些附加措施，以提高其安全程度，防止在正常运行或规定异常条件下产生危险高温、电弧或火花的可能性。

③本质安全型"i"。电气设备的一种防爆型式，它将设备内部和暴露于潜在爆炸性环境的连接导线可能产生的电火花或热效应能量限制在不能产生点燃的水平。

④正压外壳型"p"。电气设备的一种防爆型式，保持外壳内部保护气体的压力高于外部大气压力，以阻止外部爆炸性气体进入外壳内部。

⑤"n"型。电气设备的一种防爆型式，采用这种型式的电气设备，在正常运行和一些规定的异常条件下，不能点燃周围的爆炸性气体环境。

⑥油浸型"o"。电气设备的一种防爆型式，将电气设备或电气设备的部件浸在保护液体中，使设备不能点燃液面之上或外壳外部的爆炸性气体环境。

⑦充砂型"q"。电气设备的一种防爆型式，将能点燃爆炸性气体环境的导电部件固定在适当的位置上，且完全埋入填充材料中，防止点燃外部的爆炸性环境。

⑧浇封型"m"。电气设备的一种防爆型式，将可能点燃爆炸性混合物的火花或过热的部分封入复合物中，使它们在运行或安装条件下不能点燃爆炸性环境。

⑨粉尘点燃外壳保护型"tD"。电气设备的一种防爆型式，将所有电气设备用外壳保护，避免点燃粉尘层或粉尘云。

防爆电气设备的选择，详见本章第一节。

（六）电气火灾扑救

电气火灾灭火的基本方法有隔离法、窒息法和冷却法。扑灭电气火灾要控制可燃物，隔绝空气，消除着火源，阻止火势及爆炸波的蔓延。

1. 断电灭火

当电气装置或设备发生火灾或引燃附近可燃物时，首先要切断电源。室外高压线路或杆上配电变压器起火时，应立即与供电企业联系断开电源；室内电气装置或设备发生火灾时应尽快断开开关切断电源，并及时正确选用灭火器进行扑救。

断电灭火时应注意下列事项：

（1）断电时，应按规程所规定的程序进行操作，严防带负荷拉隔离开关。在紧急切断电源时，切断地点要选择适当。

（2）夜间发生电气火灾、切断电源时，应考虑临时照明，以利扑救。

（3）需要电力企业切断电源时，应迅速用电话联系，说清情况。

2. 带电灭火

进行带电灭火一般限定在 10kV 及以下电气设备上进行。带电灭火很重要的一条就是正确选用灭火器材，要用不导电的灭火剂灭火，如二氧化碳、四氯化碳、二氟一氯一溴甲烷（简称"1211"）和化学干粉等灭火剂。

3. 充油设备火灾扑救

（1）充油电气设备容器外部着火时，可以用二氧化碳、"1211"、干粉、四氯化碳等灭火剂带电灭火。灭火时要保持一定的安全距离。用四氯化碳灭火时，灭火人员应站在上风方向，以防中毒。

（2）充油电气设备容器内部着火时，应立即切断电源，有事故储油池的设备应立即设法将油放入事故储油池，并用喷雾水灭火，不得已时也可用砂子、泥土灭火；但当盛油桶着火时，则应用浸湿的棉被盖在桶上，使火熄灭，不得将黄砂抛入桶内，以免燃油溢出，使火焰蔓延。对流散在地上的油火，可用泡沫灭火器扑灭。

4. 旋转电机火灾扑救

发电机、电动机等旋转电机着火时，不能用砂子、干粉、泥土灭火，以免矿物性物质、砂子等落入设备内部，严重损伤电机绝缘，造成严重后果；应使用"1211"、二氧化碳等灭火器灭火。另外，为防止轴和轴承变形，灭火时可使电机慢慢转动，然后用喷雾水流灭火，使其均匀冷却。

5. 电缆火灾扑救

电缆燃烧时会产生有毒气体，人体吸入会导致昏迷和死亡，所以电缆火灾扑救时需特别注意防护。扑救电缆火灾时的注意事项如下：

（1）电缆起火应迅速报警，并尽快将着火电缆退出运行。

（2）火灾扑救前，必须先切断着火电缆及相邻电缆的电源。

（3）扑灭电缆燃烧，可使用干粉、二氧化碳、"1211""1301"等灭火剂，也可用黄土、干砂或防火包进行覆盖。火势较大时可使用喷雾水扑灭。装有防火门的隧道，应将失火段两端的防火门关闭。有时还可采用向着火隧道、沟道灌水的方法，用水将着火段封住。

（4）进入电缆夹层、隧道、沟道内的灭火人员应戴正压式空气呼吸器，以防中毒和窒息。在不能肯定被扑救电缆是否全部停电时，扑救人员应穿绝缘靴、戴绝缘手套。

扑救过程中，禁止用手直接接触电缆外皮。

（5）在救火过程中需注意防止发生触电、中毒、倒塌、坠落及爆炸等伤害事故。

（6）专业消防人员进入现场救火时需向他们交代清楚带电部位、高温部位及高压设备等危险部位情况。

三、电气安全事故预防

（一）电击事故预防

1. 触电事故发生规律

（1）触电事故季节性明显。统计资料表明，触电事故多发于二、三季度且6~9月份较为集中。其主要原因有：一是天气炎热，人体因出汗人体电阻降低，危险性增大；二是多雨，潮湿，电气绝缘性能降低容易漏电。

（2）低压设备触电事故多。国内外统计资料表明，人们接触低压设备机会较多，因部分人思想麻痹，缺乏安全知识，从而导致低压触电事故增多。

（3）携带式设备和移动式触电事故多。其主要原因是工作时人要紧握设备走动，人与设备连接紧密，危险性增大；另外，这些设备工作场所不固定，设备和电源线都容易发生故障和损坏；此外，单相携带式设备的保护零线与工作零线容易接错，造成触电事故。

（4）电气连接部位触电事故多。大量触电事故的统计资料表明，很多事故发生接线端子、缠接接头、焊接接头、电缆头，灯座，插座、熔断器等分支线、接户线处。其主要原因有：一是由于这些部位常裸露容易意外接触；二是这些部位是检查和维护的重点，在检查和维护时操作不遵守相关安全操作规程导致触电。

（5）冶金、矿业、建筑、机械行业触电事故相对更多。由于这些行业用电荷载大，用电设备多，电气操作频繁，且经常临时用电，不全因素较多，以致触电事故更多。

（6）中青年工人、非专业电工和临时工触电事故相对更多。因为他们是主要操作者，经验不足，接触电气设备较多，又缺乏电气安全知识，其中有的安全意识不强。

（7）农村触电事故相对更多。部分省市统计资料表明，农村触电事故约为城市的3倍。

（8）错误操作和违章作业造成的触电事故多。其主要原因是安全教育不够、安全制度执行不严和安全措施不完善。

造成触电事故的发生，往往不是单一的原因。但从经验表明，一名电工应提高安全意识，掌握安全知识，严格遵守安全操作规程，才能防止触电事故的发生。

2. 触电事故预防措施

（1）专业人员操作，非专业人员远离。电气线路连接、电气设备安装、电气检测维护等电气作业应由经专业培训合格并取得相应资格的专业人员进行。非专业人员不得从事电气作业，不触摸电气设备，远离带电体和电气开关、设备、线路的裸露部位。

（2）严格执行标准，科学运用电气安全技术。相关电气场所、电气设备、电气线路及保护装置的设计、施工、安装要严格执行相关电气技术标准，科学运用相关电气安全技术，确保从电气场所、电气系统、电气设备多维度提供电气安全保障。

（3）加强检查检测，保障安全工作条件。在进行电气作业时，要对作业的电气环境进行检查，如相关开关设备的是否关断，相关线路有否断开。同时要进行电气检测，检测非带电作业设备是否带电，检测接地性能是否良好可靠等。

（4）使用绝缘工具，做好绝缘防护。在进行接通或断开隔离开关、跌落式熔断器等有一定高度或距离操作时，使用绝缘棒；在安装和拆卸电气设备、连接和断开电气线路时，使用绝缘夹钳等工具。电气作业时，戴上绝缘手套，穿上绝缘靴（鞋）。在对低压配电装置或开关柜进行电气作业的区域，采用绝缘垫、绝缘毯或绝缘站台，提高作业人员对地的绝缘。

（5）遵守安全管理制度，执行安全操作规程。低压电气作业要严格遵守工作许可制度、工作监护制度和现场看守制度等安全管理制度，严格执行电气作业操作规程，从制度上和程序上确保各项电气安全技术和措施的落实。

（二）电气火灾事故预防

1. 电动机火灾事故预防措施

（1）选择、安装电动机要符合防火安全要求。在潮湿、多粉尘场所应选用封闭型电动机；在干燥清洁场所可选用防护型电动机；在易燃易爆环境应选用防爆型电动机。

（2）电动机应安装在耐火材料的基座上。如安装在可燃物的基座上时，应铺铁板等不燃材料使电动机和可燃基座隔开；电动机不能装在可燃空间内；电动机与可燃物应保持一定距离，周围不得堆放杂物。

（3）每台电动机要有独立的操作开关和短路保护、过负荷保护装置。对于容量较大的电动机，在电动机上可装设缺相保护装置或装设指示灯监视电源，防止电动机缺相运行。

（4）电动机应经常检查维护，及时清扫，保持清洁；对润滑油要做好监控并及时补充和更换；要保证电刷完整、压力适宜、接触良好；对电动机运行温度要加强控制，使其不超过规定值。

（5）电动机使用完毕应立即断开电动机电源开关，确保电动机和人身安全。

2. 电缆火灾事故预防措施

（1）加强对电缆的运行监视，避免电缆过负荷运行。

（2）定期进行电缆测试，发现不正常及时处理。

（3）电缆沟、隧道要保持干燥，防止电缆浸水，造成绝缘下降，引起短路。

（4）加强电缆回路开关及保护的定期校验和维护，保证动作可靠。

（5）安装火灾报警装置及时发现火情，防止电缆着火。

（6）采取防火阻燃措施。

（7）配备必要的灭火器材和设施。

3. 室内电气线路火灾事故预防措施

（1）按国家相关技术规范设计安装电气线路，根据用电需求科学合理选择导线规格型号，导线及电气产品质量要符合国家技术标准要求。

（2）定期测量线路相间绝缘电阻及相对地绝缘电阻（用 500V 绝缘电阻表测量，绝缘电阻不能小于 0.5MΩ）；定期检查测量线路的绝缘状况，及时发现缺陷进行修理或更换。

（3）线路中保护设备（熔断器、断路器等）要选择正确，动作可靠，当发生短路或过负荷时，应可靠切断电路，避免事故发生。

（4）不得在原有的线路中擅自增加用电设备。

（5）经常监视线路运行情况，如发现有严重过负荷现象，应及时采取应对措施。

（6）用电设备应经常检查维护，确保完好有效；使用后应断开断路器，隔离电源。

四、防雷与防静电

（一）雷电及防护

1. 雷电的概念和特点

雷电是大气中发生的剧烈放电现象，具有大电流、高电压、强电磁辐射等特征。当空气中的电场强度达到一定程度时，在两块带异号电荷的雷云之间或雷云与地之间的空气绝缘就被击穿而剧烈放电，出现耀眼的电光；同时，强大的放电电流所产生的高温，使周围的空气或其他介质发生猛烈膨胀，发出震耳欲聋的响声，这就是雷电。

雷电的主要特点有：

（1）冲击电流大，其电流可高达几万到几十万安培。

（2）冲击电压大，强大的电流产生的交变磁场，感应电压可高达万伏。

（3）放电时间短，一般为 $50\sim100\mu s$。

（4）释放的能量大，雷电能瞬间使局部空气温度升高至数千摄氏度。

2. 雷击的形式和危害

雷击通常有直接雷击、感应雷击和地电位反击三种形式。雷电对人畜、建筑或设备等直接放电的现象称为直接雷击；雷电放电时，在附近导体上产生的静电感应和电磁感应等现象称为感应雷击；建筑物的防雷系统遭受直接雷击，接地电阻就会产生过电压，并通过设备的接地线反作用于设备，这称为地电位反击。

雷电的危害主要表现在雷电放电时所出现的各种物理效应和作用。

（1）电效应。数十万至数百万伏的冲击电压可击毁电气设备，引起短路，导致火灾或爆炸事故；巨大的雷电流流经防雷装置时会造成防雷装置电位升高，这样的高电位同样可以作用在电气线路、电气设备或其他金属管道上，它们之间产生放电。雷电流的电磁效应，在它的周围空间里会产生强大的磁场，处于这电磁场中间的导体就会感应出很高的电动势。这种强大的电动势可以使闭合的金属导体产生很大的感应电流引起发热及其他破坏。

（2）热效应。巨大的雷电流通过导体，在极短的时间内转换成大量的热能，可造成可燃易燃物品燃烧或金属熔化、飞溅，从而引起火灾或爆炸事故。

（3）机械效应。雷击建筑物时，雷电流流过物体内部，使物体及附近温度急剧上升，一般在 $6\,000℃\sim20\,000℃$，物体中的气体和物体本身剧烈膨胀，其中的水分和其组成物质迅速分解为极大的机械力，致使被击物体遭受严重破坏或发生爆炸。

（4）雷电对人身的伤害。雷击电流迅速通过人体，可立即使呼吸中枢麻痹、心室纤颤或心脏骤停，致使脑组织及一些主要器官受到严重损害，出现休克或忽然死亡；雷击时产生的电火花，还可使人遭到不同程度的烧伤。多数雷电伤人事故，是由于雷击后的过电压所产生的。过电压对人体伤害的形式，可分为冲击接触过电压对人体的伤害、冲击跨步过电压对人体的伤害及设备过电压对人体的伤害三种。

3. 建筑防直击雷措施

（1）建筑物防雷分类。建筑物根据其重要性、使用性质、发生雷电事故的可能性和后果，防雷要求分为三类防雷建筑物。如具有 0 区或 20 区爆炸危险场所的建筑物为第一类防雷建筑；国家级重点文物保护的建筑物，国家级的会堂、办公建筑物、大型展览和博览建筑物，国家特级和甲级大型体育馆为第二类防雷建筑物；省级重点文物保护的建筑物及省级档案馆为第三类防雷建筑物。

（2）第一类防雷建筑防雷措施。第一类防雷建筑应装设独立接闪杆或架空接闪线或网，如图 3.58 所示。

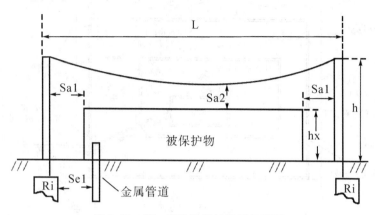

图 3.58　第一类防雷建筑防雷示意图

独立接闪杆的杆塔、架空接闪线的端部和架空接闪网的每根支柱处应至少设一根引下线。独立接闪杆和架空接闪线或网的支柱及其接地装置至被保护建筑物及与其有联系的管道、电缆等金属物之间的间隔距离应经计算确定，但不得小于 3m。独立接闪杆、架空接闪线或架空接闪网应设独立的接地装置，每一引下线的冲击接地电阻不宜大于 10Ω。

（3）第二、三类防雷建筑防雷措施。第二、三类防雷建筑物外部防雷的措施，宜采用装设在建筑物上的接闪网、接闪带或接闪杆，也可采用由接闪网、接闪带或接闪杆混合组成的接闪器。接闪网、接闪带应沿屋角、屋脊、屋檐和檐角等易受雷击的部位敷设；当二类防雷建筑物高度超过 45m 或三类防雷建筑物高度超过 60m 时，首先应沿屋顶周边敷设接闪带，接闪带应设在外墙外表面或屋檐边垂直面上，也可设在外墙外表面或屋檐边垂直面外。接闪器之间应互相连接。专设引下线不应少于 2 根，并应沿建筑物四周和内庭院四周均匀对称布置，其间距不应大于规定要求。建筑物宜利用钢筋混凝土屋顶、梁、柱、基础内的钢筋作为引下线。

4. 防雷击电磁脉冲

雷击电磁脉冲，是指雷电流经电阻、电感、电容耦合产生的电磁效应，包含闪电电涌和辐射电磁场。雷击电磁脉冲对建筑内部的电气和电子系统容易造成破坏。

（1）防雷区的划分。本区内的各物体都可能遭到直接雷击并导走全部雷电流，以及本区内的雷击电磁场强度没有衰减时，应划分为 LPZ0A 区。本区内的各物体不可能遭到大于所选滚球半径对应的雷电流直接雷击，以及本区内的雷击电磁场强度仍没有衰减时，应划分为 LPZ0B 区。本区内的各物体不可能遭到直接雷击，且由于在界面处的分流，流经各导体的电涌电流比 LPZ0B 区内的更小，以及本区内的雷击电磁场强度可能衰减，衰减程度取决于屏蔽措施时，应划分为 LPZ1 区。需要进一步减小流入的电涌电流和雷击电磁场强度时，增设的后续防雷区应划分为 LPZ2，…，n 后续防雷区。建筑物防雷区划分如图 3.59 所示。

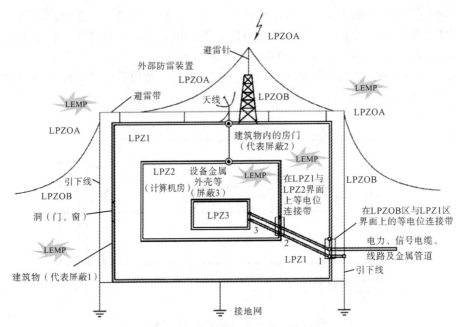

图 3.59　建筑防雷区划分示意图

（2）防雷击电磁脉冲措施。在设计时将建筑物的金属支撑物、金属框架或钢筋混凝土的钢筋等自然构件、金属管道、配电的保护接地系统等与防雷装置组成一个接地系统，并应在需要之处预埋等电位连接板。由金属物、金属框架或钢筋混凝土钢筋等自然构件构成建筑物或房间的格栅形大空间屏蔽区，能防止雷电电流对建筑或房间的设备或线路形成电磁感应。在户外线路进入建筑物处即 LPZ0A 或 LPZ0B 进入 LPZ1 区，以及靠近需要保护的设备处即 LPZ 2 和更高区的界面处，按规定安装的电涌保护器，防止电涌对电气设备进行破坏，如图 3.60 所示。

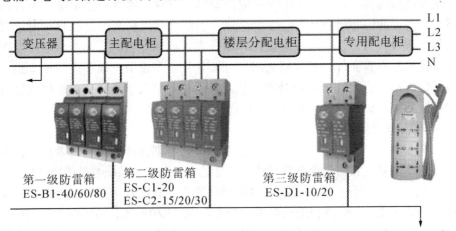

图 3.60　电涌保护器接线图

穿过各防雷区界面的金属物和建筑物内系统，以及在一个防雷区内部的金属物和建筑物内系统，均应在界面处附近做等电位连接。

5. 雷电电击防护

雷雨天气，人们必须注意雷电电击的防护问题，以保证人身安全。

（1）应禁止室外高空工作，禁止户外带电作业及等电位工作。

（2）尽量避免接近容易遭到雷击的户外装置、树木及建筑外墙，不得靠近避雷针和避雷器。

（3）应在有防雷设备建筑物内、汽车内、封闭的金属容器内躲避。

（4）不应将铁锹、长工具、步枪等朝上扛在肩上，要用手提着。

（5）附近物遭雷击时，停止行进，两脚并拢，减少两脚间电压差。

（二）静电及防护

静电是相对静止的电荷。静电现象是一种常见的带电现象，如雷电、电容器残留电荷摩擦带电等。

1. 静电的危害

静电的危害方式有爆炸和火灾、静电电击、妨碍生产。

（1）爆炸和火灾。静电电量虽然不大，但因其电压很高而容易发生放电，产生静电火花。在具有可燃液体的作业场所，静电火花可能会引起火灾，在具有爆炸性气体（蒸气）环境或爆炸性粉尘环境，静电火花可能会引起爆炸。

（2）静电电击。当人体接近带静电体的时候，带静电荷的人体（人体所带静电可达上万伏）在接近接地体时就有可能发生电击。由于静电能量很小，静电电击不至于直接使人致命，但可能因电击坠落绊倒引起二次事故。

（3）妨碍生产。在某些生产过程中，如不清除静电，将会妨碍生产或降低产品质量，例如纺织行业。静电使纤维缠结，吸附尘土，降低纺织品质量；在印刷行业，静电使纸张不齐，不能分开，影响印刷速度和质量；静电还可能导致电子元件误动作。

2. 防静电安全措施

清除静电危害的措施大致有泄漏法，中和法和工艺控制法等。

（1）泄漏法。这种方法是采取接地、增湿，加入抗静电添加剂等措施，使已产生的静电电荷泄漏、消散，避免静电的积累。接地是清除静电危害最简单的方法。接地用来清除导体上的静电，静电接地一般可与其他接地共用，但注意不得由其他接地引来危险电压，以免导致火花放电的危险。静电接地的接地电阻要求不高，1 000Ω 即可。增湿即增加现场空间的相对湿度。随着湿度的增加，绝缘体表面上薄薄的水膜能使其表面电阻大为降低，降低带静电绝缘体的绝缘性，增强其导电性，减小绝缘体通过本身泄放电荷的时间常数，提高了泄放速度，限制了静电电荷的积累。抗静电添加剂具有良好的吸湿性或导电性，是特制的辅助剂。在易产生静电材料中加入某种极微量的抗静电添加剂，能加速对静电的泄漏，清除静电危险。

（2）中和法。这种方法是采用静电中和器或其他方式产生与原有静电极性相反的电荷，使已产生的静电得到中和而消除，避免静电积累。

（3）工艺控制法。在材料选择、工艺设计、设备结构等方面采取适当措施，限制静电的产生，控制静电电荷的积累，使其不超过危险程度。

第四节　机械设备安全管理

┌── ■**本节知识要点** ──────────────────────────┐

　1. 机械基本概念及分类；

　2. 机械使用过程中的危险有害因素；

　3. 机械危险部位安全防护措施；

　4. 普通机械设备安全管理；

　5. 特种设备安全管理。

　6. 常见事故预防措施。

└──────────────────────────────────────┘

一、机械基本概念及分类

（一）机械基本概念

机械是由若干个零部件连接构成，其中至少有一个零部件是可运动的，并且配备或预定配备动力系统，是具有特定应用目的的组合。

机械安全是指在机械生命周期所有阶段，按规定的预定使用条件执行其功能的安全。即在风险已被充分减小（符合法律法规要求并考虑现有技术水平的风险减小）的机器的寿命周期内，机器执行其预定功能和在运输、安装、调整、维修、拆卸、停用以及报废时，不产生损伤或危害健康的能力。机械安全由组成机械的各部分及整机的安全状态来保证，由使用机械的人的安全行为来保证，由人—机的和谐关系来保证。

机械伤害是指机械设备运动（静止）部件、工具、加工件直接与人体接触引起的夹击、碰撞、剪切、卷入、绞、碾、割、刺等伤害。

（二）机械分类

按照机械的使用用途，我们可以将机械大致分为10类。

1. 动力机械

动力机械指用作动力来源的机械，也就是原动机，如机器中常用的电动机、内燃机、蒸汽机以及在无电源的地方使用的联合动力装置。

2. 金属切削机械

金属切削机械指对机械零件的毛坯进行金属切削加工用的机械。根据工作原理、结构性能特点和加工范围的不同，其又分为车床、钻床、锋床、磨床、齿轮加工机床、螺纹加工机床、铣床、刨（插）床、拉床、电加工机床、锯床和其他机床12类。

3. 金属成型机械

金属成型机械指除金属切削机械以外的加工机械，如锻压机械、铸造机械等。

4. 交通运输机械

交通运输机械指用于长距离载人和物的机械，如汽车、火车、船舶和飞机等交通工具。

5. 起重运输机械

起重运输机械指用于在一定距离内运移货物或人的提升和搬运机械，如各种起重机、运输机、升降机、卷扬机等。

6. 工程机械

凡土石方施工工程、路面建设与养护、流动式起重装卸作业和各种建筑工程所需的综合性机械化施工工程所必需的机械装备通称为工程机械，包括挖掘机、铲运机、工程起重机、压实机、打桩机、钢筋切割机、混凝土搅拌机、路面机、凿岩机、线路工程机械以及其他专用工程机械等。

7. 农业机械

农业机械指用于农、林、牧、副、渔业等生产的机械，如拖拉机、林业机械、牧业机械、渔业机械等。

8. 通用机械

通用机械指广泛用于工农业生产各部门、科研单位、国防建设和生活设施中的机械，如泵、风机、压缩机、阀门、真空设备、分离机械、减（变）速机、干燥设备、气体净化设备等。

9. 轻工机械

轻工机械指用于轻工、纺织等部门的机械，如纺织机械、食品加工机械、印刷机械、制药机械、造纸机械等。

10. 专用机械

专用机械指国民经济各部门生产中所特有的机械，如冶金机械、采煤机械、化工机械、石油机械等。

11. 特种设备

特种设备是指在特种设备目录范围内，对人身和财产安全有较大危险性的锅炉、压力容器（含气瓶）、压力管道、电梯、起重机械、客运索道、大型游乐设施、场（厂）内专用机动车辆，以及法律、行政法规规定适用本法的其他特种设备。

二、机械使用过程中的危险有害因素

机械使用过程中的危险可能来自机械设备和工具自身、原材料、工艺方法和使用手段、人对机器的操作过程，以及机械所在场所和环境条件等多方面，可分为机械性危险和非机械性危险。

（一）机械性危险

机械性危险包括与机器、机器零部件（包括加工材料夹紧机构）或其表面、工具、工件、载荷、飞射的固体或流体物料有关的可能会导致挤压、剪切、碰撞、切割或切断、缠绕、碾压、吸入或卷入、冲击、刺伤或刺穿、摩擦或磨损、抛出、绊倒和跌落等危险。

引入或卷入碾轧的风险。引起这类伤害的，主要是相互配合运动的机械或零部件，例如啮合的齿轮之间，带与带轮、链与链轮之间，两个做相对回转运动的辊子之间等。

卷绕和绞缠的风险。引起这类伤害的，主要是做回转运动的机械部件。例如轴类零部件，包括联轴器、主轴、链轮、齿轮、皮带轮等圆轮型零件的轮辐，旋转凸轮的中空部位等；旋转运动的机械部件将人的头发、饰物（如项链）、手套、肥大衣袖或下摆随回转件卷绕，继而引起对人的伤害。

挤压、剪切和冲击的风险。引起这类伤害的，主要是做往复直线运动的机械零部件。如大型机床的移开工作台、刨床的滑枕、剪切机的压料装置和刀片、机床的升降台等。

飞出物打击的风险。这主要是由于发生断裂、松动、脱落或弹性位能等引起装配在其上的带轮、飞轮等运动零部件坠落或飞出引发的风险；由于螺栓的松动或脱落，引起被紧固的运动零部件由弹性元件的动位能引起的弹射引发的风险，例如弹簧、带等的断裂。

碰撞和剐蹭的风险。引起这类伤害的，主要是机械结构上的凸出、悬挂部分，机床的手柄，长、大加工件伸出机床的部分等。这些物件无论是静止的还是运动的，都可能产生危险。

（二）机械性伤害存在部位

（1）形状或表面特性。如锋利刀刃、锐边、尖角形等零部件、粗糙或光滑表面。

（2）相对位置。如由于机器零部件运动可能产生挤压、剪切、缠绕区域的相对位置。

（3）动能。具有运动的机器零部件与人体接触，零部件由于松动、松脱、掉落或折断、碎裂、溢出。

（4）势能。人或物距离地面有落差在重力影响下的势能，高空作业人员跌落危险、弹性元件的势能释放、在压力或真空下的液体或气体的势能、高压流体（液压和气动）压力超过系统元器件额定安全工作压力等。

（5）质量和稳定性。机器抗倾翻性或移动机器防风抗滑的稳定性。

（6）机械强度不够导致的断裂或破裂。

（7）料堆（垛）坍塌、土岩滑动造成掩埋所致的窒息危险等。

（三）非机械性危险

非机械性危险主要包括电气危险（如电击、电伤）、温度危险（如灼烫、冷冻）、噪声危险、振动危险、辐射危险（如电离辐射、非电离辐射）、材料和物质产生的危险、未履行安全人机工程学原则而产生的危险等。

三、机械危险部位安全防护措施

生产操作中，机械设备的运动部分是最危险的部位，尤其是那些操作人员易接触到的运动的零部件；此外，机械加工设备的加工区也是危险部位。消除或减小相关机械安全风险，应按下列等级顺序选择安全技术措施，即"三步法"。

第一步：本质安全设计措施，也称直接安全技术措施，指通过适当选择机器的设计特性和暴露人员与机器的交互作用，消除或减小相关的风险。此步是风险减小过程中的第一步，也是最重要的步骤。

第二步：安全防护措施，也称间接安全技术措施。如果仅通过本质安全设计措施不足以减小风险时，可采用用于实现减小风险目标的安全防护措施。

第三步：使用安全信息，也称提示性安全技术措施。如果以上两步技术措施不能实现或不能完全实现时，应使用信息明确警告剩余风险，说明安全使用设备的方法和相关的培训要求等。

（一）本质安全设计措施

本质安全设计措施是指通过改变机器设计或工作特性，来消除危险或减小与危险相关的风险的安全措施。

1. 合理的结构型式

（1）机器零部件形状。

（2）运动机械部件相对位置设计。

（3）足够的稳定性。

2. 限制机械应力以保证足够的抗破坏能力

组成机械的所有零、构件，通过优化结构设计来达到防止由于应力过大破坏或失效、过度变形或失稳倾覆、垮塌引起故障或引发事故。

（1）专业符合性要求。

（2）足够的抗破坏能力。

（3）连接紧固可靠。

（4）防止超载应力。通过在传动链预先采用"薄弱环节"预防超载，例如，采用易熔塞、限压阀、断路器等限制超载应力，保障主要受力件避免破坏。

（5）良好的平衡和稳定性。

3. 使用本质安全的工艺过程和动力源

本质安全工艺过程和本质安全动力源是指这种工艺过程和动力源自身是安全的。

（1）爆炸环境中的动力源。应采用全气动或全液压控制操纵机构，或采用"本质安全"电气装置，避免一般电气装置容易出现火花而导致爆炸的危险。

（2）采用安全的电源。电气部分应符合有关电气安全标准的要求，防止电击、短路、过载和静电的危险。

（3）防止与能量形式有关的潜在危险。

（4）改革工艺控制有害因素。消除或降低噪声、振动源（如用焊接代替铆接），控制有害物质的排放（如用颗粒代替粉末、铣代替磨工艺，以降低粉尘）等。

4. 控制系统的安全设计

控制系统的安全设计应符合下列原则和方法：

（1）控制系统的设计。应与所有机器电子设备的电磁兼容性相关标准一致，防止由于不合理的设计或控制系统逻辑的恶化、控制系统的零件由于缺陷而失效、动力源的突变或失效等原因，导致意外启动或制动、运动失控；其零部件应能承受在预定使用条件下的各种应力和干扰。

（2）软、硬件的安全。硬件（包括传感器、执行器、逻辑运算器等）和软件（包括内部操作或系统软件和应用软件）的选择、设计和安装，应符合安全功能的性能规范要求；不宜由用户重新编程的应用软件，可在不可重新编程的存储器中使用嵌入式软件；需要用户重新编程时，宜限制访问涉及安全功能的软件，不可因软件的设计瑕疵，引起数据丢失或死机。

（3）提供多种操作模式及模式转换功能。生产单位不仅要考虑执行预定功能的正常操作需要的控制模式，还要考虑非正常作业（设定、示教、过程转换、故障查找、清洗或维护的控制模式）的需要。

（4）手动控制器的设计和配置应符合安全人机学原则。控制装置和操作位置的定位应使操作者对工作区或危险区直接观察范围最大，以便发现险情及时停机；手动控制器应配置在安全可达的位置，并设置在危险区以外（紧急停止装置、移动控制装置等除外）；手动启动装置附近均应配置相应的停止控制装置，还应配备主系统失效时用于减速或停机的紧急停机装置。

（5）考虑复杂机器的特定要求。例如，动力中断后的自保护系统或重新启动的原则、"定向失效模式""关键"件的加倍（或冗余）设置，可重编程控制系统中安全功能的保护、防止危险的误动作措施，以及采用自动监控、报警系统等措施。

5. 材料和物质的安全性

材料和物质的安全性包括生产过程各个环节所涉及的各类材料（包括组成机器自身的材料、燃料、加工原材料、中间或最终产品、添加物、润滑剂、清洗剂，与工作介质或环境介质反应的生成物及废弃物等），应满足以下要求：

（1）材料的力学性能。如抗拉强度、抗剪强度、冲击韧性、屈服极限等，应能满足执行预定功能的载荷（诸如冲击、振动、交变载荷等）作用的要求。

（2）对环境的适应性。在预定的环境条件下工作时，生产单位应考虑温度、湿度、日晒、风化、腐蚀等环境影响，材料物质应有抗腐蚀、耐老化、抗磨损的能力，不致因物理性、化学性、生物性的影响而失效。

（3）避免材料的毒性。在人员合理暴露的场所，生产单位应优先采用无毒和低毒的材料或物质，防止机器自身或在使用过程中产生的气、液、粉尘、蒸汽或其他物质造成的风险；材料和物质的毒害物成分、浓度应符合安全卫生标准的规定，对不可避免的毒害物（如粉尘、有毒物、辐射、放射性、腐蚀等），生产单位应在设计时考虑采取密闭、排放（或吸收）、隔离、净化等措施，不得危及面临人员的安全或健康或对环境造成污染。

（4）防止火灾和爆炸风险。对可燃、爆的液、气体材料，生产单位应设计使其在填充、使用、回收或排放时减小风险或无危险；在液压装置和润滑系统中，使用阻燃液体（特别是高温环境中的机械）。

6. 机械的可靠性设计

一是机械设备要尽量少出故障，即设备的可靠性；二是出了故障要容易修复，即设备的维修性。可靠性指标包括机器的无故障性、耐久性、维修性、可用性和经济性等几个方面，人们常用可靠度、故障率、平均寿命（或平均无故障工作时间）、维修度等指标表示。可靠性可降低发生事故的频率，从而减少人员暴露于危险。

（1）使用可靠性已知的安全相关组件。这是指在预定使用、环境条件下，在固定的使用期限或操作次数内，能够经受住所有有关的干扰和应力，而且产生失效概率小的组件。需要考虑的环境条件包括冲击、振动、冷、热、潮湿、粉尘、腐蚀或磨蚀材料、静电、电磁场。由此产生的干扰包括失效、控制系统组件的功能暂时或永久失效。

（2）关键组件或子系统加倍（或冗余）和多样化设计。当一个组件失效时，另一个组件或其他多个组件能继续执行各自的功能，保证安全功能继续有效。采用多样化的设计或技术，可避免共因失效（由单一事件引发的不同产品的失效，这些失效不互为因果）或共模失效（可能由不同原因引起，以相同故障模式为特征的产品失效）。

（3）操作的机械化或自动化设计。生产单位可通过机器人、搬运装置、传送机构、鼓风设备实现自动化，可通过进料滑道、推杆和手动分度工作台等实现机械化，从而减少人员在操作点暴露于危险，限制操作产生的风险。

（4）机械设备的维修性设计。设计应考虑机械的维修性，当产品一旦出故障，易发现、易拆卸、易检修、易安装，维修性是产品固有可靠性的指标之一。维修性设计应考虑以下要求：将维护、润滑和维修设定点放在危险区之外；检修人员接近故障部位进行检查、修理、更换零件等维修作业的可达性，即安装场所可达性（有足够的检修活动空间）、设备外部的可达性（考虑封闭设备用于人员进行检修的开口部分的结构及其固定方式）、设备内部的可达性（设备内部各零、组部件之间的合理布局和安装空间）、零、组部件的标准化与互换性，同时，必须考虑维修人员的安全。

7. 功能分配的安全性

在机械基础设计阶段，对操作者和机器进行功能分配时，应遵循安全人机工程学原则，考虑预定使用机器"人—机"相互作用的所有要素，以减轻操作者心理、生理压力和紧张程度。

（1）操作台和作业位置应考虑人体测量尺寸、力量和姿势、运动幅度、重复动作频率、易用性等，尤其是手持和移动式机器的设计，应考虑到人力的可及范围、控制机构的操纵，以及人的手、臂、腿等解剖学结构。

（2）避免操作者在机器使用过程中的紧张姿势和动作，避免将操作者的工作节奏与自动的连续循环连在一起。

（3）当机器和（或）其防护装置的结构特征使得环境照明不足时，生产单位应在机器上或其内部提供调整设置区及日常维护区的局部照明；应避免会引起风险的眩光、阴影和频闪效应。若光源的位置在使用中需进行调整，则其位置不应对调整者构成任何危险。

（4）手动控制操纵装置的选用、配置和标记应满足以下要求：必须清晰可见、可识别，且作用明确，必要处适当加标志；其布局、行程和操作阻力与所要执行的操作相匹配，能安全地即时操作；按钮的位置、手柄和手轮运动与它们的作用应是恒定的；操作时不会引起附加风险。

（5）指示器、刻度盘和视觉显示装置的设计与配置应符合以下要求：信息装置应在人员易于感知的参数和特征范围之内，含义确切、易于理解，显示耐久、清晰；使操作者和机器间的相互作用尽可能清楚、明确，且在操作位置便于察看、识别和理解。

（二）安全防护措施

安全防护措施是指从人的安全需要出发，采用特定技术手段，防止仅通过本质安全设计措施不足以减小或充分限制各种危险的安全措施，包括防护装置、保护装置及其他补充保护措施。

安全防护的重点是机械的传动部分及机械的其他运动部分、操作区、高处作业区、移动机械的移动区域，以及某些机器由于特殊危险形式需要特殊防护等。某些安全防护装置还可用于避免多种危险（防止机械伤害，同时也用于降低噪声等级和收集有毒排放物）。

采用何种手段防护，应根据对具体机器进行风险评价的结果来决定。

1. 防护装置

防护装置通常采用壳、罩、屏、门、盖、栅栏等结构和封闭式装置。用于提供防护的物理屏障，将人与危险隔离，为机器的组成部分。

（1）防护装置的功能

① 隔离作用，防止人体任何部位进入机械的危险区触及各种运动零部件。

② 阻挡作用，防止飞出物打击，高压液体意外喷射或防止人体灼烫、腐蚀伤害等。

③ 容纳作用，接受可能由机械抛出、掉落、射出的零件及其破坏后的碎片等。

④ 其他作用，在有特殊要求的场合，还应对电、高温、火、爆炸物、振动、辐射、粉尘、烟雾、噪声等具有特别阻挡、隔绝、密封、吸收或屏蔽作用。

（2）采用安全防护装置可能产生的附加危险

安全防护装置可能带来附加危险。生产单位在设计时，应注意以下因素带来的附加危险并采取措施予以避免：

① 安全防护装置出现故障、失效而丧失其防护功能，能使人员暴露于危险而增加伤害的风险。

② 安全防护装置在减轻操作者精神压力的同时，也使操作者形成心理依赖，放松对危险的警惕性，或由于影响操作等原因使人员放弃这些装置。

③ 由动力驱动的安全防护装置，其运动零部件或易于下落的重型防护装置可能产生机械伤害的危险。

④ 安全防护装置的自身结构存在安全隐患，如尖角、锐边、突出部分等危险。

⑤ 由于安全防护装置与机器运动部分安全距离不符合要求而导致的危险。

（3）安全防护装置的一般要求

在人和危险之间构成安全防护屏障是安全防护装置的基本安全功能，为此，安全防护装置必须满足与其防护功能相适应的要求：

① 满足安全防护装置的功能要求。应保证在机器的整个可预见的使用寿命期内，能良好地执行其功能；便于检查和修理，能够更换失效材料和性能下降的零部件，保证装置的可靠性；其功能除了防止机械性危险外，还应能防止由机械使用过程中产生的其他各种非机械性危险。

② 构成元件及安装的抗破坏性。结构体应有足够的强度和刚度，坚固耐用，不易损坏，能有效抵御飞出物的打击危险或外力作用下发生不应有的变形；应与机器的工作环境相适应，结构件无松脱、裂损、腐蚀等危险隐患。

③ 不应成为新的危险源。不增加任何附加危险。可能与使用者接触的各部分不应产生对人员的伤害或阻滞（如避免尖棱利角、加工毛刺、粗糙的边缘等）；防止有害物质（流体、切屑、粉尘、烟气、辐射等）的泄漏和遗散。

④ 不应出现漏防护区。不易拆卸（或非专用工具不能拆除）；不易被旁路或避开。

⑤ 满足安全距离的要求。使人体各部位（特别是手或脚）无法逾越接触危险，同时防止挤压或剪切。

⑥ 不影响机器的预定使用。不得与机械任何正常可动零部件产生运动抵触；对机器使用期间各种模式的操作产生的干扰最小，不因采用安全防护装置增加操作难度或强度；对观察生产过程的视野障碍最小。

⑦ 遵循安全人机工程学原则。防护装置的结构尺寸及安装的安全距离应满足人体测量参数的要求，其可移除部分的尺寸和质量应易于装卸；不易用手移动和搬运的应考虑适于由升降设备运送的辅助装置；活动式防护装置或其中可移除部分应便于操作。

⑧ 满足某些特殊工艺要求。在某些应用场合，诸如食品、药品、电子及相关工业中，防护装置的设计应使其能排出加工过程中的污物；特别在食品和药品加工机械中使用时，使用的材料和涂层应对所装存物质或材料不产生有毒、污染等卫生方面的危险，安全而且便于清洗。

（4）防护装置的类型

防护装置按使用方式可分为以下几种：

① 固定式防护装置。保持在所需位置（关闭）不动的防护装置。不用工具不能将其打开或拆除。

② 活动式防护装置。通过机械方法（如铁链、滑道等）与机器的构架或邻近的固定元件相连接，并且不用工具就可打开。

③ 联锁防护装置。防护装置的开闭状态直接与防护的危险状态相联锁，只要防护装置不关闭，被其"抑制"的危险机器功能就不能执行，只有当防护装置关闭时，被其"抑制"的危险机器功能才有可能执行；在危险机器功能执行过程中，只要防护装置被打开，就给出停机指令。

④ 防护装置可以设计为封闭式，将危险区全部封闭，人员从任何地方都无法进入危险区；也可采用距离防护，不完全封闭危险区，凭借安全距离和安全间隙来防止或减少人员进入危险区的机会；还可设计为整个装置可调或装置的某组成部分可调。

⑤ 机械传动机构常见的防护装置有用金属铸造或金属板焊接的防护箱罩，一般用于齿轮传动或传输距离不大的传动装置的防护；金属骨架和金属网制成的防护网常用于皮带传动装置的防护；栅栏式防护适用于防护范围比较大的场合，或作为移动机械移动范围内临时作业的现场防护，或高处临边作业的防护等。

（5）防护装置的安全技术要求

除了满足安全防护装置的一般要求外，防护装置还应符合以下要求：

① 防护装置应设置在进入危险区的唯一通道上，防护结构体不应出现漏防护区，并满足安全距离的要求，使人不可能越过或绕过防护装置接触危险。

② 固定防护装置应采用永久固定（如焊接等）或借助紧固件（如螺栓等）方式固定，若不用工具（或专用工具）不可能拆除或打开。

③ 活动防护装置或防护装置的活动体打开时，尽可能与被防护的机械借助铰链或导链保持连接，防止挪开的防护装置或活动体脱落或难以复原。

④ 当活动联锁式防护装置出现丧失安全功能的故障时，应使被其"抑制"的危险机器功能不可能执行或停止执行，装置失效不得导致意外启动。

⑤ 可调式防护装置的可调或活动部分调整件，在特定操作期间保持固定、自锁状态，不得因为机器振动而移位或脱落。

⑥ 在要求通过防护装置观察机器运行的场合，宜提供大小合适开口的观察孔或观察窗。

2. 保护装置

保护装置是指通过自身的结构功能限制或防止机器的某种危险，消除或减小风险的装置。常见的有联锁装置、双手操作式装置、能动装置、限制装置等。

（1）保护装置的种类

按功能不同，保护装置可大致分为以下几类：

① 联锁装置。用于防止危险机器功能在特定条件下（通常是指只要防护装置未关闭）运行的装置，可以是机械、电气或其他类型的。

② 能动装置。一种附加手动操纵装置，与启动控制一起使用，并且只有连续操作时，才能使机器执行预定功能。

③ 保持运行控制装置。一种手动控制装置，只有当手对操纵器作用时，机器才能启动并保持机器功能。

④ 双手操纵装置。至少需要双手同时操作，以便在启动和维持机器某种运行的同时，针对存在的危险，强制操作者在机器运转期间，双手没有机会进入机器的危险区，以此为操作者提供保护的一种装置。

⑤ 敏感保护装置。用于探测人体或人体局部，并向控制系统发出正确信号以降低被探测人员风险的装置。

⑥ 有源光电保护装置。通过光电发射和接收元件完成感应功能的装置，可探测特定区域内由于不透光物体出现引起的该装置内光线的中断。

⑦ 机械抑制装置。在机构中引入的能靠其自身强度，防止危险运动的机械障碍（如楔、轴、撑杆、销）的装置。

⑧ 限制装置。防止机器或危险机器状态超过设计限度（如空间限度、压力限度、载荷限度等）的装置。

⑨ 有限运动控制装置（也称行程限制装置）。与机器控制系统一起作用的，使机器元件做有限运动的控制装置。保护装置种类很多，防护装置和保护装置经常通过联锁成为组合的安全防护装置，如联锁防护装置、带防护锁的联锁防护装置和可控防护装置等。

（2）保护装置的技术特征

① 保护装置零部件的可靠性应作为其安全功能的基础，在规定的使用寿命期限内，不会因零部件失效使保护装置丧失主要保护功能。

② 保护装置应能在危险事件即将发生时，停止危险过程。

③ 重新启动的功能，即当保护装置动作第一次停机后，只有重新启动，机器才能开始工作。

④ 光电式、感应式保护装置应具有自检功能，当出现故障时，应使危险的机器功能不能执行或停止执行，并触发报警器。

⑤ 保护装置必须与控制系统一起操作并与其形成一个整体，保护装置的性能水平应与之相适应。

⑥ 保护装置的设计应采用"定向失效模式"的部件或系统、考虑关键件的加倍冗余，必要时还应考虑采用自动监控。

3. 安全防护装置的选择

必须装设安全防护装置的机械部位有：

① 旋转机械的传动外露部分。如传动带、砂轮、电锯、皮带轮和飞轮等，都要设防护装置。防护装置一般有防护网、防护栏杆、可动式或固定式防护罩和其他专用装置。必要时，可移动式防护罩还应有联锁装置，当打开防护罩时，危险部分立即停止运动。

② 冲压设备的施压部分要安设如挡手板、拨手器联锁电钮、安全开关、光电控制等防护装置。其可在人体某一部分进入危险区之前，使滑块停止运动。

③ 起重运输设备都应有信号装置、制动器、卷扬限制器、行程限制器、自动联锁装置、缓冲器以及梯子、平台、栏杆等。

④ 加工过热和过冷的部件时，为避免操作者触及过热或过冷部件，在不影响操作和设备功能的情况下，必须配置防接触屏蔽装置。

⑤ 生产、使用、存储或运输中存在有易燃易爆的生产设施（如锅炉、压力容器、可燃气体燃烧设备以及其他燃料燃烧设备），都要根据其不同性质配置安全阀、水位计、温度计、防爆阀、自动报警装置、截止阀、限压装置、点火或稳定火焰装置等安全防护装置。

⑥ 自动生产线和复杂的生产设备及重要的安全系统，都应设自动监控装置、开车预警信号装置、联锁装置、减缓运行装置、防逆转等起强制作用的安全防护装置。

⑦ 能产生粉尘、有害气体、有害蒸气或者发生辐射的生产设备，应安设自动加料及卸料装置、净化和排放装置、监测装置、报警装置、联锁装置、屏蔽等。

（三）安全信息的使用

使用信息由文本、文字、标记、信号、符号或图表等组成，以单独或联合使用的形式向使用者传递信息，用以指导使用者安全、合理、正确地使用机器，警示剩余风险和可能需要应对机械危险事件；也应对不按规定要求操作或可合理预见的误用而产生的潜在风险进行警告。使用信息是机器的组成部分之一。

提供信息应涵盖机械使用的全过程，包括运输、装配和安装、试运转、使用（设定、示教/编程或过程转换、操作、清洗、故障查找和维护）以及必要的拆卸、停用和报废。使用信息的类别有：标志、符号（象形图）、安全色、文字警告等；信号和警告装置；随机文件，例如，操作手册、说明书等。

1. 信息的使用原则

根据风险的大小和危险的性质，其可依次采用安全色、安全标志、警告信号，直到警报器。标志、符号和文字信息应容易理解和明确无误，文字信息应采用使用机器的国家语言。在使用上，图形符号和安全标志应优先于文字信息。

2. 安全标志和安全色

（1）红色。红色表示禁止、停止、危险或提示消防设备、设施的信息。

（2）黄色。黄色表示注意、警告的信息。

（3）蓝色。蓝色表示必须遵守规定的指令性信息。

（4）绿色。绿色表示安全的提示性信息。

安全标志分为禁止标志、警告标志、指令标志、提示标志四类。多个安全标志牌在一起设置时，应按警告、禁止、指令、提示类型的顺序，先左后右、先上后下的顺序排列。

四、机械设备安全管理通用要求

（一）机械设备的采购、安装、验收

（1）企业建立机械设备设施采购、到货验收制度，购置、使用设计符合要求、质量合格的机械设备设施。

（2）企业机械设备安装改造项目应依法开展新、改、扩建设项目安全设施及职业病防护设施"三同时"工作。

（3）机械设备设施安装后企业应进行验收，并对相关过程及结果进行记录，验收合格后，经过试运行方可投入使用。

（二）机械设备设施运行安全管理

（1）企业应建议设备设施安全管理制度，制定各类机械设备的安全操作规程，并在机械设备醒目位置张贴。

（2）企业应对机械设备设施进行规范化管理，建立机械设备设施管理台账，实行定人定机。

（3）企业应根据设备设施安全风险特点，制定岗位作业人员劳保用品配置和穿戴标准及管理制度，督促正确穿戴劳动防护用品。

（4）企业应做好机械设备操作人员的安全教育培训，主要包括（机械设备结构及简要工作原理、主要安全风险、安全操作规程、劳保穿戴要求、应急处置措施、日常检查维护保养要求等），经培训理论考试和实操考试合格后方可上岗作业，企业应如实记录，建立培训安全培训档案。

（5）企业应组织开展机械设备安全风险辨识评估工作，实行安全风险分级管控工作，在机械设备醒目位置设置风险告知卡和安全警示标志。

（6）企业应制定各类机械设备安全检查表，根据明确检查重点内容、检查频次、检查人员，相关责任人按规定开展安全检查，并如实记录。

（7）企业应根据机械设备的安全风险和事故特点制定生产安全事故现场处置方案，并定期组织机械设备岗位操作人员进行演练。

（8）企业应针对高温、高压、低温、负压和生产、使用、储存易燃、易爆、有毒、有害物质等高风险设备和特种设备，建立运行、巡检、保养、应急处置的专项安全管理制度，确保其始终处于安全可靠的运行状态。

（9）机械设备的安全设施和职业病防护设施不应随意拆除、挪用或弃置不用；确因检维修拆除的，应采取临时安全措施，检维修完毕后立即复原。

（三）机械设备设施检维修

（1）企业应建立机械设备设施检维修管理制度，制订综合检维修计划，加强日常检维修和定期检维修管理，落实"五定"原则，即定检维修方案、定检维修人员、定安全措施、定检维修质量、定检维修进度，并做好记录。

（2）检维修方案应包含作业安全风险分析、控制措施、应急处置措施及安全验收标准。检维修过程中应执行安全控制措施，隔离能量和危险物质，并进行监督检查，检维修后应进行安全确认。

（3）检维修过程中涉及高处作业、临时用电、动火作业、有限空间等危险作业的，应按照单位危险作业安全管理制度落实各项安全措施、办理作业审批手续后执行。

（4）检维修作业应按照管理要求断电进行，并挂牌作业，并设置监护人员。

（5）检维修作业完成后经过相关人员验收合格，方可试运行。

（四）机械设备设施检定

机械设备相关计量器、安全装置具应按有关规定，委托具有法定或授权资质的计量检定、校准机构进行使用前的检定、校准和周期检定、校准。

（五）设备设施拆除、报废

企业应建立设备设施报废管理制度。设备设施的报废应办理审批手续，在报废设备设施拆除前应制定方案，并在现场设置明显的报废设备设施标志。报废、拆除涉及许可作业的，过程中涉及高处作业、临时用电、动火作业、有限空间等危险作业的，应按照单位危险作业安全管理制度落实各项安全措施、办理作业审批手续后执行，并在作业前对相关作业人员进行培训和安全技术交底。报废、拆除应按方案和许可内容组织落实。

五、特种设备安全管理要求

特种设备，是指在特种设备目录范围内，对人身和财产安全有较大危险性的锅炉、压力容器（含气瓶）、压力管道、电梯、起重机械、客运索道、大型游乐设施、场（厂）内专用机动车辆等。

（一）机构及职责

1. 特种设备使用单位主要义务

（1）建立并且有效实施特种设备安全管理制度和高耗能特种设备节能管理制度，以及操作规程。

（2）采购、使用取得许可生产（含设计、制造、安装、改造、修理，下同），并且经检验合格的特种设备，不得采购超过设计使用年限的特种设备，禁止使用国家明令淘汰和已经报废的特种设备。

（3）设置特种设备安全管理机构，配备相应的安全管理人员和作业人员，建立人员管理台账，开展安全与节能培训教育，保存人员培训记录。

（4）办理使用登记，领取《特种设备使用登记证》，设备注销时交回使用登记证。

（5）建立特种设备台账及技术档案。

（6）对特种设备作业人员作业情况进行检查，及时纠正违章作业行为。

（7）对在用特种设备进行经常性维护保养和定期自行检查，及时排查和消除事故隐患，对在用特种设备的安全附件、安全保护装置及其附属仪器仪表进行定期校验（检定、校准，下同）、检修，及时提出定期检验和能效测试申请，接受定期检验和能效测试，并且做好相关配合工作。

（8）制定特种设备事故应急专项预案，定期进行应急演练；发生事故及时上报，配合事故调查处理等。

（9）保证特种设备安全、节能必要的投入。

（10）法律法规规定的其他义务。

使用单位应当接受特种设备安全监管部门依法实施的监督检查。

（二）特种设备安全管理机构设置要求

符合下列条件之一的特种设备使用单位，应当根据本单位特种设备的类别、品种、用途、数量等情况设置特种设备安全管理机构，逐台落实安全责任人：

（1）使用电站锅炉或者石化与化工成套装置的。

（2）使用为公众提供运营服务电梯的（注1），或者在公众聚集场所（注2）使用30台以上（含30台）电梯的。

（3）使用10台以上（含10台）大型游乐设施的，或者10台以上（含10台）为公众提供运营服务非公路用旅游观光车辆的。

（4）使用客运架空索道，或者客运缆车的。

（5）使用特种设备（不含气瓶）总量 50 台以上（含 50 台）的。

注 1：为公众提供运营服务的特种设备使用单位，是指以特种设备作为经营工具的使用单位。

注 2：公众聚集场所，是指学校、幼儿园、医疗机构、车站、机场、客运码头、商场、餐饮场所、体育场馆、展览馆、公园、宾馆、影剧院、图书馆、儿童活动中心、公共浴池、养老机构等。

（三）特种设备安全管理人员和作业人员职责

1. 主要负责人职责

主要负责人是指特种设备使用单位的实际最高管理者，其对本单位所使用的特种设备安全负总责。

2. 安全管理负责人职责

特种设备使用单位应当配备安全管理负责人。特种设备安全管理负责人是指使用单位最高管理层中主管本单位特种设备使用安全管理的人员。安全管理负责人应当取得相应的特种设备安全管理人员资格证书。安全管理负责人职责如下：

（1）协助主要负责人履行本单位特种设备安全的领导职责，确保本单位特种设备的安全使用。

（2）宣传、贯彻《中华人民共和国特种设备安全法》以及有关法律法规、规章和安全技术规范。

（3）组织制定本单位特种设备安全管理制度，落实特种设备安全管理机构设置、安全管理员配备。

（4）组织制定特种设备事故应急专项预案，并且定期组织演练。

（5）对本单位特种设备安全管理工作实施情况进行检查。

（6）组织进行隐患排查，并且提出处理意见。

（7）当安全管理员报告特种设备存在事故隐患应当停止使用时，立即作出停止使用特种设备的决定，并且及时报告本单位主要负责人。

3. 安全管理员职责

特种设备安全管理员是指具体负责特种设备使用安全管理的人员。安全管理员的主要职责如下：

（1）组织建立特种设备安全技术档案。

（2）办理特种设备使用登记。

（3）组织制定特种设备操作规程。

（4）组织开展特种设备安全教育和技能培训。

（5）组织开展特种设备定期自行检查。

（6）编制特种设备定期检验计划，督促落实定期检验和隐患治理工作。

（7）按照规定报告特种设备事故，参加特种设备事故救援，协助进行事故调查和善后处理。

（8）发现特种设备事故隐患，立即进行处理，情况紧急时，可以决定停止使用特种设备，并且及时报告本单位安全管理负责人。

（9）纠正和制止特种设备作业人员的违章行为。

4. 安全管理员配备

特种设备使用单位应当根据本单位特种设备的数量、特性等配备适当数量的安全管理员。按照要求设置安全管理机构的使用单位以及符合下列条件之一的特种设备使用单位，应当配备专职安全管理员，并且取得相应的特种设备安全管理人员资格证书。

（1）使用额定工作压力大于或者等于 2.5MPa 锅炉的。

（2）使用 5 台以上（含 5 台）第Ⅲ类固定式压力容器的。

（3）从事移动式压力容器或者气瓶充装的。

（4）使用 10 公里以上（含 10 公里）工业管道的。

（5）使用移动式压力容器，或者客运拖牵索道，或者大型游乐设施的。

（6）使用各类特种设备（不含气瓶）总量 20 台以上（含 20 台）的。

除前款规定以外的使用单位可以配备兼职安全管理员，也可以委托具有特种设备安全管理人员资格的人员负责使用管理，但是特种设备安全使用的责任主体仍然是使用单位。

5. 作业人员职责

特种设备作业人员应当取得相应的特种设备作业人员资格证书。其主要职责如下：

（1）严格执行特种设备有关安全管理制度，并且按照操作规程进行操作。

（2）按照规定填写作业、交接班等记录。

（3）参加安全教育和技能培训。

（4）进行经常性维护保养，对发现的异常情况及时处理，并且作出记录。

（5）作业过程中发现事故隐患或者其他不安全因素，应当立即采取紧急措施，并且按规定的程序向特种设备安全管理人员和单位有关负责人报告。

（6）参加应急演练，掌握相应的应急处置技能。

6. 作业人员配备

特种设备使用单位应当根据本单位特种设备数量、特性等配备相应持证的特种设备作业人员，并且在使用特种设备时应当保证每班至少有一名持证的作业人员在岗。有关安全技术规范对特种设备作业人员有特殊规定的，从其规定。

医院病床电梯、直接用于旅游观光的额定速度大于 2.5m/s 的乘客电梯以及需要司机操作的电梯，应当由持有相应特种设备作业人员证的人员操作。

（四）特种设备安全技术档案

使用单位应当逐台建立特种设备安全技术档案。安全技术档案至少包括以下内容：

（1）使用登记证。

（2）《特种设备使用登记表》。

（3）特种设备设计、制造技术资料和文件，包括设计文件、产品质量合格证明（含合格证及其数据表、质量证明书）、安装及使用维护保养说明、监督检验证书、型式试验证书等。

（4）特种设备安装、改造和修理的方案、材料质量证明书和施工质量证明文件、安装改造修理监督检验报告、验收报告等技术资料。

（5）特种设备定期自行检查记录（报告）和定期检验报告。

（6）特种设备日常使用状况记录。

（7）特种设备及其附属仪器仪表维护保养记录。

（8）特种设备安全附件和安全保护装置校验、检修、更换记录和有关报告。

（9）特种设备运行故障和事故记录及事故处理报告。

使用单位应当在设备使用地保存（1）、（2）、（5）、（6）、（7）、（8）、（9）规定的资料和特种设备节能技术档案的原件或者复印件，以便备查。

（五）安全管理制度和操作规程

1. 安全管理制度

特种设备使用单位应当按照特种设备相关法律法规、规章和安全技术规范的要求，建立健全特种设备使用安全管理制度。管理制度至少包括以下内容：

（1）特种设备安全管理机构（需要设置时）和相关人员岗位职责。

（2）特种设备经常性维护保养、定期自行检查和有关记录制度。

（3）特种设备使用登记、定期检验、锅炉能效测试申请实施管理制度。

（4）特种设备隐患排查治理制度。

（5）特种设备安全管理人员与作业人员管理和培训制度。

（6）特种设备采购、安装、改造、修理、报废等管理制度。

（7）特种设备应急救援管理制度。

（8）特种设备事故报告和处理制度。

2. 特种设备操作规程

使用单位应当根据所使用设备运行特点等，制定操作规程。操作规程一般包括设备运行参数、操作程序和方法、维护保养要求、安全注意事项、巡回检查和异常情况处置规定，以及相应记录等。

（六）维护保养与检查

1. 经常性维护保养

使用单位应当根据设备特点和使用状况对特种设备进行经常性维护保养，维护保养应当符合有关安全技术规范和产品使用维护保养说明的要求；对发现的异常情况及时处理，并且作出记录，保证在用特种设备始终处于正常使用状态。

法律对维护保养单位有专门资质要求的，使用单位应当选择具有相应资质的单位实施维护保养。鼓励其他特种设备使用单位选择具有相应能力的专业化、社会化维护保养单位进行维护保养。

2. 定期自行检查

为保证特种设备的安全运行，特种设备使用单位应当根据所使用特种设备的类别、品种和特性进行定期自行检查。

定期自行检查的时间、内容和要求应当符合有关安全技术规范的规定及产品使用维护保养说明的要求。

3. 试运行安全检查

客运索道、大型游乐设施在每日投入使用前，其运营使用单位应当按照有关安全技术规范和产品使用维护保养说明的要求，开展设备运营前的试运行检查和例行安全检查，对安全保护装置进行检查确认，并且作出记录。

（七）安全警示

电梯、客运索道、大型游乐设施的运营使用单位应当将安全使用说明、安全注意事项和安全警示标志置于易于引起乘客注意的位置。

除前款以外的其他特种设备应当根据设备特点和使用环境、场所，设置安全使用说明、安全注意事项和安全警示标志。

（八）定期检验

（1）使用单位应当在特种设备定期检验有效期届满的 1 个月以前，向特种设备检验机构提出定期检验申请，并且做好相关的准备工作。

（2）移动式（流动式）特种设备，如果无法返回使用登记地进行定期检验的，可以在异地（指不在使用登记地）进行，检验后，使用单位应当在收到检验报告之日起 30 日内将检验报告（复印件）报送使用登记机关。

（3）定期检验完成后，使用单位应当组织进行特种设备管路连接、密封、附件（含零部件、安全附件、安全保护装置、仪器仪表等）和内件安装、试运行等工作，并且对其安全性负责。

（4）检验结论为合格时，使用单位应当按照检验结论确定的参数使用特种设备。

（九）风险分级管控

特种设备使用单位应定期组织开展安全风险辨识评估工作，明确管控责任人，落实管控措施，实行安全风险分级管控工作，在醒目位置设置风险告知卡。

（十）隐患排查与异常情况处理

1. 隐患排查

使用单位应当按照隐患排查治理制度进行隐患排查，发现事故隐患应当及时消除，待隐患消除后，方可继续使用。

2. 异常情况处理

特种设备在使用中发现异常情况的，作业人员或者维护保养人员应当立即采取应急措施，并且按照规定的程序向使用单位特种设备安全管理人员和单位有关负责人报告。

使用单位应当对出现故障或者发生异常情况的特种设备及时进行全面检查，查明故障和异常情况原因，并且及时采取有效措施，必要时停止运行，安排检验、检测，不得带病运行、冒险作业，待故障、异常情况消除后，方可继续使用。

（十一）应急预案与事故处置

1. 应急预案

设置特种设备安全管理机构和配备专职安全管理员的使用单位，应当制定特种设备事故应急专项预案，每年至少演练一次，并且作出记录；其他使用单位可以在综合应急预案中编制特种设备事故应急的内容，适时开展特种设备事故应急演练，并且作出记录。

2. 事故处置

发生特种设备事故的使用单位，应当根据应急预案，立即采取应急措施，组织抢救，防止事故扩大，减少人员伤亡和财产损失，并且按照《特种设备事故报告和调查处理规定》的要求，向特种设备安全监管部门和有关部门报告，同时配合事故调查并做好善后处理工作。

发生自然灾害危及特种设备安全时，使用单位应当立即疏散、撤离有关人员，采取防止危害扩大的必要措施，同时向特种设备安全监管部门和有关部门报告。

（十二）使用登记

1. 一般要求

（1）特种设备在投入使用前或者投入使用后 30 日内，使用单位应当向特种设备所在地的直辖市或者设区的市的特种设备安全监管部门申请办理使用登记，办理使用登记的直辖市或者设区的市的特种设备安全监管部门，可以委托其下一级特种设备安全监管部门（以下简称登记机关）办理使用登记；对于整机出厂的特种设备，一般应当在投入使用前办理使用登记。

（2）流动作业的特种设备，向产权单位所在地的登记机关申请办理使用登记。

（3）移动式大型游乐设施每次重新安装后、投入使用前，使用单位应当向使用地的登记机关申请办理使用登记。

（4）车用气瓶应当在投入使用前，向产权单位所在地的登记机关申请办理使用登记。

（5）国家明令淘汰或者已经报废的特种设备，不符合安全性能或者能效指标要求的特种设备，不予办理使用登记。

2. 登记方式

（1）按台（套）办理使用登记的特种设备

锅炉、压力容器（气瓶除外）、电梯、起重机械、客运索道、大型游乐设施和场（厂）内专用机动车辆应当按台（套）向登记机关办理使用登记，车用气瓶以车为单位进行使用登记。

（2）按单位办理使用登记的特种设备

气瓶（车用气瓶除外）、工业管道应当以使用单位为对象向登记机关办理使用登记。

3. 使用登记程序

（1）使用登记程序，包括申请、受理、审查和颁发使用登记证。

（2）变更程序参考《特种设备使用管理规则》（TSG 08-2017）执行。

（十三）停用

特种设备拟停用 1 年以上的，使用单位应当采取有效的保护措施，并且设置停用标志，在停用后 30 日内填写《特种设备停用报废注销登记表》，告知登记机关。

重新启用时，使用单位应当进行自行检查，到使用登记机关办理启用手续；超过定期检验有效期的，应当按照定期检验的有关要求进行检验。

（十四）报废

对存在严重事故隐患，无改造、修理价值的特种设备，或者达到安全技术规范规定的报废期限的，应当及时予以报废，产权单位应当采取必要措施消除该特种设备的使用功能。特种设备报废时，按台（套）登记的特种设备应当办理报废手续，填写《特种设备停用报废注销登记表》，向登记机关办理报废手续，并且将使用登记证交回登记机关。

非产权所有者的使用单位经产权单位授权办理特种设备报废注销手续时，需提供产权单位的书面委托或者授权文件。使用单位和产权单位注销、倒闭、迁移或者失联，未办理特种设备注销手续的，登记机关可以采用公告的方式停用或者注销相关特种设备。

（十五）使用标志

（1）特种设备（车用气瓶除外）使用登记标志与定期检验标志合二为一，统一为《特种设备使用标志》。

（2）场（厂）内专用机动车辆的使用单位应当将车牌固定在车辆前后悬挂车牌的部位。

（3）移动式压力容器使用单位应当将该移动式压力容器的电子密钥或者使用登记时发放的 IC 卡随车携带。

相关申请表格参考《特种设备使用管理规则》（TSG 08-2017）执行。

六、常见事故预防措施

（一）机械伤害事故的预防

（1）加强安全管理，制定机械设备安全操作规定，加强员工安全教育培训，能规范熟练操作设备，督促正确穿戴劳动防护用品，现场实行定置化管理，划定危险区域，禁止无关人员进入。

（2）传动皮带、齿轮、联轴器等转动、旋转、运动部位规范安装防护罩，危险部位设置栏杆或栅栏门。

（3）机械设备各类限位装置、防过载装置、限压装置、锁紧装置、联锁装置、制动装置（急停开关）等安全防护装置设置齐全有效。

（4）检维修工作严格按照制度执行，办理作业许可手续，挂牌操作。

（二）起重机械事故的预防措施

（1）加强对起重机械的管理。认真执行起重机械各项管理制度和安全检查制度，做好起重机械的定期检查、维护、保养，及时消除隐患，使起重机械始终处于良好的工作状态。

（2）定期对起重机械进行检测、维护保养，确保安全装置齐全完好有效。

（3）加强对起重机械操作人员的教育和培训，操作人员持证或经过培训合格上岗作业，严格执行安全操作规程，提高操作技术能力和处理紧急情况的能力。

（4）起重机械操作过程中要坚持"十不吊"原则：①指挥信号不明或乱指挥不吊；②物体重量不清或超负荷不吊；③斜拉物体不吊；④重物上站人或有浮置物不吊；⑤工作场地昏暗，无法看清场地、被吊物及指挥信号不吊；⑥遇有拉力不清的埋置物时不吊；⑦工件捆绑、吊挂不牢不吊；⑧重物棱角处与吊绳之间未加衬垫不吊；⑨结构或零部件有影响安全工作的缺陷或损伤时不吊；⑩钢（铁）水装得过满不吊。

（三）场（厂）内机动车辆事故的预防措施

（1）加强对场（厂）内机动车辆的管理。认真执行场（厂）内机动车辆各项管理制度和安全检查制度，做好场（厂）内机动车辆的定期检查、维护、保养，及时消除隐患，使场（厂）内机动车辆始终处于良好的工作状态。

（2）加强对场（厂）内机动车辆操作人员的教育和培训，严格执行安全操作规程，提高操作技术能力和处理紧急情况的能力。

（3）各种场（厂）内机动车辆操作过程中要严格遵守安全操作规程。

（4）加强厂区、园区直路行车、交叉路口、倒车、装卸过程、夜间行车、信号灯和交通标识等环节的管理。

（5）定期对场内机动车进行检测和维护保养。

第五节　危险作业安全管理

■本节知识要点

1. 危险作业的概念及分类；
2. 八种危险作业的定义、类型和主要安全风险类型；
3. 八种危险作业的特殊要求和通用要求。

　　危险作业是指操作过程安全风险较大，易发生人身伤亡或设备损坏，安全事故后果严重，需要采取特别控制措施的作业。危险作业是企业生产经营过程中的一种非常规性作业，由于管理人员和作业人员安全意识淡薄、管理职责未落实和作业不规范等原因，导致事故频发。《中华人民共和国安全生产法》第四十三条规定，生产经营单位进行爆破、吊装、动火、临时用电以及国务院应急管理部门会同国务院有关部门规定的其他危险作业，应当安排专门人员进行现场安全管理，确保操作规程的遵守和安全措施的落实。在《中华人民共和国安全生产法》"其他危险作业"释义中，有限空间作业、地下挖掘作业、悬吊作业、临近高压线作业等属于危险作业范围。因此，本教材就动火作业、有限空间作业、盲板抽堵作业、高处作业、吊装作业、临时用电作业、动土作业、断路作业在安全管理方面提出了特殊要求和通用要求。

一、特殊要求

（一）动火作业

1. 概述

（1）动火作业的定义

在直接或间接产生明火的工艺设施以外的禁火区内从事可能产生火焰，火花或炽热表面的非常规作业。

（2）动火作业的主要类型

使用电焊、气焊（热切割）、喷灯、电钻、砂轮、喷砂机等进行的作业。除此以外，以下6种常见情况也属于动火作业：

①在禁火区内通过物体击打产生火花或高温碎屑。

②非防爆工具敲击产生火花、工具破拆产生火花。

③因受热传导产生高温表面、用电作业时因高电阻产生高温表面以及未直接产生明火但在作业过程中可能产生高温热表面的情况。如PVC管材焊枪使用过程中会出现高温热表面，虽无明火产生，但如在禁火区内操作使用该设备，也属于动火作业。

④爆炸危险区域内使用非防爆电气设备。

⑤使用十字镐在禁火区内进行地面破拆时敲击出现火花。

⑥管道保温作业时使用非防爆电动螺丝刀固定保温铝皮。

（3）安全风险类型

动火作业存在的主要安全风险类型包括火灾、爆炸、触电、物体打击、机械伤害、灼烫、其他伤害（如有毒有害气体、烟尘等）。

2. 特殊要求

（1）作业分级

①固定动火区外的动火作业分为特级动火、一级动火和二级动火三个级别，遇节假日、公休日、夜间或其他特殊情况动火作业时应升级管理。

a. 特级动火作业。

在火灾爆炸危险场所处于运行状态下的生产装置设备、管道、储罐、容器等部位上进行的动火作业（包括带压不置换动火作业）；存有易燃易爆介质的重大危险源罐区防火堤内的动火作业。

b. 一级动火作业。

在火灾爆炸危险场所进行的除特级动火作业以外的动火作业，管廊上的动火作业按一级动火作业管理。

c. 二级动火作业。

除特级动火作业和一级动火作业以外的动火作业。

生产装置或系统全部停车，装置经清洗、置换、分析合格并采取安全隔离措施后，根据其火灾、爆炸危险性大小，经企业生产负责人或安全管理负责人批准，动火作业可按二级动火作业管理。

②特级、一级动火安全作业票有效期不应超过 8h，二级动火安全作业票有效期不应超过 72h。

（2）作业基本要求

①动火作业应有专人监护，作业前应清除动火现场及周围的易燃物品，或采取其他有效安全防火措施，并配备消防器材，满足作业现场应急需求。

②凡在盛有或盛装过助燃或易燃易爆危险化学品的设备、管道等生产、储存设施及本文件规定的火灾爆炸危险场所中生产设备上的动火作业，应将上述设备设施与生产系统彻底断开或隔离，不应以水封或仅关闭阀门代替盲板作为隔断措施。

③拆除管线进行动火作业时，应先查明其内部介质危险特性、工艺条件及其走向，并根据所要拆除管线的情况制定安全防护措施。

④动火点周围或其下方如有可燃物、电缆桥架、孔洞、窨井、地沟、水封设施、污水井等，应检查分析并采取清理或封盖等措施；对于动火点周围 15m 范围内有可能泄漏易燃、可燃物料的设备设施，应采取隔离措施；对于受热分解可产生易燃易爆、有毒有害物质的场所，应进行风险分析并采取清理或封盖等防护措施。

⑤在有可燃物构件和使用可燃物做防腐内衬的设备内部进行动火作业时，应采取防火隔绝措施。

⑥在作业过程中可能释放出易燃易爆、有毒有害物质的设备上或设备内部动火时，动火前应进行风险分析，并采取有效的防范措施，必要时应连续检测气体浓度，发现气体浓度超限报警时，应立即停止作业；在较长的物料管线上动火，动火前应在彻底隔绝区域内分段采样分析。

⑦在生产、使用、储存氧气的设备上进行动火作业时，设备内氧含量不应超过 23.5%（体积分数）。

⑧在油气罐区防火堤内进行动火作业时，不应同时进行切水、取样作业。

⑨动火期间，距动火点 30m 内不应排放可燃气体；距动火点 15m 内不应排放可燃液体；在动火点 10m 范围内、动火点上方及下方不应同时进行可燃溶剂清洗或喷漆作业；在动火点 10m 范围内不应进行可燃性粉尘清扫作业。

⑩在厂内铁路沿线 25m 以内动火作业时，如遇装有危险化学品的火车通过或停留时，应立即停止作业。

⑪特级动火作业应采集全过程作业影像，且作业现场使用的摄录设备应为防爆型。

⑫使用电焊机作业时，电焊机与动火点的间距不应超过 10m，不能满足要求时应将电焊机作为动火点进行管理。

⑬使用气焊、气割动火作业时，乙炔瓶应直立放置，不应卧放使用；氧气瓶与乙炔瓶的间距不应小于 5m，二者与动火点间距不应小于 10m，并应采取防晒和防倾倒措施；乙炔瓶应安装防回火装置。

⑭作业完毕后应清理现场，确认无残留火种后方可离开。

⑮遇五级风以上（含五级风）天气，禁止露天动火作业；因生产确需动火，动火作业应升级管理。

⑯涉及可燃性粉尘环境的动火作业应满足《粉尘防爆安全规程》（GB 15577）的要求。

（3）动火分析及合格判定指标

①动火作业前应进行气体分析，要求如下：

a. 气体分析的检测点要有代表性，在较大的设备内动火，应对上、中、下（左、中、右）各部位进行检测分析；

b. 在管道、储罐、塔器等设备外壁上动火，应在动火点 10m 范围内进行气体分析，同时还应检测设备内气体含量；在设备及管道外环境动火，应在动火点 10m 范围内进行气体分析；

c. 气体分析取样时间与动火作业开始时间间隔不应超过 30min；

d. 特级、一级动火作业中断时间超过 30min，二级动火作业中断时间超过 60min，应重新进行气体分析；每日动火前均应进行气体分析；特级动火作业期间应连续进行监测。

②动火分析合格判定指标为：

a. 当被测气体或蒸气的爆炸下限大于或等于 4% 时，其被测浓度应不大于 0.5%（体积分数）；

b. 当被测气体或蒸气的爆炸下限小于 4% 时，其被测浓度应不大于 0.2%（体积分数）。

（4）特级动火作业要求

①特级动火作业应符合本节"（2）作业基本要求"和"（3）动火分析及合格判定指标"的规定。

②特级动火作业还应符合以下规定：

a. 应预先制定作业方案，落实安全防火防爆及应急措施；

b. 在设备或管道上进行特级动火作业时，设备或管道内应保持微正压；

c. 存在受热分解爆炸、自爆物料的管道和设备设施上不应进行动火作业；

d. 生产装置运行不稳定时，不应进行带压不置换动火作业。

（5）固定动火区管理

①固定动火区的设定应由企业审批后确定，设置明显标志；应每年至少对固定动火区进行一次风险辨识，周围环境发生变化时，企业应及时辨识、重新划定。

②固定动火区的设置应满足以下安全条件要求：

a. 不应设置在火灾爆炸危险场所；

b. 应设置在火灾爆炸危险场所全年最小频率风向的下风或侧风方向，并与相邻企业火灾爆炸危险场所满足防火间距要求；

c. 距火灾爆炸危险场所的厂房、库房、罐区、设备、装置、窨井、排水沟、水封设施等不应小于30m；

d. 室内固定动火区应以实体防火墙与其他部分隔开，门窗外开，室外道路畅通；

e. 位于生产装置区的固定动火区应设置带有声光报警功能的固定式可燃气体检测报警器；

f. 固定动火区内不应存放可燃物及其他杂物，应制定并落实完善的防火安全措施，明确防火责任人。

（二）有限空间作业

本部分内容详见本章第七节。此处不再赘述。

（三）盲板抽堵作业

1. 概述

（1）盲板抽堵作业的定义

盲板抽堵作业是指在设备、管道上安装和拆卸盲板的作业（不含盲板隔断阀操作）。

（2）盲板抽堵作业的主要类型

①在设备设施抢修或检修过程中，设备设施、管道内存有物料（气态、液态、固态）和一定温度、压力情形下的盲板抽堵作业。

②在设备设施、管道内的物料经吹扫、置换、清洗后的盲板抽堵作业。

（3）安全风险类型

盲板抽堵作业过程中存在的主要安全风险类型有中毒和窒息、灼烫（化学灼伤、烫伤）、火灾、爆炸、起重伤害、高处坠落、物体打击、其他伤害等。

2. 特殊要求

（1）作业前的要求

①同一盲板的抽、堵作业，应分别办理盲板抽、堵安全作业票，一张安全作业票只能进行一块盲板的一项作业。

②企业应预先绘制盲板位置图，对盲板进行统一编号，并设专人统一指挥作业。

③在不同企业共用的管道上进行盲板抽堵作业，作业前应告知上下游相关单位。

④作业单位应根据管道内介质的性质、温度、压力和管道法兰密封面的口径等选择相应材料、强度、口径和符合设计、制造要求的盲板及垫片，高压盲板使用前应经超声波探伤；盲板选用应符合《管道用钢制插板、垫环、8字盲板系列》（HG/T 21547）或《阀门零部件高压盲板》（JB/T 2772）的要求。

⑤企业应降低系统管道压力至常压，保持作业现场通风良好，并设专人监护。

（2）作业时的要求

①作业单位应按位置图进行盲板抽堵作业，并对每个盲板进行标识，标牌编号应与盲板位置图上的盲板编号一致，企业应逐一确认并做好记录。

②在火灾爆炸危险场所进行盲板抽堵作业时，作业人员应穿防静电工作服、工作鞋，并使用防爆工具；距盲板抽堵作业地点 30m 内不应有动火作业。

③在强腐蚀性介质的管道、设备上进行盲板抽堵作业时，作业人员应采取防止酸碱化学灼伤的措施。

④在介质温度较高或较低、可能造成人员烫伤或冻伤的管道、设备上进行盲板抽堵作业时，作业人员应采取防烫、防冻措施。

⑤在有毒介质的管道、设备上进行盲板抽堵作业时，作业人员应按 GB 39800.1 的要求选用防护用具。在涉及硫化氢、氯气、氨气、一氧化碳及氰化物等毒性气体的管道、设备设施上进行作业时，除满足上述要求外，还应佩戴移动式气体检测仪。

⑥不应在同一管道上同时进行两处或两处以上的盲板抽堵作业。

（3）作业后的要求

盲板抽堵作业结束后，由作业单位和企业专人共同确认后，恢复现场安全生产条件。

（四）高处作业

1. 概述

（1）高处作业的定义

高处作业在距坠落基准面 2m 及 2m 以上有可能坠落的高处进行的作业。

注：坠落基准面是指坠落处最低点的水平面。

（2）高处作业的主要类型

①登高架设作业。

②高处安装、维护、拆除作业。

（3）安全风险类型

高处作业的主要安全风险类型包括高处坠落、物体打击、机械伤害、触电、坍塌、火灾爆炸、中毒和窒息、灼烫、其他伤害等。

2. 特殊要求

（1）作业分级

①作业高度 h 按照 GB/T3608 分为四个区段：$2m \leqslant h \leqslant 5m$；$5m < h \leqslant 15m$；$15m < h \leqslant 30m$；$h > 30m$。

②直接引起坠落的客观危险因素主要分为 9 种：

a. 阵风风力五级（风速 8.0m/s）以上。

b. 平均气温等于或低于 5℃ 的作业环境。

c. 接触冷水温度等于或低于 12℃ 的作业。

d. 作业场地有冰、雪、霜、油、水等易滑物。

e. 作业场所光线不足或能见度差。

f. 作业活动范围与危险电压带电体距离小于表 3.25 的规定。

表 3.25　作业活动范围与危险电压带电体的距离

危险电压带电体的电压等级/kV	≤10	35	63～110	220	330	500
距离/m	1.7	2.0	2.5	4.0	5.0	6.0

g. 摆动，立足处不是平面或只有很小的平面，即任一边小于 500mm 的矩形平面、直径小于 500mm 的圆形平面或具有类似尺寸的其他形状的平面，致使作业者无法维持正常姿势。

h. 存在有毒气体或空气中含氧量低于 19.5%（体积分数）的作业环境。

i. 可能会引起各种灾害事故的作业环境和抢救突然发生的各种灾害事故。

③不存在前条列出的任一种客观危险因素的高处作业按表 3.26 规定的 A 类法分级，存在前条列出的一种或一种以上客观危险因素的高处作业按表 3.26 规定的 B 类法分级。

表 3.26　高处作业分级

分类法	高处作业高度/m			
	2≤h≤5	5<h≤15	15<h≤30	h>30
A	I	II	III	IV
B	II	III	IV	IV

（2）作业要求

①高处作业人员应正确佩戴符合《坠落防护　安全带》（GB 6095）要求的安全带及符合《坠落防护　安全绳》（GB 24543）要求的安全绳，30m 以上高处作业应配备通信联络工具。

②高处作业应设专人监护，作业人员不应在作业处休息。

③应根据实际需要配备符合安全要求的作业平台、吊笼、梯子、挡脚板、跳板等；脚手架的搭设、拆除和使用应符合《建筑施工脚手架安全技术统一标准》（GB 51210）等有关标准要求。

④高处作业人员不应站在不牢固的结构物上进行作业；在彩钢板屋顶、石棉瓦、瓦棱板等轻型材料上作业，应铺设牢固的脚手板并加以固定，脚手板上要有防滑措施；不应在未固定、无防护设施的构件及管道上进行作业或通行。

⑤在邻近排放有毒、有害气体、粉尘的放空管线或烟囱等场所进行作业时，应预先与作业属地生产人员取得联系，并采取有效的安全防护措施，作业人员应配备必要的符合国家相关标准的防护装备（如隔绝式呼吸防护装备、过滤式防毒面具或口罩等）。

⑥雨天和雪天作业时，应采取可靠的防滑、防寒措施；遇有五级风以上（含五级风）、浓雾等恶劣天气，不应进行高处作业、露天攀登与悬空高处作业；暴风雪、台风、暴雨后，应对作业安全设施进行检查，发现问题立即处理。

⑦作业使用的工具、材料、零件等应装入工具袋，上下时手中不应持物，不应投掷工具、材料及其他物品；易滑动、易滚动的工具、材料堆放在脚手架上时，应采取防坠落措施。

⑧在同一坠落方向上，一般不应进行上下交叉作业，如需进行交叉作业，中间应设置安全防护层，坠落高度超过 24m 的交叉作业，应设双层防护。

⑨因作业需要，需临时拆除或变动作业对象的安全防护设施时，应经作业审批人员同意，并采取相应的防护措施，作业后应及时恢复。

⑩拆除脚手架、防护棚时，应设警戒区并派专人监护，不应上下同时施工。

⑪安全作业票的有效期最长为 7 天。当作业中断再次作业前，应重新对环境条件和安全措施进行确认。

（五）吊装作业

1. 概述

（1）吊装作业的定义

吊装作业是指利用各种吊装机具将设备、工件、器具、材料等吊起，使其发生位置变化的作业。

（2）吊装作业的主要类型

①按照吊装作业级别分为三类。

a. 一级吊装作业为大型吊装作业；

b. 二级吊装作业为中型吊装作业；

c. 三级吊装作业为一般吊装作业。

②按照吊装方式和使用设备类型分为两类。

a. 人工吊装作业。人工吊装有多种吊装法，如单桅杆、人字扒杆等，可采用顺吊、倒升吊、旋转法、扒倒法等；

b. 机动吊装作业。机动吊装有塔吊、汽车吊、轮渡吊、直升机吊、多种起重机（梁式、门式等）。

（3）安全风险类型

吊装作业的主要安全风险类型有中毒和窒息、灼烫（化学灼伤、烫伤）、火灾、爆炸、起重伤害、高处坠落、物体打击、其他伤害等。

2. 特殊要求

（1）作业分级

吊装作业按照吊物质量 m 不同分为：

①一级吊装作业：$m>100t$；

②二级吊装作业：$40t \leqslant m \leqslant 100t$；

③三级吊装作业：$m<40t$。

（2）作业要求

①作业前的要求。

a. 一、二级吊装作业，应编制吊装作业方案。吊装物体质量虽不足 40t，但形状复杂、刚度小、长径比大、精密贵重，以及在作业条件特殊的情况下，三级吊装作业也应编制吊装作业方案；吊装作业方案应经审批。

b. 吊装场所如有含危险物料的设备、管道时，应制定详细吊装方案，并对设备、管道采取有效防护措施，必要时停车，放空物料，置换后再进行吊装作业。

c. 不应靠近高架电力线路进行吊装作业；确需在电力线路附近作业时，起重机械的安全距离应大于起重机械的倒塌半径并符合《电业安全工作规程（电力线路部分）》（DL 409）的要求；不能满足时，应停电后再进行作业。

d. 大雪、暴雨、大雾、六级及以上大风时，不应露天作业。

e. 作业单位应对起重机械、吊具、索具、安全装置等进行检查，确保其处于完好、安全状态，并签字确认。

f. 应按规定负荷进行吊装，吊具、索具应经计算选择使用，不应超负荷吊装。

g. 不应利用管道、管架、电杆、机电设备等作吊装锚点；未经土建专业人员审查核算，不应将建筑物、构筑物作为锚点。

②作业时的要求。

a. 指挥人员应佩戴明显的标志，并按《起重机　手势信号》（GB/T 5082）规定的联络信号进行指挥。

b. 应进行试吊，试吊中检查全部机具、锚点受力情况，发现问题应立即将吊物放回地面，排除故障后重新试吊，确认正常后方可正式吊装。

c. 吊装作业人员应遵守如下规定：

（a）按指挥人员发出的指挥信号进行操作；任何人发出的紧急停车信号均应立即执行；吊装过程中出现故障，应立即向指挥人员报告。

（b）吊物接近或达到额定起重吊装能力时，应检查制动器，用低高度、短行程试吊后再吊起。

（c）用两台或多台起重机械吊运同一吊物时应保持同步，各台起重机械所承受的载荷不应超过各自额定起重能力的80%。

（d）下放吊物时，不应自由下落（溜）；不应利用极限位置限制器停车。

（e）不应在起重机械工作时对其进行检修；不应在有载荷的情况下调整起升、变幅机构的制动器。

（f）停工和休息时不应将吊物、吊笼、吊具和吊索悬在空中。

（g）以下4种情况不应起吊：

——无法看清场地、吊物，指挥信号不明；

——起重臂吊钩或吊物下面有人、吊物上有人或浮置物；

——重物捆绑、紧固、吊挂不牢，吊挂不平衡，索具打结，索具不齐，斜拉重物，棱角吊物与钢丝绳之间无衬垫；

——吊物质量不明，与其他吊物相连，埋在地下，与其他物体冻结在一起。

d. 司索人员应遵守如下规定：

（a）听从指挥人员的指令，并及时报告险情。

（b）不应用吊钩直接缠绕吊物及将不同种类或不同规格的索具混在一起使用。

（c）吊物捆绑应牢靠，吊点设置应根据吊物重心位置确定，保证吊装过程中吊物平衡；起升吊物时应检查其连接点是否牢固、可靠；吊运零散件时，应使用专门的吊篮、吊斗等器具，吊篮、吊斗等不应装满。

（d）吊物就位时，应与吊物保持一定的安全距离，用拉绳或撑杆、钩子辅助其就位。

（e）吊物就位前，不应解开吊装索具。

（f）本节"②作业时的要求"c条中与司索人员有关的不应起吊的情况，司索人员应做相应处理。

e. 监护人员应确保吊装过程中警戒范围区内没有非作业人员或车辆经过；吊装过程中吊物及起重臂移动区域下方不应有任何人员经过或停留。

f. 用定型起重机械（例如履带吊车、轮胎吊车、桥式吊车等）进行吊装作业时，除遵守本文件外，还应遵守该定型起重机械的操作规程。

（3）作业后的要求。

①将起重臂和吊钩收放到规定位置，所有控制手柄均应放到零位，电气控制的起重机械的电源开关应断开；

②对在轨道上作业的吊车，应将吊车停放在指定位置有效锚定；

③吊索、吊具收回，放置到规定位置，并对其进行例行检查；

④做到工完料场清，符合作业现场定置管理要求。

（六）临时用电

1. 概述

（1）临时用电的定义

临时用电是指在正式运行的电源上所接的非永久性用电。临时用电时间一般不超过 15 天，特殊情况不应超过一个月。

（2）临时用电的主要类型

在生产装置、厂房内设置的检修配电箱或其他电源接临时用电线路、使用防爆插头在配电箱防爆插座接临时用电线路、在办公场所的配电箱或电源插座接临时用电线路，用于生产区的各种电气设备的作业。

（3）安全风险类型

临时用电的主要安全风险类型有触电、火灾、爆炸和其他伤害。

2. 特殊要求

（1）在运行的火灾爆炸危险性生产装置、罐区和具有火灾爆炸危险场所内不应接临时电源，确需时应对周围环境进行可燃气体检测分析，分析结果应符合"二、动火作业—动火分析合格判定指标"的规定。

（2）各类移动电源及外部自备电源，不应接入电网。

（3）在开关上接引、拆除临时用电线路时，其上级开关应断电、加锁，并挂安全警示标牌，接、拆线路作业时，应有监护人在场。

（4）临时用电应设置保护开关，使用前应检查电气装置和保护设施的可靠性。所有的临时用电均应设置接地保护。

（5）临时用电设备和线路应按供电电压等级和容量正确配置、使用，所用的电器元件应符合国家相关产品标准及作业现场环境要求，临时用电电源施工、安装应符合《建设工程施工现场供电安全规范》（GB 50194）的有关要求，并有良好的接地。

（6）临时用电还应满足如下要求：

①火灾爆炸危险场所应使用相应防爆等级的电气元件，并采取相应的防爆安全措施；

②临时用电线路及设备应有良好的绝缘，所有的临时用电线路应采用耐压等级不低于 500V 的绝缘导线；

③临时电线路经过火灾爆炸危险场所以及有高温、振动、腐蚀、积水及产生机械损伤等区域，不应有接头，并应采取相应的保护措施；

④临时用电架空线应采用绝缘铜芯线，并应架设在专用电杆或支架上，其最大弧垂与地面距离，在作业现场不低于2.5m，穿越机动车道不低于5m；

⑤沿墙面或地面敷设电缆线路应符合下列规定：

a. 电缆线路敷设路径应有醒目的警告标志；

b. 沿地面明敷的电缆线路应沿建筑物墙体根部敷设，穿越道路或其他易受机械损伤的区域，应采取防机械损伤的措施，周围环境应保持干燥；

c. 在电缆敷设路径附近，当有产生明火的作业时，应采取防止火花损伤电缆的措施；

⑥对需埋地敷设的电缆线路应设有走向标志和安全标志。电缆埋地深度不应小于0.7m，穿越道路时应加设防护套管；

⑦现场临时用电配电盘、箱应有电压标志和危险标志，应有防雨措施，盘、箱、门应能牢靠关闭并上锁管理；

⑧临时用电设施应安装符合规范要求的漏电保护器，移动工具、手持式电动工具应逐个配置漏电保护器和电源开关。

（7）未经批准，临时用电单位不应向其他单位转供电或增加用电负荷，以及变更用电地点和用途。

（8）临时用电时间一般不超过15天，特殊情况不应超过30天；用于动火、有限空间作业的临时用电时间应和相应作业时间一致；用电结束后，用电单位应及时通知供电单位拆除临时用电线路。

（七）动土作业

1. 概述

（1）动土作业的定义

动土作业是指挖土、打桩、钻探、坑探、地锚入土深度在0.5m以上或使用推土机、压路机等施工机械进行填土或平整场地等可能对地下隐蔽设施产生影响的作业。

（2）动土作业的主要类型

①挖土、打桩、钻探、坑探、地锚入土深度在0.5m以上的作业；

②使用推土机、压路机等施工机械进行填土或平整场地等可能对地下隐蔽设施产生影响的作业。

（3）安全风险类型

动土作业的主要安全风险类型有火灾、爆炸、触电、中毒和窒息、坍塌、机械伤害、车辆伤害和其他伤害。

2. 特殊要求

（1）作业前的要求

①应检查工器具、现场支撑是否牢固、完好，发现问题应及时处理。

②作业现场应根据需要设置护栏、盖板和警告标志，夜间应悬挂警示灯。

③在动土开挖前，应先做好地面和地下排水，防止地面水渗入作业层面造成塌方。

④作业单位应了解地下隐蔽设施的分布情况，作业临近地下隐蔽设施时，应使用适当工具人工挖掘，避免损坏地下隐蔽设施；如暴露出电缆、管线以及不能辨认的物品时，应立即停止作业，妥善加以保护，报告动土审批单位，经采取保护措施后方可继续作业。

（2）作业时的要求

①挖掘坑、槽、井、沟等作业，应遵守下列规定：

a. 挖掘土方应自上而下逐层挖掘，不应采用挖底脚的办法挖掘；使用的材料、挖出的泥土应堆在距坑、槽、井、沟边沿至少1m处，堆土高度不应大于1.5m；挖出的泥土不应堵塞下水道和窨井。

b. 不应在土壁上挖洞攀登。

c. 不应在坑、槽、井、沟上端边沿站立、行走。

d. 应视土壤性质、湿度和挖掘深度设置安全边坡或固壁支撑；作业过程中应对坑、槽、井、沟边坡或固壁支撑架随时检查，特别是雨雪后和解冻时期，如发现边坡有裂缝、疏松或支撑有折断、走位等异常情况时，应立即停止作业，并采取相应措施。

e. 在坑、槽、井、沟的边缘安放机械、铺设轨道及通行车辆时，应保持适当距离，采取有效的固壁措施，确保安全。

f. 在拆除固壁支撑时，应从下而上进行；更换支撑时，应先装新的，后拆旧的。

g. 不应在坑、槽、井、沟内休息。

②机械开挖时，应避开构筑物、管线，在距管道边1m范围内应采用人工开挖；在距直埋管线2m范围内宜采用人工开挖，避免对管线或电缆造成影响。

③动土作业人员在沟（槽、坑）下作业应按规定坡度顺序进行，使用机械挖掘时，人员不应进入机械旋转半径内；深度大于2m时，应设置人员上下的梯子等能够保证人员快速进出的设施；两人以上同时挖土时应相距2m以上，防止工具伤人。

④动土作业区域周围发现异常时，作业人员应立即撤离作业现场。

⑤在生产装置区、罐区等危险场所动土时，监护人员应与所在区域的生产人员建立联系，当生产装置区、罐区等场所发生突然排放有害物质时，监护人员应立即通知作业人员停止作业，迅速撤离现场。

⑥在生产装置区、罐区等危险场所动土时，遇有埋设的易燃易爆、有毒有害介质管线、窨井等可能引起燃烧、爆炸、中毒、窒息危险，且挖掘深度超过1.2m时，应执行有限空间作业相关规定。

（3）作业后的要求

应及时回填土石，恢复地面设施，拆除路障。

（八）断路作业

1. 概述

（1）断路作业的定义

断路作业是指生产区域内，交通主、支路与车间引道上进行工程施工、吊装、吊运等各种影响正常交通的作业。

（2）断路作业的主要类型

①道路半幅断路作业。

②道路封闭施工作业。

（3）安全风险类型

断路作业的主要安全风险有车辆伤害、火灾、爆炸、中毒和窒息、坍塌、机械伤害和其他伤害。

2. 特殊要求

（1）作业前的要求

①作业单位应会同企业相关部门制定交通组织方案，应能保证消防车和其他重要车辆的通行，并满足应急救援要求。

②作业单位应根据需要在断路的路口和相关道路上设置交通警示标志，在作业区域附近设置路栏、道路作业警示灯、导向标等交通警示设施。

（2）作业时的要求

①在道路上进行定点作业，白天不超过 2h 夜间不超过 1h 即可完工的，在有现场交通指挥人员指挥交通的情况下，只要作业区域设置了相应的交通警示设施，可不设标志牌。

②在夜间或雨、雪、雾天进行断路作业时设置的道路作业警示灯，应满足以下要求：

a. 设置高度应离地面 1.5m，不低于 1.0m；

b. 其设置应能反映作业区域的轮廓；

c. 应能发出至少自 150m 以外清晰可见的连续、闪烁或旋转的红光。

（3）作业后的要求

作业单位应清理现场，撤除作业区域、路口设置的路栏、道路作业警示灯、导向标等交通警示设施，并与企业检查核实，报告有关部门恢复交通。

二、通用要求

（一）作业前的要求

（1）企业应组织作业单位对作业现场和作业过程中可能存在的危险有害因素进行辨识，开展作业危害分析，制定相应的安全风险管控措施。

（2）企业应采取措施对拟作业的设备设施、管线进行处理，确保满足相应作业安全要求：

①对设备、管线内介质有安全要求的特殊作业，应采用倒空、隔绝、清洗、置换等方式进行处理；

②对具有能量的设备设施、环境应采取可靠的能量隔离措施（注：能量隔离是指将潜在的、可能因失控造成人身伤害、环境损害、设备损坏、财产损失的能量进行有效的控制、隔离和保护。包括机械隔离、工艺隔离、电气隔离、放射源隔离等）；

③对放射源采取相应安全处置措施。

（3）进入作业现场的人员应正确佩戴满足《个体防护装备配备规范 第 1 部分：总则》（GB 39800.1）要求的个体防护装备。

（4）企业应对参加作业的人员进行安全措施交底，主要包括：

①作业现场和作业过程中可能存在的危险、有害因素及采取的具体安全措施与应急措施。

②会同作业单位组织作业人员到作业现场，了解和熟悉现场环境，进一步核实安全措施的可靠性，熟悉应急救援器材的位置及分布。

③涉及断路、动土作业时，应对作业现场的地下隐蔽工程进行交底。

（5）企业应组织作业单位对作业现场及作业涉及的设备、设施、工器具等进行检查，并使之符合如下要求：

①作业现场消防通道、行车通道应保持畅通，影响作业安全的杂物应清理干净。

②作业现场的梯子、栏杆、平台、箅子板、盖板等设施应完整、牢固，采用的临时设施应确保安全。

③作业现场可能危及安全的坑、井、沟、孔洞等应采取有效防护措施，并设警示标志；需要检修的设备上的电器电源应可靠断电，在电源开关处加锁并加挂安全警示牌。

④作业使用的个体防护器具、消防器材、通信设备、照明设备等应完好。

⑤作业时使用的脚手架、起重机械、电气焊（割）用具、手持电动工具等各种工器具符合作业安全要求，超过安全电压的手持式、移动式电动工器具应逐个配置漏电保护器和电源开关。

⑥设置符合《安全标志及其使用导则》（GB 2894）的安全警示标志。

⑦按照《危险化学品单位应急救援物资配备要求》（GB 30077）要求配备应急设施。

⑧腐蚀性介质的作业场所应在现场就近（30m 内）配备人员应急用冲洗水源。

（6）企业应组织办理作业审批手续，并由相关责任人签字审批；同一作业涉及两种或两种以上特殊作业时，应同时执行各自作业要求，办理相应的作业审批手续；作业时，审批手续应齐全、安全措施应全部落实、作业环境应符合安全要求。

（7）同一作业区域应减少、控制多工种、多层次交叉作业，最大限度避免交叉作业；交叉作业应由企业指定专人统一协调管理，作业前要组织开展交叉作业风险辨识，采取可靠的保护措施，并保持作业之间信息畅通，确保作业安全。

（8）特殊作业涉及的特种作业和特种设备作业人员应取得相应资格证书，持证上岗。界定为 GBZ/T 260 中规定的职业禁忌证者不应参与相应作业。

（9）作业期间应设监护人员，监护人员的通用职责要求：

①作业前检查安全作业票。安全作业票应与作业内容相符并在有效期内；核查安全作业票中各项安全措施已得到落实。

②确认相关作业人员持有效资格证书上岗。

③核查作业人员配备和使用的个体防护装备满足作业要求。

④对作业人员的行为和现场安全作业条件进行检查与监督，负责作业现场的安全协调与联系。

⑤当作业现场出现异常情况时应中止作业，并采取安全有效措施进行应急处置；当作业人员违章时，应及时制止违章，情节严重时，应收回安全作业票中止作业。

⑥作业期间，监护人不应擅自离开作业现场且不应从事与监护无关的事。确需离开作业现场时，应收回安全作业票，中止作业。

监护人员应由具有生产（作业）实践经验的人员担任，并经专项培训考试合格，佩戴明显标识，持培训合格证上岗。

（10）作业审批人的职责要求：

①在作业现场完成审批工作。

②核查安全作业票审批级别与企业管理制度中规定级别一致情况，各项审批环节符合企业管理要求情况。

③应检查安全作业票中各项风险识别及管控措施落实情况。

（11）作业时使用的移动式可燃、有毒气体检测仪，氧气检测仪应符合《可燃气体探测器　第3部分：工业及商业用途便捷式可燃气体探测器》（GB 15322.3）和《石油化工可燃气体和有毒气体检测报警设计标志》（GB/T 50493-2019）中5.2的要求。

（12）作业现场照明系统配置要求：

①作业现场应设置满足作业要求的照明装备。

②有限空间内使用的照明电压不应超过36V，并满足安全用电要求；在潮湿容器、狭小容器内作业电压不应超过12V；在盛装过易燃易爆气体、液体等介质的容器内作业应使用防爆灯具；在可燃性粉尘爆炸环境作业时应采用符合相应防爆等级要求的灯具。

③作业现场可能危及安全的坑、井、沟、孔洞等周围，夜间应设警示红灯。

④动力和照明线路应分路设置。

（二）作业时的要求

（1）作业内容变更、作业范围扩大、作业地点转移或超过安全作业票有效期限时，应重新办理安全作业票。

（2）工艺条件、作业条件、作业方式或作业环境改变时，应重新进行作业危害分析，核对风险管控措施，重新办理安全作业票。

（3）安全作业票应规范填写，不得涂改。安全作业票样式见附录Ⅲ，安全作业票管理见附录Ⅳ。

（三）作业后的要求

（1）应及时恢复作业时拆移的盖板、箅子板、扶手、栏杆、防护罩等安全设施的使用功能，恢复临时封闭的沟渠或地井，并清理作业现场恢复原状。

（2）应及时进行验收确认。

（四）应急处置的要求

（1）当生产装置或作业现场出现异常，可能危及作业人员安全时，作业人员应立即停止作业，迅速撤离，并及时通知相关单位及人员。

（2）当参与应急处置人员自身安全不能得到有效保障时，严禁盲目施救。

第六节　有限空间事故预防

> ■本节知识要点
>
> 1. 有限空间、有限空间作业的概念及分类；
> 2. 有限空间作业的危害，有限空间作业的风险辨识；
> 3. 有限空间作业的安全管理措施及风险防控方法。

一、有限空间的概念及分类

（一）有限空间的概念及分类

1. 有限空间的概念

有限空间是指封闭或部分封闭，进出口有限或受到限制，未被设计为固定工作场所，自然通风条件不良，易造成有毒有害、易燃易爆物质积聚或者氧含量不足的空间。

2. 有限空间的分类

（1）密闭半密闭设备。船舱、贮罐、车载槽罐、反应塔（釜）、冷藏箱、压力容器、管道、烟道、锅炉等。如图3.61所示。

(a)贮罐　　　　　　　　　(b)反应塔

图3.61　密闭半密闭设备示例

（2）地下有限空间。地下管道、地下室、地下仓库、地下工程、暗沟、隧道、涵洞、地坑、废云、地窖、污水池（井）、沼气池、化粪池、纸浆池（云）、下水道等。如图3.62所示。

(a)污水井

(b)地窖

(c)化粪池

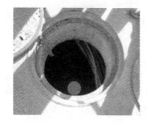
(d)电力电缆井

(e)深基坑和地下管沟

(f)污水处理池

图 3.62　地下有限空间示例

（3）地上有限空间。储藏室、酒糟池、发酵池（罐）、垃圾站、温室、粮仓、料仓等。如图 3.63 所示。

(a)发酵池

(b)料仓

图 3.63　地上有限空间示例

（二）有限空间作业的概念及分类

1. 有限空间作业的概念

作业人员进入有限空间内部进行的作业活动，统称为有限空间作业。

2. 有限空间作业的分类

常见的有限空间作业有：

（1）设备设施的安装、更换、维修等作业，如进入地下管、沟敷设线缆、进入污水调节池更换设备等。

（2）防腐、防水、涂装、焊接等作业，如在储罐内进行防腐作业、在船舱内进行焊接作业等。

（3）清除、清理等作业，如进入污水井进行疏通、进入发酵池进行清理等。

（4）日常检维修、巡查等作业，如进入检查井等进行巡检等。

二、有限空间作业的危险特性及风险辨识

（一）有限空间作业的危险特性

1. 作业环境情况复杂

（1）有限空间内作业场地狭窄、活动空间较小、自然通风较差，易造成有毒有害、易燃易爆物质积聚或缺氧。

（2）有限空间内设备设施与设备设施之间、设备设施内外之间构造复杂，甚至相互隔断，照明及通信条件较差。

（3）有限空间内湿度、温度较高，作业人员能量消耗大，易于疲劳。

（4）存在酸、碱、毒、尘、烟、蒸汽等危险性介质。

2. 作业危险性较大

（1）各类危险因素叠加存在，中毒、窒息、燃爆、淹溺、触电、灼烫、坍塌、高处坠落、物体打击等风险可能多种共存，发生事故极易造成严重后果。

（2）受环境所限，作业人员互相之间、与外界之间联系不便，不利于工作监护和施救。

3. 现场监护及施救难度较大

（1）有限空间作业过程，因现场条件复杂，出入口限制等因素，与现场监护人员联系不便，不利于作业过程的现场监护。

（2）一旦发生事故，极易因为施救措施不当，导致伤亡事故进一步扩大。

（二）有限空间作业的主要风险及辨识方法

1. 有限空间作业的主要风险

（1）中毒。有限空间内易存在或积聚有毒气体，主要通过呼吸道进入人体，再经血液循环，对人体的呼吸、神经、血液等系统及肝脏、肺、肾脏等脏器造成严重损伤。作业人员吸入后会引起化学性中毒，甚至死亡。

有限空间中有毒气体可能的来源包括：有限空间内存储的有毒物质的挥发，有机物分解产生的有毒气体，进行焊接、涂装等作业时产生的有毒气体，相连或相近设备、管道中有毒物质的泄漏等。

引发有限空间作业中毒风险的典型物质有：

①硫化氢。硫化氢是一种无色、剧毒气体，比空气重，易积聚在低洼处。硫化氢易燃，与空气混合能形成爆炸性混合气体，遇明火、高热等点火源将引发燃烧爆炸。硫化氢易存在于污水管道、污水池、炼油池、纸浆池、发酵池、酱腌菜池、化粪池等富含有机物并易于发酵的场所。低浓度的硫化氢有明显的臭鸡蛋气味，可被人敏感地发觉；浓度增高时，人会产生嗅觉疲劳或嗅神经麻痹而不能觉察硫化氢的存在；当浓度超过 1 000mg/m^3 时，数秒内即可致人闪电型死亡。

②一氧化碳。一氧化碳是一种无色无味的气体，比重与空气相当。一氧化碳与血红蛋白的亲和力比氧与血红蛋白的亲和力高 200~300 倍，因此一氧化碳极易与血红蛋白结合，形成碳氧血红蛋白，使血红蛋白丧失携氧的能力和作用，造成组织窒息，甚至导致人员死亡。

③苯和苯系物。苯、甲苯、二甲苯都是无色透明、有芬芳气味、易挥发的有机溶剂；易燃，其蒸气与空气混合能形成爆炸性混合物。苯可引起各类型白血病，国际癌

非高危行业主要责任人及安全生产

管理人员安全生产培训教程

症研究中心已确认苯为人类致癌物。甲苯、二甲苯蒸气也均具有一定毒性,对黏膜有刺激性,对中枢神经系统有麻痹作用。短时间内吸入较高浓度的苯、甲苯和二甲苯,人体会出现头晕、头痛、恶心、呕吐、胸闷、四肢无力、步态蹒跚和意识模糊,严重者出现烦躁、抽搐、昏迷症状。苯、甲苯和二甲苯通常作为油漆、黏结剂的稀释剂,在有限空间内进行涂装、除锈和防腐等作业时,易挥发和积聚该类物质。

④氰化氢。氰化氢在常温下是一种无色、有苦杏仁味的液体,易在空气中挥发、弥散(沸点为25.6℃),剧毒且具有爆炸性。氰化氢轻度中毒主要表现为胸闷、心悸、心率加快、头痛、恶心、呕吐、视物模糊;重度中毒主要表现为深昏迷状态,呼吸浅快,阵发性抽搐,甚至强直性痉挛。酱腌菜池中可能产生氰化氢。

⑤磷化氢。磷化氢是一种有类似大蒜气味的无色气体,剧毒且极易燃。磷化氢主要损害人体神经系统、呼吸系统及心脏、肾脏、肝脏。$10mg/m^3$接触6h,人体就会出现中毒症状。在微生物作用下,污水处理池等有限空间可能产生磷化氢。此外磷化氢还常作为熏蒸剂用于粮食存储以及饲料和烟草的储藏等。

(2)缺氧窒息。空气中氧含量的体积分数约为20.9%,氧含量低于19.5%时就是缺氧。缺氧会对人体多个系统及脏器造成影响,甚至使人致命。空气中氧气含量不同,对人体的影响也不同(见表3.27)。

表3.27　不同浓度氧气含量对人体的影响

氧气浓度(体积占比)	人体症状
19.5%~23.5%	正常氧气浓度
15%~19%	工作能力降低、人体感觉到行动费力
12%~14%	呼吸急促、脉搏加快、协调能力和感知判断力降低
10%~12%	呼吸减弱、嘴唇变青
8%~10%	神志不清、昏厥、面色土灰、恶心呕吐
6%~8%	在该氧气浓度环境中大于8分钟死亡率100% 6分钟以上死亡率50%,4~5分钟,抢救及时可能恢复
4%~6%	在该氧气浓度环境中40秒后昏迷、抽搐、呼吸停止直至死亡

有限空间内缺氧窒息主要有两种情形:一是由于生物的呼吸作用或物质的氧化作用,有限空间内的氧气被消耗导致缺氧;二是有限空间内存在二氧化碳、甲烷、氮气、氩气、水蒸气和六氟化硫等单纯性窒息气体,排挤氧空间,使空气中氧含量降低,造成缺氧窒息。

引发有限空间作业缺氧窒息风险的典型物质有二氧化碳、甲烷、氮气、氩气等。

①二氧化碳(CO_2)。二氧化碳是引发有限空间环境缺氧最常见的物质。其来源主要为空气中本身存在的二氧化碳,以及在生产过程中作为原料使用以及有机物分解、发酵等产生的二氧化碳。当二氧化碳含量超过一定浓度时,人的呼吸会受影响。吸入高浓度二氧化碳时,几秒内人会迅速昏迷倒下,更严重者会出现呼吸、心跳停止及休克,甚至死亡。

②甲烷(CH_4)。甲烷是天然气和沼气的主要成分,既是易燃易爆气体,也是一种单纯性窒息气体。甲烷的来源主要为有机物分解和天然气管道泄漏。甲烷的爆炸极限

为 5.0%～15.0%。当空气中甲烷浓度达 25%～30% 时，可引起头痛、头晕、乏力、注意力不集中、呼吸和心跳加速等，若不及时远离，可致人窒息死亡。甲烷燃烧产物为一氧化碳和二氧化碳，也可引起中毒或缺氧。

③氮气（N_2）。氮气是空气的主要成分，其化学性质不活泼，常用作保护气防止物体暴露于空气中被氧化，或用作工业上的清洗剂置换设备中的危险有害气体等。常压下氮气无毒，当作业环境中氮气浓度增高，可引起单纯性缺氧窒息。吸入高浓度氮气，人会迅速昏迷、因呼吸和心跳停止而死亡。

④氩气（Ar）。氩气是一种无色无味的惰性气体，作为保护气被广泛用于工业生产领域，通常用于焊接过程中防止焊接件被空气氧化或氮化。常压下氩气无毒，当作业环境中氩气浓度增高，会引发人单纯性缺氧窒息。氩气含量达到 75% 以上时可在数分钟内导致人员窒息死亡。液态氩可致皮肤冻伤，眼部接触可引起炎症。

（3）燃爆。有限空间中积聚的易燃易爆物质与空气混合形成爆炸性混合物，若混合物浓度达到其爆炸极限，遇明火、化学反应放热、撞击或摩擦火花、电气火花、静电火花等点火源时，就会发生燃爆事故。有限空间作业中常见的易燃易爆物质有甲烷、氢气等可燃性气体以及铝粉、玉米淀粉、煤粉等可燃性粉尘。

（4）淹溺。有限空间作业过程中突然涌入大量液体，以及作业人员因发生中毒、窒息、受伤或不慎跌入液体中，都可能造成人员淹溺。发生淹溺后人体常见的表现有：面部和全身青紫、烦躁不安、抽筋、呼吸困难、吐带血的泡沫痰、昏迷、意识丧失、呼吸心搏停止。

（5）触电。有限空间作业过程中使用电钻、电焊等设备可能存在触电的危险。当通过人体的电流超过一定值（感知电流）时，人就会产生痉挛，不能自主脱离带电体；当通过人体的电流超过 50mA，就会使人呼吸和心脏停止而死亡。

（6）高处坠落。当有限空间进出口距底部超过米，一旦人员未佩戴有效坠落防护用品，在进出有限空间或作业时有发生高处坠落的风险。高处坠落可能导致四肢、躯干、腰椎等部位受冲击而造成重伤致残，或是因脑部或内脏损伤而致命。

（7）掩埋。当人员进入粮仓、料仓等有限空间后，其可能因人员体重或所携带工具重量导致物料流动而掩埋人员，或者人员进入时未有效隔离，导致物料的意外注入而将人员掩埋。作业人员被物料掩埋后，会因呼吸系统阻塞而窒息死亡，或因压迫、碾压而导致死亡。

（8）坍塌。有限空间在外力或重力作用下，可能因超过自身强度极限或因结构稳定性破坏而引发坍塌事故。人员被坍塌的结构体掩埋后，会因压迫导致伤亡。

（9）物体打击。有限空间外部或上方物体掉入有限空间内，以及有限空间内部物体掉落，可能对作业人员造成人身伤害。

（10）高温高湿。作业人员长时间在温度过高、湿度很大的环境中作业，可能会导致人体机能严重下降。高温高湿环境可使作业人员感到热、渴、烦、头晕、心慌、无力、疲倦等不适感，甚至导致人员发生热衰竭、失去知觉或死亡。

（11）灼烫。有限空间内存在的燃烧体、高温物体、化学品（酸、碱及酸碱性物质等）、强光、放射性物质等因素可能造成人员烧伤、烫伤和灼伤。

（12）机械伤害。有限空间作业过程中可能涉及机械运行，如未实施有效关停，人员可能因机械的意外启动而遭受伤害，造成外伤性骨折、出血、休克、昏迷，严重的会直接导致死亡。

2. 有限空间作业的风险辨识方法

（1）内部存在或产生的风险。

①有限空间内是否储存、使用、残留有毒有害气体以及可能产生有毒有害气体的物质，导致中毒。

②有限空间是否长期封闭、通风不良，或内部发生生物有氧呼吸等耗氧性化学反应，或存在单纯性窒息气体，导致缺氧。

③有限空间内是否储存、残留或产生易燃易爆气体，导致燃爆。

（2）作业时产生的风险。

①作业时使用的物料是否会挥发或产生有毒有害、易燃易爆气体，导致中毒或燃爆。

②作业时是否会大量消耗氧气，或引入单纯性窒息气体，导致缺氧。

③作业时是否会产生明火或潜在的点火源，增加燃爆风险。

（3）外部环境影响产生的风险。与有限空间相连或接近的管道内单纯性窒息气体、有毒有害气体、易燃易爆气体扩散、泄漏到有限空间内，导致缺氧、中毒、燃爆等风险。对于中毒、缺氧窒息和气体燃爆风险，使用气体检测报警仪进行针对性的检测是最直接有效的方法。检测后，各类气体浓度评判标准如下：

①有毒气体浓度应低于《工作场所有害因素职业接触限值》（GBZ 2.1-2019）规定的最高容许浓度或短时间接触容许浓度，无上述两种浓度值的，应低于时间加权平均容许浓度。

②氧气含量（体积分数）应在 19.5%~23.5%。

③可燃气体浓度应低于爆炸下限的 10%。

（4）淹溺风险。应重点考虑有限空间内是否存在较深的积水，作业期间是否可能遇到强降雨等极端天气导致水位上涨。

（5）触电风险。应重点考虑有限空间内使用的电气设备、电源线路是否存在老化破损。

（6）高处坠落风险。应重点考虑有限空间深度是否超过 2 米，是否在其内进行高于基准面 2 米的作业。

（7）掩埋风险。应重点考虑有限空间内是否存在谷物、泥沙等可流动固体。

（8）坍塌风险。应重点考虑处于在建状态的有限空间边坡、护坡、支护设施是否出现松动，或有限空间周边是否有严重影响其结构安全的建（构）筑物等。

（9）物体打击风险。应重点考虑有限空间作业是否需要进行工具、物料传送。

（10）高温高湿。应重点考虑有限空间内是否温度过高、湿度过大等。

（11）灼烫风险。应重点考虑有限空间内是否有高温物体或酸碱类化学品、放射性物质等。

（12）机械伤害风险。应重点考虑有限空间内的机械设备是否可能意外启动或防护措施失效。

常见有限空间作业主要风险辨识示例见表 3.28。

表 3.28　常见有限空间作业主要风险辨识示例

有限空间类型	有限空间	主要风险辨识示例
密闭半密闭设备	锅炉、烟道、煤气管道及设备、窑炉、炉膛	中毒、缺氧窒息、爆燃
	贮罐、反应釜(塔)	中毒、缺氧窒息、爆燃、高处坠落
地下有限空间	地窖、废井、通信井、地坑	缺氧窒息、高处坠落
	电力工作井(隧道)	缺氧窒息、高处坠落、触电
	热力井(小室)	缺氧窒息、高处坠落、高温高湿、灼烫
	燃气井(小室)	缺氧窒息、燃爆、高处坠落
	污水井、污水处理池、沼气池、化粪池、下水道	中毒、缺氧窒息、燃爆、高处坠落、淹溺
	深基坑	缺氧窒息、高处坠落、坍塌
地上有限空间	粮仓	中毒、缺氧窒息、燃爆、掩埋、高处坠落
	酒糟池、发酵池、纸浆池	中毒、缺氧窒息、高处坠落
	腌渍池	中毒、缺氧窒息、高处坠落、淹溺

三、有限空间作业安全管理措施及风险防控

(一)有限空间作业安全管理措施

1. 建立健全有限空间作业安全管理制度

存在有限空间作业的单位应建立健全有限空间作业安全管理制度和安全操作规程。安全管理制度主要包括安全责任制度、作业审批制度、作业现场安全管理制度、相关从业人员安全教育培训制度、应急管理制度等。有限空间作业安全管理制度应纳入单位安全管理制度体系统一管理,可单独建立也可与相应的安全管理制度进行有机融合。

在制度和操作规程内容方面:其一方面要符合相关法律法规、规范和标准要求,另一方面要充分结合本单位有限空间作业的特点和实际情况,确保具备科学性和可操作性。

2. 辨识有限空间并建立健全管理台账

存在有限空间作业的单位应根据有限空间的定义,辨识本单位存在的有限空间及其安全风险,确定有限空间数量、位置、名称、主要危险有害因素、可能导致的事故及后果、防护要求、作业主体等情况,建立有限空间管理台账并及时更新。示例见表 3.29。

表 3.29　有限空间管理台账示例

序号	所在区域	有限空间名称或编号	主要危险有害因素	事故及后果	防护要求	作业主体

3. 设置安全警示标志或安全告知牌

对辨识出的有限空间作业场所，应在显著位置设置安全警示标识或安全告知牌（示例参见《生产经营单位有限空间安全管理规范》DB5101/T 120-2021），以提醒人员增强风险防控意识并采取相应的防护措施。

4. 开展相关人员有限空间作业安全专项培训

单位应对有限空间作业分管负责人、安全管理人员、作业现场负责人、监护人员、作业人员、应急救援人员进行专项安全培训。参加培训的人员应在培训记录上签字确认，单位应妥善保存培训相关材料。

培训内容主要包括：有限空间作业安全基础知识，有限空间作业安全管理，有限空间作业危险有害因素和安全防范措施，有限空间作业安全操作规程，安全防护设备、个体防护用品及应急救援装备的正确使用，紧急情况下的应急处置措施等。

企业分管负责人和安全管理人员应当具备相应的有限空间作业安全生产知识和管理能力。有限空间作业现场负责人、监护人员、作业人员和应急救援人员应当了解和掌握有限空间作业危险有害因素和安全防范措施，熟悉有限空间作业安全操作规程、设备使用方法、事故应急处置措施及自救和互救知识等。

5. 配置有限空间作业安全防护设备设施

为确保有限空间作业安全，单位应根据有限空间作业环境和作业内容，配备气体检测设备、呼吸防护用品、坠落防护用品、其他个体防护用品和通风设备、照明设备、通信设备以及应急救援装备等。

单位应加强设备设施的管理和维护保养，并指定专人建立设备台账，负责维护、保养和定期检验、检定和校准等工作，确保处于完好状态，发现设备设施影响安全使用时，应及时修复或更换。

6. 制定应急救援预案并定期演练

单位应根据有限空间作业的特点，辨识可能的安全风险，明确救援工作分工及职责、现场处置程序等，按照《生产安全事故应急预案管理办法》（应急管理部令 2019 年第 2 号）和《生产经营单位生产安全事故应急预案编制导则》（GB/T 29639-2020），制定科学、合理、可行、有效的有限空间作业安全事故专项应急预案或现场处置方案，定期组织培训，确保有限空间作业现场负责人、监护人员、作业人员以及应急救援人员掌握应急预案内容。

有限空间作业安全事故专项应急预案应每年至少组织 1 次演练，现场处置方案应至少每半年组织 1 次演练。

7. 加强有限空间发包作业管理

将有限空间作业发包的，承包单位应具备相应的安全生产条件，即应满足有限空间作业安全所需的安全生产责任制、安全生产规章制度、安全操作规程、安全防护设备、应急救援装备、人员资质和应急处置能力等方面的要求。

发包单位对发包作业安全承担主体责任。发包单位应与承包单位签订安全生产管理协议，明确双方的安全管理职责，或在合同中明确约定各自的安全生产管理职责，包括：

（1）双方在场地、设备设施、人员等方面安全管理的职责与分工。

（2）双方在承发包过程中的权利和义务。

(3) 作业安全防护及应急救援装备的提供方和管理方。

(4) 突发事件的应急救援职责分工、程序，以及各自应当履行的义务。

(5) 其他需要明确的安全事项。

发包单位应对承包单位的作业方案和实施的作业进行审批，对承包单位的安全生产工作统一协调、管理，定期进行安全检查，发现安全问题的，应当及时督促整改。

承包单位对其承包的有限空间作业安全承担直接责任，应严格按照有限空间作业安全要求开展作业。

（二）有限空间作业过程风险防控

有限空间作业各阶段风险防控关键要素见图 3.64。

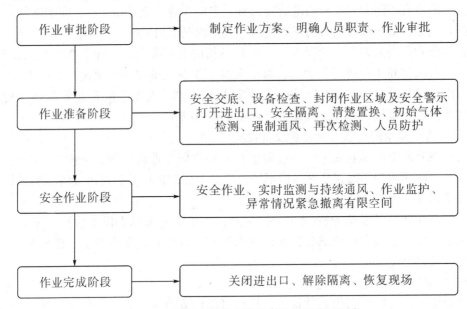

图 3.64 有限空间作业各阶段风险防控关键要素

1. 作业审批阶段

（1）制定作业方案。作业前应对作业环境进行安全风险辨识，分析存在的危险有害因素，提出消除、控制危害的措施，编制详细的作业方案。作业方案应经本单位相关人员审核和批准。

（2）明确人员职责。根据有限空间作业方案，确定作业现场负责人、监护人员、作业人员，并明确其安全职责。根据工作实际，现场负责人和监护人员可以为同一人。有限空间作业过程相关人员主要安全职责见表 3.30。

表 3.30 有限空间作业过程相关人员主要安全职责

人员类别	主要安全职责
作业现场负责人	完成有限空间作业审批资料，办理作业审批手续； 对全体人员进行安全交底； 确认作业人员上岗资格、身体状况符合要求； 掌控作业现场情况，作业环境和安全防护措施符合要求后许可作业，当有限空间作业条件发生变化且不符合安全要求时，终止作业； 发生有限空间作业事故，及时报告，并按要求组织现场处置

表3. 30(续)

人员类别	主要安全职责
监护人员	接受安全交底； 检查安全措施的落实情况，发现落实不到位或措施不完善时，有权下达暂停或终止作业指令； 出现异常情况时，发出撤离警告，并协助作业人员撤离有限空间； 警告并劝离未经许可试图进入有限空间作业区域的人员
作业人员	接受安全交底； 遵守安全操作规程，正确使用有限空间作业安全防护设备与个人防护用品； 服从作业现场负责人安全管理，接受现场安全监督，配合监护人员的指令，作业过程中与监护人员定期进行沟通； 出现异常情况时立即中断作业，撤离有限空间

（3）作业审批。应严格执行有限空间作业审批制度。审批内容应包括但不限于是否已制定作业方案、是否配备经过专项安全培训的人员、是否配备满足作业安全需要的设备设施等。审批负责人应在审批单上签字确认，未经审批不得擅自开展有限空间作业。

2. 作业准备阶段

（1）安全交底。作业现场负责人应对实施作业的全体人员进行安全交底，告知作业内容、作业过程中可能存在的安全风险、作业安全要求和应急处置措施等。交底后，交底人与被交底人双方应签字确认。

（2）设备检查。作业前应对安全防护设备、个体防护用品、应急救援装备、作业设备和用具的齐备性和安全性进行检查，发现问题应立即修复或更换。当有限空间可能为易燃易爆环境时，设备和用具应符合防爆安全要求。

（3）封闭作业区域及安全警示。应在作业现场设置围挡，封闭作业区域，并在进出口周边显著位置设置安全警示标志或安全告知牌。占道作业的，应在作业区域周边设置交通安全设施。夜间作业的，作业区域周边显著位置应设置警示灯，人员应穿着高可视警示服。

（4）打开进出口。作业人员站在有限空间外上风侧，打开进出口进行自然通风；可能存在爆炸危险的，开启时应采取防爆措施；若受进出口周边区域限制，作业人员开启时可能接触有限空间内涌出的有毒有害气体的，应佩戴相应的呼吸防护用品。

（5）安全隔离。存在可能危及有限空间作业安全的设备设施、物料及能源时，应采取封闭、封堵、切断能源等可靠 的隔离（隔断）措施，并上锁挂牌或设专人看管，防止无关人员意外开启或移除隔离设施。

（6）清除置换。有限空间内盛装或残留的物料对作业存在危害时，应在作业前对物料进行清洗、清空或置换。

（7）初始气体检测。作业前应在有限空间外上风侧，使用泵吸式气体检测报警仪对有限空间内气体进行检测。有限空间内仍存在未清除的积水、积泥或物料残渣时，应先在有限空间外利用工具进行充分搅动，使有毒有害气体充分释放。检测应从出入口开始，沿人员进入有限空间的方向进行。垂直方向的检测由上至下，至少进行上、中、下三点检测，水平方向的检测由近至远，至少进行进出口近端点和远端点两点检测。

作业前应根据有限空间内可能存在的气体种类进行有针对性检测，但应至少检测氧气、可燃气体、硫化氢和一氧化碳。当有限空间内气体环境复杂，作业单位不具备检测能力时，应委托具有相应检测能力的单位进行检测。检测人员应当记录检测的时间、地点、气体种类、浓度等信息，并在检测记录表上签字。有限空间内气体浓度检测合格后方可作业。

（8）强制通风。经检测，有限空间内气体浓度不合格的，必须对有限空间进行强制通风。强制通风时应注意：

①作业环境存在爆炸危险的，应使用防爆型通风设备；

②应向有限空间内输送清洁空气，禁止使用纯氧通风；

③有限空间仅有 1 个进出口时，应将通风设备出风口置于作业区域底部进行送风。有限空间有 2 个或 2 个以上进出口、通风口时，应在临近作业人员处进行送风，远离作业人员处进行排风，且出风口应远离有限空间进出口，防止有害气体循环进入有限空间；

④有限空间设置固定机械通风系统的，作业过程中应全程运行。

（9）再次检测。对有限空间进行强制通风一段时间后，应再次进行气体检测。检测结果合格后方可作业；检测结果不合格的，不得进入有限空间作业，必须继续进行通风，并分可能造成气体浓度不合格的原因，采取更具针对性的防控措施。

（10）人员防护。气体检测结果合格后，作业人员在进入有限空间前还应根据作业环境选择并佩戴符合要求的个体防护用品与安全防护设备，主要有安全帽、全身式安全带、安全绳、呼吸防护用品、便携式气体检测报警仪、照明灯和对讲机等。

3. 安全作业阶段

在确认作业环境、作业程序、安全防护设备和个体防护用品等符合要求后，作业现场负责人方可许可作业人员进入有限空间作业。

（1）安全作业注意事项。

①作业人员使用踏步、安全梯进入有限空间的，作业前应检查其牢固性和安全性，确保进出安全。

②作业人员应严格执行作业方案，正确使用安全防护设备和个体防护用品，作业过程中与监护人员保持有效的信息沟通。

③传递物料时应稳妥、可靠，防止滑脱；起吊物料所用绳索、吊桶等必须牢固、可靠，避免吊物时突然损坏、物料掉落。

④应通过轮换作业等方式合理安排工作时间，避免人员长时间在有限空间工作。

（2）实时监测与持续通风。作业过程中，相关人员应采取适当的方式对有限空间作业面进行实时监测。监测方式有两种：一种是监护人员在有限空间外使用泵吸式气体检测报警仪对作业面进行监护检测；另一种是作业人员自行佩戴便携式气体检测报警仪对作业面进行个体检测。除实时监测外，作业过程中还应持续进行通风。当有限空间内进行涂装作业、防水作业、防腐作业以及焊接等动火作业时，应持续进行机械通风。

（3）作业监护。监护人员应在有限空间外全程持续监护，不得擅离职守，主要做好两方面工作：

①跟踪作业人员的作业过程，与其保持信息沟通，发现有限空间气体环境发生不良变化、安全防护措施失效和其他异常情况时，应立即向作业人员发出撤离警报，并

采取措施协助作业人员撤离。

②防止未经许可的人员进入作业区域。

（4）异常情况紧急撤离有限空间。作业期间发生下列情况之一时，作业人员应立即中断作业，撤离有限空间：

①作业人员出现身体不适；

②安全防护设备或个体防护用品失效；

③气体检测报警仪报警；

④监护人员或作业现场负责人下达撤离命令；

⑤其他可能危及安全的情况。

4. 作业完成阶段

有限空间作业完成后，作业人员应将全部设备和工具带离有限空间，清点人员和设备，确保有限空间内无人员和设备遗留后，关闭进出口，解除本次作业前采取的隔离、封闭措施，恢复现场环境后安全撤离作业现场。有限空间作业安全风险防控确认表（示例）见表 3.31。

表 3.31　有限空间作业安全风险防控确认表（示例）

序号	确认内容	确认结果	确认人
1	是否制定有限空间作业方案，是否经本单位相关人员审核和批准		
2	是否明确现场负责人、监护人员和作业人员及其安全职责		
3	是否有作业审批表，审批项目是否齐全，是否经审批负责人签字同意		
4	作业安全防护设备、个体防护用品和应急救援装备是否齐全、有效		
5	作业前是否进行全面安全交底，交底人员及被交底人员是否签字确认		
6	作业现场是否设置围挡设施，是否设置符合要求的安全警示标识或安全告知牌		
7	是否安全开启进出口，进行自然通风		
8	作业前是否根据环境危害情况采取隔离、清除、置换等合理的工程控制措施		
9	作业前是否使用泵吸式气体检测报警仪对有限空间进行气体检测，检测结果是否符合作业安全要求		
10	气体检测不合格的，是否采取强制通风		
11	强制通风后是否再次进行气体检测，进入有限空间作业前，气体浓度是否符合安全要求		
12	作业人员是否正确佩戴个体防护用品和使用安全防护设备		
13	作业人员是否经现场负责人许可后进入有限空间进行作业		
14	作业期间是否实时监测作业面气体浓度		
15	作业期间是否持续进行强制通风		
16	作业期间，监护人员是否全程监护		
17	出现异常情况是否及时采取妥善的应对措施		
18	作业结束后是否恢复现场并安全撤离		

（三）有限空间作业主要事故隐患排查

存在有限空间作业的单位应严格落实各项安全防控措施，定期开展排查并消除事故隐患。有限空间作业主要事故隐患排查表（示例）见表 3.32。

表 3.32　有限空间作业主要事故隐患排查表（示例）

序号	排查项目	隐患内容	隐患分类
1	有限空间作业方案和作业审批	有限空间作业前，未制定作业方案或未经审批擅自作业	重大隐患
2	有限空间作业场所辨识和设置安全警示标志	未对有限空间作业场所进行辨识并设置明显安全警示标志	重大隐患
3	有限空间管理台账	未建立有限空间管理台账并及时更新	一般隐患
4	有限空间作业气体检测	有限空间作业前及作业过程中未进行有效的气体检测或监测	重大隐患
5	劳动防护用品配置和使用	未根据有限空间存在的危险有害因素的种类和危害程度，为从业人员配备符合国家或行业标准的劳动防护用品，并督促其正确使用	一般隐患
6	有限空间作业安全监护	有限空间作业现场未设置专人进行监护	一般隐患
7	有限空间作业安全管理制度和安全操作规程	未根据本单位实际情况建立有限空间作业安全管理制度和安全操作规程，或制度、规程照搬照抄，与实际不符	一般隐患
8	有限空间作业安全专项培训	未对从事有限空间作业的相关人员进行安全专项培训，或培训内容不符合要求	一般隐患
9	有限空间作业事故应急救援预案和演练	未根据本单位有限空间作业的特点，制定事故应急救援预案，或未按要求组织应急演练	一般隐患
10	有限空间作业承发包安全管理	有限空间作业承包单位不具备有限空间作业安全生产条件，发包单位未与承包单位签订安全生产管理协议或未在承包合同中明确各自的安全生产职责，发包单位未对承包单位作业进行审批，发包单位未对承包单位的安全生产工作定期进行安全检查	一般隐患

参考文献：

[1] 刘景良，董菲菲. 防火防爆技术 [M]. 北京：化学工业出版社，2021.

[2] 乔新国. 电气安全技术 [M]. 北京：中国电力出版社，2019.

[3] 马海珍，张志伟. 触电防范及现场急救 [M]. 北京：中国电力出版社，2015.

[4] 中国安全生产协会注册安全工程师工作委员会，中国安全生产科学研究院. 安全生产技术（2020 版）[M]. 北京：应急管理出版社，2020.

[5]《中华人民共和国安全生产法》（中华人民共和国主席令〔2021〕第 88 号）

[6]《中华人民共和国突发事件应对法》（中华人民共和国主席令第 69 号）

[7] 危险化学品安全管理条例（国务院令第 344 号，根据国务院第 144 次常务会议修订）

[8]《生产安全事故应急预案管理办法》（应急管理部令 2019 年第 2 号）

［9］《国家卫生计生委 人力资源社会保障部安全监管总局 全国总工会关于印发〈职业病分类和目录〉的通知》（国卫疾控发〔2013〕48号）

［10］《国家安全监管总局关于印发〈危险化学品建设项目安全设施目录（试行）〉》（原安监总危化〔2007〕225号）

［11］《应急管理部办公厅关于印发〈有限空间作业安全指导手册〉和4个专题系列折页的通知》（应急厅函〔2020〕299号）

［12］GB/T 5907.1-2014 消防词汇 第一部分：通用术语

［13］GB/T 4968-2008 火灾分类

［14］GB/T 3836.1-2021 爆炸性环境 第1部分：设备 通用要求

［15］GB 3836.14-2014 爆炸性环境 第14部分：场所分类 爆炸性气体环境

［16］GB/T 3836.35-2021 爆炸性环境 第35部分：爆炸性粉尘环境场所分类

［17］GB 50058-2014 爆炸危险环境电力装置设计规范

［18］GB 12476.2-2010 可燃性粉尘环境用电气设备 第2部分：选型和安装

［19］GB/T 3836.15-2017 爆炸性环境 第15部分：电气装置的设计、选型和安装

［20］GB 15603-1995 常用化学危险品贮存通则

［21］GB 50016-2014 建筑设计防火规范（2018年版）

［22］GB 50057-2010 建筑物防雷设计规范

［23］GB GB6722-2014 爆破安全规程

［24］GB 50089-2018 民用爆破器材工程设计安全规范

［25］GB/T 50841-2013 建设工程分类标准

［26］GB 50352-2019 民用建筑设计统一标准

［27］GB 13690-2009 化学品分类和危险性公示 通则

［28］GB 51080-2015 城市消防规划规范

［29］DB5101/T 120—2021 生产经营单位有限空间安全管理规范

［30］DB5101/T 120—2021 生产安全事故隐患排查治理工作指南

［31］GB/T2900.1-2008 电工术语 基本术语

［32］GB/T13869-2008 用电安全导则

［33］GB/T4776-2017 电气安全术语

［34］GB/T18216.1-2021 交流1000V和直流1500V及以下低压配电系统电气安全防护措施的试验、测量或监控设备 第1部分：通用要求

［35］GB/T16895.21-2020 低压电气装置 第4-41部分：安全防护 电击防护

［36］GB/T16895.5-2012 低压电气装置 第4-43部分：安全防护 过电流保护

［37］GB/T17045-2020 电击防护 装置和设备的通用部分

［38］GB/T13870.1-2008 电流对人和家畜的效应 第1部分：通用部分

［39］GB/T3836.1-2021 爆炸性环境 第1部分：设备 通用要求

［40］GB/T11026.7-2014 电气绝缘材料 耐热性 第7部分：确定绝缘材料的相对耐热指数（RTE）

［41］GB/T14048.2-2020 低压开关设备和控制设备 第2部分：断路器

［42］GB/T10963.1-2020 电气附件 家用及类似场所用过电流保护断路器 第1部分：用于交流的断路器

［43］GB13539.1-2015 低压熔断器 第1部分：基本要求

［44］GB16916.1-2014 家用和类似用途的不带过电流保护的剩余电流动作断路器（RCCB）第1部分：一般规则

［45］TSG 08—2017 特种设备使用管理规则

［46］GB/T 35076-2018 机械安全 生产设备安全通则

［47］DB5101/T 15-2018 成都市企业三级安全生产标准化基本规范

［48］GB 30871-2022 危险化学品企业特殊作业安全规范

［49］GBZ2.1—2019 工作场所有害因素职业接触限值

［50］GB/T29639-2020 生产经营单位生产安全事故应急预案编制导则

［51］DB5101/T120-2021 生产经营单位有限空间安全管理规范

第四章 | 生产安全事故预案管理与应急救援

第一节　生产安全事故应急预案编制

```
■本节知识要点

  1. 应急预案体系，应急预案的主要内容；
  2. 应急预案的编制程序。
```

生产安全事故应急预案是生产经营单位在从事生产经营活动过程中针对可能发生的事故，为最大程度减少事故损害而预先制定的应急准备工作方案。它是生产经营单位提高应对风险和防范事故能力，保证职工安全健康和公众生命安全，最大限度地减少财产损失、环境损害和社会影响的一种重要措施。

一、应急预案的目的和作用

（一）应急预案的目的

生产安全事故应急预案在应对生产安全事故中起着关键作用，它明确了在生产安全事故发生之前、发生过程中以及刚刚结束之后，生产经营单位具体某一岗位需要负责做什么、在何时做，以及明确了生产经营单位的应对策略和资源准备等。它是生产经营单位针对可能发生的重大生产安全事故及其影响和后果的严重程度，为应急准备和应急响应的各个方面所预先作出的详细安排，是分级开展及时、有效事故应急救援工作的行动指南。

（二）应急预案的作用

生产安全事故应急预案有利于生产经营单位作出及时的应急响应，降低事故后果。应急预案预先明确了应急各方的职责和响应程序，在应急资源等方面进行了先期准备，可以指导应急救援迅速、高效、有序地开展，将事故的人员伤亡、财产损失和环境破坏降到最低限度。

生产安全事故应急预案确定了应急救援的范围和体系，使应急管理不再无据可依、无章可循。尤其是生产经营单位通过培训和演习，可以使应急人员熟悉自己的任务，具备完成指定任务所需的相应能力，并检验预案和行动程序，评估应急人员的整体协调性。

生产安全事故应急预案是各类突发事故的应急基础。生产经营单位通过编制应急预案，可以对那些事先无法预料到的突发事故起到基本的应急指导作用，成为开展应急救援的"底线"。在此基础上，生产经营单位可以针对特定事故类别编制专项应急预案，根据实际制定现场处置方案。

生产安全事故应急预案建立了与上级单位和部门应急救援体系的衔接。生产经营单位通过编制应急预案，可以确保当发生超过本级应急能力的重大事故时与有关应急机构的联系和协调。

生产安全事故应急预案有利于提高风险防范意识。应急预案的编制、评审、发布、宣传、教育和培训，有利于各方了解可能面临的事故及其相应的应急措施，有利于促进各方提高风险防范意识和能力。

二、应急预案体系

《生产经营单位生产安全事故应急预案编制导则》（GB/T 29639-2020）第 5 条规定：生产经营单位的应急预案分为综合应急预案、专项应急预案和现场处置方案。生产经营单位应根据有关法律法规和相关标准，结合本单位组织管理体系、生产规模和可能发生的事故特点，科学确立本单位的应急预案体系，并注意与其他类别应急预案相衔接。

（一）综合应急预案

综合应急预案是生产经营单位为应对各种生产安全事故而制定的综合性工作方案，是本单位应对生产安全事故的总体工作程序、措施和应急预案体系的总纲，包括生产经营单位的应急组织机构及职责、应急响应、后期处置、应急保障等内容。

（二）专项应急预案

专项应急预案是生产经营单位为应对某一类型或某几种类型事故，或者针对重要生产设施、重大危险源、重大活动防止生产安全事故而制定的专项工作方案。专项应急预案主要包括适用范围、应急组织机构及职责、响应启动、处置措施和应急保障等内容。专项应急预案与综合应急预案中的应急组织机构、应急响应程序相近时，可不编制专项应急预案，相应的应急处置措施并入综合应急预案。

（三）现场处置方案

现场处置方案是生产经营单位根据不同生产安全事故类别，针对具体的场所、装置或设施所制定的应急处置措施，现场处置方案重点规范事故风险描述、应急工作职责、应急处置措施和注意事项。生产经营单位应根据风险评估、岗位操作规程以及危险性控制措施，组织本单位现场作业人员及安全管理等专业人员共同编制现场处置方案。

三、应急预案主要内容

（一）综合应急预案主要内容

1. 总则

（1）适用范围。说明应急预案适用的范围。

（2）响应分级。依据事故危害程度、影响范围和生产经营单位控制事态的能力，对事故应急响应进行分级，明确分级响应的基本原则。

2. 应急组织机构及职责

明确生产经营单位的应急组织形式、组成单位或人员以及构成部门的应急处置职责，可用结构图的形式表示。应急组织机构根据事故类型和应急工作需要，可设置相应的应急工作小组，并明确各小组的工作任务及职责。

3. 应急响应

（1）信息报告。

①信息接报。明确应急值守电话、事故信息接收、内部通报程序、方式和责任人，向上级主管部门、上级单位报告事故信息的流程、内容、时限和责任人，以及向本单位以外有关部门或单位通报事故信息的方法、程序和责任人。

②信息处置与研判。明确响应启动的程序和方式。根据事故性质、严重程度、影响范围和可控性，结合响应分级明确的条件，可由应急领导小组作出响应启动的决策并宣布，或者依据事故信息是否达到响应启动的条件自动启动。若未达到响应启动条件，应急领导小组可作出预警启动的决策，做好响应准备，实时跟踪事态发展。响应启动后，应注意跟踪事态发展，科学分析处置需求，及时调整响应级别，避免响应不足或过度响应。

（2）预警。

①预警启动。明确预警信息发布渠道、方式和内容。

②响应准备。明确作出预警启动后应开展的响应准备工作，包括队伍、物资、装备、后勤及通信。

③预警解除。明确预警解除的基本条件、要求及责任人。

（3）响应启动。确定响应级别，明确响应启动后的程序性工作，包括应急会议召开、信息上报、资源协调、信息公开、后勤及财力保障工作。

（4）应急处置。明确事故现场的警戒疏散、人员搜救、医疗救治、现场监测、工程抢险及环境保护方面的应急处置措施、并明确人员防护的要求。

（5）应急支援。明确当事态无法控制情况下，向外部（救援）力量请求支援的程序及要求、联动程序及要求，以及外部（救援）力量到达后的指挥关系。

（6）响应终止。明确响应终止的基本条件、要求和责任人。

4. 后期处置

主要明确污染物处理、生产秩序恢复、医疗救治、人员安置、善后赔偿、应急救援评估等内容。

5. 应急保障

（1）通信与信息保障。明确与可为本单位提供应急保障的相关单位或人员通信联系方式和方法，并提供备用方案。同时，建立信息通信系统及维护方案，确保应急期间信息通畅。

（2）应急队伍保障。明确应急响应的人力资源，包括应急专家、专业应急队伍、兼职应急队伍等。

（3）物资装备保障。明确生产经营单位的应急物资和装备的类型、数量、性能、存放位置、运输及使用条件、管理责任人及其联系方式等内容。

（4）其他保障。根据应急工作需求而确定的其他相关保障措施，如经费保障、交通运输保障、治安保障、技术保障、医疗保障、后勤保障等。

（二）专项应急预案主要内容

1. 适用范围

说明专项应急预案适用的范围，以及与综合应急预案的关系。

2. 应急组织机构及职责

根据事故类型，明确应急指挥机构总指挥、副总指挥以及各成员单位或人员的具体职责。应急指挥机构可以设置相应的应急救援工作小组，明确各小组的工作任务及主要负责人职责。

3. 响应启动

确定响应级别，明确响应启动后的程序性工作，包括应急会议召开、信息上报、资源协调、信息公开、后勤及财力保障工作。

4. 处置措施

针对可能发生的事故风险、事故危害程度和影响范围，制定相应的应急处置措施，明确处置原则和具体要求。

5. 应急保障

根据应急工作需求明确保障的内容。

（三）现场处置方案主要内容

1. 事故风险描述

事故风险描述主要包括以下内容：

（1）事故类型。

（2）事故发生的区域、地点或装置的名称。

（3）事故发生的可能时间、事故的危害严重程度及其影响范围。

（4）事故前可能出现的征兆。

（5）事故可能引发的次生、衍生事故。

2. 应急工作职责

根据现场工作岗位、组织形式及人员构成，明确各岗位人员的应急工作分工和职责。

3. 应急处置

应急处置主要包括以下内容：

（1）事故应急处置程序。根据可能发生的事故及现场情况，明确事故报警、各项应急措施启动、应急救护人员的引导、事故扩大及同生产经营单位应急预案的衔接的程序。

（2）现场应急处置措施。针对可能发生的火灾、爆炸、危险化学品泄漏、坍塌、水患、机动车辆伤害等，从人员救护、工艺操作、事故控制、消防、现场恢复等方面制定明确的应急处置措施。

（3）明确报警负责人、报警电话及上级管理部门、相关应急救援单位联络方式和联系人员，事故报告基本要求和内容。

4. 注意事项

注意事项主要包括以下内容：

（1）佩戴个人防护器具方面的注意事项。

（2）使用抢险救援器材方面的注意事项。

（3）采取救援对策或措施方面的注意事项。

（4）现场自救和互救注意事项。

（5）其他需要特别警示的事项。

四、应急预案编制程序

《生产经营单位生产安全事故应急预案编制导则》（GB/T 29639-2020）第 4 条规定了生产经营单位编制安全生产事故应急预案的程序。生产经营单位编制应急预案包括成立应急预案编制工作组、资料收集、风险评估、应急资源调查、应急预案编制、桌面推演、应急预案评审和批准实施八个步骤。

（一）成立应急预案编制工作组

生产经营单位应结合本单位部门职能和分工，成立以单位有关负责人（如生产、技术、设备、安全、行政、人事、财务人员）为组长，单位相关部门人员参加的应急预案编制工作组，明确工作职责和任务分工，制订工作计划，组织开展应急预案编制工作。预案编制工作组中应邀请相关救援队伍及周边相关企业、单位或社区代表参加。

（二）资料收集

应急预案编制工作组应收集与预案编制工作相关的法律法规、技术标准、应急预案、国内外同行业企业事故资料，同时收集本单位安全生产相关技术资料、周边环境影响、应急资源等有关资料。

（1）适用的法律法规、部门规章、地方性法规和政府规章. 技术标准及规范性文件。

（2）本单位周边地质、地形、环境情况及气象，水文、交通资料。

（3）本单位现场功能区划分、建（构）筑物平面布置及安全距离资料。

（4）本单位工艺流程、工艺参数、作业条件，设备装置及风险评估资料。

（5）本单位历史事故与隐患、国内外同行业事故资料。

（6）属地政府及周边企业、单位应急预案。

（三）风险评估

开展生产安全事故风险评估，撰写评估报告，其内容包括：

（1）辨识生产经营的单位存在的危险有害因素，确定可能发生的生产安全事故类别。

（2）分析各种事故类别发生的可能性、危害后果和影响范围。

（3）评估确定相应事故类别的风险等级。

（四）应急资源调查

全面调查和客观分析本单位以及周边单位和政府部门可请求救援的应急资源状况，撰写应急资源调查报告，其内容包括但不限于：

（1）本单位可调用的应急队伍、装备、物资、场所。

（2）针对生产过程及存在的风险可采取的监测、监控、报警手段。

（3）上级单位、当地政府及周边企业可提供的应急资源。

（4）可协调使用的医疗、消防、专业抢险救援机构及其他社会化应急救援力量。

（五）应急预案编制

依据生产经营单位风险评估及应急资源调查结果，组织编制应急预案。应急预案编制应注重系统性和可操作性，做到与相关部门和单位应急预案相衔接。

（六）桌面推演

按照应急预案明确的职责分工和应急响应程序，结合相关经验教训，相关部门及人员可采取桌面演练的形式，模拟生产安全事故应对过程，逐步分析讨论并形成记录，检应急预案的可行性，并进一步完善应急预案。

（七）应急预案评审

应急预案编制完成后，生产经营单位应组织评审。评审分为内部评审和外部评审，内部评审由生产经营单位主要负责人组织有关部门和人员进行，外部评审由生产经营单位组织外部有关专家和人员进行评审。

（八）批准实施

通过评审的应急预案，由生产经营单位主要负责人签发实施。

五、应急预案管理

生产安全事故应急预案的编制、评审、公布、备案、实施及监督管理工作均应遵守《生产安全事故应急预案管理办法》。

（一）基本原则

应急预案的管理实行属地为主、分级负责、分类指导、综合协调、动态管理的原则。

生产经营单位主要负责人负责组织编制和实施本单位的应急预案，并对应急预案的真实性和实用性负责；各分管负责人应当按照职责分工落实应急预案规定的职责。

生产经营单位应急预案应当包括向上级应急管理机构报告的内容、应急组织机构和人员的联系方式、应急物资储备清单等附件信息。附件信息发生变化时，应当及时更新，确保准确有效。

（二）应急预案的实施

生产经营单位应当组织开展本单位的应急预案、应急知识、自救互救和避险逃生技能等培训活动，使有关人员了解应急预案内容，熟悉应急职责、应急处置程序和措施。

应急培训的时间、地点、内容、师资、参加人员和考核结果等情况应当如实记入本单位的安全生产教育和培训档案。

生产经营单位应当制订本单位的应急预案演练计划，根据本单位的事故风险特点，每年至少组织一次综合应急预案演练或者专项应急预案演练，每半年至少组织一次现场处置方案演练。

宾馆、商场、娱乐场所、旅游景区等人员密集场所经营单位，应当至少每半年组织一次生产安全事故应急预案演练，并将演练情况报送所在地县级以上地方人民政府负有安全生产监督管理职责的部门。

生产经营单位应当按照应急预案的规定，落实应急指挥体系、应急救援队伍、应急物资及装备，建立应急物资、装备配备及其使用档案，并对应急物资、装备进行定期检测和维护，使其处于适用状态。

生产经营单位发生事故时，应当第一时间启动应急响应，组织有关力量进行救援，并按照规定将事故信息及应急响应启动情况报告事故发生地县级以上人民政府应急管理部门和其他负有安全生产监督管理职责的部门。

生产安全事故应急处置和应急救援结束后，事故发生单位应当对应急预案实施情况进行总结评估。

第二节　生产安全事故应急预案演练

┌-------- ■本节知识要点 --┐
│　1. 事故应急演练的方法、基本任务与目标；
│　2. 应急救援预案的演练要求。
└--┘

　　应急演练是指针对可能发生的事故情景，依据应急预案而模拟开展的应急活动。应急预案编制完成，并经评审发布后，即从理论上成为可以应用的应急救援的"作战方案"。良好的应急救援"作战方案"是应急救援行动成功的根本保障。但是，仅有良好的应急救援"作战方案"，并不能保证企业及员工对生产安全事故进行有效响应。因为突发事故往往发展迅速，应急救援刻不容缓，不允许也不可能让指挥人员、现场处置人员现场拿着"应急预案"照本宣科，逐条对照操作。应急人员只有对自己的应急职责及应急操作要求熟稔于心，才能在面对突发危险时处变不惊，果敢行动，灵活应对，保障应急救援行动的有序、高效开展，实现应急救援的目标。而这必须通过全面、系统、反复的应急培训，并在应急演练与实战中熟悉技能，积累经验，不断提高应急救援水平。因此，应急培训与演练，对于企业及员工灵活按照应急救援"作战方案"有序、有效行动，圆满实现应急救援目标，至为重要。

一、应急演练的目的

　　应急演练的最终目的是通过模拟的方式检验预案，保证应急预案的成功实施，实现应急救援的成功目标。

（一）检验预案

　　通过开展应急演练，验证应急预案的各部分或整体能否有效实施，能否满足既定事故情形的应急需要，发现应急预案中存在的问题，保证预案有针对性、科学性、实用性和可行性。

（二）完善准备

　　通过开展应急演练，发现预案方针、原则和程序的缺点予以及时完善；发现采用的应急技术及现场操作方法的错误、不当之处予以修正；辨识出缺失的人力、物资备等资源予以补充；事先发现应急责任的空白、不清、脱节之处，查找协同应对的薄弱环节予以加强。

（三）锻炼队伍

　　事故发生，只有反应迅速，正确、熟练操作，才能把控救援主动权。通过有组织、有计划的接近实战的仿真演练，锻炼应急队伍，保证应急人员具有良好的应急素质和熟练的操作技能，充分满足应急工作实际需要。

（四）磨合机制

　　通过开展应急演练，相关部门、单位和人员就会熟练预案，熟悉职责，熟悉程序，熟悉操作，默契配合；对于突发异常，会随机应变，灵活处置；同时，可以提高应急各方协同应对能力，保证应急预案的顺利实施，提高应急救援实战水平。

（五）宣传教育

通过应急演练，不断激发、巩固全员应急意识，充分调动全员应急工作的主动性，包括获得领导对应急工作的支持，员工对应急工作的热爱，社会公众对应急工作的帮助与支持。

二、应急演练的原则

应急演练类型有多种，不同类型的应急演练虽有不同特点，但在策划演练内容，演练情景、演练频次、演练评估方法等方面，应遵循以下原则：

（一）领导重视，依法进行

首先，企业管理层要充分认识应急预演的重要作用和真正目的，端正思想，克服演练是"形式主义、没效益、白花钱"等错误思想，只有领导重视，应急演练工作才能得到根本保障。其次，应急演练采用的形式、具体的操作，都必须依法进行。

（二）周密组织，安全第一

演练的根本目的，是保障生命和财产免受伤害。杜绝在演练中真"出事"，出现人员伤亡、影响生产的情形。因此，对演练必须周密组织，坚持安全第一的原则，保证演练过程的每个环节都是实时可控的，即随时可以安全终止，演练前应事先向周围企业、公众告知，充分保障人员生命安全、生产运行安全和周围公众的安全。

（三）结合实际，突出重点

要充分考虑企业、地域实际情况，分析应急工作中的薄弱环节，分析应急工作的重点所在，找出需要重点解决、重点保障的内容进行演练。如果员工对应急预案的基本内容尚不熟悉，就要抓好以口头讲解为特点的桌面演练；如果应急人员对应急装备的使用存在问题，那就应重点进行应急装备的演练；等等。

（四）内容合理，讲究实效

应急预案是一项复杂的系统工程，可演练的形式和内容多种多样。因此，企业必须坚持内容合理，讲究实效的原则，确定哪些重要、关键、富有实质意义的内容，避免走过场，让演练流于形式的现象。

（五）优化方案，经济合理

演练需要投入人力、财力、物力，其中，又以综合演练投入最大。在许多情况下，企业会出现"演练不起"的现象。演练有用，但演练若花费太大，也可能"吃掉"企业效益，成为企业经济运行的"绊脚石"。因此，企业必须对演练方案进行充分优化，从演练类型选择、人力物力投入等方面，充分综合评价企业的安全需求与经济承受能力，选用最经济的方式，用最低的演练成本，达到演练的目的。

三、应急演练的分类

应急演练按照演练内容分为综合演练和单项演练，按照演练形式分为实战演练和桌面演练，不同类型的演练可相互组合。

（一）按演练类型划分

1. 综合演练

综合演练是针对应急预案中多项或全部应急响应功能开展的演练活动。综合演包括报警、指挥决策、应急响应、现场处置和善后恢复等多个环节参演人员涉及预案中全部或多个应急组织和人员。演练要求系统完整、尽量真实，一般持续几个小时，过程中调用尽可能多的应急响应人员和资源，并开展人员、设备及其他资源的实战性演练，以展示相互协调的应急响应能力。

综合演练更接近救援实际，暴露出的问题往往最能体现要害，获取的经验最有用；同时，投入的人力、财力、物力最多。因此，企业必须把预案演练评估作为一项非常重要的工作，全过程地抓好，以改正不足，总结经验，并努力节省投资，用最少的钱办最大的事。

2. 单项演练

单项演练是针对应急预案中某一项应急响应功能开展的演练活动。演练形式包括重点区域的应急处置程序、应急设施设备的使用、事故信息处置和从业人员岗位应急职责掌握情况等，参演人员主要是相关程序的实际操作人员。单项演练一般在培训室举行，并可同时调用有限的应急设备，开展现场演练，主要目的是针对不同的应急响应功能，检验相关应急人员及应急指挥协调机构的策划和响应能力。

专项演练比桌面演练规模要大，需动员更多的应急响应人员和组织，必要时，还可要求上级应急响应机构参与学习研讨，对演练方案设计、协调和评估工作提供技术支持。

（二）按演练形式划分

1. 桌面演练

桌面演练是利用工艺图纸、地图、计算机模拟和视频会议等辅助手段，针对设定的生产安全事故情景，口头推演应急决策及现场处置程序。主要特点是对演练情景进行口头推演，是"纸上谈兵"，一般是在会议室内举行非正式的活动，考察的是在没有时间压力的情况下，演练人员检查和解决应急预案中问题的同时，获得一些建设性的讨论。目的是锻炼应急人员解决问题的能力，以及解决应急组织相互协作和职责划分的问题。该演练方法成本较低，可用于为综合演练和专项演练做准备。

2. 实战演练

实战演练是选择（或模拟）生产经营活动中的设备、设施、装置或场所，真实展现设定的生产安全事故情景，根据预案程序及所用各类应急器材、装备、物资，实地行动，如实操作，完成真实应急响应的过程。实战演练因为很可能影响正常的生产经营活动，演出真事故，因此，在实际生产装置区一般不采用。现在多是在模拟建设（一般利用报废生产装置）的生产装置以水作为运行物料条件下才会进行。

（三）演练类型选择

不同演练类型的最大差别在于演练的复杂程度和规模，所需评价人员的数量与企业生产经营情况等。因此我们应选择适应企业、地方管理需求和资源条件的应急演练方案。

同时，预案演练要充分考虑经济投入及对正常生产安全的影响，特别是综合演练，人力、物力投入大，不能轻易举行，必须在对方案优化再优化的基础上进行，有条件的可开展预演评估。

大部分情况下，应急演练会对生产造成大小不一的影响，因此，企业要充分考虑对正常安全的影响，预想所有可能因应急演练带来的不安全因素，并制定相应的应对措施，确保生产正常运行。

四、应急演练的流程

（一）成立指挥组织

企业根据不同类型的应急演练，成立相应的应急指挥组织；由确定的应急指挥组织，成立应急演练策划小组，编制应急演练策划报告。

（二）演练策划报告

企业开展应急演练可划分为演练准备、演练实施和演练总结三个阶段，主要内容如下：

1. 明确职责，分工具体

演练策划小组是演练的领导机构，是演练准备与实施的指挥部门，对演练实施全面控制。因此，企业必须要明确演练策划小组人员的各自职责和具体分工，按照各自职责与分工，有序开展工作。

演练策划小组的主要职责与任务：

（1）确定演练类型、对象、情景设计、参演人员、目标、地点、时间等。

（2）协调各项应急资源的调配。

（3）编制演练实施方案。

（4）检查和指导演练的准备与实施，解决准备与实施过在发生的问题。

（5）组织演练总结与评价，策划小组要根据上述任务与职责进行人员分工，在较大规模专项演习和综合演习时，策划小组内部可分设专业组，对各项工作的准备、实施与总结进行周密策划。

2. 确定演练类型和对象

根据企业实际和最需解决的问题、应急工作重点、演练项投入等情况，确定合适的演练类型和演练对象。

3. 确定演练目标

根据演练类型和对象，制定具体的演练目标。企业不能仅以成功处置"事故"这一正确但笼统的"目标"为目标，应将目标分解细化，要把队伍的调用、人员的操作、装备的使用、"事故"的处置、演练的评价等应达到的要求，均拟定具体的演练目标，这样更容易发现不足。

4. 确定演练和观摩人员

根据企业实际，要确定参与演练的人员，满足演练与实战的需要。同时，确定相应的观摩人员。观摩人员不仅指领导，还应尽可能地让更多的员工进行观摩。对于观摩者来说，演练既是技能教育，更是意识教育。因此，企业应充分发挥这一课堂的作用，只要"教室"足够大，就尽可能地招收更多的"学生"来学习。

5. 确定演练时间和地点

演练策划小组应与企业有关部门、应急组织和关键人员提前协商，并确定应急演练的时间和地点。

6. 编写演练方案

根据演练类型、对象、目标、人员等情况事先编制演练方案，对演练规模、参演单位和人员、演练对象、假象事故情景及其发展顺序及响应行动等事项进行总体设计。

7. 确定演练现场规则

事先制定演练现场的规则，确保演练过程全程可控，确保演练人员的安全和正常的生产、周围公众的生活秩序不受影响。

8. 确定演练物资与装备

演练模拟场景应尽可能是真实的，对于物资、装备，应事先全面考察确定，在满足安全的前提下开展，譬如用一个油盆点火，火是真火，只是规模上小一些，但灭火就必须用灭火器来灭。

9. 安排后勤工作

事先完成演练通信、卫生、场地交通、现场指示和生活保障等后勤保障工作。

10. 应急演练评估

成立应急评估组织、培训相关人员、撰写应急评估报告。

11. 讲解演练方案与演练活动

演练策划小组负责人应在演练前分别向演练人员、评估人员、控制人员简要讲解演练日程、演练现场规则、演练方案、模拟事故等事项。

12. 演练实施

演练准备活动就绪，达到演练条件，演练开始。

13. 举行会议

演练结束后，演练策划小组负责人应邀请参演人员及观摩人员出席会议，解释如何通过演练检验企业应急能力，听取专家对应急预案的建议。

14. 汇报与讨论

评估小组尽快将初步评价报告策划小组，策划小组应尽快吸取评估人员对演练过程的观察与分析确定演练结论，确定采取何种纠正措施。

15. 演练人员询问与求证

演练策划小组负责人应召集演练人员代表对演练过程进行自化评价，并对演练结果进行总结和解释，对评估小组的初步结论进行论证。

16. 通报错误、缺失及不足

演练结束后，演练策划小组负责人应通报本次演练中存在的错误、缺失及不足之处，并通报相应的改进措施。有关方面接到通报后，应在规定的期限内完成整改工作。

17. 编写演练总结报告

演练结束后，演练策划小组负责人应以演练评估报告为重要内容，向上级管理层提交演练报告。报告内容应包括本次演练的背景信息，演练方案、演练人员组织、演练目标、存在问题、整改措施及演练结论评价等。

18. 追踪问题整改

演练结束后，演练策划小组应追踪错误、缺失、不足等问题的改进措施落实执行情况，及时解决，避免在今后的工作中重犯。

演练小组按照上述要求完成演练策划报告后，应请相关部门、人员进行评审，认真倾听改进意见与建议，修改完善后，报最高管理者同意，方可施行。除一些必需的公告信息外，策划报告对演练人员是保密的，以充分检验应急各方的能力与水平。

（三）演练准备

演练策划报告完成后，即可按照演练策划报告的内容与要求，有序开展准备工作，准备充分，即可按期、按要求开展演练及总结工作。因此，演练策划报告，是演练的重要指导性与操作性兼具的文件，既要保证现场情景逼真，圆满实现演练目标，又要保障人员、生产、周围公众的安全，这就必须把模拟事故情景设计好。情景设计是演练的重要"剧本"，只有剧本好，才能排演好。

情景设计时，策划小组必须把假想事故的发生、发展过程，按照科学的原理，设计出一系列客观真实的相互因果、发展有序的情景事件，不能凭空臆想设计有违真实的场景；必须说明何时何地、发生何种事故、被影响区域、气象条件等事项，即必须详细说明事故情景，便于参演人员对危险因素的辨识与风险评价；必须说明演练人员在演练中的一切应急行动，并将应急行动安全注意事项，在行动分解中，随时讲清。

情景设计过程中，策划小组应注意以下事项。

1. 安全第一

编写演练方案或设计事故情景时，策划小组应将演练参与人员、周围公众及生产的安全放在首位。演练方案和事故情景设计中应说明安全要求和原则，以防参演人员、公众的安全健康或生产生活秩序受到危害。

2. 专家编写

负责编写演练方案或设计演练情景的人员，必须熟悉演练地点及周围各种有关情况。一般来说，演练方案应由本单位资深技术、管理专业人员参与编制。演练人员不得参与演练方案编写和演练情景的设计过程，以确保演练方案和演练情景相对于演练人员是相对保密的。

3. 生动真实

设计的演练情景，应尽可能贴近实战。为增强演练情景的真实程度，策划小组可以对历史上发生过的真实事故进行研究，将其中一些信息纳入演练情景中。在演练中，尽可能采用一些真实的道具或其他仿真度强的模拟材料，提高情景的真实性。

4. 进程可控

情景事件的时间进度应该可控，事情的发展可以与真实事故的时间进度相一致，也可以不一致。从理论上讲，两者相对一致是最理想的。

5. 气象条件

由于气象的复杂多变性，根据演练日期确定的演练时的气象条件，几乎不可能与情景设计的一样。因此，对气象条件，原则上就是使用演练当时的气象条件，至于应急响应行动，完全按预案的内容与要求来执行。为了保证对气象条件的适应，企业可以针对气象条件开展诸多单项演练，以提高参演人员对各种气象条件的适应性。

6. 公众影响

情景设计时，策划小组应慎重考虑公众卷入的问题，避免引起公众恐慌。因为即便事先将演练场景告知公众，仍可能存在漏洞或出现新的变化。如要模拟一次气罐爆炸事故，假如事先已经向周围村庄、社区的公众进行告知，但是，由于人员流动性及有关人员理解力不同，仍可能在巨大的模拟声响之后，出现有人误以为发生地震、真爆炸等应激反应，仓皇出逃，引起混乱，甚至跳楼逃生，导致伤亡的事情。

7. 制定演练"事故"预案

演练现场，会有许多真实的场景，如油盆火，要用到电话、灭火器、消火栓等真实器材，在这些场景中有可能发生意外险情，造成真实事故，并带来人员的伤亡。同时策划小组还要充分考虑对实际生产经营活动的保障，演练现场在演练假"事故"，不是生产现场发生真"事故"。因此，策划小组必须对应急预案演练中可能出现的意外情况，制定演练"事故"预案，充分考虑各种意外情况，并制定相成的预案。

（四）演练实施

应急演练实施阶段是指从宣布初始事件起到演练结束的整个过程，有了完善的策划报告，做好了充分的应急准备，就可以实施演练了。虽然应急演练的类型、规模、持续时间、演练情景等有所不同，但演练过程中应包括如下基本内容。

1. 早期通报

对那些可能对社区、公共设施、公共场所、交通运输等造成不良影响的演练，要对相关人员、组织单位进行通报，避免因演练而造成居民恐慌、生活秩序混乱及发生事故等。

2. 过程控制

演练活动负责人的主要作用是宣布演练开始和结束，以及解决演练过程中的矛盾。演练过程中，参演应急组织和人员应尽可能按实际紧急事件发生时的响应要求进行演练，即"自由演示"。

导调人员的作用主要是向演练人员传递控制消息，提醒演练人员终止行动。

演练过程中参演应急组织和人员应遵守当地相关的法律法规和演练现场规则，确保演练安全进行。如果演练偏离正确方向，出现具有负面影响或超出演示范围的行动，应及时采取提醒、纠正、延迟或终止演练等措施。

（五）演练评估总结

应急演练评估总结，是围绕演练目标和要求，对演练的准备、实施、结束进行全过程、全方位的跟踪考察，查找演练中暴露出的错误、不足和缺失之处，对演练效果作出判定，并举一反三，对有关应急工作提出改进意见和建议。

1. 评估目的与作用

应急演练评估的目的，主要有以下几个方面：

（1）发现预案文本存在的问题和不足，考察应急预案的科学性、实用性和可操作性。

（2）有关人员的应急职能履行、技术操作、协调配合、设备设施运行等执行方面存在的问题和不足。

（3）举一反三，对应急管理提出改进意见和建议。企业通过演练评估，不仅能发现一些演练暴露出的表面问题，同时通过集思广益，深入讨论，能发现一些深层次的问题，通过集体的智慧，最大限度地发掘演练的价值，为应急救援工作的改进提出系统全面的建议，这对应急工作的改进具有非常重要的用。一次演练评价所得，其价值不逊于一次实战的经验所得，对于提高应急救援实战水平都具有重要的作用。

2. 评估内容

应急演练评估的内容是全过程、全方位的，主要包括：

（1）人员行动情况，包括是否履行救援操作、任务，完成程度如何，效果如何。

（2）组织协调联动机制是否按照既定要求建立运行，效果如何。

（3）应急装备、设施运行情况，是否完好，效果如何。

（4）组织、人员、队伍、装备、设施、技术、措施等方面存在的各种问题。

（5）改进意见和建议。

3. 评估依据

演练评估主要依据，包括有关应急法律法规、标准及有关规定和要求，演练涉及的相关应急预案和演练文件，相关技术标准、操作规程、应急救援典型案例等文献，有关专家救援工作经验。

4. 评估程序

评估程序可分成评估准备、评估实施和评估总结三个步。

评估准备，主要是前期演练评估策划，包括成立评估小组、人员培训、有关评估文件制作等。

评估实施，与应急演练行动同步启动，对需要评估的内容进行全过程、全方位跟踪考察、记录、分析。

评估总结，对评估内容进行全面分析，分析存在的各种不足和问题，判定应急演练成效，对有关应急工作提出改进意见和建议。

5. 评估报告编制、发布与整改

（1）编写书面评估报告。根据演练现场的观察和记录，依据事先制定的评估表，逐项对演练内容进行评估，及时记录评估结果。演练结束后，评估人员从组织实施、问题、不足、经验、教训、结论与改进建议等方面，对预案演练给出书评估报告。评估报告主要内容应包括：

①演练基本情况。演练的组织及承办单位、演练形式、事故情景、主要应急行动等。

②演练评估过程。演练评估工作的组织实施过程和主要工作安排。

③存在问题分析。依据演练评估表格的评估记录，从演练的准备及组织实施情况、参演人员表现等方面对演练存在的问题进行全面分析。

④评估结论。对演练成效进行判定并说明理由。

⑤改进意见和建议。针对演练评估中发现的问题提出改进意见和建议。

（2）演练评估报告发布。评估报告应报演练总指挥审核同意，并向所有参演人员及本单位其他人员公示，与其他演练文件资料一并存档。

（3）整改落实与持续改进。演练组织单位应根据评估报告中提出的问题和不足，制定整改方案，跟踪整改落实。

6. 应急演练评估特别注意事项

应急演练评估应特别注意做好如下几项工作。

（1）明确分工，职责具体。演练评估小组人员分工要明确，职责要具体。

（2）相互独立，公正评价。演练评估应由外部专家参与并由外部具有较高专业水平的人员担任评估小组组长，尽量体现第三方公开公正评价。如果评估小组全由内部人员担当，那么内部人员既当教练员，又当裁判员，碍于情面，就会出现评估只说好不说坏、"扬长避短"的现象，从而使评估工作失实，这对演练工作不仅无益，反而有害。

（3）细化评估结论标准。演练评估结论标准要细化，有可操作性。评估结论，既是对应急演练效果的评价，也是对有关应急工作者工作质量的评价，因此，策划人员必须根据科学合理的原则，事先共同制定明确具体的标准，并得到管理者的明文认可。事前说明，就会消除事后矛盾。如果仅凭笔者上述的概念性评价，不结合实际，制定具体可操作的条款，评估结论就不能发挥改进工作的指导作用，反而会引发不必要的工作矛盾。

（4）评估分析要深入。评估报告既要评价直接发现的问题、获得的经验，更要采用头脑风暴法，举一反三，深入剖析，找出深层次的问题，探讨更具价值的经验，完善预案，提高应急能力。要让一次演练变成两次、四次、十次演练，最大限度地发掘每一次应急演练的价值。

第三节 生产安全事故应急处置与救援

■本节知识要点

1. 应急响应分级和响应程序；
2. 应急处置现场控制与安排；
3. 恢复与善后工作。

一、应急响应

（一）分级响应

1. 一般生产安全事故应急响应

一般生产安全事故由生产经营单位按照预案的规定启动应急救援预案并组织本单位各方面力量处置。

2. 较大及以上事故应急响应

较大及以上事故由生产经营单位按照预案的规定启动应急救援预案并组织本单位各方面力量开展先期处置的同时，报上级应急救援指挥部门，请求上级应急救援指挥部门启动相应应急救援预案，组织各方面力量进行处置。

（二）响应程序

事故发生后，第一发现人应立即向生产经营单位相关部门负责人和值班室 24 小时值守人员报告，由值守人员和部门负责人向本单位的应急预案中的总指挥报告事故情况，总指挥（总指挥不在时，根据应急预案确定相关负责人暂时代理总指挥职责）根据事故的情况，发出事故报警，发布启动预案指令，启动相应等级的事故应急救援行动。

生产经营单位的应急救援队伍在接到事故报警后，应迅速赶赴现场，按照各自的职责，在做好自身防护的基础上，有序实施扑救、抢险、隔离、疏导交通、现场保护、后勤供应、疏散转移人员等救援活动，快速、有效展开救援，防止事故扩大。同时，将伤员救出危险区域，经医疗救护人员处置后送医院救治。

若突发事件危及影响区域内人员安全时，应组织员工、群众进行疏散，安全撤离危险区。

（三）响应程序的终止

1. 响应程序终止的条件

生产安全事故现场得以控制，人员得到救治，环境符合有关标准，导致次生、衍生事故隐患消除后，经生产经营单位应急指挥部批准后，现场应急终止。

2. 响应程序终止的要求

应急结束后，生产经营单位要做好以下工作：

（1）事故情况上报事项。

（2）需向事故调查处理小组移交的相关事项。

（3）事故应急救援工作总结报告。

二、应急处置现场控制与安排

生产安全事故的应急处置工作由许多环节构成，其中现场控制和安排是一个内容最复杂、任务最繁重的重要环节，现场控制和安排在一定程度上决定了应急处置的效率与质量。

（一）快速反应

生产安全事故发生单位负责人接到事故报告后，应当立即启动事故应急预案，或者采取有效处置措施，开展先期应急工作，控制事态发展，并按规定向有关部门报告。

（二）现场救助

生产安全事故应急救援人员在进行现场控制的同时应立即展开对受害者的救助，及时抢救护送危重伤员、救援受困群众、妥善安置死亡人员、安抚在精神与心理上受到严重冲击的受害人。

（三）人员疏散

事故可能对周边群众和环境产生影响的，生产经营单位应在向地方人民政府和有关部门报告的同时，及时向可能受到影响的单位、职工、群众发出预警信息，标明危险区域，组织、协助应急救援队伍和工作人员救助受害人员，疏散、撤离、安置受到威胁的人员，并采取必要措施防止发生次生、衍生事故。

（四）保护事故现场

事故发生后，有关单位和人员应当妥善保护事故现场以及相关证据，任何单位和个人不得破坏事故现场、毁灭相关证据。因抢救人员、防止事故扩大以及疏通交通等原因，需要移动事故现场物件的，应当作出标记，绘制现场简图并作出书面记录，妥善保存现场重要痕迹、物证。

三、恢复与善后工作

应急处置工作结束后，生产经营单位应尽快组织恢复生产、生活秩序，配合事故调查组进行调查。通常情况下，重要的恢复与善后工作主要有以下几种：恢复期间管理、事故调查、现场警戒和安全、安全和应急系统的恢复、员工的救助、法律问题的解决、损失状况评估、保险与索赔、工艺数据的收集以及公共关系等。

（一）恢复期间的管理

恢复期间的管理具有独特性和挑战性。由于受到破坏，生产经营单位的生产不可能会立即恢复到正常状况。另外，某些重要工作人员的缺乏可能会造成恢复工作进展缓慢。恢复工作的顺利开展在很大程度上依赖生产经营单位恢复阶段的管理水平，在恢复期间，生产经营单位需要专门组建一个小组来执行恢复功能。

（二）恢复过程中的重要事项

1. 现场警戒和安全

应急救援结束后，由于以下原因可能还需要继续隔离事故现场：

（1）事故区域还可能造成人员伤害。

（2）事故调查组需要查明事故原因，因此不能破坏和干扰现场证据。

（3）如果伤亡情况严重，需要政府部门进行调查。

（4）其他管理部门也可能要进行调查。

（5）保险公司要确定损坏程度。

（6）工程技术人员需要检查该区域以确定损坏程度和可抢救的设备。

恢复工作人员应用警戒带或其他设施装置将被隔离的事故现场区域围成警戒区。保安人员应防止无关人员入内。生产经营单位要向保安人员提供授权进入此区域的名单，还要告知保安人员如何配合相关部门的检查。

安全和卫生人员应该确定受破坏区域的污染程度或危险性。如果此区域可能给相关人员带来危险，安全人员要采取一定安全措施，包括发放个人防护设备、通知所有进入人员受破坏区的安全限制等。

2. 员工救助

员工援助主要包括以下几个方面：

（1）保证紧急情况发生后向员工提供充分的医疗救助。

（2）按生产经营单位有关规定，对伤亡人员的家属进行安抚。

（3）如果事故影响到员工的住处，应协助员工对个人住处进行恢复。

除此之外，生产经营单位还应根据损坏情况程度考虑向员工提供现金预付、薪水照常发放、削减工作时间和咨询服务等方面的帮助。

3. 损失状况评估

损失状况评估是恢复工作的另一个任务，主要集中在事故后如何修复的问题上，应尽快进行，但也不能干扰事故调查工作。只有在完成损坏评估和确定恢复优先顺序后，生产经营单位才可以进行初步恢复生产等活动。

4. 数据收集

收集事故数据对于调查事故的原因和预防类似事故发生都是非常重要的。发生事故后，生产经营单位的生产和技术人员的职责之一是收集所有导致事故发生以及事故期间的数据。这些数据一般包括：

（1）有关物质的存量。

（2）事故前的工艺状况（温度、压力、流量等）。

（3）操作人员（或其他人员）观察到的异常情况（噪声、泄漏、天气状况、地震等）。

（4）相关计算机内的数据信息。

（三）事故调查

事故调查主要集中在事故如何发生以及为何发生等方面。事故调查的目的是找出操作程序、工作环境或安全管理中需要改进的地方，以避免事故再次发生。一般情况下，需要成立事故调查组。事故调查组应按照《生产安全事故报告和调查处理条例》等规定来调查和分析事故。调查小组要在其事故调查报告中详细记录调查结果和建议。

（四）应急后评估

应急后评估是指生产经营单位在事件应急工作结束后，为了完善应急预案，提高应急能力，对各阶段应急工作进行的总结和评估。

应急后评估可以通过日常的应急演练和培训，或通过对事故应急过程的分析和总结，结合实际情况对预案的统一性、科学性、合理性和有效性以及应急救援过程进行评估，根据评估结果对应急预案以及应急流程等进行定期修订。对前一种方式而言，生产经营单位可以按照有关规定，结合本企业实际通过桌面演练、实战模拟演练等不同形式的预案演练，经过评估后解决单位内部门之间以及单位同地方政府有关部门的协同配合等问题，增强预案的科学性、可行性和针对性，提高快速反应能力、应急救援能力和协同作战能力。

四、应急现场常用个体防护与救助知识

应急救援时的事故状态是非常态。按事故致因理论的能量说，事故状态是能量的不受控制和不受约束的状态，在这种状态不明确的情况下，救援人员很容易受到伤害。目前已发生多起救援人员很容易受到伤害的事实，这也提醒救援人员注意自身防护。在崇尚"以人为本"的安全理念的今天，我们应该以最小的代价将事故的损害降到最小的程度，尽量不发生救援时的二次伤亡。救援人员的作业状态不同于任何其他正常状态下工作的人员，在人、机、环这个均衡系统受到破坏的情况下，救援人员的个体防护——这个安全生产的最后屏障也就成为他们的重要生命线。

（一）个体防护要求

国家对不同的生产作业场所均有佩戴个体防护用品的要求。这些要求同样应适用于生产经营单位应急救援人员，个体防护用品是根据生产过程中不同性质的有害因素，采不同方法，保护肌体的局部或全部免受外来伤害，从而达到防护目的的用品。其要求如下：

（1）接触粉尘作业的工作场所需穿戴防尘防护用品：防尘口罩、防尘眼镜、防尘帽、防尘服等。

（2）接触有毒物质作业的工作场所必须穿戴防毒用品；防毒口罩、防毒面具等。

（3）有物体打击危险的工作场所必须戴安全帽、穿防护鞋。

（4）2m 以上作业的场所必须系安全带。

（5）从事可能造成对眼睛伤害的作业，必须戴护目镜或防护面具。

（6）从事有可能被传动机械绞碾、夹卷伤害的作业，必须穿戴全身工作服，女工必须戴防护帽，不能戴防护手套，不能佩戴悬露的饰物。

（7）噪声超过国家标准的工作场所必须戴防噪声耳塞或耳罩。

（8）从事接触酸碱的作业，必须穿戴防酸碱工作服。

（9）水上作业必须穿救生衣，使用救生用具。

（10）易燃易爆场所必须穿戴防静电工作服。

（11）从事电气作业应穿绝缘防护用品，从事高压带电作业应穿屏蔽服。

（12）高温、高寒作业时，必须穿戴防高温辐射或防寒护品。

穿戴个人防护用品需注意：

（1）必须穿戴经过认证的合格的防护用品。

（2）须确认穿戴的防护用品对将要工作的场所的有害因素起防护作用的程度，检查外观有无缺陷或损坏，各部件组装是否严密等。

（3）要严格按照护品说明书的要求使用，不能超极限使用，不能使用替代品。

（4）穿戴防护用品要规范化、制度化。

（5）使用完防护用品要进行清洁，防护用品要定期保养。

（6）防护用品要存放在指定地点、指定容器内。

事故应急救援人员的个体防护要求应高于一般作业人员要求，尽管救援时有个别情况影响正常穿戴或使用个体防护用品，但也应有可靠的安全措施。救援人员要增强

自我防护意识和自我防护的本领，切不可冒险蛮干。高温、高寒、高尘、高噪声时要及时轮换救援人员。

（二）个体防护装置的使用与配备

救援人员要熟悉个体防护用品的性能特点，根据事故情况穿戴。个体防护用品的性能要求见表 4.1 所示：

表4.1 个体防护用品性能要求

防护用品名称	用途	性能要求
安全帽	一般事故场所	具有冲击吸收性能、耐穿刺
	高温、火源场所	具有冲击吸收性能和阻燃性能
	井下、隧道、地下工程事故	具有冲击吸收性能和侧向刚性
消防头盔	火灾场所	具有冲击吸收性能、防穿刺、防热辐射、火焰电击和侧向挤压（有面罩、披肩）
消防防护服	火灾场所近火救援	避水隔热服（铝箔表面轧花）200℃耐 30min
		冰水冷却服（外表面镀铝，内衬 44 个隔离冰袋）
		八五防护服（防水阻燃）
	火灾场所	八一防护服（防水不阻燃）
	化学事故火灾场所	防化服（衫连裤套衣，表面光滑，隔热防浸入）
消防防护靴	火灾场所	胶靴（防滑、防穿刺、高耐热性）
		皮靴（防滑、防穿刺、高耐热性），分普通和防寒型
消防防护手套	火灾场所	分耐水耐磨和防水隔热型，浸水 24h 无渗漏
过滤式呼吸器	不缺氧的环境和低浓度毒污染环境使用	分为过滤式防尘呼吸器和过滤式防毒呼吸器，后者分为自吸式和送风式两类
隔绝式呼吸器	可在缺氧、尘毒严重污染、情况不明的生命危险的作业场所使用	供气形式分为供气式和携气式两类。根据气源的不同又分为氧气呼吸器、空气呼吸器和化学氧呼吸器；救援时多用携气式

（三）化学事故救援人员应达到个体防护分级

在各类事故应急救援过程中，特别要强调的是火灾爆炸事故和化学事故的个体防护。发生这类事故时，非救援人员禁止进入现场，救援人员进入现场必须穿戴满足要求的个体防护用品。

（1）A级防护要求：事故产生窒息性或刺激性毒物，该事故区域对生命及健康有即时危险（即在 30min 内发生不可修复和不可逆转伤害），如化学事故中心地带，毒源不明的事故现场等的事故救援人员。

（2）B级防护要求：事故产生不挥发的有毒固体或液体，该事故区域对生命及健康的危害小于 A 级的事故救援人员。

（3）C级防护要求：治疗已经脱离化学事故现场的伤害者，尽管伤害者所沾染的毒物不足以对他人造成威胁的临床急救人员。

化学事故个体防护用品的配备见表 4.2。

表 4.2 化学事故个体防护用品的配备

级别	个体防护用品的配备
A 级	可对周围环境中的气体与液体提供最完善保护。它是 1 套完全封闭的、防化学品的服装、手套及靴子，以及 1 套隔绝式呼吸防护装置
B 级	有毒气体对皮肤危害不严重时，仅用于呼吸防护。与 A 级不同，它包括 1 套不封闭的、防溅洒的、抗化学品的服装。它可以对液体提供如 A 级一样的保护，但不是密封的
C 级	它包括一种防溅洒的服装、配有面部完全被覆盖过滤式防护装置
D 级	仅限于衣裤相连的工作服或其他工作服、靴子及手套。

化学事故发生时，首先进入现场的抢救人员一般为消防人员。消防人员通常要"切断火源"或"隔绝火源"，这是为了灭火及增加热阻抗，但不能阻止危险化学品的散发和泄漏。因此，消防机构应装备一定量的呼吸性防护用品，保障消防人员在现场以最快的速度找出伤害者并进行抢救。

（四）危害因素的辨识与个体防护应对

应急事故救援人员要采取正确的个体防护措施。个体防护用品的种类很多，错用个体防护用品达不到防护的目的。因此，消防人员必须对事故现场的危害因素进行辨识，正确地选用和佩戴防护用品。

第五章 | 生产安全事故报告和调查处理

第一节　生产安全事故概述

┌─── ■本节知识要点 ──────────────────────────────
│
│　1. 法律法规及规范性文件对生产安全事故管理的规定；
│　2. 事故分类、分级及认定。
│
└──

生产安全事故分类及分级是生产安全事故调查处理的基础，主要是为了便于生产安全事故报告和调查处理工作的分级管理。长期以来，事故被分成若干等级。我国根据不同等级事故规定了不同的报告和调查处理程序要求。

一、生产安全事故定义

生产安全事故是指生产经营单位在生产经营活动（包括与生产经营有关的活动）中突然发生的，伤害人身安全和健康，或者损坏设备设施，或者造成经济损失的，导致原生产经营活动（包括与生产经营活动有关的活动）暂时中止或永远终止的意外事件。

其中，《安全生产法》所称的生产经营单位，是指从事生产或者经营活动的基本单元，既包括企业法人，也包括不具有企业法人资格的经营单位、个人合伙组织、个体工商户和自然人等其他生产经营主体；既包括合法的基本单元，也包括非法的基本单元。《安全生产法》和《生产安全事故报告和调查处理条例》所称的生产经营活动，既包括合法的生产经营活动，也包括违法违规的生产经营活动。

二、生产安全事故分类

为了对事故进行调查和处理，我们必须对事故进行归纳分类，由于研究的目的不同、角度不同，分类的方法也就不同。

（一）依照事故造成的后果不同分类

依照事故造成的后果不同，事故分为伤亡事故和非伤亡事故。造成人身伤害的事故称为伤亡事故；只造成生产中断、设备损坏或财产损失的事故称为非伤亡事故。

（二）按事故发生的行业分类

根据《应急管理部关于印发〈生产安全事故统计调查制度〉和〈安全生产行政执法统计调查制度〉的通知》（应急〔2020〕93号）的规定，我们将事故分为采矿业（煤矿、金属非金属）事故、商贸制造业（化工、烟花爆竹、工贸）事故、建筑业（房屋建筑业、土木工程建筑业）事故、交通运输业（铁路运输业、道路运输业、水上运输业、航空运输业）事故、农林牧渔业（农业机械、渔业船舶）事故以及其他行业事故。

（三）按企业职工伤亡事故类别分类

按《企业职工伤亡事故分类》（GB 6441-86），事故类别见表5.1。

表 5.1　企业职工伤亡事故类别分类标准

序号	分类项目	序号	分类项目	序号	分类项目	序号	分类项目
01	物体打击	02	车辆伤害	03	机械伤害	04	起重伤害
05	触电	06	淹溺	07	灼烫	08	火灾
09	高处坠落	10	坍塌	11	冒顶片帮	12	透水
13	放炮	14	火药爆炸	15	瓦斯爆炸	16	锅炉爆炸
17	容器爆炸	18	其他爆炸	19	中毒和窒息	20	其他伤害

（四）按照伤害程度分类

按照伤亡人员伤害程度对事故分类，见表5.2。

表 5.2　企业职工伤亡事故分类

事故分类	伤亡人员情况
轻伤	指因事故造成的肢体伤残或某些器官功能性或器质性损伤，表现为劳动能力受到伤害，经医院诊断，需歇工3个工作日及以上、105个工作日以下
重伤（包括急性工业中毒）	重伤是指因事故造成的肢体残缺或视觉、听觉等器官受到严重损伤甚至丧失或引起人体长期存在功能障碍和劳动能力重大损失的伤害，经医院诊断需歇工105个工作日及以上。 急性工业中毒是指人体因接触国家规定的工业性毒物、有害气体，一次吸入大量工业有毒物质使人体在短时间内发生病变，导致人员立即中断工作，需歇工3个工作日及以上
死亡（下落不明）	指因事故造成人员在30日内（火灾、道路运输事故7日内）死亡和下落不明人数

三、生产安全事故分级

（一）事故定级要素

《生产安全事故报告和调查处理条例》中根据人员伤亡（急性工业中毒）、直接经济损失和社会影响三要素将生产安全事故分为四级，即特别重大事故、重大事故、较大事故、一般事故。这三个要素可以单独适用，以最高者为准。

（1）人员伤亡（急性工业中毒）的数量。安全生产以人为本，事故危害的最严重后果，就是造成人员死亡、重伤（中毒）或者轻伤。由于各类轻伤事故较多，《生产安全事故报告和调查处理条例》仅将人员死亡、重伤包括急性中毒作为事故等级划分要素。

（2）直接经济损失的数额。事故会造成因人身伤亡及善后处理支出的费用和毁坏财产的价值的损失。财产关乎国家、企业和人民群众的权力，因此须通过造成直接经济损失的多少来区分事故等级。

（3）社会影响。有些事故的人员伤亡（急性工业中毒）数量、直接经济损失数额达不到法定标准，但是性质严重、社会影响恶劣的事故，国务院或者有关地方人民政府认为需要调查处理的，应依照《生产安全事故报告和调查处理条例》的有关规定执行。

（二）通用的事故分级的规定

根据 2007 年 6 月 1 日起施行的《生产安全事故报告和调查处理条例》，我们将生产安全事故分为四级，见表 5.3。

表 5.3　生产安全事故分级

类型	分级
特别重大事故	造成 30 人以上（含 30 人）死亡，或者 100 人以上（含 100 人）重伤（包括急性工业中毒，下同），或者 1 亿元以上（含 1 亿元）直接经济损失的事故
重大事故	造成 10 人以上（含 10 人）30 人以下死亡，或者 50 人以上（含 50 人）100 人以下重伤，或者 5 000 万元以上（含 5 000 万元）1 亿元以下直接经济损失的事故
较大事故	造成 3 人以上（含 3 人）10 人以下死亡，或者 10 人以上（含 10 人）50 人以下重伤，或者 1 000 万元以上（含 1 000 万元）5 000 万元以下直接经济损失的事故
一般事故	造成 3 人以下死亡，或者 10 人以下重伤，或者 1 000 万元以下直接经济损失的事故

四、生产安全事故认定

《国家安全监督管理总局关于生产安全事故认定若干意见问题的函》中有关非高危行业生产经营造成事故的认定如下：

（一）关于非法生产经营造成事故的认定

（1）无证照或者证照不全的生产经营单位擅自从事生产经营活动，发生造成人身伤亡或者直接经济损失的事故，属于生产安全事故。

（2）个人私自从事生产经营活动（包括小作坊、小窝点、小坑口等），发生造成人身伤亡或者直接经济损失的事故，属于生产安全事故。

（3）个人非法进入已经关闭、废弃的矿井进行采挖或者盗窃设备设施过程中发生造成人身伤亡或者直接经济损失的事故，应按生产安全事故进行报告。其中由公安机关作为刑事或者治安管理案件处理的、侦查结案后须有同级公安机关出具相关证明，可从生产安全事故中剔除。

（二）关于自然灾害引发事故的认定

（1）由不能预见或者不能抗拒的自然灾害（四川省主要涉及洪水、泥石流、雷击、地震、雪崩等）直接造成的事故，属于自然灾害。

（2）在能够预见或者能够防范可能发生的自然灾害的情况下，因生产经营单位防范措施不落实、应急救援预案或者防范救援措施不力，由自然灾害引发造成人身伤亡或者直接经济损失的事故，属于生产安全事故。

（三）关于公安机关立案侦查事故的认定

事故发生后，公安机关依照刑法和刑事诉讼法的规定，对事故发生单位及其相关人员立案侦查的，其中：在结案后认定事故性质属于刑事案件或者治安管理案件的，应由公安机关出具证明，按照公共安全事件处理；在结案后认定不属于刑事案件或者治安管理案件的，包括因事故，相关单位、人员涉嫌构成犯罪或者治安管理违法行为，给予立案侦查或者给予治安管理处罚的，均属于生产安全事故。

（四）农用车辆等非法载客造成事故的认定

农用车辆非法载客过程中发生的造成人身伤亡或者直接经济损失的事故，属于生产安全事故。

（五）关于救援人员在事故救援中造成人身伤亡事故的认定

专业救护队救援人员、生产经营单位所属非专业救援人员或者其他公民参加事故抢险救灾造成人身伤亡的事故，属于生产安全事故。

五、生产安全事故的统计范围

根据中华人民共和国应急管理部制定的 2020 年新版《生产安全事故统计调查制度》的规定，关于非高危行业生产安全事故的统计范围还包括下列各种情形：

（一）单一主体事故统计情况

（1）与生产经营有关的预备性或者收尾性活动中发生的事故纳入统计。

（2）生产经营活动中发生的事故，不论生产经营单位是否负有责任，均纳入统计。

（3）没有造成人员伤亡且直接经济损失小于 100 万元（不含）的事故，暂不纳入统计。

（4）生产经营单位人员参加社会抢险救灾时发生的事故，纳入事故发生单位统计。

（二）多主体事故统计情况

（1）跨地区进行生产经营活动单位发生的事故，由事故发生地应急管理部门负责统计。

（2）两个以上单位交叉作业时发生的事故，纳入主要责任单位统计。

（3）甲单位人员参加乙单位生产经营活动发生的事故，纳入乙单位统计。

（4）乙单位租赁甲单位场地从事生产经营活动发生的事故，若乙单位为独立核算单位，纳入乙单位统计；否则纳入甲单位统计。

（5）因设备、产品不合格或安装不合格等因素造成使用单位发生事故，不论其责任在哪一方，均纳入使用单位统计。

（三）雇佣人员事故统计情况

（1）非正式雇佣人员（临时雇佣人员、劳务派遣人员、实习生、志愿者等）、其他公务人员、外来救护人员以及生产经营单位以外的居民、行人等因事故受到伤害的，纳入统计。

解放军、武警官兵、公安干警、国家综合性消防救援队伍因参加事故抢险救援时发生的人身伤亡，不计入统计报表制度规定的事故等级统计范围，仅作为事故伤亡总人数另行统计。

（2）雇佣人员在单位所属宿舍、浴室、更衣室、厕所、食堂、临时休息室等场所因非不可抗力受到伤害的事故纳入统计。

（四）其他情况

（1）各类景区、商场、宾馆、歌舞厅、网吧等人员密集场所，因自身管理不善或安全防护措施不健全造成人员伤亡（或直接经济损失）的事故纳入统计。

（2）服刑人员在劳动生产过程中发生的事故纳入统计。

（3）公立或私立医院、学校等机构发生的事故纳入统计。

第二节　生产安全事故报告程序及内容

■ **本节知识要点**

1. 生产安全事故报告程序及时限；
2. 生产安全事故报告的内容要求。

生产安全事故报告是应急处置及救援的重要前提，相关部门只有通过及时、准确和完整的生产安全事故报告，才能第一时间掌握事故情况、作出部署、科学实施事故救援、阻止并控制事态发进一步展，将事故损失和影响降到最低限度。

一、事故报告程序及时限

（一）事故发生单位上报的程序

生产安全事故发生后，事故现场有关人员应当立即向本单位负责人报告，目的是能及时采取应急救援措施，防止事故扩大及发展，减少人员伤亡和财产损失，这一步骤至关重要。

单位负责人接到报告后，应当于 1 小时内向事故发生地县级以上人民政府应急管理部门和负有安全生产监督管理职责的有关部门报告。

情况紧急时，事故现场有关人员可以直接向事故发生地县级以上人民政府应急管理部门和负有安全生产监督管理职责的有关部门报告。

（二）政府部门逐级上报的程序

应急管理部门和负有安全生产监督管理职责的有关部门接到事故报告后，应当逐级上报事故情况，每级上报的时间不得超过 2 小时（其中 2 小时起点是指接到下级部门报告的时间），并通知公安机关、人力资源和社会保障行政部门、工会和人民检察院，相关规定如下：

（1）特别重大事故、重大事故逐级上报至国务院应急管理部门和负有安全生产监督管理职责的有关部门。

（2）较大事故逐级上报至省、自治区、直辖市人民政府应急管理部门和负有安全生产监督管理职责的有关部门。

（3）一般事故上报至设区的市级人民政府应急管理部门和负有安全生产监督管理职责的有关部门。

应急管理部门和负有安全生产监督管理职责的有关部门依照前款规定上报事故情况，应当同时报告本级人民政府。

国务院应急管理部门和负有安全生产监督管理职责的有关部门以及省级人民政府接到发生特别重大事故、重大事故的报告后，应当立即报告国务院。

如果事故现场条件特别复杂，难以准确判定事故等级，情况十分危急，上一级部门没有足够能力开展应急救援工作，或者事故性质特殊、社会影响特别重大时，就应当允许越级上报事故。

事故上报最重要的原则是及时，以特别重大事故的报告为例：从单位负责人报告县级管理部门，再由县级管理部门报告市级管理部门，市级管理部门报告省级管理部门，省级管理部门报告国务院管理部门，最后报至国务院，按照报告时限要求的最大值计算，总共所需时间为 7 小时。

（三）快报

1. 较大事故快报

发生较大生产安全事故或者社会影响重大的事故的，县级、市级应急管理部门和负有安全生产监督管理职责的有关部门接到事故报告后，在逐级上报的同时，应当在 1 小时内先用电话快报省级应急管理部门和负有安全生产监督管理职责的有关部门，随后补报文字报告；乡镇应急办可以根据事故情况越级直接报告省级应急管理部门和负有安全生产监督管理职责的有关部门。

2. 特别重大事故、重大事故快报

发生重大、特别重大生产安全事故或者社会影响恶劣的事故的，县级、市级应急管理部门和负有安全生产监督管理职责的有关部门接到事故报告后，在逐级上报的同时，应当在 1 小时内先用电话快报省级应急管理部门和负有安全生产监督管理职责的有关部门，随后补报文字报告；必要时，可以直接用电话报告国务院应急管理部门和负有安全生产监督管理职责的有关部门。

省级应急管理部门和负有安全生产监督管理职责的有关部门接到事故报告后，应当在 1 小时内先用电话快报国务院应急管理部门和负有安全生产监督管理职责的有关部门，随后补报文字报告。

国务院应急管理部门和负有安全生产监督管理职责的有关部门接到事故报告后，应当在 1 小时内先用电话快报国务院总值班室，随后补报文字报告。

二、事故报告的基本内容

事故发生后，及时、准确、完整地报告事故，对于及时、有效地组织事故救援，减少事故损失，顺利开展事故调查具有非常重要的意义，任何单位和个人对事故不得迟报、漏报、谎报或者瞒报。

（一）事故报告内容

事故报告应当包括事故发生单位概况，事故发生的时间、地点以及事故现场情况，事故的简要经过，事故已经造成或者可能造成的伤亡人数（包括下落不明的人数）和初步估计的直接经济损失，已经采取的措施和其他应当报告的情况。事故报告应当遵照完整性的原则，尽量能够全面地反映事故情况。具体内容如下：

1. 事故发生单位概况

事故发生单位概况一般应当包括单位的全称、成立时间、所处地理位置、所有制形式和隶属关系、生产经营范围和规模、持有各类证照的情况、单位负责人的基本情况、劳动组织及工程（施工）情况等以及近期的生产经营状况等，对于不同行业企业的报告内容应根据实际情况确定。

2. 事故发生的时间、地点以及事故现场情况

报告事故发生的时间应当尽量精确到分钟。报告事故发生的地点要准确，除事故发生的中心地点外，还应当报告事故所波及的区域。报告事故现场的情况应当全面，

报告事故现场总体情况、现场的人员伤亡情况、设备设施的毁损情况以及事故发生前后的现场情况，以便前后比较，分析事故原因。

3. 事故的简要经过

事故的简要经过是对事故全过程的简要叙述，特别需要注意事故发生前作业场所有关人员和设备设施的细节，描述要前后衔接、脉络清晰、因果相连。

4. 伤亡人数和初步估计的直接经济损失

对于人员伤亡（包括下落不明）人数的报告，生产经营单位应当遵守实事求是的原则，不作无根据的猜测，更不能隐瞒实际伤亡人数。对直接经济损失的初步估计，主要指事故所导致的建筑物的毁损、生产设备设施和仪器仪表的损坏等。由于人员伤亡情况和经济损失情况直接影响事故等级的划分，并由此决定事故的调查处理等后续重大问题，因此生产经营单位应当力求准确。

5. 已经采取的措施

已经采取的措施主要是指事故现场有关人员、事故单位负责人、已经接到事故报告的安全生产管理部门为减少损失、防止事故扩大和便于事故调查所采取的应急救援和现场保护等具体措施。

6. 其他应当报告的情况

对于其他应当报告的情况，根据实际情况具体确定。需要特别指出的是，考虑到事故原因往往需要进一步调查之后才能确定，为谨慎起见，没有将其列入应当报告的事项。但是，对于能够初步判定事故原因的，还是应当进行报告。

（二）事故发生后的补报

补报内容应当包括事故发生单位详细情况、事故详细经过、设备失效形式和损坏程度、事故伤亡或者涉险人数变化情况、直接经济损失、防止发生次生灾害的应急处置措施和其他必要报告的情况等。

《生产安全事故报告和调查处理条例》规定，事故报告后出现新情况的，应当及时补报。自事故发生之日起 30 日内，事故造成的伤亡人数发生变化的，应当及时补报。道路交通事故、火灾事故自发生之日起 7 日内，事故造成的伤亡人数发生变化的，应当及时补报。

（三）快报内容

（1）事故发生单位的名称、地址、性质。

（2）事故发生的时间、地点。

（3）事故已经造成或者可能造成的伤亡人数（包括下落不明、涉险的人数）。

第三节　生产安全事故调查

■本节知识要点

　　1. 生产安全事故的调查原则及事故调查组组成；
　　2. 生产安全事故调查基本要求、调查取证及方法，以及事故报告的编写内容；
　　3. 生产安全事故调查的内容及处理程序。

　　事故调查与分析是安全生产工作的重要组成部分。事故调查和处理，既是分析事故根源、解决安全隐患的重要基础，也是吸取教训、追究责任、惩前毖后的有效手段和领导工作决策的重要依据。事故调查应当坚持科学严谨、依法依规、实事求是、注重实效的原则，及时、准确地查清事故经过、事故原因和事故损失，查明事故性质，认定事故责任，总结事故教训，落实整改和防范措施，防止类似事故再次发生。

一、事故调查处理原则

　　（1）事故调查处理应当按照科学严谨、依法依规、实事求是、注重实效的原则，及时、准确地查清事故原因，查明事故性质和责任，评估应急处置工作，总结事故教训，提出整改措施，并对事故责任单位和人员提出处理建议。事故发生单位应当及时全面落实整改措施，负有安全生产监督管理职责的部门应当加强监督检查。

　　（2）事故调查处理应当坚持事故原因未查清不放过、责任人员未处理不放过、整改措施未落实不放过、有关人员未受到教育不放过的"四不放过"原则，不仅要追究事故直接责任人的责任，而且要追究有关负责人的领导责任。

　　（3）坚持问责与整改并重。完善事故调查处理机制，坚持问责与整改并重，充分发挥事故查处对加强和改进安全生产工作的促进作用。

　　（4）事故调查工作遵循"政府领导、分级负责"原则：不管哪级事故，其事故调查工作都是由政府负责的；不管是政府直接组织事故调查还是授权或者委托有关部门组织事故调查，都是在政府的领导下，都是以政府的名义进行的，都是政府的调查行为，不是部门的调查行为。

二、事故调查的分级和督办

　　1. 特别重大事故由国务院或者国务院授权有关部门组织事故调查组进行调查

　　重大事故、较大事故、一般事故分别由事故发生地省级人民政府、设区的市级人民政府、县级人民政府负责调查。省级人民政府、设区的市级人民政府、县级人民政府可以直接组织事故调查组进行调查，也可以授权或者委托有关部门组织事故调查组进行调查。未造成人员伤亡的一般事故，县级人民政府也可以委托事故发生单位组织事故调查组进行调查。

　　2. 属地调查

　　特别重大事故以下等级事故，事故发生地与事故发生单位不在同一个县级以上行政区域的，由事故发生地人民政府负责调查，事故发生单位所在地人民政府应当派人参加。

3. 提级调查

对于事故性质恶劣、社会影响较大的，同一地区连续频繁发生同类事故的，事故发生地不重视安全生产工作、不能真正吸取事故教训的，社会和群众对下级政府调查的事故反响十分强烈的，事故调查难以做到客观、公正的等事故调查工作，上级人民政府可以调查由下级人民政府负责调查的事故。

自事故发生之日起30日内（道路交通事故、火灾事故自发生之日起7日内），因事故伤亡人数变化导致事故等级发生变化，应当由上一级人民政府负责调查的，上一级人民政府可以另行组织事故调查组进行调查。

4. 挂牌督办

为依法严格事故查处，事故查处实行地方各级安全生产委员会层层挂牌督办制度，各类生产安全事故发生后，各级人民政府必须按照事故等级和管辖权限，依法开展事故调查。完善事故查处挂牌督办制度，按规定由省级、市级和县级人民政府分别负责查处的重大事故、较大事故和一般事故，分别由上一级人民政府安全生产委员会负责挂牌督办、审核把关。

国务院安委会对重大生产安全事故调查处理实行挂牌督办，国务院安委会办公室具体承担挂牌督办事项。省级人民政府应当自接到挂牌督办通知之日起60日内完成督办事项。各省级人民政府负责落实挂牌督办事项，省级人民政府安委会办公室具体承担本行政区域内重大事故挂牌督办事项的综合工作。重大事故调查报告形成初稿后，省级人民政府安全生产委员会应当及时向国务院安委会办公室做出书面报告，经审核同意后，由省级人民政府批复。

5. 法律及行政法规授权部门组织事故调查

为避免《生产安全事故报告和调查处理条例》与现行有关法律法规相互冲突，《生产安全事故报告和调查处理条例》仅适用于生产经营活动中发生的造成人身伤亡或者直接经济损失的生产安全事故的报告和调查处理，不适用于环境污染事故、核设施事故、国防科研生产事故的报告和调查处理，同时第四十五条规定："特别重大事故以下等级事故的报告和调查处理，有关法律、行政法规或者国务院另有规定的，依照其规定"。该条例规定允许由特别法授权的政府部门直接组织特殊事故调查。

三、事故调查组

（一）事故调查组的组成

事故调查组的组成应当遵循精简、效能的原则。2018年国务院机构改革后，监察机关不再作为成员单位参加政府组织的事故调查组，而是应事故调查组邀请，依法开展有关追责问责审查调查工作。根据事故的具体情况，事故调查组由有关人民政府、应急管理部门、负有安全生产监督管理职责的有关部门、公安机关以及工会派人组成。事故调查组可以聘请有关专家参与调查。

1. 事故调查组组长

事故调查组组长由负责事故调查的人民政府指定。事故调查组组长主持事故调查组的工作。由政府直接组织事故调查组进行事故调查的，其事故调查组组长由负责组织事故调查的人民政府指定；由政府委托有关部门组织事故调查组进行事故调查的，其事故调查组组长也由负责组织事故调查的人民政府指定。由政府授权有关部门组织事故调查组进行事故调查的，其事故调查组组长确定可以在授权时一并进行，也就是说事故调查组组长可以由有关人民政府指定，也可以由授权组织事故调查组的有关部门指定。

2. 事故调查组成员

事故调查组成员履行事故调查的行为是职务行为，代表其所属部门、单位进行事故调查工作；事故调查组成员都要接受事故调查组的领导；事故调查组聘请的专家参与事故调查，也是事故调查组的成员。事故调查组成员应当具有事故调查所需要的知识和专长，并与所调查的事故没有直接利害关系。在事故调查工作中应当诚信公正、恪尽职守，遵守事故调查组的纪律，保守事故调查秘密。未经事故调查组组长许可，事故调查组成员不得擅自发布有关事故的信息。

调查组成员单位应当根据事故调查组的委托，指定具有行政执法资格的人员负责相关调查取证工作。进行调查取证时，行政执法人员的人数不得少于 2 人，并向有关单位和人员表明身份、告知其权利义务，调查取证可以使用有关安全生产行政执法文书。完成调查取证后，应当向事故调查组提交专门调查报告和相关证据材料。

（二）事故调查组的分工

根据事故的具体情况，事故调查组可以内设技术组、管理组、综合组，分别承担技术原因调查、管理原因调查、综合协调等工作。

一般情况下，应急部门负责牵头综合组、管理组相关工作，涉事企业行业领域主管部门负责牵头技术组相关工作，公安、工会及其他负有监管职责的部门进入管理组开展相关工作。

（1）技术组。查明事故发生的时间、地点、经过，事故死伤人数及死伤原因；负责事故现场勘察，收集事故现场相关证据，指导相关技术鉴定和检验检测工作，对事故发生机理进行分析、论证、验证和认定，查明事故直接原因和技术方面的间接原因，认定事故直接经济损失；提出对事故性质认定的初步意见和事故预防的技术性、针对性措施；提交技术组调查报告。

（2）管理组。查明事故发生企业及相关单位的基本情况，相关管理部门职责及其工作人员、岗位人员履行职责情况；查明事故涉及的地方政府安全责任落实情况和监管部门监管执法职责落实情况；查明相关单位和人员负有事故责任的事实；针对事故暴露出的管理方面的问题，提出整改建议和防范措施；提交管理组调查报告。

（3）综合组。建立工作制度，了解、掌握各组调查进展情况，督促各组按照事故调查组总体要求，协调和推动工作有序开展；协调有关方面开展事故有关舆情监测；联络、协调当地政府（公安机关）、纪检监察机关追责问责审查调查组的工作衔接；统一报送和处置事故调查的相关信息；负责证据材料的统一调取、接收、审查审理和保存保管；对应急救援工作进行评估，编制事故调查报告。

（三）事故调查组的职责

1. 人民政府事故调查组职责

（1）查明事故发生的经过，包括：事故发生前事故发生单位生产作业状况；事故发生的具体时间、地点；事故现场状况及事故现场保护情况；事故发生后采取的应急处置措施情况；事故报告经过；事故抢救及事故救援情况；事故的善后处理情况；其他与事故发生经过有关的情况。

（2）查明事故发生的原因，包括：事故发生的直接原因（人的不安全行为、物的不安全状态、环境因素）、事故发生的间接原因、事故发生的其他原因。

（3）查明人员伤亡情况，包括：事故发生前事故发生单位生产作业人员分布情况；事故发生时人员涉险情况；事故当场人员伤亡情况及人员失踪情况；事故抢救过程中人员伤亡情况；最终伤亡情况；其他与事故发生有关的人员伤亡情况。

（4）查明事故的直接经济损失，包括：人员伤亡后所支出的费用，如医疗费用、丧葬及抚恤费用、补助及救济费用、歇工工资等；事故善后处理费用，如处理事故的事务性费用、现场抢救费用、现场清理费用、事故罚款和赔偿费用等；事故造成的财产损失费用，如固定资产损失价值、流动资产损失价值等。

（5）认定事故性质和事故责任分析。通过事故调查分析，对事故的性质得出明确结论。其中对认定为自然事故（非责任事故或者不可抗拒的事故）的，可不再认定或者追究事故责任人；对认定为责任事故的，要按照责任大小和承担责任的不同分别认定直接责任者、主要责任者、领导责任者。

（6）对事故责任者提出处理建议。通过事故调查分析，在认定事故的性质和事故责任的基础上，对事故责任者提出行政处分、纪律处分、行政处罚、追究刑事责任、追究民事责任的建议。

（7）总结事故教训。通过事故调查分析，在认定事故的性质和事故责任者的基础上，认真总结事故教训，主要是在安全生产管理、安全生产投入、安全生产条件、事故应急救援等方面存在的薄弱环节、漏洞和隐患；要认真对照问题查找根源、吸取教训。

（8）提出防范和整改措施。防范和整改措施是在事故调查分析的基础上针对事故发生单位在安全生产方面的薄弱环节、漏洞、隐患等提出的，要具备针对性、可操作性、普遍适用性和时效性。

（9）提交事故调查报告。事故调查报告在事故调查组全面履行职责的前提下由事故调查组完成，是事故调查工作的核心任务。事故调查报告在事故调查组组长的主持下完成，其内容应当符合《生产安全事故报告和调查处理条例》的规定。事故调查报告应当附具有关证据材料，事故调查组成员应当在事故调查报告上签名。

事故调查报告应当包括事故发生单位概况、事故发生经过和事故救援情况、事故造成的人员伤亡和直接经济损失、事故发生的原因和事故性质、事故责任的认定以及对事故责任者的处理建议、事故防范和整改措施。事故调查报告报送负责事故调查的人民政府后，事故调查工作即告结束。

2. 中央纪委国家监委追责问责审查调查组职责

（1）在政府调查组调查的基础上，启动问责调查。

（2）进一步核查并认定地方党委和政府、各级职能部门、相关单位以及事故涉及的党员和公职人员的责任。

（3）提出处理、处置、问责意见。

（4）依规依纪依法对参与事故调查的有关单位及公职人员进行监督。

（四）事故调查组的职权和事故发生单位的义务

事故调查组有权向有关单位和个人了解与事故有关的情况，并要求其提供相关文件、资料，有关单位和个人不得拒绝。事故调查中需要进行技术鉴定的，事故调查组应当委托具有国家规定资质的单位进行技术鉴定。必要时，事故调查组可以直接组织专家进行技术鉴定。技术鉴定所需时间不计入事故调查期限。

事故发生单位的负责人和有关人员在事故调查期间不得擅离职守，并应当随时接受事故调查组的询问，如实提供有关情况。事故调查中发现涉嫌犯罪的，事故调查组应当及时将有关材料或者其复印件移交司法机关处理。

事故发生单位及相关单位应当在事故调查组规定时限内，提供下列材料：营业执照、行政许可及资质证明复印件，组织机构及相关人员职责证明，安全生产责任制度和相关管理制度，与事故相关的合同、伤亡人员身份证明及劳动关系证明，与事故相关的设备、工艺资料和安全操作规程，有关人员安全教育培训情况和特种作业人员资格证明，事故造成人员伤亡和直接经济损失等基本情况的说明，事故现场示意图，有关责任人员上一年年收入情况，与事故有关的其他材料。

（五）事故调查处理时限

事故调查组应当自事故发生之日起60日内提交事故调查报告。特殊情况下，经负责事故调查的人民政府批准，提交事故调查报告的期限可以适当延长，但延长的期限最长不超过60日。事故调查中需要进行技术鉴定的，技术鉴定所需时间不计入事故调查期限。

重大事故、较大事故、一般事故，负责事故调查的人民政府应当自收到事故调查报告之日起15日内做出批复；特别重大事故，负责事故调查的人民政府应当自收到事故调查报告之日起30日内做出批复。特殊情况下，批复时间可以适当延长，但延长的时间最长不超过30日。

四、事故调查处理流程

事故调查处理工作流程包括准备阶段、调查阶段、分析阶段、审理阶段、处理阶段，各阶段工作流程见图5.1。

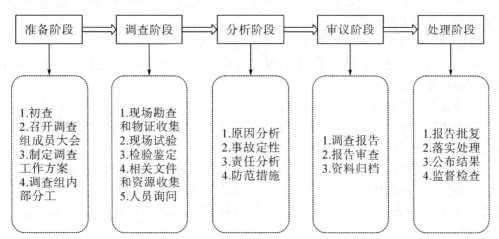

图 5.1 事故调查处理流程示意图

五、事故调查取证及调查方法

（一）事故调查取证

事故发生后，在进行事故调查的过程中，事故调查取证是完成事故调查过程的非常重要的一个环节。

1. 事故现场处理

为保证事故调查、取证客观公正地进行，在事故发生后，对事故现场要进行保护。事故现场的处理至少应当做到：

（1）事故发生后，应救护受伤害者，采取措施制止事故蔓延扩大。

（2）采取封闭现场、封存资料等措施保护事故相关证据，凡与事故有关的物体、痕迹、状态，不得破坏。

（3）为抢救受伤害者需要移动现场某些物体时，必须做好现场标志。

（4）保护事故现场区域，除非还有危险存在，准备必需的草图梗概和图片。

2. 事故有关物证的收集

通常收集的物证应包括：

（1）现场物证，包括破损部件、碎片、残留物、致害物的位置等。

（2）在现场搜集到的所有物件均应贴上标签，注明地点、时间、管理者。

（3）所有物件应保持原样，不准冲洗擦拭。

（4）对健康有危害的物品，应采取不损坏原始证据的安全防护措施。

（5）对事故的描述，以及估计的破坏程度。

（6）正常的运作程序。

（7）事故发生地点、地图（地方与总图）。

（8）证据列表以及事故发生前的事件。

3. 事故材料收集

事故材料的收集应包括两方面内容。

（1）与事故鉴别、记录有关的材料。

①发生事故的单位、地点、时间。

②受害人和肇事者的姓名、性别、年龄、文化程度、职业、技术等级、工龄、本工种工龄、支付工资的形式。

③受害人和肇事者的技术状况、接受安全教育情况。

④出事当天，受害人和肇事者什么时间开始工作、工作内容、工作量、作业程序、操作时的动作（或位置）。

⑤受害人和肇事者过去的事故记录。

⑥事故汇报记录、伤亡人员统计表、赔偿协议、医疗救治记录、尸检报告、遗体火化记录、死亡证明、医院伤害程度证明。

⑦事故中的死亡人员依据公安机关或者具有资质的医疗机构出具的证明材料进行确定。重伤人员依据具有资质的医疗机构出具的证明材料，结合《企业职工伤亡事故分类》（GB 6441-86）、《事故伤害损失工作日标准》（GB/T 15499-1995）等规定进行确定。

⑧事故发生单位、相关单位和部门的文件、规章制度、报表、台账、记录、图件

和向调查组提供的书面证明（说明）等。

（2）事故发生的有关事实。

①事故发生前设备、设施等的性能和质量状况。

②使用的材料，必要时进行物理性能或化学性能实验与分析。

③有关设计和工艺方面的技术文件、工作指令和规章制度方面的资料及执行情况。

④关于工作环境方面的状况，包括照明、湿度、温度、通风、声响、色彩度、道路、工作面情况以及工作环境中的有毒、有害物质取样分析记录。

⑤个人防护措施状况，应注意它的有效性、质量、使用范围。

⑥出事前受害人和肇事者的健康状况。

⑦其他可能与事故致因有关的细节或因素。

（二）常用调查方法

1．事故现场询问

事故现场询问，是事故调查的重要手段和方法。事故现场询问可以为现场勘查提供线索，有助于事故调查组发现、判断事故痕迹、物证，有利于事故调查组分析判断事故情况；同时也为事故提出证人、证言。具体询问方法主要有：自由陈述法、广泛提问法、联想刺激法、检查性提问法和质证提问法。

2．事故现场勘查记录

事故现场勘查记录，包括事故现场记录、事故现场照相录像和绘制的事故现场图。

（1）事故现场记录。事故现场勘查记录应详尽地记载勘查过程中所发现的主要情况。

①事故概要，包括事故发生的时间、地点；当事人的姓名、地址以及所陈述的事故发生的经过情况；事故财产损失、人员伤亡情况。

②主要事实，包括事故现场的方位及周围环境、勘查时所发现的情况与事故原因有关的痕迹、物证。

③结尾。现场勘查人员和见证人员在事故现场勘查记录上签名。

（2）事故现场照相、录像。事故现场照相、录像的基本内容和基本要求是：

①方位照相、录像，方位是反映整个事故现场和周围环境的情况，表明事故现场所处的位置及其与周围物体之间的联系。

②概貌照相、录像，是指以整个事故现场或者以事故现场主要部位为主题的拍摄。

③重点部位照相、录像，是指事故原因、损失、伤亡人员状态等重点部位的拍摄。

（3）绘制事故现场图。事故现场图，包括事故现场总平面图、事故现场方位图、物体平面布置图、透视图、复原图等。事故现场图要标示注明图的名称、比例、方向及其说明，绘制日期、绘制人签字。

①确定事故发生地点坐标、伤亡人员的位置图。

②确定涉及事故的设备各构件散落的位置并作出标记，测定各构件在该地区的位置。

③查看、测出和分析事故发生时留在地面上的痕迹。

④必要时，绘制现场剖面图。

⑤绘制图的形式，可以是事故现场示意图、流程图、受害者位置图等。

3. 技术鉴定

对于事故原因难以确定的事故，应借助科学技术设备和科学方法进行技术鉴定。技术鉴定一般采用以下几种方式：

（1）仪器分析鉴定。仪器分析鉴定，就是运用仪器设备进行化学分析鉴定和物理分析鉴定。

①化学分析鉴定。化学分析鉴定，就是运用仪器设备进行化学定性、定量分析。化学分析鉴定方法通常采取两种形式：一是常规分析，也就是正常情况下的化学分析；二是红外光谱或者气相色谱分析。

②物理分析鉴定。物理分析鉴定，一般采用三种方法：一是金相分析，就是利用金相显微镜等仪器对金属组织结构进行分析，观察金属组织结构有什么不同的变化，如电线短路起火，就可以用这种方法进行鉴定分析；二是剩磁检测，例如，要分析鉴定是否是雷电或者是静电引起的火灾事故就可以用这种方法；三是碳化导电的鉴别，如火灾事故可以用这种方法鉴别木质材料碳化导电状况，以确定是否是最先起火的部位。

（2）模拟试验。模拟试验是为了验证或者核实事故原因而进行的事故原因再现性的试验。在必要和可能的情况下，将事故恢复原状，以验证推断的情况正确与否。

（3）直观鉴定。直观鉴定，是根据事故现场勘查获得的痕迹、物证，经过对各种情况进行观察分析，按照事物发展的一般规律和已有的经验进行直观鉴定。直观鉴定应该有事故调查的人员参加，听取各种意见，综合各个方面的观点，形成一致的鉴定结论。

（三）事故分析

1. 事故分析步骤

（1）整理和阅读事故调查材料。

（2）根据《企业职工伤亡事故分类》（GB 6441-86）规定，按以下七项内容进行分析：

①受伤部位；②受伤性质；③起因物；④致害物；⑤伤害方式；⑥不安全状态；⑦不安全行为。

（3）确定事故的直接原因。

（4）确定事故的间接原因。

（5）确定事故责任者。

2. 事故原因分析

事故调查组应当在整理和阅读事故调查材料的基础上，确定事故发生的直接原因和间接原因。从机械、物质（能量源和危险物质）、环境的不安全状态和人的不安全行为两个方面分析事故的直接原因。从技术、教育、管理、人的身体和精神等方面分析事故的间接原因。

（1）属于下列情况者为直接原因。

①机械、物质或环境的不安全状态：见《企业职工伤亡事故分类》（GB 6441-86）附录 A A.6 不安全状态。

②人的不安全行为：见《企业职工伤亡事故分类》（GB 6441-86）附录 A A.7 不安全行为。

（2）属于下列情况者为间接原因。

①技术和设计上有缺陷，包括工业构件、建筑物、机械设备、仪器仪表、工艺过程、操作方法、维修检验等的设计、施工和材料使用存在问题；

②安全生产教育培训不够，未经培训，缺乏或不懂安全操作技术知识；

③劳动组织不合理；

④对现场工作缺乏检查或指导错误；

⑤没有安全操作规程或不健全；

⑥没有或不认真实施事故防范措施，对事故隐患整改不力；

⑦应急预案及现场处置措施不落实；

⑧其他。

（3）在分析事故时，应从直接原因入手，逐步深入到间接原因，从而掌握事故的全部原因，再分清主次，进行责任分析。

3. 事故性质分析

事故调查组应根据事故原因进行事故性质分析，对事故严重程度以及是否属于责任事故或非责任事故作出认定。

4. 事故责任分析

根据事故原因分析，确认事故为责任事故的，事故调查组应当依照相关规定确认事故发生单位和负有安全生产监管单位相关人员的责任，并提出处理意见。

事故调查组应当依据相关法律法规、规章和国家标准、行业标准、地方标准的规定，对事故发生单位和有关人员违反规定从事生产、作业的行为予以认定。必要时，事故调查组可以参考公认的惯例和事故发生单位制定的安全生产管理规章制度、操作规程。

（1）根据事故调查所确认的事实，通过对直接原因和间接原因的分析，确定事故中的直接责任者和领导责任者。

①从事生产、作业的人员违反安全管理规定，导致事故发生的，是直接责任者；

②对生产、作业负有组织、指挥或者管理职责的负责人、管理人员、实际控制人、投资人，违反有关安全生产管理规定，导致事故发生的，是领导责任者。

（2）在直接责任者和领导责任者中，对于事故的发生起决定性、关键性作用的，应当承担主要责任，是主要责任者（主要领导责任者、重要领导责任者）；其他人员应当承担次要责任，是次要责任者。

①确认直接从事生产、作业的人员对事故发生负有主要责任时，应当综合考虑行为人的从业资格、从业时间、接受安全生产教育培训情况、现场条件、是否受到他人强令作业、生产经营单位执行安全生产规章制度的情况等因素。

②多个原因行为导致生产安全事故发生的，应当分清主要原因与次要原因，合理确定主要责任和次要责任。

（3）对于负有安全生产监管职责的工作人员，应当根据其岗位职责、履职依据、履职时间等，综合考察工作职责、监管条件、履职能力、履职情况等因素，合理确定相应的责任。

（4）根据事故后果和事故责任者应负的责任提出处理意见。

5. 制定防范和整改措施建议

事故调查组应根据事故发生原因，向事故发生单位和相关单位提出针对性的事故防范和整改措施建议，确保有效防止同类事故的再次发生。

六、事故调查报告内容

《生产安全事故报告和调查处理条例》第三十条规定，事故调查报告应当包括下列内容：

（1）事故单位的基本情况。

（2）事故发生经过和事故救援情况。

（3）事故造成的人员伤亡和直接经济损失。

（4）事故发生的原因和事故性质。

（5）事故责任的认定以及对事故责任者的处理建议。

（6）事故防范和整改措施。

事故调查报告应当附具有关证据材料。事故调查组成员在事故调查报告上签字。

第四节　生产安全事故处理

┌───┐
　　■本节知识要点

　　1. 事故调查报告批复程序，熟悉事故责任追究和处罚；
　　2. 事故整改措施的落实及其监督内容。
└───┘

　　事故调查组向负责组织事故调查的有关人民政府提出事故调查报告后，事故调查工作即告结束。有关人民政府按照《生产安全事故报告和调查处理条例》规定的期限，及时作出批复并督促有关机关、单位落实批复，包括对生产经营单位的行政处罚，对事故责任人行政责任的追究以及整改措施的落实等。

一、事故调查报告的批复

　　事故调查报告经过有关人民政府批复后，才具有效力，才能被执行和落实。事故调查报告批复的主体是负责事故调查的人民政府。特别重大事故的调查报告由国务院批复，重大事故、较大事故、一般事故的事故调查报告分别由负责事故调查的有关省级人民政府、设区的市级人民政府、县级人民政府批复。地方人民政府委托授权有关主管部门牵头组织调查的，事故调查报告由牵头组织调查的部门以正式公文形式呈报地方人民政府，由地方人民政府批复决定。

　　对重大事故、较大事故、一般事故，负责事故调查的人民政府应当自收到事故调查报告之日起 15 日内作出批复；对特别重大事故，30 日内作出批复，特殊情况下，批复时间可以适当延长，但延长的时间最长不超过 30 日。

二、责任追究

　　2018 年机构改革后，事故调查组只对事故发生单位和有关中介服务机构及相关人员提出处理意见；纪委监委追责问责审查调查组提出对公职人员的处理意见并按照其相关程序报批。

　　政府批复事故调查报告后，牵头组织调查部门（应急部门）和纪委监委，在统一时间分别公布调查报告和追责问责审查报告。

（一）行政处罚

　　根据《中华人民共和国行政处罚法》的规定，行政处罚主要有以下十四种：警告、通报批评、罚款、没收违法所得、没收非法财物、暂扣许可证件、降低资质等级、吊销许可证件、限制开展生产经营活动、责令停产停业、责令关闭、限制从业、行政拘留、法律、行政法规规定的其他行政处罚。

　　地方人民政府对事故调查报告做出批复之后，一般由同级安全生产委员会办公室负责，按照人民政府的批复，依照法律、行政法规规定的权限和程序，督促有关单位落实地方人民政府批复意见，包括：

　　（1）应急管理部门和负有安全生产监督管理职责的部门按照职责分工决定并负责

落实事故发生单位和有关人员行政处罚。

行政机关向行政违反单位或者个人拟作出较大数额罚款、没收较大数额违法所得、没收较大价值非法财物、降低资质等级、吊销许可证件、责令停产停业、责令关闭、限制从业、其他较重的行政处罚、法律法规和规章规定的其他情形的行政处罚决定时，当事人要求听证的，应当在行政机关告知后五日内提出。

当事人应当自收到行政处罚决定书之日起十五日内履行。到期不缴纳罚款的，每日按罚款数额的百分之三加处罚款，并可申请法院强制执行。对行政处罚不服的，接到处罚决定 60 日内，可向作出行政处罚的行政机关所属人民政府或上一级行政机关申请行政复议，或者 6 个月内向行政机关所在地人民法院提起行政诉讼。有关单位或个人可以先向行政机关申请复议，对复议决定不服的，再向人民法院提起诉讼；也可以直接向人民法院提起诉讼。

（2）事故发生单位应当认真吸取事故教训，落实防范和整改措施，防止事故再次发生。事故发生单位负责对本单位负有事故责任的人员进行处理。防范和整改措施的落实情况应当接受工会和职工的监督。

（3）负有安全生产监督管理职责的有关部门应当对事故发生单位加强监督检查。负责事故调查处理的国务院有关部门和地方人民政府应当在批复事故调查报告后一年内，组织有关部门对事故整改和防范措施落实情况进行评估，并及时向社会公开评估结果；对不履行职责导致事故整改和防范措施没有落实的有关单位和人员，应当按照有关规定追究责任。

（二）行刑衔接

根据《应急管理部 公安部 最高人民法院 最高人民检察院关于印发〈安全生产行政执法与刑事司法衔接工作办法〉的通知 》（应急〔2019〕54 号）的规定，事故发生后，事故发生地有管辖权的公安机关根据事故的情况，对涉嫌安全生产犯罪的，应当依法立案侦查。事故调查中发现涉嫌安全生产犯罪的，事故调查组或者负责火灾调查的消防机构应当及时将有关材料或者其复印件移交有管辖权的公安机关依法处理。事故调查过程中，事故调查组或者负责火灾调查的消防机构可以召开专题会议，向有管辖权的公安机关通报事故调查进展情况。有管辖权的公安机关对涉嫌安全生产犯罪案件立案侦查的，应当在 3 日内将立案决定书抄送同级应急管理部门、人民检察院和组织事故调查的应急管理部门。组织事故调查的应急管理部门及同级公安机关、人民检察院对涉嫌安全生产犯罪案件的事实、性质认定、证据采信、法律适用以及责任追究有意见分歧的，应当加强协调沟通；必要时，可以就法律适用等方面问题听取人民法院意见。对发生 1 人以上死亡的情形，经依法组织调查，作出不属于生产安全事故或者生产安全责任事故的书面调查结论的，应急管理部门应当将该调查结论及时抄送同级监察机关、公安机关、人民检察院。

对涉嫌重大责任事故罪，强令违章冒险作业事故罪，重大劳动安全事故罪，危险物品肇事罪，消防责任事故、失火事故罪，不报、谎报安全事故罪等安全生产犯罪的，应当及时移交司法机关依法立案侦查，采取强制措施和侦查措施。犯罪嫌疑人逃匿的，公安机关应当迅速追捕归案。

（三）民事责任

民事责任是以财产责任为主的法律责任，依据《中华人民共和国安全生产法》第五十六条的规定，因生产安全事故受到损害的从业人员，除依法享有工伤保险外，依照有关民事法律尚有获得赔偿的权利的，有权提出赔偿要求。因此，事故中涉及的侵权及经济损失赔偿问题，由当地人民法院依法追究有关单位和个人的民事责任。

三、事故资料归档

各种事故资料作为事故的原始记录，不仅是进行事故复查的最主要的依据，也是进行工伤保险待遇享受资格认定的重要依据，还是对职工进行安全生产教育的最生动的教材，更是制定或完善安全生产规章制度、改进安全生产管理和安全生产技术以及科研工作的重要的参考资料。因而，建立必要的事故结案制度，认真保存好事故档案，并发挥其应有的作用，是企业事故管理工作的重要内容之。事故处理结案后，应归档的事故资料如下：

（1）职工伤亡事故登记表。

（2）职工死亡、重伤事故调查报告书及批复。事故调查报告书的基本内容应包括：前言（扼要说明事故调查的经过，事故发生的时间、地点、简单经过和造成的损失情况）事故经过（详尽说明事故发生的全过程及受害人、肇事者和相关人员的基本情况）原因分析（不仅要分析事故的直接原因，更重要的是对事故的间接原因进行深入分析）责任分析与处理意见（在上述分析的基础上，明确事故的主要责任者、次要责任者和领导责任者，并提出对其的处理意见）防范措施。

（3）现场调查记录、图样、照片。

（4）技术鉴定和试验报告。

（5）物证和人证材料。

（6）直接经济损失和间接经济损失材料。

（7）事故责任者的自述材料。

（8）医疗部门对伤亡人员的诊断书。

（9）发生事故时的工艺条件、操作情况和设计资料。

（10）处分决定和受处分人员的检查材料。

（11）有关事故的通报、简报及文件。

（12）标明调查组成员的姓名、职务及单位。

在处理伤亡事故的整个过程中，要坚定不移地贯彻执行"四不放过"原则。它是我国伤亡事故管理经验的总结，是使企业最大限度地减少伤亡事故、实现安全生产所必须遵循的。

四、事故处理相关法律条款

（一）《安全生产法》

1. 发生生产安全事故，对负有责任的生产经营单位除要求其依法承担相应的赔偿等责任外，由应急管理部门依照下列规定处以罚款：

（1）发生一般事故的，处三十万元以上一百万元以下的罚款。

（2）发生较大事故的，处一百万元以上二百万元以下的罚款。

（3）发生重大事故的，处二百万元以上一千万元以下的罚款。

（4）发生特别重大事故的，处一千万元以上二千万元以下的罚款。

发生生产安全事故，情节特别严重、影响特别恶劣的，应急管理部门可以按照前款罚款数额的二倍以上五倍以下对负有责任的生产经营单位处以罚款。

2. 生产经营单位的主要负责人未履行《安全生产法》规定的安全生产管理职责的，导致发生生产安全事故的，给予撤职处分；构成犯罪的，依照刑法有关规定追究刑事责任。受刑事处罚或者撤职处分的生产经营单位的主要负责人，自刑罚执行完毕或者受处分之日起，五年内不得担任任何生产经营单位的主要负责人；对重大、特别重大生产安全事故负有责任的，终身不得担任本行业生产经营单位的主要负责人。

3. 生产经营单位的主要负责人未履行本法规定的安全生产管理职责，导致发生生产安全事故的，由应急管理部门依照下列规定处以罚款：

（1）发生一般事故的，处上一年年收入百分之四十的罚款。

（2）发生较大事故的，处上一年年收入百分之六十的罚款。

（3）发生重大事故的，处上一年年收入百分之八十的罚款。

（4）发生特别重大事故的，处上一年年收入百分之一百的罚款。

4. 生产经营单位的主要负责人在本单位发生生产安全事故时，不立即组织抢救或者在事故调查处理期间擅离职守或者逃匿的，给予降级、撤职的处分，并由应急管理部门处上一年年收入百分之六十至百分之一百的罚款；对逃匿的处十五日以下拘留；构成犯罪的，依照刑法有关规定追究刑事责任。生产经营单位的主要负责人对生产安全事故隐瞒不报、谎报或者迟报的，依照前款规定处罚。

5. 生产经营单位的决策机构、主要负责人或者个人经营的投资人不依照《安全生产法》规定保证安全生产所必需的资金投入，致使生产经营单位不具备安全生产条件而引发事故的，对生产经营单位的主要负责人给予撤职处分，对个人经营的投资人处二万元以上二十万元以下的罚款；构成犯罪的，依照刑法有关规定追究刑事责任。

6. 生产经营单位发生生产安全事故造成人员伤亡、他人财产损失的，应当依法承担赔偿责任；拒不承担或者其负责人逃匿的，由人民法院依法强制执行。生产安全事故的责任人未依法承担赔偿责任，经人民法院依法采取执行措施后，仍不能对受害人给予足额赔偿的，应当继续履行赔偿义务；受害人发现责任人有其他财产的，可以随时请求人民法院执行。

（二）《生产安全事故报告和调查处理条例》

1. 事故发生单位及其有关人员有下列行为之一的，对事故发生单位处 100 万元以上 500 万元以下的罚款；对主要负责人、直接负责的主管人员和其他直接责任人员处上一年年收入 60% 至 100% 的罚款；属于国家工作人员的，并依法给予处分；构成违反治安管理行为的，由公安机关依法给予治安管理处罚；构成犯罪的，依法追究刑事责任：

（1）谎报或者瞒报事故的。

（2）伪造或者故意破坏事故现场的。

（3）转移、隐匿资金、财产，或者销毁有关证据、资料的。

（4）拒绝接受调查或者拒绝提供有关情况和资料的。

（5）在事故调查中作伪证或者指使他人作伪证的。

（6）事故发生后逃匿的。

2. 事故发生单位对事故发生负有责任的，由有关部门依法暂扣或者吊销其有关证照；对事故发生单位负有事故责任的有关人员，依法暂停或者撤销其与安全生产有关的执业资格、岗位证书；事故发生单位主要负责人受到刑事处罚或者撤职处分的，自刑罚执行完毕或者受处分之日起，5年内不得担任任何生产经营单位的主要负责人。

为发生事故的单位提供虚假证明的中介机构，由有关部门依法暂扣或者吊销其有关证照及其相关人员的执业资格；构成犯罪的，依法追究刑事责任。

（三）《生产安全事故罚款处罚规定（试行）》

1. 事故发生单位主要负责人有立即组织事故抢救、迟报或者漏报事故、在事故调查处理期间擅离职守行为之一的，依照下列规定处以罚款：

（1）事故发生单位主要负责人在事故发生后不立即组织事故抢救的，处上一年年收入100%的罚款。

（2）事故发生单位主要负责人迟报事故的，处上一年年收入60%至80%的罚款；漏报事故的，处上一年年收入40%至60%的罚款。

（3）事故发生单位主要负责人在事故调查处理期间擅离职守的，处上一年年收入80%至100%的罚款。

2. 事故发生单位的主要负责人、直接负责的主管人员和其他直接责任人员有下列行为之一的，依照下列规定处以罚款：

（1）伪造、故意破坏事故现场，或者转移、隐匿资金、财产、销毁有关证据、资料，或者拒绝接受调查，或者拒绝提供有关情况和资料，或者在事故调查中作伪证，或者指使他人作伪证的，处上一年年收入80%至90%的罚款。

（2）谎报、瞒报事故或者事故发生后逃匿的，处上一年年收入100%的罚款。

（四）《中华人民共和国刑法》

2021年3月1日，主席令第66号《中华人民共和国刑法修正案（十一）》正式施行，在原刑法第一百三十四条后增加了"危险作业罪"，同时修订了部分条款，提高了事前问责的严重度。这意味着企业必须高度重视安全生产工作，否则即使不发生生产安全事故，也可能被追究刑事责任。

1. 危险作业罪（新增加）

《中华人民共和国刑法》修正案（十一）规定，在刑法第一百三十四条后增加一条，作为第一百三十四条之一："在生产、作业中违反有关安全管理的规定，有下列情形之一，具有发生重大伤亡事故或者其他严重后果的现实危险的，处一年以下有期徒刑、拘役或者管制：涉及安全生产的事项未经依法批准或者许可，擅自从事矿山开采、金属冶炼、建筑施工，以及危险物品生产、经营、储存等高度危险的生产作业活动的。"

释义：在生产、作业中违反有关安全管理的规定，有下列情形之一，具有发生重大伤亡事故或者其他严重后果的现实危险的，处一年以下有期徒刑、拘役或者管制：

（1）关闭、破坏直接关系生产安全的监控、报警、防护、救生设备、设施，或者篡改、隐瞒、销毁其相关数据、信息的。

（2）因存在重大事故隐患被依法责令停产停业、停止施工、停止使用有关设备、设施、场所或者立即采取排除危险的整改措施，而拒不执行的。

（3）涉及安全生产的事项未经依法批准或者许可，擅自从事矿山开采、金属冶炼、建筑施工，以及危险物品生产、经营、储存等高度危险的生产作业活动的。

过去常见的"关闭""破坏""篡改""隐瞒""销毁"以及"拒不执行""擅自"活动等违法行为，将不再只是行政处罚，或将被追究刑事责任。

2. 重大责任事故罪

《中华人民共和国刑法》第一百三十四条第一款规定，在生产、作业中违反有关安全管理的规定，因而发生重大伤亡事故或者造成其他严重后果的，处三年以下有期徒刑或者拘役；情节特别恶劣的，处三年以上七年以下有期徒刑。

释义："违反有关安全管理规定"是指违反有关生产安全的法律法规、规章制度。具体包括以下三种情形：

（1）国家颁布的各种有关安全生产的法律法规等规范性文件。

（2）企业、事业单位及其上级管理机关制定的反映安全生产客观规律的各种规章制度，包括工艺技术、生产操作、技术监督、劳动保护、安全管理等方面的规程、规则、章程、条例、办法和制度。

（3）虽无明文规定，但反映生产、科研、设计、施工的安全操作客观规律和要求，在实践中为职工所公认的行之有效的操作习惯和惯例等。

3. 强令、组织他人违章冒险作业罪（新修改）

《中华人民共和国刑法》修正案第一百三十四条第二款规定，强令他人违章冒险作业，或者明知存在重大事故隐患而不排除，仍冒险组织作业，因而发生重大伤亡事故或者造成其他严重后果的，处五年以下有期徒刑或者拘役；情节特别恶劣的，处五年以上有期徒刑。

释义：企业、工厂、矿山等单位的领导者、指挥者、调度者等在明知确实存在危险或者已经违章，工人的人身安全和国家、企业的财产安全没有保证，继续生产会发生严重后果的情况下，仍然不顾相关法律规定，以解雇、减薪以及其他威胁，强行命令或者胁迫下属进行作业，造成重大伤亡事故或者严重财产损失。

本次修改增加"明知存在重大事故隐患而不排除，仍冒险组织作业"的违法行为，也就是说不用"拒不整改"，有证据证明你"明知"，就可判刑了。

4. 重大劳动安全事故罪

《中华人民共和国刑法》第一百三十五条第一款规定，安全生产设施或者安全生产条件不符合国家规定，因而发生重大伤亡事故或者造成其他严重后果的，对直接负责的主管人员和其他直接责任人员，处三年以下有期徒刑或者拘役；情节特别恶劣的，处三年以上七年以下有期徒刑。

释义："安全生产设施或者安全生产条件不符合国家规定"是指工厂、矿山、林场、建筑企业或者其他企业、事业单位的劳动安全设施不符合国家规定。

5. 大型群众性活动重大安全事故罪

《中华人民共和国刑法》第一百三十五条第二款规定，举办大型群众性活动违反安全管理规定，因而发生重大伤亡事故或者造成其他严重后果的，对直接负责的主管人员和其他直接责任人员，处三年以下有期徒刑或者拘役；情节特别恶劣的，处三年以上七年以下有期徒刑。

释义：本罪的犯罪主体是直接负责的主管人员和其他直接责任人员。构成本罪要求在举办大型的群体性活动中，违反在公共场所的群体性活动中相关的安全管理规定，没有履行相关的注意、管理等义务，发生了重大伤亡事故或者造成其他严重后果。

6. 危险物品肇事罪

《中华人民共和国刑法》第一百三十六条规定，违反爆炸性、易燃性、放射性、毒害性、腐蚀性物品的管理规定，在生产、储存、运输、使用中发生重大事故，造成严重后果的，处三年以下有期徒刑或者拘役；后果特别严重的，处三年以上七年以下有期徒刑。

释义：构成本罪要求能够引起重大事故的发生，致人、重伤、死亡或使公私财产遭受重大损失的危险物品。如果行为人在生产、储存、运输、使用危险物品过程中，违反危险物品管理规定，未造成任何后果，或者造成的后果不严重的，则不构成本罪。

7. 过失损坏易燃易爆设备罪

释义：本罪指过失损坏燃气或者其他易燃易爆设备，危害公共安全，造成严重后果的行为。

犯过失损坏易燃易爆设备罪的，处三年以上七年以下有期徒刑；情节较轻的，处三年以下有期徒刑或者拘役。

燃气设备是指生产、储存、输送诸如煤气、液化气、石油、天然气等燃气的各种机器或设施，包括制造系统的燃气发生装置，如输送管道以及贮存设备如储气罐等。其他易燃易爆设备，是指除电力、燃气设备以外的其他用于生产、贮存和输送易燃易爆物质的设备，如石油输送管道、液化石油罐。

8. 不报或者谎报事故罪

《中华人民共和国刑法》第一百三十九条第二款规定，在安全事故发生后，负有报告职责的人员不报或者谎报事故情况，贻误事故抢救，情节严重的，处三年以下有期徒刑或者拘役；情节特别严重的，处三年以上七年以下有期徒刑。

释义："负有报告职责的人员"主要指生产经营单位的负责人、实际控制人、负责生产经营管理的投资人以及其他负有报告职责的人员。

9. 工程重大安全事故罪

释义：《最高人民检察院 公安部关于公安机关管辖的刑事案件立案追诉标准的规定（一）》第十三条［工程重大安全事故案（刑法第一百三十七条）］建设单位、设计单位、施工单位、工程监理单位违反国家规定，降低工程质量标准，涉嫌下列情形之一的，应予立案追诉：

（1）造成死亡一人以上，或者重伤三人以上。

（2）造成直接经济损失五十万元以上的。

（3）其他造成严重后果的情形。

10. 消防责任事故罪

《中华人民共和国刑法》第一百三十九条违反消防管理法规，经消防监督机构通知采取改正措施而拒绝执行，造成严重后果的，对直接责任人员，处三年以下有期徒刑或者拘役；后果特别严重的，处三年以上七年以下有期徒刑。

释义：《最高人民检察院 公安部关于公安机关管辖的刑事案件立案追诉标准的规定（一）》第十五条［消防责任事故案（刑法第一百三十九条）］违反消防管理法规，经消防监督机构通知采取改正措施而拒绝执行，涉嫌下列情形之一的，应予立案追诉：①造成死亡一人以上，或者重伤三人以上；②造成直接经济损失五十万元以上的；③造成森林火灾，过火有林地面积二公顷以上，或者过火疏林地、灌木林地、未成林地、苗圃地面积四公顷以上的；④其他造成严重后果的情形。

11. 重大飞行事故罪

航空人员违反规章制度，致使发生重大飞行事故，造成严重后果的，处三年以下有期徒刑或者拘役；造成飞机坠毁或者人员死亡的，处三年以上七年以下有期徒刑。

12. 铁路运营安全事故罪

铁路职工违反规章制度，致使发生铁路运营安全事故，造成严重后果的，处三年以下有期徒刑或者拘役；造成特别严重后果的，处三年以上七年以下有期徒刑。

13. 教育设施重大安全事故罪

明知校舍或者教育教学设施有危险，而不采取措施或者不及时报告，致使发生重大伤亡事故的，对直接责任人员，处三年以下有期徒刑或者拘役；后果特别严重的，处三年以上七年以下有期徒刑。

14. 交通肇事罪

交通肇事罪是指违反交通管理法规，因而发生重大事故，致人重伤、死亡或者使公私财产遭受重大损失的行为。

犯交通肇事罪的，处三年以下有期徒刑或者拘役；交通运输肇事后逃逸或者有其他特别恶劣情节的，处三年以上七年以下有期徒刑，因逃逸致人死亡的，处七年以上有期徒刑。

15. 提供虚假证明文件罪

承担资产评估、验资、验证、会计、审计、法律服务、保荐、安全评价、环境影响评价、环境监测等职责的中介组织的人员故意提供虚假证明文件，情节严重的，处五年以下有期徒刑或者拘役，并处罚金；有下列情形之一的，处五年以上十年以下有期徒刑，并处罚金：

（1）提供与证券发行相关的虚假的资产评估、会计、审计、法律服务、保荐等证明文件，情节特别严重的。

（2）提供与重大资产交易相关的虚假的资产评估、会计、审计等证明文件，情节特别严重的。

（3）在涉及公共安全的重大工程、项目中提供虚假的安全评价、环境影响评价等证明文件，致使公共财产、国家和人民利益遭受特别重大损失的。

有前款行为，同时索取他人财物或者非法收受他人财物构成犯罪的，依照处罚较重的规定定罪处罚。

16. 污染环境罪

违反国家规定，排放、倾倒或者处置有放射性的废物、含传染病病原体的废物、有毒物质或者其他有害物质，严重污染环境的，处三年以下有期徒刑或者拘役，并处或者单处罚金；情节严重的，处三年以上七年以下有期徒刑，并处罚金；有下列情形之一的，处七年以上有期徒刑，并处罚金：

（1）在饮用水水源保护区、自然保护地核心保护区等依法确定的重点保护区域排放、倾倒、处置有放射性的废物、含传染病病原体的废物、有毒物质，情节特别严重的。

（2）向国家确定的重要江河、湖泊水域排放、倾倒、处置有放射性的废物、含传染病病原体的废物、有毒物质，情节特别严重的。

（3）致使大量永久基本农田基本功能丧失或者遭受永久性破坏的。

（4）致使多人重伤、严重疾病，或者致人严重残疾、死亡的。

有前款行为，同时构成其他犯罪的，依照处罚较重的规定定罪处罚。

五、事故调查报告案例

2021年5月24日，某市A县某笋类食品厂废水处理间在检维修作业时发生一起中毒窒息事故，造成7人死亡，1人受伤，直接经济损失约761.95万元。

事故发生后，依据《中华人民共和国安全生产法》《生产安全事故报告和调查处理条例》（国务院令第493号）《某省生产安全事故报告和调查处理规定》和《某省较大生产安全事故提级调查处理及挂牌督办办法》等有关规定，经省政府同意，成立了由分管副省长牵头，应急厅主要负责人任组长，经济和信息化厅、公安厅、生态环境厅、应急厅、省卫生健康委、省市场监管局、省总工会等部门和某市政府有关负责同志参加的A县某笋类食品厂"5·24"较大中毒窒息事故提调查组（以下简称事故调查组），同时邀请省检察院派员参加。省纪委监委同步成立追责问责审查调查组。

事故调查组按照"四不放过"和"科学严谨、依法依规、实事求是、注重实效"的原则，采取现场勘验、查阅资料、调查取证、检测检验等方式，对事故开展调查，形成了事故调查报告。

（一）基本情况

1. 事故单位情况

A县某笋类食品厂为个人独资企业；法定代表人张某洪；成立时间：2010年1月22日；经营范围：蔬菜制品（酱腌菜）加工、销售，预包装食品、散装食品销售。该食品厂有从业人员18人。2021年5月4至5月24日，有13人在厂内进行生产作业。事发前处于生产状态。

2. 事故单位相关工艺

（1）生产工艺

某笋类食品厂（见图5.2）主要操作工序为原料清洗、腌渍储存、清洗浸泡、切分选拣、装桶。

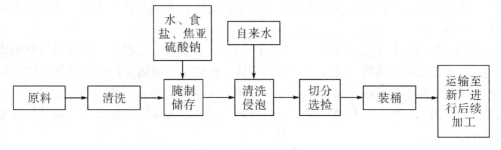

图5.2 生产工艺流程

（2）废水处理工艺（见图 5.3）

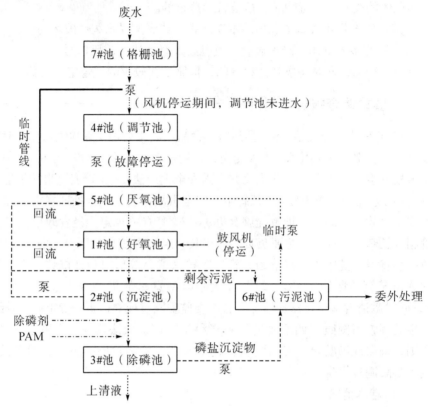

图 5.3　废水处理工艺

加工过程使用焦亚硫酸钠、食用盐等物料，经加工后产生的含有硫酸盐等污染物的废水经 7#池（格栅池）去除大颗粒悬浮物后由提升泵排入 4#池（调节池），均质均量后再泵入 5#池（厌氧池）；4#池（调节池）提升泵故障期间，7#池（格栅池）内废水通过临时管道直接排入 5#池（厌氧池）。废水在 5#池（厌氧池）内经硫酸盐还原菌等厌氧微生物作用，使硫酸盐被还原、大分子有机物被降解，产生硫化氢、甲烷等有毒有害气体。

5#池（厌氧池）废水自流进入 1#池（好氧池），在正常情况下，废水经好氧微生物进一步降解去除污染物，通过曝气风机连续工作使废水中溶解的硫化氢等气体在持续鼓入空气的搅拌和吹脱作用下有效释放，随后废水自流进入 2#池（沉淀池）。曝气风机停运期间，1#池（好氧池）供氧、搅拌和吹脱功能丧失，致使硫化氢等气体富集在废水中。

废水在 2#池（沉淀池）泥、水分离后，上层清液自流进入 3#池（除磷池），经与除磷剂、聚丙烯酰胺反应后，通过管道排入市政管网，并进入双河镇生活污水处理厂再处理，底部沉淀下来的磷盐泵送至 6#池（污泥池）。

3. 事故相关单位情况

B 环境工程有限公司（以下简称 B 公司），成立于 2013 年 4 月 16 日，有限责任公司（自然人投资或控股），法定代表人：易某。经营范围为建设工程设计；各类工程建设活动。2020 年 5 月 13 日取得市住房和城乡建设局颁发的《建筑业企业资质证书》；资质类别及等级：市政公用工程施工总承包三级，建筑机电安装工程专业承包三级，环保工程专业承包三级。2020 年 7 月 2 日取得省住房和城乡建设厅颁发的建筑施工《安全生产许可证》。

4. 事故单位土地使用、废水处理设施设计及建设情况

（1）土地使用情况

2006 年 1 月 12 日，村民张某荣与镇人民政府签订《租用土地协议》，租用土地办厂，土地面积 4 亩。租用土地时间：2006 年 1 月 12 日至 2036 年 1 月 12 日。2009 年年底，张某荣、张某松（张某荣儿子）在未向政府有关部门申请办理土地使用、房屋建设等手续和未经过正规设计的情况下，与自然人陈某祥共同商定厂房项目建设方案后，由陈某祥负责承建，2010 年 9 月完成。

（2）废水处理设施设计及建设情况

2017 年 7 月 12 日，B 公司与某笋类食品厂签订合同，在厂房内原有囤货池的基础上改建"$30m^3/d$ 污水处理工程"，按照Ⅲ级排放标准设计和安装设备。其后，某笋类食品厂又要求按照Ⅰ级排放标准设计，工程增建氧化池等工艺。2017 年 10 月，土建施工完成后，B 公司进行了设备安装和调试，并安排人员对某笋类食品厂张某松、张某荣 2 人进行了安全和技能培训。

5. 事故地点情况

A 县某笋类食品厂占地面积 2 592.96m^2，建筑物整体呈凹形布局，设有废水处理间、切选间、浸泡间、闲置车间、内包间、外包间、辅料包材库房、杂物间、腌渍池、更衣室等各类生产用房。

事故发生的废水处理间位于厂区西北角，面积约 93m^2，采用单层砖木混合结构，东墙、南墙为塑料轻质隔墙，西墙、北墙为砖墙，屋顶为木质桁架梁彩钢瓦。内部布置有 1#池（好氧池）、2#池（沉淀池）、3#池（除磷池）、4#池（调节池）、5#池（厌氧池）、6#池（污泥池）。1#池（好氧池）上方屋顶有 1×2（m^2）开口；东墙北端设有通向清洗区的 0.7×1.8（m^2）门洞，门洞内 4#池（调节池）北缘有可通向 5#池（厌氧池）顶盖的通道，高差 0.8 米，由 5 级钢梯相连。门洞南侧 3#池（除磷池）、4#池（调节池）上口有用 4 根杉木拼接成的宽约 0.6 米的木排，紧邻东墙。门洞外为清洗区，与切选间、浸泡间连通。

6. 检测鉴定及专家论证意见

（1）生产废水主要成分

2021 年 5 月 27 日，某市生态环境监测站监测显示，正在泡的车间泡笋水和已泡完的车间泡笋水均含有硫酸盐、氯化物等成分。根据竹笋加工工艺，硫酸盐主要来源于加工过程中添加的焦亚硫酸钠，氯化物主要来源于加工过程中使用的未加碘食用盐。

（2）有毒有害气体产生、富集原因及扩散分析

①有毒有害气体产生并富集原因分析。曝气风机故障停运期间，硫化氢等有毒有

害气体产生并富集主要发生于两个环节。一是5#池（厌氧池）运行产生的硫化氢等有毒有害气体。在常温常压和厌氧环境下，废水中含有的硫酸盐，在硫酸盐还原菌等微生物作用下被还原成硫化氢等物质。同时大分子有机物被降解，产生硫化氢、甲烷等有毒有害气体。随着废水处理系统不断进水，5#池（厌氧池）内含硫化氢的废水自流入后续的1#池（好氧池）、2#池（沉淀池）和3#池（除磷池）。二是1#池（好氧池）未经曝气过程进一步产生并富集硫化氢等有毒有害气体。曝气风机停运后，在无曝气充氧、搅拌和吹脱的情况下，1#池（好氧池）中的微生物群落从好氧向兼氧和厌氧变化，在厌氧环境下进一步产生硫化氢等有毒有害气体并持续富集，废水继续自流入2#池（沉淀池）和3#池（除磷池）。

②有毒有害气体逸出及扩散分析。曝气风机恢复启动后，大量空气进入1#池（好氧池），产生搅拌和吹脱作用，破坏了溶解在废水和吸附于污泥中的硫化氢等有毒有害气体的稳定状态，使之快速释放，致使自然通风不良、无机械通风且相对密闭的废水处理间内，硫化氢等有毒有害气体浓度骤增。在曝气风机进气动力作用下，朝水位最低的3#池（除磷池）、4#池（调节池）方向扩散。

技术组（专家组）结合加工工艺、废水产生及排放、废水监测检验结果、尸体检验等检测鉴定，综合分析判断：废水处理间好氧池曝气风机发生故障，其间企业未停止生产；曝气风机重新启动，导致高浓度硫化氢等有毒有害气体逸出扩散；作业及先期施救人员，在未采取任何安全防护措施的情况下进入废水处理间，吸入硫化氢等有毒有害气体导致中毒窒息。

7. 事故伤亡人员情况

（1）死亡人员情况，略。

（2）受伤人员情况，略。

（二）事故发生经过及应急救援处置情况

2021年5月4日，A县某笋类食品厂废水处理曝气风机和废水提升泵的两个交流接触器严重锈蚀失效，无法正常运行，处于停机状态。其间，该厂未向有关部门报告，仍继续生产且废水照常排入废水处理设施。

5月24日12时40分，企业负责人张某荣请来电工周某富维修。周某富先后更换了曝气风机交流接触器、废水提升泵交流接触器，并在试机正常后关机交付张某蓉。14时3分，周某富离开工厂。张某荣重新启动曝气风机后，安排刘某维修4#池（调节池）提升泵出水管道，并向1#池（好氧池）撒了约10千克面粉（系为好氧微生物提供营养物质），于14时42分离开工厂。

14时47分，张某松进入废水处理间，此时，刘某在废水处理间对4#池（调节池）提升泵废水管软管脱落进行恢复修理。14时48分25秒，清洁工黄某（女）进入废水处理间看到张某松、刘某倒在废水池边上，遂跑出呼救。14时48分45秒，袁某、冯某、李某等人听到"有人触电出事"的呼救后，先关闭电闸再进入废水处理间施救，将张某松从4#池（调节池）内拉出，仰放于4#池（调节池）的木排上。袁某和冯某先后晕倒在3#池（除磷池）与4#池（调节池）中间的隔墙上，2人在消防员救援前掉入3#池（除磷池）。李某摔倒后爬出废水处理间，在短暂昏迷苏醒后打电话给张某荣。14时50分55秒，跟随前去施救的龙某晕倒在废水处理间门洞处，被韩某（女）、周某

（女）抬出施救。14时56分，李某再次进入废水处理间，与其他施救人员破拆废水处理间的塑料隔板，并将张某松、刘某抬至废水处理间外过道的空旷处。15时，周围群众在听到呼救后，从后门进入厂区施救时将厂区电源总闸关闭（视频监控设施断电），邻居周某、周某江、孟某相继进入废水处理间参与施救，周某最先进入废水处理间，对袁某施救时掉入4#池（调节池）。周某江随后进入废水处理间，对周某施救时掉入4#池（调节池）。孟某对周某江施救时掉入4#池（调节池）。

接到事故报告后，A县公安局镇派出所、镇政府专职消防站、A县某消防救援站、A县消防救援大队立即赶赴现场，进行侦查、搜救。某市政府、A县政府立即启动应急预案，成立应急指挥部，统一组织指挥应急处置工作。省政府、省安办派出工作组连夜赶赴现场，指导应急救援处置工作。

（三）事故性质及原因认定

1. 事故性质

经事故调查组认定，A县某笋类食品厂"5·24"较大中毒窒息事故是一起生产安全责任事故。

2. 事故原因

（1）直接原因

某笋类食品厂废水处理间好氧池曝气风机发生故障，其间企业未停止生产。曝气风机重新启动，导致高浓度硫化氢等有毒有害气体逸出扩散。作业及先期施救人员，在未采取任何安全防护措施的情况下进入废水处理间，吸入硫化氢等有毒有害气体导致中毒窒息。

（2）间接原因

①企业违法组织生产。2021年5月4日，废水处理间曝气风机和废水提升泵的两个交流接触器严重锈蚀失效，无法正常运行，处于停机状态后，企业未按照《某省环境保护条例》第四十二条规定，向生态环境部门立即报告并停止运行相应的生产设施，仍然继续违法组织生产。

②企业有限空间作业管理严重缺位。企业对废水处理间可能产生有毒有害气体的危险性认识不足，未辨识出废水处理过程中可能产生硫化氢等有毒有害气体的风险；企业未执行限空间作业审批、管理、"先通风、再监测、后作业"等有关规定。

③企业应急处置失当。企业未制定生产安全事故应急救援预案，未组织开展应急救援培训、演练；企业未配备必要的防护装备、救援物资和有毒有害气体检测报警仪；从业人员缺乏基本安全常识和应急处置能力，盲目施救。

④企业废水处理设施设计存在重大缺陷。未按照《工业企业总平面设计规范》（GB50187-2012）的规定进行废水处理间选址分析和总平面布置设计；未按照《工业企业设计卫生标准》（GBZ1-2010）6.1.5及6.1.6的规定，进行通风、排毒设计和有毒有害介质自动报警或者检测装置设计；未按照《鼓风曝气系统设计规程》（CECS97-97）5.1.11规定，设计配备备用风机。

（四）调查发现的主要问题

1. 某笋类食品厂存在主要问题

（1）企业安全生产主体责任不落实。企业安全生产责任体系、管理机构、规章制度等严重缺失，未建立安全生产管理机构或配备专（兼）职安全生产管理人员；未建立安全生产责任制、相关安全生产规章制度和操作规程；安全投入不到位，严重缺乏安全设施设备；未配备和使用符合标准要求的劳动防护用品。

（2）安全风险辨识管控不到位。未建立安全风险辨识和分级管控工作机制，未组织对生产过程中涉及的危险有害因素、场所开展风险辨识，未对生产过程中存在的硫化氢等有毒有害气体采取管控措施。

（3）隐患排查整改不到位。未建立健全并落实安全生产事故隐患排查治理制度，未及时发现和消除废水处理间安全警示标志、防护栏杆、通风装置、有毒有害气体检测仪器缺失等事故隐患。

（4）安全教育培训不到位。未组织制订并实施安全生产教育和培训计划，未对从业人员进行安全教育培训，从业人员严重缺乏安全常识。

2. B公司存在主要问题

（1）违法承揽设计。无环境工程（水污染防治工程）设计资质，违法承揽某笋类食品厂"$30m^3/d$污水处理工程"设计。

（2）技术管理失控，未进行内控技术审查把关。对设计人员不按相关法律法规、标准规程开展设计工作管理失控，设计图纸等技术资料没有进行内部技术审查。

（五）事故责任认定及处理建议

1. 建议移送司法机关处理人员

（1）张某松，某笋类食品厂实际控制人和管理者，负责企业全面生产经营管理工作。对事故的发生负有直接责任和主要管理责任，涉嫌犯罪，因其在事故中死亡，建议免除责任追究。

（2）张某洪，某笋类食品厂法定代表人，未参与企业的生产管理，负责企业产品销售工作。对事故的发生负有主要责任，涉嫌犯罪，建议移交司法机关立案调查。

（3）张某荣，某笋类食品厂创办人，2012年后将企业交给张某松管理，负责设备维修工作。对事故发生负有直接责任，涉嫌犯罪，建议移交司法机关立案调查。

（4）刘某，某笋类食品厂工人。对事故发生负有直接责任，涉嫌犯罪，因其在事故中死亡，建议免除责任追究。

2. 对事故相关责任单位及责任人员的处理

（1）B公司在工程承揽、设计中存在违法违规行为，建议移交住房城乡建设厅依法依规处理。

（2）易某，B公司法定代表人兼总经理，全面负责公司经营管理。建议移交住房城乡建设厅依法依规处理。

（3）王某，B公司副总经理，二级建造师。2018年5月1日前担任公司总经理，全面负责公司的经营管理。建议移交住房城乡建设厅依法依规处理。

（4）肖某，B公司顾问，二级建造师。原工程部负责人，负责公司工程施工、设计等技术工作。建议移交住房城乡建设厅依法依规处理。

（5）吴某，原B公司项目现场负责人。建议移交住房城乡建设厅依法依规处理。

（六）防范措施和建议

为杜绝类似事故再次发生，特提出如下整改措施。

（1）提高政治站位，增强安全发展理念和安全红线意识，牢固树立"人民至上、生命至上"的安全发展理念，坚守"发展决不能以牺牲安全为代价"这条红线，把安全生产工作抓严、抓细、抓实，坚决防范遏制生产安全事故发生，切实保障人民群众生命和财产安全。

（2）健全完善责任体系，全面落实安全生产清单制管理要求，真正把责任落实到最小工作单元。

（3）加强执法监管，扎实开展专项执法行动，推动企业落实安全生产主体责任。

（4）汲取事故教训，组织开展有限空间作业等专项整治。对企业安全生产主体责任不落实和废水处理设施设备擅自改建、未批先建、项目评价与现状不符、安全防护设施不全、操作规程及应急预案缺失等违法违规行为进行执法检查。对于日常处于封闭状态的废水处理池等有限空间，应督促加装强制通风装置、监测报警装置和视频监控系统，加强动态管理。要组织相关部门研究制定企业尤其是食品加工企业废水处理设施设计、施工和日常运行等方面的标准规范和风险分级管控措施，坚决杜绝类似事故再次发生。

（5）加大宣传力度，提高全民安全生产意识，强化公益宣传，进一步增强社会公众风险防范、安全应急的意识和自救互救、紧急避险的技能。强化警示教育培训，结合近年来省内外典型事故案例，深刻剖析事故原因，查找风险漏洞，举一反三开展以案促改，切实起到处理一起事故、警示教育一片的作用。

第五节　工伤保险

```
■本节知识要点

1. 工伤保险概念、特点和作用，掌握工伤保险的适用范围；
2. 工伤预防的概念，理解工伤预防的措施；
3. 工伤认定概念和对象，熟悉工伤认定的情形，掌握工伤认定时限和程序；
4. 工伤劳动能力鉴定的程序；
5. 工伤保险待遇项目、待遇标准、享受待遇条件。
```

一、工伤保险概述

（一）工伤保险概念

工伤保险是指职工在劳动过程中发生生产安全事故以及职业病，暂时或者永久地丧失劳动能力时，给予劳动者及其实用性法定的医疗救治以及必要的经济补偿的一种社会保障制度。这种补偿既包括医疗、康复所需费用，也包括保障基本生活的费用。

工伤保险是针对工伤而设定的一种社会保险。工伤保险是社会保障体系的重要组成部分，工伤保险制度对于保障因生产、工作过程中的工伤事故或患职业病造成伤、残、亡的职工及其供养直系亲属的生活，对于促进企业安全生产，维护社会安定起着重要的作用。

用人单位应当按时缴纳工伤保险费。职工个人不缴纳工伤保险费。

（二）工伤保险基本原则

工伤保险主要遵循以下三项基本原则：

1. 无责任补偿原则

无责任补偿原则又称无过失补偿原则。职工在劳动过程中发生生产安全事故以及职业病，暂时或者永久地丧失劳动能力时，无论事故的责任在用人单位或职工本人，工伤职工均可依法获得医疗和经济补偿，使工伤职工尽快恢复健康和保障其生活，给死者以安葬，使遗属基本生活得到保障。工伤带有不可逆性，其造成损失往往难以挽回，工伤事故给职工个人及其家属带来经济上的损失和精神上的痛苦，并给企业生产活动造成损失。因此，职工在因工负伤时，无条件地得到经济补偿，不因责任问题而影响本人及其家属的正常经济生活。

实行无责任补偿，不是不追究工伤事故的原因和后果，不是放任工伤事故不管，恰恰相反，对事故发生的原因和后果，仍然要进行认真调查，原因未查清不放过、责任人员未处理不放过、整改措施未落实不放过、有关人员未受到教育不放过，以便消除和减少事故的发生，对于社会保险事业来说，它关注的主要是伤残者的经济补偿，以保障其生活。

2. 职工个人不缴费原则

《工伤保险条例》（以下简称《条例》）第十条规定：用人单位应当按时缴纳工伤

保险费，职工个人不缴纳工伤保险费。这是工伤保险与养老、医疗等其他社会保险项目的区别之处。劳动者在创造社会财富的同时，也付出了健康，甚至生命，所以由用人单位、社会保险机构负担补偿费用。

3. 风险分担、互助互济原则

《条例》第一条规定说明了立法目的，分散用人单位的工伤风险。尽管随着科学技术的进步，对工伤的预防水平已越来越高，但工伤事故的发生仍在所难免。工伤保险制度建立初期，也是由于很多的单位，在工伤事故发生以后，往往元气大伤，根本无法赔偿每一个工伤职工，更谈不上进一步的发展。为了分散各个雇主的风险，有必要由各个用人单位都提前凑钱形成一个互助式的基金，以增强每一个用人单位的抗工伤事故风险的能力。现代的工伤保险制度，仍然具有分散用人单位责任的功能，并且随着时代的进步，在分散风险方面的机制已经越来越先进。在现代工伤保险制度中，通过实行行业差别费率制和单位的费率浮动制，进一步分散了行业与单位的风险。

4. 保障与赔偿相结合的原则

社会保险制度有一项基本原则就是保障原则，工伤职工在暂时或永久地丧失劳动能力时，对其给予经济上的充分保证，使他们能够继续享有基本的生活水平，以保证劳动力扩大再生产运行和社会的稳定。

工伤保险还具有赔偿（补偿）的原则，这是工伤保险与其他社会保险的显著区别。劳动力是有价值的，在生产劳动过程中，劳动力受到损害，理应对这种损害给予赔偿。

5. 补偿与预防、康复相结合的原则

工伤补偿、工伤预防与工伤康复三者是密切相连的。工伤预防是最基本的，各国政府都致力于采取各项措施，减少或消灭事故。工伤事故发生后，应立即对受伤害者予以医治并给予经济补偿，使受伤害者能够得到及时的救治，同时使其（或家庭）生活得到一定的保障。并且及时地对受伤害者进行医学康复及职业康复，使其尽可能地恢复劳动能力，或是恢复部分劳动能力尽可能地具备从事某种职业的能力尽可能地自食其力，尽可能地减少或避免人力资源的浪费。

6. 区别因工和非因工的原则

工伤保险制度中，对于界定"因工"与"非因工"所致伤害有明确规定。职业伤害与工作环境、工作条件、工艺流程等有直接关系，因而医治、医疗康复、伤残补偿、死亡抚恤待遇等均比其他社会保险的水平高。

7. 一次性补偿与长期补偿相结合原则

对因工至部分或完全永久性丧失劳动能力的职工或是因工死亡的职工，受伤害职工或遗属在得到补偿时，工伤保险基金一般有一次性支付补偿金项目，此外，对一些伤残者及工亡职工所供养的遗属，有长期支付项目，直到其失去供养条件为止。

8. 确定伤残和职业病等级原则

工伤保险待遇是根据伤残和职业病等级而分类确定的。《条例》中规定工伤保险待遇按照专门的劳动能力鉴定机构，对工伤职工劳动功能障碍程度和生活自理障碍程度进行等级鉴定，区别不同伤残和职业病状况，以给予不同标准的待遇。

（三）工伤保险特点

1. 工伤保险具有强制性

工伤所造成的职工器官或生理功能的损伤，可以是暂时的、部分的丧失劳动能力，也可能是经治疗休养后，仍不能完全复原，以致身体或智力功能部分或全部丧失，造成残疾，这种残疾表现为永久性部分或永久性全部丧失劳动能力。工伤给个人带来终身痛苦，给家庭带来永久的不幸，也于用人单位不利，因而国家出台《条例》《工伤认定办法》等法规强制实施工伤保险。

2. 工伤保险具有社会性

工伤保险是世界上历史最悠久、实施范围最广的社会保障制度。政府通过法律，通过社会经济生活的一定干预，在发生职业风险与未发生职业风险之间进行收入再分配，切实达到保障伤残劳动者基本生活水平的目的。

3. 工伤保险具有互济性

工伤保险通过统筹的基金来分散职业风险，以缓解企业之间、行业之间地区之间因职业风险不同而承受的不同压力，在较大范围内分散风险，为劳动者和企业双方建立保护机制。

4. 工伤保险具有福利性、非营利性

工伤保险基金属劳动者所有，是保障劳动者安全健康的物质基础，专款专用，国家不征税，并由国家财政提供担保，由隶属于政府部门的非营利性事业单位经办，为受保人服务。

5. 工伤保险具有补偿性（赔偿性）

这是工伤保险不同于其他社会保险的显著特性，工伤保险费用不实行分担方式，全部费用由用人单位负担，劳动者个人不负担费用。

6. 工伤保险具有事故预防与职业康复性

现代工伤保险已不仅仅限于对工伤职工给予工伤补偿，而是把它与工伤补偿、职业康复和工伤预防紧密地结合起来，以便更好地发挥其在维护劳动者权益、稳定社会、保护和促进生产力发展方面的积极作用。

（四）工伤保险作用

生产安全事故发生后，事故中受到伤害的从业人员的救治以及生活保障将是一笔十分庞大的费用，这笔费用如果完全由发生事故的单位承担，对其无疑是一个沉重的负担，不利于其恢复生产，而且有些情况下事故单位根本承担不起这部分费用，从而使在事故中受到伤害的劳动者的生活得不到保障，这就需要通过工伤保险，发挥全社会的力量来解决这一问题。

（1）工伤保险作为社会保险制度的一个组成部分，是国家通过立法强制实施的，是国家对职工履行的社会责任，也是职工应该享受的基本权利。工伤保险的实施是人类文明和社会发展的标志和成果。

（2）实行工伤保险保障了工伤职工医疗以及其基本生活、伤残抚恤和遗属抚恤，在一定程度上解除了职工和家属的后顾之忧、工伤补偿体现出国家和社会对职工的尊重，有利于提高他们的工作积极性。

（3）建立工伤保险有利于促进安全生产，保护和发展社会生产力。工伤保险与生产经营单位的安全生产工作关系最为密切，与改善劳动条件、防病防伤、安全教育、医疗康复、社会服务等工作紧密相连。对提高生产经营单位和职工的安全生产，防止或减少工伤、职业病，保护职工的身体健康，至关重要。

（4）工伤保险保障了受伤害职工的合法权益，有利于妥善处理事故和恢复生产，维护正常的生产、生活秩序，维护社会安定。

（五）工伤保险适用范围

根据《条例》的规定，中华人民共和国境内的企业、事业单位、社会团体、民办非企业单位、基金会、律师事务所、会计师事务所等组织和有雇工的个体工商户等用人单位应当参加工伤保险，为本单位全部职工或者雇工（职工）缴纳工伤保险费。

中华人民共和国境内的企业、事业单位、社会团体、民办非企业单位、基金会、律师事务所、会计师事务所等组织的职工和个体工商户的雇工，均有享受工伤保险待遇的权利。

二、工伤预防

（一）工伤预防概念

工伤预防是指采用管理、技术和经济等手段事先防范职业伤亡事故以及职业病的发生，减少事故及职业病的隐患，改善和创造有利于安全健康的劳动条件，保护劳动者在劳动过程中的安全和健康。

（二）工伤预防作用

工伤预防在促进安全生产、保护劳动者的安全健康方面有着十分重要的意义。主要作用表现在三个方面：

1. 降低事故和职业病的发生，保障劳动者的安全健康

预防工伤是企业安全生产工作的一项重要内容。企业要进行生产活动，就必然存在着发生伤亡事故和职业病的可能。如何减少工伤事故和职业病的发生，保障劳动者在生产过程中的安全健康，这就要靠事先的预防工作。

2. 控制工伤保险费用支出的有效办法

工伤预防工作能减少职工伤害，这既是实行工伤保险制度的根本目的，也是减少工伤费用支出的重要手段。工伤保险的实践证明，加强工伤预防工作，是控制工伤保险基金支出的有效办法。工伤保险费用的支出方面是赔付工伤职工及其家属的医疗、康复费用及经济补偿，这是它的主要支出。另外，从工伤保险基金中可以提取适当的比例用于工伤预防，这种费用的提取更具积极意义。工伤预防是需要一定的资金支持的，这些经费主要用于对企业安全生产劳动条件提供支持。

工伤保险的预防机制是通过工伤保险费的收与支两方面来实现的，前者通过调整企业缴纳保险金的差别费率与浮动费率，激励和督促企业从自身经济效益上考虑必须改善安全生产状况，减少工伤事故和职业危害的发生，达到促进工伤预防的作用；后者则是从工伤保险基金提取工伤预防必要费用，直接支持工伤事故的预防活动。

3. 促进企业发展，促进社会稳定

工伤事故和职业危害所造成的对职工生命和生活的危害及重大经济损失，已经越来越引起各级政府和社会各方面的广泛关注。随着工伤保险制度的改革，将工伤预防引入工伤保险，使企业了解工伤保险不只是补偿，也是分散企业风险、强化安全责任和措施，达到改善作业环境，保护劳动者安全健康的重要手段。成功的工伤预防减少了社会资源的破坏，促进了企业的稳定发展，保持了社会稳定，为经济发展创造了条件，同时，也可以促使企业和职工积极参加工伤保险。

（三）工伤预防措施

采取积极的工伤预防措施，不仅可以减少和降低事故发生率和职业病发病率，而且可以减少工伤保险基金的支出。工伤预防措施包括综合管理措施、宣传教育与培训、安全技术和经济措施等方面。

1. 综合管理措施

（1）设立安全生产管理机构配备专（兼）职人员

生产经营单位应按照《安全生产法》的规定设置安全生产管理机构或者配备专（兼）职安全生产管理人员。安全生产管理机构它是生产经营单位安全生产的重要组织保证，检查本单位的安全生产状况，及时排查生产安全事故隐患，提出改进安全管理的建议，督促落实本单位安全生产整改措施等。

（2）建立健全全员安全生产责任制

生产经营单位是安全生产的责任主体，建立全员安全生产责任制是减少工伤事故最有效的手段之一。生产经营单位通过建立全员安全生产责任制，增强安全生产责任感，鼓励和约束全员履行职责，建立健全风险防范和化解机制，从而增强各级管理人员的责任心，使安全管理级纵向到底、横向到边，责任明确、协调配合，共同努力把安全工作真正落到实处，预防安全事故的发生。

（3）开展预防性健康检查

通过预防性健康检查，早期发现职业病不仅有利于及时采取措施，防止职业危害因素所致疾病的发生和发展，还可以为评价劳动条件及职业危害因素对健康的影响提供资料，并有助于发现新的职业性危害因素。预防性健康检查是保护职工相关权益所不可缺少的措施。健康监护的内容包括职业健康检查、健康监护档案、健康监护资料分析等几个方面。

（4）开展安全生产检查

安全生产检查通过有计划、有组织、有目的的形式来实现，主要包括定期安全检查、日常安全检查、季节性及节假日前安全检查、专业（项）安全检查、综合性安全检查等。安全生产检查内容的确定应突出重点，对于危险性大、易发事故、事故危害大的生产系统、部位、装置、设备等应加强检查。重点检查易造成重大损失的易燃易爆危险物品、剧毒品、锅炉、受压容器、起重、运输、冶炼设备、电气设备、冲压机械、高处作业和本企业易发生工伤、火灾、爆炸等事故的设备、工种、场所及其作业人员；造成职业中毒或职业病的尘毒点及其作业人员；直接管理重要危险点和有害点的部门及其负责人。

2. 宣传教育与培训措施

安全生产教育制度作为加强安全生产管理进行事故预防的重要而且有效的手段，其重要性首先在于提高经营单位管理者及员工的安全意识和安全素质，防止产生不安全行为，其次是能够普及和提高员工的安全技术知识，增强安全操作技能，从而保护自己和他人的安全与健康。

生产经营单位的主要负责人和安全生产管理人员必须具备与本单位所从事的生产经营活动相应的安全生产知识和管理能力。生产经营单位应当对从业人员进行安全生产教育和培训，保证从业人员具备必要的安全生产知识，熟悉有关的安全生产规章制度和安全操作规程，掌握本岗位的安全操作技能，了解事故应急处理措施，知悉自身在安全生产方面的权利和义务。未经安全生产教育和培训合格的从业人员，不得上岗作业。

3. 安全技术措施

（1）防止事故发生的安全技术

防止事故发生的安全技术是指为了防止事故的发生，采取的约束、限制能量或危险物质，防止其意外释放的技术措施。常用的防止事故发生的安全技术有消除危险源、限制能量或危险物质、隔离等。其中隔离是一种常用的控制能量或危险物质的安全技术措施，限制能量或危险物质可以防止事故的发生，消除危险源可以从根本上防止事故的发生。

（2）减少事故损失的安全技术

减少事故损失的安全技术是指为了防止意外释放的能量引起人的伤害或物的损坏，或减轻其对人的伤害或对物的破坏的技术措施。在事故发生后，生产经营单位应迅速控制局面，避免引起二次事故的发生，防止事故进一步扩大，从而减少事故造成的损失。常用的减少事故损失的安全技术有隔离、设置薄弱环节、个体防护、避难与救援等。其中，隔离是把被保护对象与意外释放的能量或危险物质隔开、封闭和缓冲；设置薄弱环节是通过事先设计，使事故能量按照设计的意图释放，防止能量作用于被保护的人或物，如锅炉上的易熔塞、电路中的熔断器等；个体防护是把人体与意外释放能量或危险物质隔离开，是保护人身安全的最后一道防线。避难与救援是设置避难场所，在发生时供人员暂时躲避，赢得救援的时间，等待有效应急救援力量，实施迅速的救护，减少事故人员伤亡和财产损失。此外，安全监控系统作为防止事故发生和减少事故损失的安全技术，是发现系统的故障和异常的重要手段。

4. 经济措施

工伤保险制度主要通过行业差别费率和单位费率浮动机制来促进用人单位改善劳动条件、减少事故发生、保护职工身体健康。差别费率的机制在于根据不同行业风险差别，制定不同的缴费标准，使工伤保险的征费标准更加科学合理。实行浮动费率的目的，是将企业缴纳工伤保险费的多少直接与企业安全生产状况和工伤事故率相联系，对安全生产管理的不同情况进行惩罚或奖励。实行浮动费率的制度，通过降低或提高企业保险费率的机制，对企业进行奖励或惩罚，以促进企业重视安全生产，加强安全生产的管理工作。

三、工伤认定

（一）工伤认定概念

工伤范围是工伤认定的前提，一般由法律直接规定。各国及地区的工伤保险法律以及国际劳工公约对工伤范围的规定主要采取以下几种立法模式：概括式立法模式、列举式立法模式、混合式立法模式。我国《工伤保险条例》对工伤范围采取列举式立法模式，通过肯定性列举和否定性列举相结合的方式，明确了我国《工伤保险条例》拟规范的工伤范围。

工伤认定是指社会保险行政部门根据工伤保险法律法规及相关政策的规定，确定职工受到的伤害，按照规定是否属于应当认定为工伤或视同工伤的情形。

（二）工伤认定特点

工伤认定属于具体行政行为，工伤认定申请人对工伤认定不予受理的决定或工伤认定结论不服的，可以依法提起行政复议，也可以直接向人民法院提起行政诉讼。工伤认定有以下几个特点：

（1）工伤认定由申请而启动，未提出申请的，社会保险行政部门不主动启动认定程序。

（2）工伤认定的受理主体、提出工伤认定申请的主体都是由法律明确规定的。

（3）认定为工伤的数量没有限制，只要符合认定条件都可以认定（含视同）工伤。

（4）工伤认定结论具有法律约束力，相关义务人（用人单位和社保经办机构）应依据已认定为工伤的结论，按照法律法规的规定支付应享受的工伤待遇。

（三）认定为工伤情形

《条例》第十四条规定，职工有下列情形之一的，应当认定为工伤：

（1）在工作时间和工作场所内，因工作原因受到事故伤害的，应当认定为工伤。在工作时间和工作场所内，因工作原因受到事故伤害，是最为普遍的工伤情形。

这里的"工作时间"是指法律规定的或者单位要求职工工作的时间。例如《中华人民共和国劳动法》规定劳动者每日工作时间不超过 8 小时，平均每周工作时间不超过 40 小时，同时也对加班加点作了限定。据此，用人单位规定上下班的具体时间，例如，周一至周五的每天上午 8 点到下午 5 点为工作时间（中午 12 点至下午 1 点为中餐休息时间），那么这段时间就属于职工的工作时间。但是，如果单位在合法的前提下对其职工的工作时间有特殊要求，比如对那些实行不定时工作制的职工来说，单位确定的自己应该工作的时间，属于该职工的工作时间。此外，合法的加班期间以及单位违法延长工时的期间也属于职工的工作时间，职工在此期间受到事故伤害，属于应当认定为工伤情形的，应按规定将其认定为工伤。

这里的"工作场所"是指覆盖工人因工作而需在场或前往，并在用人单位直接或间接控制之下的一切地点。可以具体表述为职工日常工作所在的场所，以及领导临时指派其所从事工作的场所。

这里的"事故伤害"是指职工在工作过程中发生的人身伤害和急性中毒等事故。

（2）工作时间前后在工作场所内，从事与工作有关的预备性或者收尾性工作受到事故伤害的，应当认定为工伤。

这里的"从事与工作有关的预备性或者收尾性工作"，主要是指在法律规定的或者单位要求的开始工作时间之前的一段合理时间内，以及在法律规定的或者单位要求的结束工作时间之后的一段合理时间内，职工在工作场所内从事本职工作或者领导指派的其他与工作有关的准备工作和收尾工作。

这里的"预备性工作"是指在工作前的一段合理时间内，从事与工作有关的准备工作，如运输、备料、准备工具等。例如，甲职工在开始工作前来到单位，按照惯例对其工作时使用的机器进行调试，甲职工调试机器的行为，就属于预备性工作。如果甲职工在调试机器过程中不慎将手指搅断，其所受到的伤害，应认定为工伤。

这里的"收尾性工作"是指在工作后的一段合理时间内，从事与工作有关的收尾工作，如清理、安全贮存、收拾工具和衣物等。例如，工作结束后，某职工将工作时使用的工具收进仓库，在收拾工具的过程中不慎被工具砸伤。该职工收拾工具的行为属于收尾性工作，该职工在收拾工具过程中受到伤害的，应认定为工伤。

（3）在工作时间和工作场所内，因履行工作职责受到暴力等意外伤害的，应当认定为工伤。

这里的"工作时间"是指法律规定的或者单位依法要求的职工应当工作的时间，以及在工作时间前后所做的预备性或收尾性工作所占据的时间。

这里的"工作场所"既包括本单位内的工作场所，也应包括因工作需要或者领导指派到本单位以外去工作的工作场所。

因履行工作职责受到暴力等意外伤害有两层含义：一是指在工作时间和工作场所内，职工因履行工作职责受到的暴力伤害。如商场保安由于阻止窃贼偷窃被窃贼伤害的情形等。二是指职工在工作时间和工作场所内因履行工作职责受到的意外伤害。如在施工工地上因高处落物受到伤害等。

（4）患职业病的，应当认定为工伤。

根据《职业病防治法》的规定，职业病，是指企业、事业单位和个体经济组织等用人单位的劳动者在职业活动中，因接触粉尘、放射性物质和其他有毒、有害因素而引起的疾病。关于职业病分类，按照《职业病目录》的规定，职业病包括如下十类：尘肺，职业性放射性疾病，职业中毒，物理因素所致职业病，生物因素所致职业病，职业性皮肤病，职业性眼病，职业性耳鼻喉口腔疾病，职业性肿瘤和其他职业病。随着情况的发展变化，职业病的分类和目录也将做出相应调整。

关于职业病，有如下几点需要注意：

一是《条例》中所称的职业病是条例覆盖范围内的用人单位的劳动者所患的职业病。如果按照职业病防治法的规定被诊断、鉴定为职业病，但是该职工所在的单位不在工伤保险条例的适用范围内，在这种情况下，该职工虽然患的也是职业病，但是不能依照本条的规定认定为工伤，该职工不能按照本条例的规定享受工伤保险待遇。

二是《条例》中所称的职业病必须是条例覆盖范围内的用人单位的职工在职业活动中引起的疾病。如果某人患有职业病目录中规定的某种疾病，但不是在职业活动中因接触粉尘、放射性物质和其他有毒、有害物质等因素引起的，而是由其居住环境周围的生产有毒物品的单位引起的，那么，该人的这种疾病就不属于本条例中所称的职业病。其所受到的伤害，应通过司法途径加以解决，而不能按工伤保险的有关规定执行。

（5）因工外出期间，由于工作原因受到伤害或者发生事故下落不明的，应当认定为工伤。

实际工作中，由于工作需要，职工除了在本单位内工作外，有时还必须到本单位以外的地方去工作，这时如果职工由于工作原因受到事故伤害，按照工伤保险的基本精神，也应该认定为工伤。同时，考虑到职工因工外出期间，如果遇到事故下落不明的，很难确定职工是在事故中死亡了还是由于事故暂时无法与单位取得联系，本着尽量维护职工合法权益的基本精神，条例规定，只要是在因工外出期间，发生事故造成职工下落不明的，就应该认定为工伤。

这里的"因工外出"是指职工不在本单位的工作范围内，由于工作需要被领导指派到本单位以外工作，或者为了更好地完成工作，自己到本单位以外从事与本职工作有关的工作。

这里的"外出"包括两层含义：一是指到本单位以外，但是还在本地范围内；二是指不仅离开了本单位，并且到外地去了。

"由于工作原因受到伤害"是指由于工作原因直接或间接造成的伤害，包括事故伤害、暴力伤害和其他形式的伤害。

这里的"事故"包括安全事故、意外事故以及自然灾害等各种形式的事故。

（6）在上下班途中，受到非本人主要责任的交通事故或者城市轨道交通、客运轮渡、火车事故伤害的，应当认定为工伤。

这里的"交通事故"是指《中华人民共和国道路交通安全法》所称的道路上发生的车辆交通事故。矿区、厂区、林区、农场等单位自建的社会车辆不能通行的专用道路、乡间小道、田间机耕路、城市楼群或排房之间的角道以及机关、学校、住宅小区内的道路等均不属于《中华人民共和国道路交通安全法》规定的道路范畴。

这里的"非本人主要责任"是发生事故后，需经交通管理等部门作出的非本人主要责任认定。限定非本人主要责任的交通事故伤害才能认定为工伤，主要是为了引导职工高度重视交通安全。交通事故中职工本人负主要责任或全部责任的，不能认定为工伤。

这里的"上下班途中"应作"合理时间"和"合理路线"的限定。《最高人民法院关于审理工伤保险行政案件若干问题的规定》第六条对"合理时间""合理路线"作出了四条规定：

①在合理时间内往返于工作地与住所地、经常居住地、单位宿舍的合理路线的上下班途中；

②在合理时间内往返于工作地与配偶、父母、子女居住地的合理路线的上下班途中；

③从事属于日常工作生活所需要的活动，且在合理时间和合理路线的上下班途中；

④在合理时间内其他合理路线的上下班途中。

（7）法律、行政法规规定应当认定为工伤的其他情形。

（四）视同工伤情形

《条例》第十五条规定，职工有下列情形之一的，视同工伤：

（1）在工作时间和工作岗位，突发疾病死亡或者在48小时之内经抢救无效死亡的，视同工伤。

这里的"工作时间"是指法律规定的或者单位要求职工工作的时间，包括加班加点时间。

这里的"工作岗位"是指职工日常所在的工作岗位和本单位领导指派所从事工作的岗位。例如，清洁工人负责的清洁区域范围内都属于该工人的工作岗位。

这里的"突发疾病"是指上班期间突然发生任何种类的疾病，一般多为心脏病、脑出血、心肌梗死等突发性疾病。

根据《条例》规定，职工在工作时间和工作岗位突发疾病当场死亡的，以及职工在工作时间和工作岗位突发疾病后没有当时死亡，但在48小时之内经抢救无效死亡的，应当视同工伤。职工虽然是在工作时间和工作岗位突发疾病，经过48小时抢救之后才死亡的，不属于视同工伤的情形。

（2）在抢险救灾等维护国家利益、公共利益活动中受到伤害的，视同工伤。

这里的"维护国家利益"是指为了减少或者避免国家利益遭受损失，职工挺身而出。

这里的"维护公共利益"是指为了减少或者避免公共利益遭受损失，职工挺身而出。

《条例》列举了抢险救灾这种情形，但凡是与抢险救灾性质类似的行为，都应当认定为属于维护国家利益和维护公共利益的行为。在这种情形下，没有工作时间、工作地点、工作原因等要素要求。例如，某单位职工在过铁路道口时，看到在道口附近有个小孩正牵着一头牛过铁路，这时，前方恰好有一辆满载旅客的列车驶来，该职工赶紧过去将牛牵走并将小孩推出铁道。列车安全地通过了，可该职工却因来不及跑开，被列车撞成重伤。该职工的这种行为，就应属于维护国家利益和公共利益的行为。

（3）职工原在军队服役，因战、因公负伤致残，已取得革命伤残军人证，到用人单位后旧伤复发的，视同工伤。

职工原在军队因公负伤致残，到用人单位后旧伤复发，按照工伤的基本精神，不宜认定为工伤。但是，在这种情况下，职工是为了国家的利益而受到伤害的，其后果不应由职工个人而应由国家来承担。为了保护这部分人的合法权益，《条例》将其规定为视同工伤的情形。

（五）不得认同工伤情形

工伤保险虽然实行无过错责任原则，但只有那些与工具有因果联系的伤害才可纳入工伤范围。职工在工作时间和工作场所内，因犯罪或违反治安管理造成的伤害，以及自杀或者自残性质的伤害，与工作不具有必然的联系，其后果应由行为人自己承担，不属于工伤保险的范围。《条例》第十六条规定，不得认定为工伤或者视同工伤的情形有以下几种：

（1）故意犯罪的，不得认同工伤。

《条例》不将因犯罪或者违反治安管理伤亡的情形定为工伤，是因为职工的这种伤亡是由于其自身的违法或犯罪行为造成的，按照《中华人民共和国刑法》和《治安管理处罚条例》的规定，这种行为本身要承担相应的法律后果，因此，不得认同工伤。

（2）醉酒或者吸毒的，不得认同工伤。

《条例》不将醉酒导致伤亡的情形定为工伤，主要是考虑，醉酒是一种个人行为，国家的一些法律规定禁止醉酒后工作，如禁止酒后驾车等。因此，由于醉酒导致行为失去控制，引发各种事故不能作为工伤处理。《条例》这样规定，也可以在一定程度上控制职工酒后工作，减少工伤事故的发生。

（3）自残或者自杀的，不得认同工伤。

这里的"自残"是指通过各种手段和方法伤害自己的身体，并造成伤害结果的行为。例如，某职工为了获取较高的工伤保险赔付，在工作过程中，趁其他工友不注意，故意用刀将其手指切断，该职工的这种行为，就属于自残。

这里的"自杀"是指通过各种手段和方法结束自己生命的行为。例如，某职工因个人私事想不开，从工作场所内的 20 多米高的作业台上纵身跳下，当场死亡。该职工的这种行为就属于自杀。

条例不将自残或者自杀的情形定为工伤，主要是考虑，自残或者自杀与工作没有必然联系，在这种情形中，职工本人对自己的死伤存在着主观故意，将其认定为工伤，有悖工伤保险的立法目的。

（六）工伤认定程序

1. 工伤认定申请

（1）申请工伤认定的主体。职工发生事故伤害或者按照《职业病防治法》规定被诊断、鉴定为职业病，用人单位、工伤职工或者其直系亲属、工会组织都有权申请工伤认定。这是对工伤认定申请主体的规定。这样规定，充分体现了工伤保险实现保障受伤害职工工伤保险权益的目的，从各方面保障职工实现其权益，这也是工伤保险充分承担社会责任宗旨的体现。

①用人单位。用人单位应当自事故伤害发生之日或者被诊断、鉴定为职业病之日起30日内提出工伤认定申请。工伤保险实行的是雇主责任原则，用人单位是工伤保险义务的承担者。因而，职工因工作受到事故伤害或者被诊断、鉴定为职业病后，其所在单位应当首先履行工伤认定申请义务。规定申请认定的时限，目的是促使用人单位在职工受到事故伤害或者患职业病后及时履行申请工伤认定的义务，以便于搜集有关证据，尽快查明事故真相。否则，相关各方搜集证据比较困难，可能导致事实难以认定，使职工的权益受到损害。

②职工（或其直系亲属）。《条例》第十七条第二款规定，用人单位没在规定期限内提出工伤认定申请的，工伤职工或者其直系亲属有权提出工伤认定申请。申请工伤认定是工伤职工的基本权利。但由于种原因，工伤职工本人可能无力申请工伤认定，为了更充分地保障工伤职工行使权利，《条例》规定了其直系亲属，如配偶、父母、成年子女也有权申请工伤认定。工伤职工的直系亲属包括直系血亲和直系姻亲。直系血亲是指有直接血缘联系的亲属，是指己身所出或从己身所出的上下各代亲属，包括父母、祖父母、外祖父母、曾祖父母、外曾祖父母等长辈和子女、孙子女、外孙子女等晚辈。这里的"父母"包括生父母、养父母和有抚养关系的继父母。"子女"包括婚生子女、非婚生子女、养子女和有抚养关系的继子女。直系姻亲是指与自己直系亲属有婚姻关系的亲属，包括直系血亲的配偶的直系血亲，如公婆、岳父母、儿媳、女婿等。按照《中华人民共和国民法通则》中关于近亲属的规定，工伤职工的直系亲属还应包括工伤职工的配偶和兄弟姐妹。这里的兄弟姐妹，包括同父母的兄弟姐妹、同父异母或者同母异父的兄弟姐妹、养兄弟姐妹和有抚养关系的继兄弟姐妹。此外，依据民事法律的有关规定，如果工伤职工或者其直系亲属不能申请工伤认定，可以委托其他人申请工伤认定，因为申请工伤认定是《条例》赋予职工的一项法定权利，除非职工放弃这一权利，任何人无权剥夺。从这一原则出发，无论职工是否有能力申请工伤认定，都有权按照民法的有关规定委托代理人代其行使这项权利。

③工会。工会作为维护职工权益的专门性群众组织，当职工遭受事故伤害或者罹患职业病时，如果职工的权益没有或者不能得到保障，工会组织应承担起为职工申报工伤的职责。这里的"工会组织"包括职工所在用人单位的工会组织以及符合《中华人民共和国工会法》规定的各级工会组织。

从《条例》的规定来看，职工（或其直系亲属）或工会这两个主体提出工伤认定申请，是以用人单位在规定期限内没有履行申请义务为前提的。

（2）申请工伤认定的时限。

①用人单位申请工伤认定的时限。根据《条例》第十七条第一款的规定："职工发生事故伤害或者按照职业病防治法规定被诊断、鉴定为职业病，所在单位应当自事故伤害发生之日或者被诊断、鉴定为职业病之日起30日内，向统筹地区社会保险行政部门提出工伤认定申请。遇有特殊情况，经报社会保险行政部门同意，申请时限可以适当延长"。这里的"特殊情况"，主要是指职工受到事故伤害的地点与工伤认定申请受理机关相距甚远，用人单位无法在30日内提交工伤认定申请的情形。如从事远洋运输的职工在运输途中发生事故，要求其所在单位在30日内申请工伤认定确实难以做到。

②用人单位未在法定时限内申请工伤认定的责任。《条例》第十七条第四款规定了用人单位未在规定的时限内提交工伤认定申请应承担的责任。在规定的时限内未及时提出工伤认定申请的用人单位要负担在此期间发生的符合条例规定的工伤待遇等有关费用。

③职工或其直系亲属、工会组织提出工伤认定申请的时效。《条例》第十七条第二款规定，用人单位未在规定期限内提出工伤认定申请的，工伤职工或者其直系亲属、工会组织在事故伤害发生之日或者被诊断、鉴定为职业病之日起1年内，可以直接提出工伤认定申请。这里的"1年"为申请工伤认定的时效，超过了这一期限，当事人即丧失了申请权。

④根据《最高人民法院关于审理工伤保险行政案件若干问题的规定》的解释，由于不属于职工或者其近亲属自身原因超过工伤认定申请期限的，被耽误的时间不计算在工伤认定申请期限内。有下列情形之一耽误申请时间的，应当认定为不属于职工或者其近亲属自身原因：

A. 不可抗力；

B. 人身自由受到限制；

C. 属于用人单位原因；

D. 社会保险行政部门登记制度不完善；

E. 当事人对是否存在劳动关系申请仲裁、提起民事诉讼。

（3）申请工伤认定提交的材料。工伤认定主要实行书面审查，因此工伤职工所在单位、职工个人、工会组织申请工伤认定时，应该提交全面、真实的材料，以便于工伤认定机构准确、及时作出工伤认定。根据《条例》第十八条、《工伤认定办法》第五条的规定，结合《四川省工伤认定工作规程（试行）》提出工伤认定申请，应当提交下列材料：

①工伤认定申请表。申请表是申请工伤认定的基本材料，包括事故发生的时间、地点、原因以及职工伤害程度等基本情况。通过申请表，认定机构对所在单位、职工本人、工伤事故或者职业病的现状、原因等基本事项都有一个简明、清楚的了解。

②与用人单位存在劳动关系（包括事实劳动关系）、人事关系的证明材料或者由相关单位承担工伤保险责任的证明材料。

劳动关系证明材料是工伤认定机构确定对象资格的凭证。规范的劳动关系的证明材料是劳动合同，它是劳动者与用人单位建立劳动关系的法定凭证。但在现实生活中，一些企业、个体工商户未与其职工签订劳动合同。为了保护这些职工享受工伤保险待遇的权益，《条例》规定，劳动关系证明材料包括能够证明与用人单位存在事实劳动关系的材料。据此，职工在没有劳动合同的情况下，可以提供一些能够证明劳动关系存在的其他材料，如劳动报酬的证明、单位同事的证明等。

③医疗机构出具的医疗诊断证明（含职工受伤害时的初诊诊断证明）或者依法承担职业病诊断的医疗、卫生机构出具的职业病诊断证明书（或者职业病诊断鉴定书）。

对于医疗诊断证明需要把握两点：一是出具诊断证明的医疗机构，一般情况下应是与社会保险经办机构签订工伤保险服务协议的医疗机构，特殊情况下也可以是非协议医疗机构（例如对受到事故伤害的职工实施急救的医疗机构）。二是出具职业病诊断鉴定书的，应是用人单位所在地或者本人居住地的、经省级以上人民政府卫生行政部门批准的承担职业病诊断的医疗卫生机构。出具职业病诊断鉴定书的，应是设区的市级职业病诊断鉴定委员会，或者是省、自治区、直辖市级职业病诊断鉴定委员会。

④有下列情形之一的，申请人应分别提交下列相应材料：

A. 职工死亡的，提交医疗机构或者公安机关出具的死亡证明；

B. 在工作时间和工作场所内，因履行工作职责受到暴力等意外伤害的，提交公安部门的证明、人民法院生效裁判文书或者其他有效证明；

C. 因工外出期间，由于工作原因受到伤害或者发生事故下落不明的，提交公安机关的证明或者相关部门的有效证明；

D. 在上下班途中，受到非本人主要责任的交通事故或者城市轨道交通、客运轮渡、火车事故伤害的，提交公安机关交通管理部门、法律法规授权组织出具的具有结论性意见的责任认定文书或者人民法院生效的裁判文书；

E. 在抢险救灾等维护国家利益、公共利益活动中受到伤害的，提交民政部门或者其他相关部门出具的有效证明；

F. 属于因战、因公负伤致残的转业、复员军人，旧伤复发的，提交《革命伤残军人证》及劳动能力鉴定机构对旧伤复发的确认材料。

2. 工伤认定受理

（1）工伤认定的受理主体。工伤认定的受理主体是工伤认定机构，按照《条例》第十七条的规定，工伤认定的受理主体就是统筹地区的社会保险行政部门。对于实行全市统筹的直辖市，其工伤认定的受理主体应是区或县社会保险行政部门。

（2）工伤认定的受理条件和范围。

①工伤认定的受理条件。《工伤认定办法》第七条第一款规定，工伤认定申请人提供的申请材料符合要求，属于社会保险行政部门管辖范围且在受理时效内的，社会保险行政部门应当受理。

②工伤认定的受理范围。按照《条例》的这一规定，凡是依法应当参加工伤保险的用人单位的职工申请工伤认定，只要符合受理条件的，社会保险行政部门都应当受理，即无论用人单位是否参加工伤保险，其职工受到事故伤害或患职业病的，都可以按照《条例》的规定申请工伤认定，有管辖权的社会保险行政部门都应当受理。需要说明的是，对于未参加工伤保险的单位，申请工伤认定的主体、提交的材料、受理机构、受理条件以及认定的程序等与参加工伤保险的单位一样，都应按照《条例》的规

定执行。用人单位没有参加工伤保险，但如果职工被认定为工伤，则其应该享受的各项工伤保险待遇由其所在的用人单位支付。

（1）关于补正材料。根据《条例》第十八条第三款的规定，工伤认定申请人提供的材料不完整的，社会保险行政部门应当一次性书面告知工伤认定申请人需要补正的全部材料。

（2）关于告知的时限。《工伤认定办法》第八条中作了规定，社会保险行政部门收到申请人提交的全部补正材料后，应当在15个工作日内作出受理或者不予受理的决定。

社会保险行政部门决定受理的，应当出具《工伤认定申请受理决定书》，决定不予受理的，应当出具《工伤认定申请不予受理决定书》。

（3）工伤事故的调查核实。《条例》第十九条第一款规定，社会保险行政部门受理工伤认定申请后，根据审核需要可以对事故伤害进行调查核实，用人单位、职工、工会组织、医疗机构以及有关部门应当予以协助。

工伤认定一般是进行书面审理，不进行实地核查。在审理过程中，可以通过文字的分析、电话询问、与当事人面谈等方式，对申请材料所提供信息的真实性、全面性、准确性进行评估，作出判断，最终形成工伤认定结论。

但是，有的工伤事故的确定比较复杂，从所提供的材料无法得出准确的结论。这时，就需要对申请所涉及的单位和个人进行直接的、面对面的考察。被调查的用人单位、工会组织、医疗机构、职工等有关人员等应当协助社会保险行政部门的调查，如实反映情况，并提供相应的证据。

（4）职业病的调查核实。《条例》第十九条第一款规定，职业病诊断和诊断争议的鉴定，依照职业病防治法的有关规定执行。这样规定，主要是考虑《职业病防治法》和《职业病诊断与鉴定管理办法》对职业病的诊断以及诊断争议的鉴定都做了明确规定。依法取得的职业病诊断证明书和职业病诊断鉴定书，是说明职工患职业病的具有法律效力的凭证。

（5）用人单位承担举证责任。《条例》第十九条第二款规定，职工或者其近亲属认为是工伤，用人单位不认为是工伤的，由用人单位承担举证责任。

3. 工伤认定决定

（1）作出工伤认定决定的时限。《条例》第二十条第一款和《工伤认定办法》第十八条规定，社会保险行政部门应当自受理工伤认定申请之日起60日内作出工伤认定决定，出具《认定工伤决定书》或者《不予认定工伤决定书》。

《条例》第二十条第二款规定，社会保险行政部门对受理的事实清楚、权利义务明确的工伤认定申请，应当在15日内作出工伤认定的决定。

对工伤认定的时限作出规定，既可以及时有效地保护职工的合法权益，有利于保持社会的安定，又能够提高社会保险行政部门的工作效率，避免认定工作久拖不决。需指出的是，工伤认定时限的起点是收到工伤认定的申请。所谓收到工伤认定申请，并不是指只要收到工伤申请书等部分材料就开始工伤认定的时限计算，而必须在收到了所有的工伤申请材料后起算。工伤认定申请人在申请时所提交的材料不完整的，劳动保障行政部门应当一次性地书面告知申请人需补正的全部材料。申请人按照书面告知要求补正材料后，劳动保障行政部门应当受理。

（2）工伤认定决定的内容。《工伤认定办法》第十九条第一款规定，《认定工伤决定书》应当载明下列事项：用人单位全称；职工的姓名、性别、年龄、职业、身份证号码；受伤害部位、事故时间和诊断时间或职业病名称、受伤害经过和核实情况、医疗救治的基本情况和诊断结论；认定工伤或者视同工伤的依据；不服认定决定申请行政复议或者提起行政诉讼的部门和时限；作出认定工伤或者视同工伤决定的时间。

《工伤认定办法》第十九条第二款规定，《不予认定工伤决定书》应当载明下列事项：用人单位全称；职工的姓名、性别、年龄、职业、身份证号码；不予认定工伤或者不视同工伤的依据；不服认定决定申请行政复议或者提起行政诉讼的部门和时限；作出不予认定工伤或者不视同工伤决定的时间。

《认定工伤决定书》和《不予认定工伤决定书》应当加盖社会保险行政部门工伤认定专用印章。

（3）工伤认定决定的送达。《条例》第二十条第一款规定，社会保险行政部门应当自受理工伤认定申请之日起60日内作出工伤认定的决定，并书面通知申请工伤认定的职工或者其近亲属和该职工所在单位。

《工伤认定办法》第二十二条规定，社会保险行政部门应当自工伤认定决定作出之日起20日内，将《认定工伤决定书》或者《不予认定工伤决定书》送达受伤害职工（或者其近亲属）和用人单位，并抄送社会保险经办机构。《认定工伤决定书》和《不予认定工伤决定书》的送达参照民事法律有关送达的规定执行。

四、工伤劳动能力鉴定程序

（一）概念

工伤劳动能力鉴定是指劳动能力鉴定委员会依据《劳动能力鉴定职工工伤与职业病致残等级》国家标准，对工伤职工劳动功能障碍程度和生活自理障碍程度组织进行技术性等级鉴定。

劳动功能障碍分为十个伤残等级，最重的为一级，最轻的为十级。

生活自理障碍分为三个等级：生活完全不能自理、生活大部分不能自理和生活部分不能自理。

（二）鉴定的条件

《条例》第二十一条规定，职工发生工伤，经治疗伤情相对稳定后存在残疾、影响劳动能力的，应当进行劳动能力鉴定。关于职工申请进行劳动能力鉴定的条件有三个：

（1）工伤职工进行劳动能力鉴定，应该在经过治疗，伤情处于相对稳定状态后进行。这样规定，是因为职工发生工伤后，只有经过一段时间的治疗，使伤情处于相对稳定的状态，才便于劳动能力鉴定机构聘请医疗专家对其伤情进行鉴定。

（2）工伤职工必须存在残疾，且主要表现在身体上的残疾。例如，身体的某一器官造成损伤，或者造成肢体残疾等。

（3）工伤职工的残疾须对工作、生活产生了直接的影响，伤残程度已经影响到职工本人的劳动能力。例如，职工工伤后，由于身体造成的伤残不能从事工伤前的工作，只能从事劳动强度相对较低，岗位工资、奖金相对较少的工作，有的甚至不得不退出生产、工作岗位。这种情况需通过进行劳动能力鉴定，评定伤残等级，依法领取工伤保险待遇。

（三）鉴定的组织机构

省、自治区、直辖市劳动能力鉴定委员会和设区的市级劳动能力鉴定委员会分别由省、自治区、直辖市和设区的市级社会保险行政部门、卫生行政部门、工会组织、经办机构代表以及用人单位代表组成，承担劳动能力鉴定委员会日常工作的机构，并建立医疗卫生专家库。

设区的市级劳动能力鉴定委员会负责本辖区内的劳动能力初次鉴定、复查鉴定。省、自治区、直辖市劳动能力鉴定委员会负责对工人对初次鉴定或者复查鉴定结论不服而提出的再次鉴定。

（四）初次鉴定的程序

1. 提出申请

职工发生工伤，经治疗伤情相对稳定后存在残疾、影响劳动能力的，或者停工留薪期满（含劳动能力鉴定委员会确认的延长期限），工伤职工或者其用人单位应当及时向设区的市级劳动能力鉴定委员会提出劳动能力鉴定申请。

停工留薪期一般不超过 12 个月、伤情严重或者情况特殊，经劳动能力鉴定委员会确认，可以适当延长，但延长不得超过 12 个月。因此，工伤或者患职业病的职工应按不同的伤情，在一定的医疗期停工留薪期满后即申请工伤评残。

申请劳动能力鉴定应当填写劳动能力鉴定申请表，并提交下列材料：

（1）有效的诊断证明、按照医疗机构病历管理有关规定复印或者复制的检查、检验报告等完整病历材料；

（2）工伤职工的居民身份证或者社会保障卡等其他有效身份证明原件。

2. 申请受理

劳动能力鉴定委员会收到劳动能力鉴定申请后，应当及时对申请人提交的材料进行审核；申请人提供材料不完整的，劳动能力鉴定委员会应当自收到劳动能力鉴定申请之日起 5 个工作日内一次性书面告知申请人需要补正的全部材料。如果经审查决定受理，则其应将申请书及有关资料分类整理、登记。

3. 组织鉴定

申请人提供材料完整的，劳动能力鉴定委员会应当及时组织鉴定，并在收到劳动能力鉴定申请之日起 60 日内作出劳动能力鉴定结论。伤情复杂、涉及医疗卫生专业较多的，作出劳动能力鉴定结论的期限可以延长 30 日。

（1）组成专家组。劳动能力鉴定委员会应当视伤情程度，从医疗卫生专家库中随机抽取 3 名或者 5 名与工伤职工伤情相关科别的专家组成专家组进行鉴定。劳动能力鉴定委员会组成人员或者参加鉴定的专家与当事人有利害关系的，应当回避。

（2）现场鉴定。劳动能力鉴定委员会应当提前通知工伤职工进行鉴定的时间、地点以及应当携带的材料。工伤职工应当按照通知的时间、地点参加现场鉴定。对行动不便的工伤职工，劳动能力鉴定委员会可以组织专家上门进行劳动能力鉴定。组织劳动能力鉴定的工作人员应当对工伤职工的身份进行核实。

工伤职工因故不能按时参加鉴定的，经劳动能力鉴定委员会同意，可以调整现场鉴定的时间，作出劳动能力鉴定结论的期限相应顺延。

（3）检查和诊断。因鉴定工作需要，专家组提出应当进行有关检查和诊断的，劳动能力鉴定委员会可以委托具备资格的医疗机构协助进行有关的检查和诊断。

（4）鉴定意见。专家组根据工伤职工伤情，结合医疗诊断情况，依据《劳动能力鉴定 职工工伤与职业病致残等级》（GB/T 16180-2014）国家标准提出鉴定意见。参加鉴定的专家都应当签署意见并签名。专家意见不一致时，按照少数服从多数的原则确定专家组的鉴定意见。

4. 鉴定结论

劳动能力鉴定委员会根据专家组的鉴定意见作出劳动能力鉴定结论。劳动能力鉴定结论书应当载明下列事项：

（1）工伤职工及其用人单位的基本信息。

（2）伤情介绍，包括伤残部位、器官功能障碍程度、诊断情况等。

（3）作出鉴定的依据。

（4）鉴定结论。

劳动能力鉴定委员会应当自作出鉴定结论之日起20日内将劳动能力鉴定结论及时送达工伤职工及其用人单位，并抄送社会保险经办机构。

（五）再次鉴定

工伤职工或者其用人单位对初次鉴定结论不服的，可以在收到该鉴定结论之日起15日内向省、自治区、直辖市劳动能力鉴定委员会申请再次鉴定。

申请再次鉴定的程序、期限等按照初次鉴定的规定执行，应当提供劳动能力鉴定申请表，以及工伤职工的居民身份证或者社会保障卡等有效身份证明原件。

省、自治区、直辖市劳动能力鉴定委员会作出的劳动能力鉴定结论为最终结论。

（六）复查鉴定

自劳动能力鉴定结论作出之日起1年后，工伤职工、用人单位或者社会保险经办机构认为伤残情况发生变化的，可以向设区的市级劳动能力鉴定委员会申请劳动能力复查鉴定。复查鉴定的程序、期限等按照初次鉴定的规定执行。

对复查鉴定结论不服的，可以按照《工伤职工劳动能力鉴定管理办法》办法第十六条规定申请再次鉴定。

五、工伤保险待遇

（一）工伤保险基金

工伤保险基金由用人单位缴纳的工伤保险费、工伤保险基金的利息和依法纳入工伤保险基金的其他资金构成。

工伤保险基金存入社会保障基金财政专户，用于支付规定的工伤保险待遇，劳动能力鉴定，工伤预防的宣传、培训等费用，以及法律法规规定的用于支付工伤保险的其他费用的支付。

（二）工伤保险待遇分类

1. 按内容分类

职工发生工伤后，所享受的待遇按照内容分类，大致分为三大类：第一类是医疗救治期间的待遇；第二类是经济补偿的待遇；第三类是生活保障的长期待遇。

（1）医疗救治期间的待遇。医疗救治期间的待遇应当包括工伤医疗待遇、住院伙食补助待遇和停工留薪待遇三项。

工伤医疗待遇是指工伤职工在抢救治疗和康复治疗以及职业病的治疗过程中，个人不提额外要求的，所发生的住院费用和门诊费用不需要个人负担。

住院伙食补助待遇是指工伤职工住院治疗工伤期间的伙食费用的补贴。

停工留薪期待遇是工伤职工发生工伤停止工作接受治疗期间，继续享受原工资福利的待遇。

（2）经济补偿的待遇。经济补偿的待遇是一次性的工伤保险待遇，包括一次性伤残补助金、一次性工伤医疗补助金和伤残就业补助金、一次性工亡补助金等。

一次性伤残补助金是在职工发生工伤以后，停工留薪期满经过劳动能力鉴定，伤残达到等级的，按照不同的伤残等级享受一次性的伤残待遇。

一次性工伤医疗补助金和伤残就业补助金是当工伤职工未达到退休年龄而劳动合同到期或者本人自愿解除劳动关系，因工伤医疗和就业的困难，给予的经济补偿，按照不同的伤残等级享受相应的一次性补偿。

一次性工亡补助金和丧葬补助金是职工因工死亡后给予其直系亲属的经济补偿和丧葬费待遇。

（3）生活保障的长期待遇。生活保障的长期待遇包括伤残津贴、生活护理费、供养亲属抚恤金三项。

伤残津贴是指工伤职工完全丧失劳动能力或大部分丧失劳动能力时，由社会保险机构或用人单位按月支付的生活保障待遇。伤残津贴是对工伤职工失去工资收入的替代性补偿。

生活护理费是工伤职工在进食、翻身、大小便、穿衣洗漱、自我移动等五项不能自理，经过劳动能力鉴定委员会确认需要护理依赖的，雇用人员护理所需要的费用，所以按月享受生活护理待遇。

供养亲属抚恤金是生活来源主要依靠因工死亡职工生前所供养的亲属，按月享受的基本生活待遇。

2. 按支付项目分类

工伤保险待遇按照支付项目分类，可分为用人单位支付项目和工伤保险基金支付项目。

由用人单位支付项目有停工留薪期内的工资福利和生活护理待遇，工伤治疗住院期间的伙食补助费，到医院就医的交通费，伤残达到五至六级工伤职工的伤残津贴，一次性工伤医疗补助金和伤残就业补助金。

由工伤保险基金支付的项目有工伤医疗费，工伤康复费，劳动能力鉴定费，一次性伤残补助金，一至四级工伤职工的伤残津贴，生活护理费，配置辅助器具费，供养亲属抚恤金，一次性工亡补助金和丧葬补助金。

（三）工伤保险待遇标准

工伤保险待遇标准在《条例》中做了明确的规定。职工在工伤医疗期间的待遇标准和伤残待遇标准以及因工死亡待遇标准，大部分为国家统一规定，有些是授权地方政府作出规定。因此，各省、自治区、直辖市人民政府都要根据本地区的经济发展情况和职工社会平均工资水平来考虑工伤保险待遇的标准。这里只介绍工伤保险待遇的项目、国家规定的待遇标准，授权地方政府制定的待遇标准需要查阅本地区的政策法规。

1. 工伤医疗期间待遇

工伤医疗期间的待遇包括停工留薪期待遇、工伤医疗待遇和其他待遇。

（1）停工留薪期待遇。《条例》第三十三条第一款规定，职工因工作遭受事故伤害或者患职业病需要暂停工作接受工伤医疗的，在停工留薪期内，原工资福利待遇不变，由所在单位按月支付；停工留薪期一般不超过 12 个月。伤情严重或者情况特殊，经设区的市级劳动能力鉴定委员会确认，可以适当延长，但延长不得超过 12 个月；工伤职工评定伤残等级后，停发原待遇，按照本章的有关规定享受伤残待遇；工伤职工在停工留薪期满后仍需治疗的，继续享受工伤医疗待遇；生活不能自理的工伤职工在停工留薪期需要护理的，由所在单位负责。

这里的"停工留薪期"是指职工因工负伤或者患职业病停止工作接受治疗并享受有关待遇的期限。在伤情处于稳定或完全治愈，进行劳动能力鉴定后，停工留薪期就结束了。职工在工伤医疗期间享受停工留薪期待遇。国家规定原工资福利不变。

停工留薪期的长短与享受待遇的时间是有直接关系的，通常停工留薪期的长短是根据工伤的伤害部位和程度以及治疗情况来确定的，但也不排除每个人的体能差异和各医院的医疗术手段的差别使得伤情治愈的时间长短不一，因此，停工留薪期的长短又要根据每个人的不同情况而定。

（2）工伤医疗待遇。《条例》第三十条第三款规定，治疗工伤所需费用符合工伤保险诊疗项目目录、工伤保险药品目录、工伤保险住院服务标准的，从工伤保险基金支付。

这里的"工伤医疗待遇"是指职工因工负伤或者患职业病进行治疗所享受的待遇，如挂号费、诊疗费、治疗费、医药费，住院费包括住院期间的取暖费、空调费等，这些费用符合工伤保险诊疗项目目录、工伤保险药品目录、工伤保险住院服务标准的，应当全额报销，个人不需要承担费用。为了做到公正、客观，实现规范化、标准化管理，工伤保险诊疗项目目录、工伤保险药品目录、工伤保险住院服务标准由国家统一制定。工伤保险所规定的目录和标准与基本医疗保险所规定的目录和标准既有相同之处，又有较大差别，这是因为职工受到事故伤害或患职业病是属于因工负伤，与疾病有所不同，具有特殊性，而且多属于外因致伤，抢救治疗的越及时，留下的残疾也就越轻。因此，国家在制定目录和标准时，根据工伤的特点和治疗工伤的实际需要，并结合我国的社会经济发展水平和工伤保险基金的承受能力综合考虑，优于患病治疗的待遇，确保对工伤职工抢救治疗需要。

（3）其他待遇。《条例》第三十条第四款规定，职工住院治疗工伤的伙食补助费，以及经医疗机构出具证明，报经办机构同意，工伤职工到统筹地区以外就医所需的交通、食宿费用从工伤保险基金支付，基金支付的具体标准由统筹地区人民政府规定。

2. 因工伤残待遇

（1）一次性伤残补助金待遇。一次性伤残补助金待遇是指工伤职工因工负伤或者

非高危行业主要责任人及安全生产管理人员安全生产培训教程

患职业病对身体造成伤残所给予的补偿，按照不同的伤残等级确定不同的补偿金额，职工负伤一次给一次补偿，而负伤后旧伤复发伤残等级发生变化的，不再支付一次性伤残补助金。

根据《条例》第三十五条、三十六条、三十七条规定，工伤职工经劳动能力鉴定委员会鉴定，不同伤残等级从工伤保险基金中所享受的一次性伤残补助金待遇标准为：一级伤残为 27 个月的本人工资，二级伤残为 25 个月的本人工资，三级伤残为 23 个月的本人工资，四级伤残为 21 个月的本人工资，五级伤残为 18 个月的本人工资，六级伤残为 16 个月的本人工资，七级伤残为 13 个月的本人工资，八级伤残为 11 个月的本人工资，九级伤残为 9 个月的本人工资，十级伤残为 7 个月的本人工资。伤害致残的等级越高，享受的一次性伤残补助金待遇也越高。

这里的"本人工资"是指工伤职工因工作遭受事故伤害或患职业病前 12 个月本人平均月缴费工资，月缴费工资就是用人单位给职工缴纳工伤保险费时，所提供给社会保险经办机构的职工工资金额数，因此职工工资应当包括用人单位支付给职工的全部劳动报酬。

（2）伤残津贴待遇。伤残津贴待遇是指工伤职工完全丧失劳动能力或是大部分丧失劳动能力时，由社会保险机构或用人单位为保障其基本生活，按月支付的保障待遇。

《条例》第三十五条规定，职工因工致残被鉴定为一级至四级伤残的，保留劳动关系，退出工作岗位的，从工伤保险基金按月支付伤残津贴，标准为：一级伤残为本人工资的 90%，二级伤残为本人工资的 85%，三级伤残为本人工资的 80%，四级伤残为本人工资的 75%。伤残津贴实际金额低于当地最低工资标准的，由工伤保险基金补足差额。

工伤职工经劳动能力鉴定委员会鉴定伤残达到五至六级的，属于大部分丧失劳动能力，用人单位应当给予安排适当工作，这是在当前劳动力供大于求的情况下，从保护职工合法权益给用人单位提出的要求。如果用人单位经营状况不好，处于濒临破产状态，或因工伤职工的伤残状况不适宜从事本单位工作的，对难以安排工作、本人又没有提出与用人单位解除或终止劳动关系的，由用人单位按月发给伤残津贴。伤残津贴的标准在《条例》第三十六条中规定为，五级伤残为本人工资的 70%，六级伤残为本人工资的 60%。

伤残津贴的实际金额不得低于当地最低工资标准，如果低于当地最低工资标准的，应当补足差额。为了能够保证工伤职工的基本生活水平，同时又让工伤职工分享社会发展成果，《条例》规定各统筹地区要根据职工的平均工资和生活费用变化等情况，适时调整伤残津贴。

（3）生活护理费待遇。生活护理费待遇是对工伤职工已完全丧失劳动能力、生活长期不能自理、需要别人的护理所给予的一种补偿。《条例》第三十四条规定，工伤职工已经评定伤残等级并经劳动能力鉴定委员会确认需要生活护理的，从工伤保险基金按月支付生活护理费，生活护理费按照生活完全不能自理、生活大部分不能自理或者生活部分不能自理 3 个不同等级支付，其标准分别为统筹地区上年度职工月平均工资的 50%、40% 或者 30%。《条例》还规定各统筹地区要根据职工的平均工资和生活费用变化等情况，适时调整生活护理费，从而使工伤职工的生活护理得到保障，而不至于因护理费过低而使护理受到影响。

（4）配置辅助器具待遇。所谓配置辅助器具待遇，是指帮助工伤职工恢复或提高身体功能的一些器具，在允许配置的规定内购置的费用不需要工伤职工个人负担。但应当指出，这项待遇不能变相发给现金，是以配置器具作为补偿的一项待遇。职工受到事故伤害后，可能造成身体器官缺损，生理功能障碍，要恢复和提高工伤职工的身体功能，满足日常生活或就业的需要，经劳动能力鉴定委员会确认，可以享受配置辅助器具的待遇。如安装假肢、矫形器、假眼、假牙，配置轮椅、拐杖等辅助器具，由于辅助器具档次不同，价位高低不等，各地从生活水平和经济状况实际出发，对工伤职工配置的辅助器具费用，进行了适当的控制，经确认可以配置的辅助器具在规定的费用范围内给予报销。这里需要强调的是配置辅助器具，主要是考虑工伤职工日常生活或就业的需要，而对于因工伤导致的毁容、手指缺损等情况，从美容、美观角度考虑所需要配置的项目，不属于配置辅助器具待遇范围。

（5）一次性工伤医疗补助金和伤残就业补助金待遇。《条例》第三十六条第三款、第三十七条第二款规定，伤残达到五至六级的工伤职工，本人提出与用人单位解除或终止劳动关系的，以及伤残达到七至十级的工伤职工，劳动合同期满终止或工伤职工本人提出解除劳动合同的，应当享受一次性工伤医疗补助金和伤残就业补助金待遇。这是考虑到工伤职工在伤情治愈或医疗终结后，有可能伤病发生变化需要治疗，以及可能在今后求职就业中与非工伤人员相比存在一定困难所给予的经济补偿。由于各地的经济发展水平存在较大的差异，且医疗消费水平和生活水平也存在较大的差异，因此各地的就业岗位和就业形势对工伤职工就业带来的困难是不一样的，所以，一次性工伤医疗补助金和伤残就业补助金的标准，国家授权地方政府根据当地的具体情况制定，不同的地区，待遇的标准不尽相同。

3. 因工死亡待遇

《条例》第三十九条第一款规定，职工因工死亡，其近亲属按照下列规定从工伤保险基金领取丧葬补助金、供养亲属抚恤金和一次性工亡补助金。

（1）丧葬补助金。职工因工死亡，其直系亲属可以从工伤保险基金中领取丧葬补助金，标准为6个月的统筹地区上年度职工月平均工资。这里的"直系亲属"包括直系血亲和直系姻亲。职工是因事故或职业中毒在发生伤害时抢救无效直接死亡的，因事故伤害或患职业病在停工留薪期内还未进行伤残等级鉴定就死亡的，以及工伤职工鉴定伤残为一至四级后死亡的，都应当按照因工死亡给其直系亲属丧葬费。

（2）一次性工亡补助金待遇。《条例》第三十九条第三款规定，一次性工亡补助金标准为上一年度全国城镇居民人均可支配收入的20倍。给出一个下限和上限范围，是为了确保因工死亡职工的直系亲属能够领取到相当数额的经济补偿。国家将具体补偿的标准授权给统筹地区的人民政府。我国各地区的经济、社会发展状况和职工社会平均工资及生活水平差距较大，所以不能够规定全国统一的一个待遇标准来赔付。因此，工伤保险统筹地区要根据当地的经济、社会发展状况和职工社会平均工资及生活水平综合因素确定具体的待遇标准。

一次性工亡补助金与一次性伤残补助金待遇相类似，都是一次性支付的待遇。国家对鉴定伤残为一至四级的工伤职工，规定享受一次性伤残补助金待遇，但没有规定死亡后其直系亲属享受一次性工亡补助金待遇。

（3）供养亲属抚恤金待遇。职工因工死亡，包括鉴定伤残为一至四级的工伤职工死亡，其直系亲属符合享受条件的应当享受供养亲属抚恤金待遇。《条例》第三十九条第三款规定，供养亲属抚恤金是按照因工死亡职工生前工资的一定比例计发的，具体标准为配偶每月40%，其他亲属每月30%孤寡老人或孤儿每人每月在上述标准的基础上增加10%。如果因工死亡职工生前供养几个直系亲属，在初次核定时，各供养亲属抚恤金之和不得高于工伤职工本人工资。供养亲属抚恤金待遇属于长期待遇，为了能够保持供养亲属的基本生活水平，国家规定供养亲属抚恤金各统筹地区要根据职工的平均工资和生活费用变化的情况，适时进行调整。

（四）停止享受待遇情形

工伤职工的工伤保险待遇并不是终身制，当工伤职工出现不服从管理的行为，有关管理部门有权对其作出停止享受待遇的决定。

1. 丧失享受待遇的条件

工伤保险制度保护的对象是特定人群——工伤职工，旨在保障工伤职工遭受意外伤害或患职业病丧失或者部分丧失劳动能力时的医疗救治和经济补偿。如果工伤职工在享受工伤保 险待遇期间情况发生变化，不再具备享受工伤保险待遇的条件，如劳动能力得以完全恢复而无需工伤保险基金提供保障时，就应当停发工伤保险待遇。此外，工亡职工的亲属，在某些情形下，也将丧失享受有关待遇的条件，如享受抚恤金的工亡职工的子女达到了一定的年龄或就业后，丧失享受遗属抚恤待遇的条件，亲属死亡的，丧失享受遗属抚恤待遇的条件等。

2. 拒不接受劳动能力鉴定

一般情况，工伤治疗伤情相对稳定或停工留薪期满，应当进行劳动能力鉴定；在劳动能力鉴定后，伤情逐渐减轻，也应当进行劳动能力鉴定。因为劳动能力鉴定结论是确定不同程度的补偿、合理调换工作岗位和恢复工作的科学依据，如果有关部门要求工伤职工进行劳动能力鉴定，工伤职工没有正当理由，拒绝接受劳动能力鉴定的，享受停工留薪期待遇或享受伤残津贴待退的，应当停止支付待遇。

3. 拒绝治疗

工伤职工有享受工伤医疗的权利，也有积极配合医疗救治的义务。当工伤职工无正当理由拒绝接受医疗机构对其受伤部位所实施的治疗方案，工伤保险基金将停止工伤医疗待遇。这是因为工伤保险制度的重要目的之一，就是为工伤职工提供医疗救治，帮助工伤职工恢复劳动能力，提高生活质量，重返社会，而不是鼓励工伤职工消极依靠社会帮助。

第六节　安全生产责任保险

::: 本节知识要点

1. 安全生产保险的概念、特点，理解安全生产保险与工伤保险的衔接；
2. 安全生产保险的服务范围，熟悉保障范围，掌握服务项目和服务形式。

:::

一、基本概念

安全生产责任保险（安责险）是指保险机构对投保的生产经营单位发生的生产安全事故造成的人员伤亡和有关经济损失等予以赔偿，并且为投保的生产经营单位提供生产安全事故预防服务的商业保险。

安全生产责任保险是以生产经营单位在发生生产安全事故后对受害者或其家属应给予的赔偿、事故应急救援和善后处理费用等为保险标的的保险品种，其被保险人是生产经营单位，受益人是在生产安全事故中的受害人或其家属。

二、安责险的特点及意义

（一）为企业提供"事故预防服务"

承保安责险的保险公司必须为投保单位提供"事故预防服务"，帮助企业查找风险隐患，提高安全管理水平，从而有效防止生产安全事故的发生。事故预防服务是保险公司根据法律要求，必须为投保单位提供的服务。

（二）理赔遵循"无过错责任"原则

"安全生产责任保险"的理赔遵循"无过错责任"原则，这是保险公司的基本服务。只要投保单位发生了被安全生产行政主管部门认定的安全生产事故导致的人身伤亡和经济损失，不论事故的受害人对事故发生是否负有责任，保险公司必须理赔。

（三）"鼓励投保与强制投保"相结合

国家鼓励所有生产经营单位投保安全生产责任保险，同时，规定高危行业、领域的生产经营单位，应当投保安全生产责任保险。其主要涉及八大高危行业：矿山、危险化学品、烟花爆竹、交通运输、建筑施工、民用爆炸物品、金属冶炼、渔业生产等。

三、安责险与工伤保险的衔接

安责险与工伤保险之间是一种保险保障补充关系。国家强制实行的工伤保险是一种针对企业职工的基础保险保障，而且其所能提供的保障主要针对工伤职工，一旦发生安全事故，对职工家属造成的损失伤害常常是巨大、难以承担的，安责险可以在工伤保险理赔的同时，提供另一份风险补偿，对工伤保险进行有效补充。

同时，工伤保险针对的是职工的保险保障，并不能帮助企业转移相应风险，企业面临的风险不仅包括职工的事故赔偿，还包括对事故造成的第三者人身伤残、伤亡及财产损失。安责险以企业在事故中应承担的经济赔偿责任为保险标的，既帮助企业转移了风险，又切实为职工提供了经济补偿保障，也补全了工伤保险对于第三者的责任赔偿不足的短板。

四、适用范围

我国在法律层面上鼓励企业购买安全生产责任保险，《安全生产法》第四十八条规定，国家鼓励生产经营单位投保安全生产责任保险。属于国家规定的高危行业、领域的生产经营单位，应当投保安全生产责任保险。

2017 年 12 月 12 日，原国家安全监管总局、保监会（现为国家金融监督管理总局）、财政部联合发布的《安全生产责任保险实施办法》第六条规定了安全生产责任险适用范围：

（一）煤矿、非煤矿山、危险化学品、烟花爆竹、交通运输、建筑施工、民用爆炸物品、金属冶炼、渔业生产等高危行业领域的生产经营单位应当投保安全生产责任保险，鼓励其他行业领域生产经营单位投保安全生产责任保险，各地区可针对本地区安全生产特点，明确应当投保的生产经营单位。

（二）对存在高危粉尘作业、高毒作业或其他严重职业病危害的生产经营单位，可以投保职业病相关保险

（三）对生产经营单位已投保的与安全生产相关的其他险种，应当增加或将其调整为安全生产责任保险，增强事故预防功能。

五、投保与承保

（一）投保主体

《安全生产责任保险实施办法》第五条规定，安全生产责任保险的保费由生产经营单位缴纳，不得以任何方式摊派给从业人员个人。生产经营单位投保安全生产责任保险的保障范围应当覆盖全体从业人员。所以投保主体是与保险机构订立安全生产责任保险合同并支付保险费用，享有获得赔偿和接受事故预防技术服务权利的生产经营单位。

（二）承保主体

《安全生产责任保险实施办法》第七条规定，承保安全生产责任保险的保险机构应当具有相应的专业资质和能力，主要包含商业信誉情况、偿付能力水平、开展责任保险的业绩和规模、拥有风险管理专业人员的数量和相应专业资格情况、为生产经营单位提供事故预防服务情况等方面。所以，安全生产责任保险承保主体是保险机构。

（三）保障范围

（1）被保险人的员工在其生产经营过程中，因意外事故如交通意外、暴力、突发疾病、安全生产事故等而造成其下落不明或伤残死亡的，保险公司会根据保单合同进行赔偿。

（2）被保险人在安全生产的过程中，造成第三者死亡的，保险公司会进行相应的理赔。

（3）发生意外事故后，组织救援过程中，因征用事故发生企业以外的专业救援队伍及设备所发生的依法应由被保险人承担的费用，甚至是现场施救、参与事故救援人员的加班、餐补等费用，保险公司会进行相应的理赔。

（4）因发生意外事故，而产生的医药费用，保险公司会进行相应的理赔。

六、事故预防与理赔

（一）服务项目

《安全生产责任保险实施办法》第十三条、《安全生产责任保险事故预防技术服务规范》（AQ 9010-2019）5.1服务项目规定，保险机构应当建立生产安全事故预防服务制度，协助投保的生产经营单位开展以下工作：

（1）安全生产宣传教育培训。制作发放安全生产宣传教育培训资料，举办安全生产宣传教育活动，组织开展安全生产专项教育培训。

（2）安全风险辨识、评估和安全评价。开展安全风险辨识评估、安全评价和安全生产检测检验，提出风险防控措施建议，发布风险预警信息。

（3）生产安全事故隐患排查。开展生产安全事故隐患排查，提出隐患治理措施与方案。

（4）安全生产标准化建设。编制安全生产标准化建设方案，制修订安全管理制度，开展安全生产标准化自评。

（5）生产安全事故应急预案编制和演练。编制生产安全事故应急预案，开展应急预案演练和效果评估。

（6）安全生产科技推广应用。组织安全生产技术交流研讨，推介安全生产科技成果和先进技术装备。

（7）其他有关事故预防工作。

保险机构每年至少为投保的煤矿、非煤矿山、危险化学品、烟花爆竹、交通运输、建筑施工、民用爆炸物品、金属冶炼、渔业生产等高危行业领域大中型投保单位提供1次上述第（2）或（3）项服务。

（二）服务形式

《安全生产责任保险事故预防技术服务规范》5.2服务形式规定，保险机构应当通过以下形式为投保单位提供事故预防技术服务：

（1）依靠自身安全生产专业技术人员。
（2）委托安全生产技术服务机构。
（3）聘请外部安全生产专业技术人员。
（4）委托保险经纪人。

七、安责险事故赔偿案例

（一）电气伤害事故案例

2021年8月，某市某区某农村自建房项目施工过程中，4名员工将搅拌机挪至适合位置，由于雨天及电线老化等原因，搅拌机出现漏电情况，搬运中其中1名员工触电，经医院抢救无效后死亡。

项目保费：1 400元。

保险赔付：57.2万元。

安责险累计赔偿限额2 000万元，被保险人与死者家属签订56万元的赔偿协议并先行赔偿。家属向保险公司报案并提交完整索赔材料后，已于2021年8月13日获得保险赔付。

（二）高处坠落事故案例

2021年2月，某市某区某绿地管护中心，1名员工在交叉路口攀爬梯子修剪树木时，从约3米高处摔下，送医后初步诊断为高处坠落伤，重度颅脑损伤，创伤性硬膜下血肿，蛛网膜下腔出血，经抢救无效后死亡。

年保险费：3.23万元。

保险赔付：65.2万元。

安责险累计赔偿限额2 000万元，雇员每人死亡/伤残责任限额65万元。公司向保险公司报案并提交完整索赔材料后，已于2021年3月17日获得保险赔付。

（三）其他意外伤害案例

2021年7月，某市某区某农村自建房项目在施工过程中，1名员工在二层脚手架棚顶抹灰时，不慎脚下踩空跌落地面摔到头部，后由急救车送往医院救治，经抢救无效死亡。

项目保费：500元。

保险赔付：65.2万元。

安责险累计赔偿限额1 000万元，雇员每人死亡/伤残责任限额65万元。公司向保险公司报案并提交完整索赔材料后，已于2021年8月13日获得保险赔付。

参考文献：

［1］孙兆贤，李光耀，孙煌，等. 生产安全事故调查处理实务与典型案例［M］. 郑州：黄河水利出版社，2020.

［2］吕淑然，车广杰. 安全生产事故调查与案例分析［M］. 北京：化学工业出版社，2020.

［3］广东省安全生产监督管理局，广东省安全生产技术中心组织编写. 生产安全事故调查处理工作指南［M］. 广州：华南理工大学出版社，2016.

［4］湖北省安全生产宣传教育中心. 企业主要负责人及管理人员安全生产培训教程［M］. 北京：化学工业出版社，2019.

［5］四川省安信文创文化传播有限公司. 其他生产经营单位主要负责人及安全管理人员安全培训教程［M］. 北京：现代出版社，2017.

［6］胡晓义，刘梅. 工伤保险［M］. 北京：中国劳动社会保障出版社，2012.

［7］国务院法制办公室政法人力资源社会保障法制司，人力资源和社会保障部法规司、工伤保险司. 工伤保险条例释义［M］. 北京：中国法制出版社，2011.

［8］《中华人民共和国安全生产法》（中华人民共和国主席令第88号，2021年6月10日第十三届全国人民代表大会常务委员会第二十九次会议第三次修正）

［9］《生产安全事故报告和调查处理条例》（中华人民共和国国务院令第493号）

［10］《工伤保险条例》（中华人民共和国国务院令第375号，根据2010年12月20日《国务院关于修改〈工伤保险条例〉的决定》修订）

［11］《最高人民法院关于审理工伤保险行政案件若干问题的规定》（最高人民法院审判委员会第1613次会议通过）

[12]《四川省工伤保险条例》（四川省第十三届人民代表大会常务委员会第二十次会议通过）

[13]《生产安全事故信息报告和处置办法》（原国家安全生产监督管理总局令第21号）

[14]《工伤认定办法》（人力资源和社会保障部令第8号）

[15]《劳务派遣暂行规定》（人力资源社会保障部令第22号）

[16]《工伤职工劳动能力鉴定管理办法》（人力资源和社会保障部 原国国家卫生和计划生育委员会令第21号）

[17]《生产安全事故罚款处罚规定（试行）》（原国家安全生产监督管理总局令第13号，第77号修订）

[18]《应急管理部关于印发〈生产安全事故统计调查制度〉和〈安全生产行政执法统计调查制度〉的通知》（应急〔2020〕93号）

[19]《国务院安委会关于印发〈重大事故查处挂牌督办办法〉的通知》（安委〔2010〕6号）

[20]《国务院办公厅关于加强安全生产监管执法的通知》（国办发〔2015〕20号）

[21]《应急管理部 公安部 最高人民法院 最高人民检察院关于印发〈安全生产行政执法与刑事司法衔接工作办法〉的通知》（应急〔2019〕54号）

[22]《四川省工伤保险条例实施办法》（川府发〔2021〕10号）

[23]《四川省劳动能力鉴定工作规程（试行）》（川人社发〔2021〕22号）

[24]《四川省工伤认定工作规程（试行）》（川人社办发〔2021〕9号）

[25]《安全生产责任保险实施办法》（安监总办〔2017〕140号）

[26]《关于推进安全生产领域改革发展的实施意见》（川委发〔2017〕21号）

[27]《关于在全省重点行业领域开展安全生产责任保险试点工作的指导意见》（原川安监〔2016〕94号）

[28] GB 6441-86 企业职工伤亡事故分类.

[29] AQ 9010-2009 安全生产责任保险事故预防技术服务规范

第六章

职业病防治与职业健康监护

第一节　职业健康基本概念

╭ - - - ■本节知识要点 - ╮
│   │
│ 1. 职业健康基本概念、法定职业病种类和特点；   │
│ 2. 职业病危害因素来源分类、作用条件以及《职业病危害因素分类目录》等。 │
│   │
╰ - ╯

一、职业健康基本概念

职业健康是研究并预防因工作导致的疾病，防止原有疾病恶化。职业病主要表现为工作中因环境及接触有害因素引起人体生理机能的变化。其定义有很多种，最权威的是 1950 年由国际劳工组织和世界卫生组织的联合职业委员会给出的定义：

职业健康应以促进并维持各行业职工的生理、心理及社交处在最好状态为目的；防止职工的健康受工作环境影响；保护职工不受健康危害因素伤害；将职工安排在适合他们的生理和心理条件的工作环境中。

根据上述定义，职业健康主要关注三个不同的目标：

（1）保持和促进劳动者的健康和工作能力。

（2）工作环境和工作的改进有助于安全和健康。

（3）引导发展保持工作中健康和安全的工作组织和工作文化，促进社会环境与企业之间的和谐运转，提高企业生产力。

二、法定职业病

1957 年，中华人民共和国国家卫生健康委员会首次公布了包含 14 种类型的法定职业病名单。1963 年《矽肺、石棉肺的 X 线诊断》标准的颁布，标志着中国正式开启了职业病诊断标准研究。

按照《中华人民共和国职业病防治法》（中华人民共和国主席令〔2018〕第24号）的规定，职业病是指企业、事业单位和个体经济组织等用人单位的劳动者在职业活动中，因接触粉尘、放射性物质和其他有毒、有害因素而引起的疾病。

（一）职业病的特点

职业病与普通疾病不同，具有以下特点：

（1）职业病的病因明确。职业病的病因源于职业病危害因素，职业者在长期工作于职业病危害因素浓度或强度超标的环境中，导致职业病的产生。

（2）职业病的病因可被监测。由于职业病的致病条件中包含危害因素达到一定浓度或强度，因此我们可以在生产中对职业病危害因素进行监测。企业通过定期的检测与对危害岗位的防护升级，可以对职业病危害因素的浓度或强度进行控制，从而减少人员产生职业病的可能。

（3）职业病的群发性。由于同一工作环境不只有一位工人，因此职业病的发生在接触同一因素的人群中具有明显的发病率，很少会在群体中出现个别病人。

（4）职业病应以预防为主。除传染类职业病外，针对单人的治疗无助于控制该工作环境下其他员工的职业病发病率，因此，应着重抓好预防关，在日常管理工作中做到"预防为主"。

（二）法定职业病种类

由于职业病危害因素种类很多，导致职业病范围很广，不可能把所有职业病都纳入法定职业病范围。2013年12月23日，国家卫生计生委、人力资源社会保障部、原国家安全监管总局、全国总工会4部门联合印发《职业病分类和目录》，分10类共132种。其中：尘肺13种和其他呼吸系统疾病6种；职业性放射性疾病11种；职业性化学中毒60种；物理因素所致职业病7种；职业性传染病5种；职业性皮肤病9种；职业性眼病3种；职业性耳鼻喉口腔疾病4种；职业性肿瘤11种；其他职业病3种。

1. 尘肺

（1）矽肺，（2）煤工尘肺，（3）石墨尘肺，（4）炭黑尘肺，（5）石棉肺，（6）滑石尘肺，（7）水泥尘肺，（8）云母尘肺，（9）陶工尘肺，（10）铝尘肺，（11）电焊工尘肺，（12）铸工尘肺，（13）根据《尘肺病诊断标准》和《尘肺病理诊断标准》可以诊断的其他尘肺。

2. 其他呼吸系统疾病

（1）过敏性肺炎，（2）棉尘病，（3）哮喘，（4）金属及其化合物粉尘肺沉着病（锡、铁、锑、钡及其化合物等），（5）刺激性化学物所致慢性阻塞性肺疾病，（6）硬金属肺病。

3. 职业性皮肤病

（1）接触性皮炎，（2）光接触性皮炎，（3）电光性皮炎，（4）黑变病，（5）痤疮，（6）溃疡，（7）化学性皮肤灼伤，（8）白斑，（9）根据《职业性皮肤病诊断标准（总则）》可以诊断的其他职业性皮肤病。

4. 职业性眼病

（1）化学性眼部灼伤，（2）电光性眼炎，（3）职业性白内障（含放射性白内障、三硝基甲苯白内障）。

5. 职业性耳鼻喉口腔疾病

（1）噪声聋，（2）铬鼻病，（3）牙酸蚀病，（4）爆震聋。

6. 职业性化学中毒

（1）铅及其化合物中毒（不包括四乙基铅），（2）汞及其化合物中毒，（3）锰及其化合物中毒，（4）镉及其化合物中毒，（5）铍病，（6）铊及其化合物中毒，（7）钡及其化合物中毒，（8）钒及其化合物中毒，（9）磷及其化合物中毒，（10）砷及其化合物中毒，（11）铀中毒，（12）砷化氢中毒，（13）氯气中毒，（14）二氧化硫中毒，（15）光气中毒，（16）氨中毒，（17）偏二甲基肼中毒，（18）氮氧化合物中毒，（19）一氧化碳中毒，（20）二硫化碳中毒，（21）硫化氢中毒，（22）磷化氢、磷化锌、磷化铝中毒，（23）工业性氟病，（24）氰及腈类化合物中毒，（25）四乙基铅中毒，（26）有机锡中毒，（27）羰基镍中毒，（28）苯中毒，（29）甲苯中毒，（30）二甲苯中毒，（31）正己烷中毒，（32）汽油中毒，（33）一甲胺中毒，（34）有机氟聚合物单体及其热裂解物中毒，（35）二氯乙烷中毒，（36）四氯化碳中毒，（37）氯乙烯中毒，（38）三氯乙烯中毒，（39）氯丙烯中毒，（40）氯丁二烯中毒，（41）苯的氨基及硝基化合物（不包括三硝基甲苯）中毒，（42）三硝基甲苯中毒，（43）甲醇中毒，（44）酚中毒，（45）五氯酚（钠）中毒，（46）甲醛中毒，（47）硫酸二甲酯中毒，（48）丙烯酰胺中毒，（49）二甲基甲酰胺中毒，（50）有机磷农药中毒，（51）氨基甲酸酯类农药中毒，（52）杀虫脒中毒，（53）溴甲烷中毒，（54）拟除虫菊酯类农药中毒，（55）铟及其化合物中毒，（56）溴丙烷中毒，（57）碘甲烷中毒，（58）氯乙酸中毒，（59）环氧乙烷中毒，（60）上述条目未提及的与职业有害因素接触之间存在直接因果联系的其他化学中毒。

7. 物理所致职业病

（1）中暑，（2）减压病，（3）高原病，（4）航空病，（5）手臂振动病，（6）激光所致眼（角膜、晶状体、视网膜）损伤，（7）冻伤。

8. 职业性放射性疾病

（1）外照射急性放射病，（2）外照射亚急性放射病，（3）外照射慢性放射病，（4）内照射放射病，（5）放射性皮肤疾病，（6）放射性肿瘤，（7）放射性骨损伤，（8）放射性甲状腺疾病，（9）放射性性腺疾病，（10）放射复合伤，（11）根据《职业性放射性疾病诊断标准（总则）》可以诊断的其他放射性损伤。

9. 职业性传染病

（1）炭疽，（2）森林脑炎，（3）布氏杆菌病，（4）艾滋病（限于医疗卫生人员及人民警察），（5）莱姆病。

10. 职业性肿瘤

（1）石棉所致肺癌、间皮瘤，（2）联苯胺所致膀胱癌，（3）苯所致白血病，（4）氯甲醚所致肺癌，（5）砷所致肺癌、皮肤癌，（6）氯乙烯所致肝血管肉瘤，（7）焦炉工人肺癌，（8）铬酸盐制造业工人肺癌，（9）毛沸石所致肺癌、胸膜间皮瘤，（10）煤焦油、煤焦油沥青、石油沥青所致皮肤癌，（11）β-萘胺所致膀胱癌。

11. 其他职业病

（1）金属烟热，（2）滑囊炎（限于井下工人），（3）股静脉血栓综合征、股动脉闭塞症或淋巴管闭塞症（限于刮研作业人员）。

职业病危害是指对从事职业活动的劳动者可能导致职业病的各种危害。职业病危害因素包括职业活动中存在的各种有害的化学、物理、生物因素以及在作业过程中产生的其他职业有害因素。其主要分为：生产过程中的原料、中间产物、产品、机器设备的工业毒物、粉尘、噪声、振动、高温、电离辐射及非电离辐射、污染性因素等职业性危害因素；劳动过程中作业时间过长、作业强度过大、劳动制度与劳动组织不合理、长时间强迫体位劳动①、个别器官和系统的过度紧张等；另外，还包括作业环境如露天作业的不良气象条件、厂房狭小、车间位置不合理、照明不良等。

（一）工作场所中的职业病危害因素

1. 生产工艺过程中产生的有害因素

（1）化学因素。生产性毒物，如铅、苯系物、氯、汞等；生产性粉尘，如矽尘、石棉粉尘、煤尘、有机粉尘等。

（2）物理因素。主要为异常气象条件如高温、高湿、低温等；异常气压如高气压、低气压等；噪声及振动；非电离辐射如可见光、紫外线、红外线、激光、射频辐射等；电离辐射如 X 射线等。

（3）生物因素。如动物皮毛上的炭疽杆菌、布氏杆菌；其他如森林脑炎病毒等传染性病原体。

2. 劳动过程中的有害因素

（1）劳动组织和制度不合理，劳动作息制度不合理等。

（2）精神（心理）性职业紧张。

（3）劳动强度过大或生产定额不当，不能合理地安排与劳动者身体状况相适应的作业。

（4）个别器官或系统过度紧张，如视力紧张等。

（5）长时间处于不良体位或姿势，或使用不合理的劳动工具。

3. 生产环境中的有害因素

（1）自然环境因素的作用，如炎热季节高温辐射，寒冷季节因门窗紧闭而导致的通风不良等。

（2）厂房建筑或布局不合理，如有毒工段与无毒工段安排在同一个车间等。

（3）由不合理生产过程所导致环境污染。

（二）职业病危害因素的作用条件

接触职业病危害因素可能导致职业病或职业损害发生，但并不是所有接触者都会发生职业病和职业损害，而且即使发生职业性损害其严重程度也不一定相同。职业病不但取决于职业病危害因素的浓度和强度，也受职业病危害因素的作用条件和个体之间的差异的影响。

职业病危害因素的作用条件是：

（1）接触（暴露）频率和时间；

（2）接触的强度（浓度）；

（3）接触方式，即是经呼吸道、皮肤还是其他间接途径进入机体。

---

① 强迫体位劳动是指劳动过程保持长时间强迫体位。

前两个条件决定了机体的接触水平，接触方式取决于有害因素在生产中的存在形式。生产设备落后、管理不善、缺乏卫生技术措施和个人防护用品等都可能增加劳动者的接触水平。

（三）《职业病危害因素分类目录》

2002 年 3 月原卫生部印发了《关于印发职业病危害因素分类目录的通知》（卫法监发〔2002〕63 号），对督促用人单位开展职业病危害因素申报、加强职业病危害评价和定期检测评价、保障劳动者健康权益和预防控制职业病危害起到了积极的作用。

近年来，随着工业化、城镇化的加速，经济转型及产业结构的调整，新技术、新工艺、新设备和新材料的推广应用，劳动者在职业活动中接触的职业病危害因素更为多样、复杂，同时因为原版的按照危害因素性质和所导致的职业病进行分类，但各类危害因素之间又存在一定的交叉重复。

为切实保障劳动者健康权益，国家卫生计生委会同安全监管总局、人力资源社会保障部和全国总工会对《目录》进行了修订。

新版《职业病危害因素分类目录》编制前，对入选的职业病危害因素做出了以下要求：

（1）能够引起《职业病分类和目录》所列职业病。

（2）在已发布的职业病诊断标准中涉及的致病因素，或已制定职业接触限值及相应检测方法。

（3）具有一定数量的接触人群。

（4）优先考虑暴露频率较高或危害较重的因素。

最终，新版的《职业病危害因素分类目录》里，将职业病危害因素分为 6 类，包含了 52 项粉尘因素、375 项化学因素、15 项物理因素、8 项放射性因素、6 项生物因素以及 3 项其他因素。

第二节　用人单位职业病防治管理要求

■本节知识要点

> **■本节知识要点**
>
> 1. 职业危害防护设施配置及管理方面，了解国家相关行政管理机构的相关规定以及相关技术规范、标准的要求；
> 2. 法律法规及规范性文件对企业从业人员劳动防护设施的要求；
> 3. 劳动防护用品配备标准，以及劳动防护用品管理要求。

一、组织管理机构与职责

用人单位是职业病防治的责任主体，对本单位的职业病防治工作全面负责。

《工作场所职业卫生管理规定》中明确规定，职业病危害严重的用人单位，应当设置或者指定职业卫生管理机构或者组织，配备专职职业卫生管理人员。其他存在职业病危害的用人单位，劳动者超过一百人的，应当设置或者指定职业卫生管理机构或者组织，配备专职职业卫生管理人员；劳动者在一百人以下的，应当配备专职或者兼职的职业卫生管理人员，负责本单位的职业病防治工作。

二、职业病防治管理制度

《工作场所职业卫生管理规定》中要求，存在职业危害的用人单位应制定职业病危害防治计划和实施方案，建立、健全下列职业病防治管理制度：

（1）职业病危害防治责任制度。
（2）职业病危害警示与告知制度。
（3）职业病危害项目申报制度。
（4）职业病防治宣传教育培训制度。
（5）职业病防护设施维护检修制度。
（6）职业病防护用品管理制度。
（7）职业病危害监测及评价管理制度。
（8）建设项目职业卫生"三同时"管理制度。
（9）劳动者职业健康监护及其档案管理制度。
（10）职业病危害事故处置与报告制度。
（11）职业病危害应急救援与管理制度。
（12）岗位职业卫生操作规程。
（13）法律法规、规章规定的其他职业病防治制度。

三、职业危害防护设施

职业病危害防护设施是以预防、消除或降低工作场所的职业病危害，减少职业病危害因素对劳动者健康的损害或影响，达到保护劳动者健康目的的装置。应根据工艺特点、生产条件和工作场所存在的职业病危害因素性质选择相应的职业病防护设施。

（一）管理要求

建设单位对新建、改建、扩建的工程建设项目和技术改造、技术引进项目（以下统称建设项目）可能产生职业病危害的，应当按照国家有关建设项目职业病防护设施"三同时"监督管理的规定，进行职业病危害预评价、职业病防护设施设计、职业病危害控制效果评价及相应的评审，组织职业病防护设施验收。

（二）职业危害与防护设施

1. 生产性粉尘的危害与防护

（1）生产性粉尘对人体的危害。生产性粉尘进入人体后，根据其性质、沉积的部位和数量的不同，可引起不同的病变：

尘肺。长期吸入一定量的某些粉尘可引起尘肺，这是生产性粉尘引起的最严重的危害。

粉尘沉着症。吸入某些金属粉尘，如铁、钡、锡等，达到一定量时，对人体会造成危害。

有机粉尘可引起变态性病变。某些有机粉尘，如发霉的稻草、羽毛等可引起间质肺炎或外源性过敏性肺泡炎以及过敏性鼻炎、皮炎、湿疹或支气管哮喘。

呼吸系统肿瘤。有些粉尘已被确定为致癌物，如放射性粉尘、石棉、镍、铬、砷等。

局部作用。粉尘作用可使呼吸道黏膜受损。经常接触粉尘还可引起皮肤、耳、眼的疾病。粉尘堵塞皮脂腺，可使皮肤干燥，引起毛囊炎、脓皮病等。金属和磨料粉尘可引起角膜损伤，导致角膜浑浊。沥青在日光下可引起光感性皮炎。

中毒作用。吸入铅、砷、锰等有毒粉尘，能在支气管和肺泡壁上溶解后被吸收，引起中毒。

（2）综合防降尘八字方针。我国在防治粉尘危害、保护员工健康、预防尘肺发生方面做了大量的工作，取得一些成效，形成了"革、水、密、风、管、教、护、检"的八字方针。

革：工艺改革。以低粉尘、无粉尘物料代替高粉尘物料，以不产尘设备、低产尘设备代替高产尘设备，这是减少或消除粉尘污染的根本措施。

水：湿式作业可以有效地防止粉尘飞扬。如石材湿式切割、研磨等。

密：密闭尘源。使用密闭的生产设备或者将敞口设备改成密闭设备。这是防止和减少粉尘外溢，治理作业场所空气污染的重要措施。

风：通风排尘。受生产条件限制，设备无法密闭或密闭后仍有粉尘外溢时，要采取通风措施，将产尘点的含尘气体直接抽走，确保作业场所空气中的粉尘浓度符合国家卫生标准。

管：领导要重视防尘工作，防尘设施要改善，维护管理要加强，确保设备的良好、高效运行。

教：加强防尘工作的宣传教育，普及防尘知识，使接尘者对粉尘危害有充分的了解和认识。

护：受生产条件限制，在粉尘无法控制或高浓度粉尘条件下作业，必须合理、正确地使用防尘口罩、防尘服等个人防护用品。

检：定期对接尘人员进行体检；对从事特殊作业的人员应发放保健津贴；有作业

禁忌证的人员，不得从事接尘作业。

（3）控制粉尘危害的主要技术措施。无毒代替有毒，低毒代替高毒。这项措施在防治粉尘危害的金字塔的高端，使用"绿色"原材料。如，寻找石棉的代替品，禁止使用石棉，使用含石英低的原材料代替石英含量高的原材料等。

改革工艺过程、革新生产设备。改革工艺过程，革新生产设备是消除粉尘危害的主要途径，如遥控操纵、计算机控制、隔室监控等避免接触粉尘；用含石英低的石灰石代替石英砂作为铸件材料，可减轻粉尘危害。

湿式作业。湿式作业是一种简单实用、防尘效果可靠的防尘工程技术措施，可在很大程度上防止粉尘飞扬，降低作业场所粉尘浓度。

采用自动化作业，隔离、密闭操作。

通风除尘和抽风除尘。对不能采取湿式作业的场所，可以使用密闭抽风除尘的方法。采用密闭尘源和局部抽风相结合，防止粉尘外溢。抽出的空气经过除尘处理后排入大气。

2. 生产性毒物的危害与防护

（1）生产性毒物对人体危害。生产性毒物种类繁多，接触面广，人数庞大职业中毒在职业病中占有很大比例。生产性毒物可作用于人体的多个系统，表现为：

神经系统。铅、锰中毒可损伤运动神经、感觉神经，引起周围神经炎。震颤常见于锰中毒或急性一氧化碳中毒后遗症。重症中毒时可发生脑水肿。

呼吸系统。一次性大量吸入高浓度的有毒气体可引起窒息；长期吸入刺激性气体能引起慢性呼吸道炎症，可出现鼻炎、咽炎、支气管炎等上呼吸道炎症；长期吸入大量刺激性气体可引起严重的呼吸道病变，如化学性肺水肿和肺炎。

血液系统。铅可引起低血色素贫血，苯及三硝基甲苯等毒物可抑制骨髓的造血功能，表现为白细胞和血小板减少，严重者发展为再生障碍性贫血。一氧化碳可与血液中的血红蛋白结合形成碳氧血红蛋白，使组织缺氧。

消化系统。汞盐、砷等毒物大量经口进入时，可出现腹痛、恶心、呕吐与出血性肠胃炎。铅及铊中毒时，可出现剧烈的持续性的腹绞痛，并有口腔溃疡、牙龈肿胀牙齿松动等症状。长期吸入酸雾，可使牙釉质破坏、脱落。四氯化碳、溴苯、三硝基甲苯等可引起急性或慢性肝病。

泌尿系统。汞、铀、砷化氢、乙二醇等可引起中毒性肾病，如急性肾功能衰竭、肾病综合征和肾小管综合征等。

其他。生产性毒物还可以引起皮肤、眼睛、骨骼病变。许多化学物质可引起接触性皮炎、毛囊炎。接触铬、铍的工人皮肤易发生溃疡，如长期接触焦油、沥青、砷等可引起皮肤变黑病，甚至诱发皮肤癌。酸、碱等腐蚀性化学物质可引起刺激性眼结膜炎或角膜炎，严重者可引起化学性灼伤。溴甲烷、有机汞、甲醇等中毒，可造成视神经萎缩，以致失明。有些工业毒物还可诱发白内障。

（2）综合防治措施。

消除毒物。以无毒低毒物料代替有毒高毒物料，是控制有毒物质危害的根本措施。如采用水溶性漆代替油漆、使用二甲苯代替含苯涂料、无铅汽油代替含铅汽油等。

改革工艺。尽量选择生产过程中不产生或少产生有毒物质的工艺。如采用无氰电镀工艺代替以氰化物为络合剂的电镀工艺，消除氰化物对人体的危害。

生产过程的密闭化，是防止有毒物质从生产过程中散发、外溢的关键。生产过程的密闭包括设备本身的密闭以及投料、出料，物料运输、粉碎、包装等过程的密闭和毒物的不散逸，以及避免生产过程中的跑、冒、滴、漏现象。

隔离操作，就是把工人操作地点与生产设备隔离开来，避免工人接触有毒物质。

加强对有害物质的监测，控制有害物质的浓度，使其低于国家有关标准规定的最高容许浓度。

加强对毒物及预防措施的宣传教育，建立健全安全生产责任制、卫生责任制和岗位责任制。

加强个人防护。在存在毒物的作业场所作业，应使用防护服、防护面具、防毒面罩、防尘口罩等个人防护用品。

提高机体免疫力。因地制宜地开展体育锻炼，注意休息，加强营养，做好季节性多发病的预防。

接触毒物作业的人员要定期进行健康检查，必要时实行转岗、换岗作业。

3. 生产性噪声的危害与防护

（1）噪声对健康的危害。

听觉系统长期接触强烈噪声后，听觉器官首先受害，主要表现为听力下降。噪声引起的听力损伤主要与噪声的强度和接触的时间有关。听力损伤的发展过程首先是生理性反应，后出现病理改变。生理性听力下降的特点为脱离噪声环境一段时间后即可恢复，而病理性的听力下降则不能完全恢复或完全不能恢复。

神经系统表现出有头痛、头晕、耳鸣、心悸、易疲倦、易激怒及睡眠障碍等神经衰弱综合征。

心血管系统表现出心率加快或减缓，血压不稳（趋向增高），心电图呈缺血型变化的趋势。

消化系统出现胃肠功能紊乱、食欲减退、消瘦、胃液分泌减少、胃肠蠕动减慢。

（2）防止噪声危害的措施。

控制和消除噪声源。这是防止噪声危害的根本措施。应根据具体情况采取不同的方式解决，对鼓风机、电动机可采取隔离或移出室外；如织机、风动工具可采用改进工艺等技术措施解决，以无梭织机代替有梭织机，以焊接代替铆接，以压铸代替锻造；此外，加强维修降低不必要的附件或松动的附件的撞击噪声。

合理规划和设计厂区与厂房。产生强烈噪声的工厂与居民区以及噪声车间和非噪声车间之间应有一定距离（防护带）。

（3）控制噪声传播和反射的技术措施。

吸声。用多孔材料贴敷在墙壁及屋顶表面，或制成尖劈形式悬挂于屋顶或装设在墙壁上，以吸收声能达到降低噪声强度的目的；或利用共振原理采用多孔作为吸声的墙壁结构，均能取得较好的吸声效果。

消声。消声是防止动力性噪声的主要措施，用于风道和排气道，常用的有阻性消声器、抗性消声器及阻抗复合消声器，消声效果较好。

隔声。用一定的材料、结构和装置将声源封闭，以达到控制噪声传播的目的。常见的有隔声室、隔声罩等。

隔振。为了防止通过固体传播的振动性噪声，必须在机器或振动体的基础和地板、墙壁连接处设隔振或减振装置。

个体防护。主要保护听觉器官，在作业环境噪声强度比较高或在特殊高噪声条件下工作，佩戴个人防护用品是一项有效的预防措施。

定期对接触噪声的工人进行健康检查，特别是听力检查，观察听力变化情况，以便早期发现听力损伤，及时采取有效的防护措施。用人单位应对劳动者进行就业前体检，取得听力的基础材料，并对患有明显听觉器官、心血管及神经系统疾病者，禁止其参加强噪声的工作；就业后半年内进行听力检查，发现有明显听力下降者应及早调离噪声作业，以后应每年进行一次体检。

合理安排劳动和休息时间，实行工间休息制度。

4. 高温作业的危害与防治

（1）高温作业对健康的危害。在高温环境下劳动时，如果高温和热辐射超过一定限度，能对人体产生不良影响，严重者可发生中暑。中暑分为三级：

先兆中暑。患者在高温环境中劳动一定时间后，出现头昏、头痛、口渴、多汗、全身疲乏、心悸、注意力不集中、动作不协调等症状、体温正常或略有升高。

轻症中暑。除有先兆中暑的症状外，出现面色潮红、大量出汗、脉搏快速等表现，体温升高至 38.5℃ 以上。

重症中暑。包括热射病、热痉挛和热衰竭三型，也可出现混合型。

（2）防暑降温技术措施。

工艺改革。合理设计工艺流程，改进生产设备和操作方法是改善高温作业劳动者条件的根本措施。热源尽量布置在车间外面，采用热压为主的自然通风时，尽量布置在天窗下面；采用穿堂风为主的自然通风时，尽量布置在夏季主导风向的下风侧。

隔热。隔热时防止热辐射的重要措施。常用的方法主要有热绝缘和热屏挡。热绝缘指在发热体外直接包覆一层导热性差的材料，发热体向外散热量就会减少。热绝缘一般分为包裹、涂抹、砌筑和填充。常用的隔热材料有草灰、草绳、泥土、土坯、青砖、石棉、矿渣棉等。热屏挡常用的有玻璃板、铁纱屏、铁纱水幕、石棉板、铁板及流动水箱等。

全面通风。降低车间内气温的主要途径是对整个车间进行全面换气，实现全面换气的主要方法有自然通风和机械通风。为了加强自然通风的效果，通常在车间上部装有可调节的排风天窗。在自然通风不能满足降温需求，或生产上要求车间内保持一定的温度和湿度时，可采用机械通风。

局部送风。常用的局部送风降温措施有送风扇、喷雾风扇、空气淋雨等。

（3）防暑降温保健措施。对高温作业劳动者应进行就业前和入夏前体格检查。凡有心、肺、血管器质性疾病、持久性高血压、胃和十二指肠溃疡、活动性肺结核、肝脏疾病、肾脏病、肥胖病、贫血及急性传染病后身体衰弱、中枢神经系统器质性疾病者，均不宜从事高温作业。

5. 手传振动的危害与防治

（1）手臂振动病职业危害。手臂振动病可出现手麻、手胀、手痛、手掌多汗、手臂无力、手指关节疼痛，可有手指关节肿胀、变形，痛觉、振动觉减退等症状体征，严重者出现手部肌肉明显萎缩或手部出现"鹰爪样"畸形。

长期从事手传振动作业而引起的以手部末梢循环障碍、手臂神经功能障碍为主的疾病，可引起手臂骨关节-肌肉的损伤，其典型表现为振动性白指。

（2）振动控制技术措施。

控制振动源。在设计制造生产工具和机械时采用减振措施，减少振源的激振强度。

改革工艺。采用隔振和减振等措施。隔振指减弱由机器传给基础的振动；减振指吸收金属、薄板或其他金属结构的振动能量，以减弱辐射和噪声。

（3）保健措施。严格做好上岗前、在岗期间和离岗时职业健康检查。上岗前职业健康检查发现多发性周围神经病或雷诺病，则不能从事手传振动作业。在岗期间职业健康检查发现多发性周围神经病或职业性手臂振动病，应调离手传振动作业岗位，并妥善安置。

6. 非电离辐射技术控制措施

（1）高频电磁场。选择铜、铝等（片状或网络状结构）材料进行屏蔽，如高频振荡电路、高频馈线和高频工作电路等。所有的屏蔽罩必须有良好的接地装置。

（2）微波。采用微波吸收或反射材料屏蔽辐射源；在调试高功率微波设备（如雷达）的电参数时，可以使用等效天线，以减少对劳动者的辐照。

（3）红外辐射。反射性铝制遮盖物和铝箔衣服可减少红外线的暴露量及降低熔炼工、热金属操作工负荷。严禁裸眼看强光源，操作时应佩戴能有效过滤红外线的防护眼镜。

（4）紫外辐射。防护措施以屏蔽以及增加作业点与辐射源的距离为原则。电焊工及其辅助工种必须配备专业的防护面罩、防护眼镜、防护服和手套。电焊工操作时应使用移动屏障围住操作区，避免其他工种劳动者受到紫外线辐射。电焊时产生的有害气体和烟尘，宜采用局部排风加以排除。

（5）激光。对激光的防护措施包括激光器、工种环境和个体防护3个方面：

凡激光束可能漏射的部位，应设置激光封闭罩，必须安装激光开启与光束止动的连锁装置。

工作室围护结构应用吸光材料制成，色调易暗。工作区采光易充足，室内不得有反射、折射光束的用具和物件。

防护服的颜色易略深以减少反光。防护眼镜在使用前必须经过专业人员检查并定期测试。

7. 电离辐射

电离辐射防护措施主要包括外照辐射和内照辐射，设备、环境防护和个体防护，管理措施和健康措施等。

四、劳动防护用品的配备

劳动防护用品又称为"个体防护装备"，由用人单位为劳动者配备的保护用品，使用后可以对个人起到保护作用，达到避免或者减轻职业病危害或意外事故伤害的目的，保护劳动者生命和健康。劳动防护用品是辅助性、预防性措施，不得以劳动防护用品代替工程防护设施和其他技术、管理措施。

用人单位根据辨识的作业场所危害因素和危害评价结果，结合劳动防护用品的防护部位、防护功能、适用范围和防护装备对作业环境和使用者的适合性，选择合适的劳动防护用品。

（一）劳动防护用品的定义

从业人员为防御物理、化学、生物等外界因素伤害所穿戴、配备和使用的防护用品总称，包括安全帽、耳塞、自吸过滤式防毒面具、防静电服、安全带等。

（二）劳动防护用品的分类

劳动防护用品分为一般劳动防护用品和特种劳动防护用品两种。

1. 按照防护部位分类

（1）头部防护类：安全帽和防静电工作帽等。

（2）眼面防护类：焊接眼护具、激光防护镜、强光源防护镜和职业眼面部防护具等。

（3）听力防护类：耳塞和耳罩等。

（4）呼吸防护类：长管呼吸器、动力送风过滤式呼吸器、自给闭路式压缩氧气呼吸器、自给闭路式氧气逃生呼吸器、自给开路式压缩空气呼吸器、自吸过滤式防毒面具、自给开路式压缩空气逃生呼吸器、自吸过滤式防颗粒呼吸器等。

（5）防护服装类：防电弧服、防静电服、职业用防雨服、高可视性警示服、隔热服、焊接服、化学防护服、抗油易去污防静电服、冷环境防护服、熔融金属飞溅防护服、微波辐射防护服和阻燃服等。

（6）手部防护类：带电作业用绝缘手套、防寒手套、防化学品手套、防静电手套、防热伤害手套、电离辐射及放射性污染物防护手套、焊工防护手套、机械危害防护手套等。

（7）足部防护类：安全鞋和防化学品鞋等。

（8）坠落防护类：安全带、安全绳和缓冲器等。

依据国家标准《个体防护装备配备规范 第1部分：总则》（GB 39800.1-2020）中附录A的规定，劳动防护用品按防护部位分为9类，分类及编号见表6.1。

表6.1 劳动防护用品分类及编号

序号	防护分类	编号	序号	防护分类	编号	序号	防护分类	编号
1	头部防护	TB	4	呼吸防护	HX	7	足部防护	ZB
2	眼面防护	YM	5	防护服装	FZ	8	坠落防护	ZL
3	听力防护	TL	6	手部防护	SF	9	其他防护	QT

2. 按照防护功能性分类

劳动防护用品按照防护功能性分类，则可以分为防尘、防毒、防噪声、防高温热辐射、防放射、防寒、防砸等不同功能的劳动防护用品。

3. 按照用途分类

（1）预防事故伤害防护用品：防坠落用品、防触电用品等；

（2）预防职业病防护用品：防尘用品、防毒用品、防酸碱用品等。

（三）劳动防护用品的配备和使用

1. 配备原则

（1）用人单位应免费为劳动者配备符合国家标准规定的劳动防护用品。

（2）用人单位为劳动者配备的劳动防护用品应与作业场所的环境状况、作业状况、存在的危害因素和程度相适应，与劳动者相适应，且本身不应导致其他的额外风险。

（3）用人单位配备的劳动防护用品应在保障有效的基础上，兼顾舒适性。

（4）同一作业场所需要同时配备多种劳动防护用品时，应考虑使用的兼容性和功能的替代性，确保防护有效。

（5）用人单位应对其使用的劳务派遣工、临时聘用人员、接纳的实习生和允许进入作业场所的其他外来人员进行劳动防护用品的配备和管理。

2. 配备标准

根据《个体防护装备标准化提升三年专项行动计划（2021—2023年）》，到2023年年底，个体防护装备标准体系进一步完善，将在已有石化、冶金、有色、矿山等领域个体防护配备标准的基础上，重点选取建材、电子、电力等急需短缺行业、领域，制定发布一批个体防护装备配备强制性国家标准，非高危行业从业人员的个体防护配备标准，可参照此系列标准执行。

3. 管理要求

（1）用人单位应当安排专项经费为劳动者配备劳动防护用品，不得以货币或者其他物品替代发放劳动防护用品。

（2）用人单位应当教育劳动者、对其使用的劳务派遣工、临时聘用人员、接纳的实习生和允许进入作业场所的其他外来人员，按照规章制度和劳动防护用品使用规则，正确佩戴和使用劳动防护用品。

（3）劳动防护用品在使用前对使用者进行使用方法的培训，以及对防护用品的防护功能进行必要的检查。

（4）用人单位应当建立健全劳动防护用品的采购、验收、保管、选择、发放、使用、报废、培训等管理制度，并建立劳动防护用品管理档案。

（5）在作业过程中发现存在其他危害因素，现有的劳动防护用品不能满足作业安全要求时，应立即停止相关作业，重新配备相应的劳动防护用品后，方可继续作业。

4. 采购

用人单位应选择具有资质的供应商，购买合格的劳动防护用品。采购的防护用品须经本单位查验并保存劳动防护用品检验报告等质量证明文件的原件或复印件，确认合格后方可登记入库。

5. 发放

（1）用人单位应当按照本单位制定的配备标准发放劳动防护用品，并做好登记。

（2）发放的特种劳动防护用品应具有"三证"，即生产许可证、合格证、安全鉴定证，以及"一标志"即安全标志。

（3）禁止配发不合格、有缺陷的、过期、报废与失效的劳动防护用品。

（4）按照规定周期间隔发放新的替换劳动防护用品。但若发现防护用品已不适用应随时更换，不受时限限制。

6. 培训和使用

（1）用人单位应制订培训计划和考核办法，并建立和保留培训和考核记录。

（2）用人单位应按计划定期对作业人员进行培训。

（3）新上岗、转岗和防护用品配备发生变化、法律法规及标准发生变化等情况，需要培训时用人单位应及时进行培训。

（4）未按规定佩戴和使用防护用品的作业人员，不得上岗作业。

（5）作业人员应熟练掌握防护用品正确佩戴和使用方法，用人单位应监督作业人员防护用品的使用情况。

（6）在使用防护用品前，作业人员应对防护用品进行检查（如外观检查、适用性检查等），确保防护用品能够正常使用。

（7）在使用过程中发现防护用品有异常应及时报告。

7. 报废和更换

当防护用品出现下列情况之一，用人单位给予报废和更换新品：

（1）经检验或检查被判定不合格。

（2）超过使用有效期。

（3）功能已经失效。

（4）使用说明书中规定的其他判废或更换条件。

（5）被判废或被更换的防护用品不得再次使用。

五、职业卫生档案管理

用人单位职业卫生档案，是指用人单位在职业病危害防治和职业卫生管理活动中形成的，能够准确、完整反映本单位职业卫生工作全过程的文字、图纸、照片、报表、音像资料、电子文档等文件材料。用人单位应建立健全职业卫生档案，包括以下主要内容：

（1）建设项目职业卫生"三同时"档案。

（2）职业卫生管理档案。

（3）职业卫生宣传培训档案。

（4）职业病危害因素监测与检测评价档案。

（5）用人单位职业健康监护管理档案。

（6）劳动者个人职业健康监护档案。

（7）法律、行政法规、规章要求的其他资料文件。

第三节 职业健康监护

■本节知识要点

1. 职业健康监护的基本概念和用人单位职业健康监护职责;
2. 职业健康检查种类,建立职业健康监护档案;
3. 职业健康监护界定原则。

　　职业健康监护,是指劳动者上岗前、在岗期间、离岗时、应急的职业健康检查和职业健康监护档案管理。职业健康监护是对职业人群的健康状况进行检查,它是以预防为目的,根据劳动者的职业接触史,通过定期或不定期的医学健康检查和健康相关资料的收集,连续性地监测劳动者的健康状况,分析劳动者健康变化与所接触的职业病危害因素的关系,并及时地将健康检查和资料分析结果报告给用人单位和劳动者本人,以便及时采取干预措施,保护劳动者健康。

一、用人单位职业健康监护职责

　　用人单位是职业健康监护工作的责任主体,其主要负责人对本单位职业健康监护工作全面负责。用人单位在进行职业健康监护时应履行以下职责:

　　(1)建立、健全劳动者职业健康监护制度,依法落实职业健康监护工作。

　　(2)接受监督管理部门依法对其职业健康监护工作的监督检查,并提供有关文件和资料。

　　(3)依照《用人单位职业健康监护监督管理办法》《职业健康监护技术规范》(GBZ 188-2014)等国家职业卫生标准的要求,制订、落实本单位职业健康检查年度计划,并保证所需要的专项经费。

　　(4)组织劳动者进行职业健康检查,并承担职业健康检查费用。劳动者接受职业健康检查应当视同正常出勤。

　　(5)选择由省级以上人民政府卫生行政部门批准的医疗卫生机构承担职业健康检查工作,并确保参加职业健康检查的劳动者身份的真实性。

　　(6)组织对从事接触职业病危害作业的劳动者进行职业健康检查。

　　(7)为劳动者个人建立职业健康监护档案,并按照有关规定妥善保存。

二、开展职业健康监护的界定原则

　　用人单位的劳动者在接触以下职业病危害因素应进行职业健康监护。

(一)已列入国家颁布的职业病危害因素分类目录的危害因素

　　《职业健康监护技术规范》中将职业健康检查分为强制性和推荐性两种。

　　已列入国家颁布的职业病危害因素分类目录的危害因素,符合以下条件者应对劳动者实行强制性职业健康检查:

（1）该危害因素有确定的慢性毒性作用，并能引起慢性职业病或慢性健康损害；或有确定的致癌性，在暴露人群中所引起的职业性癌症有一定的发病率。

（2）对人的慢性毒性作用和健康损害或致癌作用尚不能肯定，但有动物实验或流行病学调查的证据，有可靠的技术方法，通过系统地健康监护可以提供明确的证据，执行强制性职业健康监护。

（3）有一定数量的暴露人群。已列入国家颁布的职业病危害因素分类目录，对人健康损害只有急性毒性作用，但有明确的职业禁忌证的危害因素，劳动者上岗前执行强制性健康监护，在岗期间执行推荐性健康监护。

（二）职业病危害因素分类目录以外的危害因素

对职业病危害因素分类目录以外的危害因素开展健康监护，需通过专家评估后确定，评估标准是：

（1）这种物质在国内正在使用或准备使用，且有一定量的暴露人群。

（2）要查阅相关文献，主要是毒理学研究资料，确定其是否符合国家规定的有害化学物质的分类标准及其对健康损害的特点和类型。

（3）查阅流行病学资料及临床资料，有证据表明其存在损害劳动者健康的可能性或有理由怀疑在预期的使用情况下会损害劳动者健康。

（4）对这种物质可能引起的健康损害，是否有开展健康监护的正确、有效、可信的方法，需要确定其敏感性、特异性和阳性预计值。

（5）健康监护能够对个体或群体的健康产生有利的结果。对个体可早期发现健康损害并采取有效的预防或治疗措施；对群体健康状况的评价可以预测危害程度和发展趋势，采取有效的干预措施。

（6）健康监护的方法是劳动者可以接受的，检查结果有明确的解释。

（7）符合医学伦理道德规范。

三、职业健康检查

（一）职业健康监护工作程序

用人单位应根据以下程序，开展职业健康监护工作：

（1）用人单位应根据《中华人民共和国职业病防治法》和《职业健康监护技术规范》的有关规定，制订本单位的职业健康监护工作计划。

（2）用人单位在本省范围内选择省级卫生行政部门批准的具有职业健康检查资质的机构，并委托其对本单位接触职业病危害因素的劳动者进行职业健康检查。

（3）用人单位根据《职业健康监护技术规范》的要求，制订接触职业病危害因素劳动者的职业健康检查年度计划，于每年年底前向职业健康检查机构提出下年度职业健康检查申请，签订委托协议书，内容包括接触职业病危害因素种类、接触人数、健康检查的人数、检查项目和检查时间、地点等。

（4）用人单位在委托职业健康检查机构对本单位接触职业病危害的劳动者进行职业健康检查的同时，应提供以下材料：用人单位的基本情况；工作场所职业病危害因素种类和接触人数、职业病危害因素监测的浓度或强度资料；产生职业病危害因素的生产技术、工艺和材料；职业病危害防护设施，应急救援设施及其他有关资料。

（二）上岗前职业健康检查

这是指用人单位对准备从事某种接触职业病危害作业的劳动者在上岗前进行的健康检查，其主要目的是发现有无职业禁忌证，建立接触职业病危害因素人员的基础健康档案；其内容是分析工种或岗位存在的职业病危害因素及其对人体健康的影响，评价作业人员是否适合从事该工种或岗位作业，有职业禁忌证的人员接触特定职业病危害比一般人更易受害或发病，或接触可导致原有疾病加重，或在作业过程中诱发可能导致对他人健康构成危险的特殊生理或病理状态。

用人单位应当对下列劳动者进行上岗前的职业健康检查：

（1）拟从事接触职业病危害作业的新录用劳动者，包括转岗到该作业岗位的劳动者。

（2）拟从事有特殊健康要求作业的劳动者。

用人单位不得安排未经上岗前职业健康检查的劳动者从事接触职业病危害的作业，不 得安排有职业禁忌的劳动者从事其所禁忌的作业。

用人单位不得安排未成年人从事接触职业病危害的作业，不得安排孕期、哺乳期的女职工从事对本人和胎儿、婴儿有危害的作业。

（三）在岗期间职业健康检查

用人单位应当根据劳动者所接触的职业病危害因素，定期安排劳动者进行在岗期间的职业健康检查。

在岗期间职业健康检查是指用人单位按照《职业健康监护技术规范》规定的体检周期对长期从事接触规定的需要开展健康监护的职业病危害因素作业的劳动者进行的健康检查。

对在岗期间的职业健康检查，用人单位应当按照《职业健康监护技术规范》等国家职业卫生标准的规定和要求，确定接触职业病危害的劳动者的检查项目和检查周期。需要复查的，应当根据复查要求增加相应的检查项目。

在岗期间职业健康检查的目的主要是早期发现职业病病人或疑似职业病病人或劳动者的其他健康异常改变；及时发现有职业禁忌的劳动者；通过动态观察劳动者群体健康变化，评价工作场所职业病危害因素的控制效果。

在岗期间职业健康检查的周期根据不同职业病危害因素的性质、工作场所有害因素的浓度或强度、目标疾病的潜伏期和防护措施等因素决定。例如接触铅及其化合物的作业人员的体检周期为 1 年，接触噪声作业人的体检周期也是 1 年，而接触四乙基铅或接触磷化氢的作业人员的体检周期为 2 年；接触同一职业病危害因素，根据不同的接触浓度，其体检周期也不相同，例如劳动者接触二氧化硅粉尘浓度符合国家卫生标准的体检周期为 2 年 1 次，而接触二氧化硅粉尘浓度超过国家卫生标准的为 1 年 1 次。

（四）应急职业健康检查

出现下列情况之一的，用人单位应当立即组织有关劳动者进行应急职业健康检查：

（1）接触职业病危害因素的劳动者在作业过程中出现与所接触职业病危害因素相关的不适症状的。

（2）劳动者受到急性职业中毒危害或者出现职业中毒症状的。当发生急性职业病危害事故时，对遭受或者可能遭受急性职业病危害的劳动者，应及时组织健康检查。依据检查结果和现场劳动卫生学调查，确定危害因素，为急救和治疗提供依据，控制职业病危害继续蔓延和发展。应急健康检查应在事故发生后立即开始。如某厂氯气罐泄漏，导致部分工人吸入氯气，用人单位应立即安排当时在现场进行作业的劳动者和参与应急处理的劳动者进行应急检查。针对高温作业可能引起的中暑，用人单位如在事故或意外情况下安排劳动者进行高温作业，之后应开展现场事故调查，进行环境气象条件调查和测试，调查导致异常高温的原因并界定接触和需要进行应急健康检查的人群，一般需对出现中暑先兆和已经发生中暑的劳动者进行应急健康检查，发现可疑或中暑患者应立即进行现场急救，重症者应及时送医院治疗，必要的实验室检查可根据当时病情随时检查。

（五）离岗时职业健康检查

对准备脱离所从事的职业病危害作业或者岗位的劳动者，用人单位应当在劳动者离岗前30日内组织劳动者进行离岗时的职业健康检查。劳动者离岗前90日内的在岗期间的职业健康检查可以视为离岗时的职业健康检查。

离岗时职业健康检查主要目的是确定其在停止接触职业病危害因素时的健康状况。健康检查的内容主要根据劳动者任职期间所在工作岗位接触的职业病危害因素及其对健康影响的规律，对靶器官、靶组织的危害性和生物敏感指标等，确定特定的健康检查项目，根据检查结果，评价劳动者的健康状况、健康变化等是否与其在岗期间接触的职业病危害因素有关。例如某劳动者工作期间主要接触粉尘，在离岗时重点询问咳嗽、咳痰、胸痛、呼吸困难，也可有喘息、咯血等症状，并重点进行呼吸系统和心血管系统的体格检查，同时进行后前位 X 射线高千伏胸片、心电图、肺功能等实验室的检查。

用人单位对未进行离岗时职业健康检查的劳动者，不得解除或者终止与其订立的劳动合同。

（六）职业健康监护措施

用人单位应当及时将职业健康检查结果及职业健康检查机构的建议以书面形式如实告知劳动者。

用人单位应当根据职业健康检查报告，采取下列措施：

（1）对有职业禁忌的劳动者，调离或者暂时脱离原工作岗位；

（2）对健康损害可能与所从事的职业相关的劳动者，进行妥善安置；

（3）对需要复查的劳动者，按照职业健康检查机构要求的时间安排复查和医学观察；

（4）对疑似职业病病人，按照职业健康检查机构的建议安排其进行医学观察或者职业病诊断；

（5）对存在职业病危害的岗位，立即改善劳动条件，完善职业病防护设施，为劳动者配备符合国家标准的职业病危害防护用品。

职业健康监护中出现新发生职业病（职业中毒）或者两例以上疑似职业病（职业中毒）的，用人单位应当及时向所在地监督管理部门报告。

四、职业健康监护档案

用人单位应当为劳动者个人建立职业健康监护档案，并按照有关规定妥善保存。职业健康监护档案应包括用人单位职业健康管理档案、劳动者个人职业健康档案和其他档案。根据规定，用人单位应当为存在劳动关系的劳动者（含临时工）建立职业健康监护档案。劳动者名册应按照上岗前、在岗期间和离岗分别建立存档。

（一）用人单位职业健康管理档案

用人单位职业健康管理档案至少应包括下列内容：

（1）职业健康监护委托书。

（2）职业健康监护承担单位资质证明材料。

（3）职业性健康检查人员名单。

（4）职业健康检查结果报告和评价报告。

（5）职业病报告卡。

（6）用人单位对职业病患者、患有职业禁忌证者和已出现职业相关健康损害劳动者的处理和安置记录。

（7）用人单位在职业健康监护中提供的其他资料和职业健康检查机构记录整理的相关资料。

（8）各种汇总资料，包括：职业健康监护、职业病发病情况、职业病人处理及安置情况等汇总资料。

（9）卫生行政部门要求的其他资料。

（二）劳动者个人职业健康档案

劳动者个人职业健康档案至少应包括下列内容：

（1）劳动者姓名、性别、年龄、籍贯、婚姻、文化程度、嗜好等一般概况。

（2）劳动者职业史、既往史和职业病危害接触史。

（3）相应工作场所职业病危害因素监测结果。

（4）职业健康检查结果及处理情况。

（5）职业病诊疗等健康资料。

（三）档案管理

用人单位应当建立劳动者职业健康监护档案和用人单位职业健康监护管理档案，应有专人严格管理，并按规定妥善保存。劳动者或者其近亲属、劳动者委托代理人、相关的卫生监督检查人员有权查阅、复印劳动者的职业健康监护档案。用人单位不得拒绝，或者提供虚假档案材料。劳动者离开用人单位时，有权索取本人职业健康监护档案复印件，用人单位应当如实、无偿提供，并在所提供的复印件上签章。

参考文献：

［1］四川省安全科学技术研究院. 其他生产经营单位主要负责人及安全管理人员安全培训教程［M］. 北京：现代出版社，2013.

［2］中国安全生产科学研究院组织编写. 建设项目职业病危害评价［M］. 徐州：中国矿业大学出版社，2012.

[3] 陈永青. 职业卫生基础知识（职业卫生评价与检测）［M］. 北京：煤炭工业出版社，2013.

[4]《中华人民共和国职业病防治法》（中华人民共和国主席令〔2018〕第 24 号修订）

[5]《职业病危害因素分类目录》（原国卫疾控发〔2015〕92 号）

[6]《用人单位职业健康监护监督管理办法》（国家安全生产监督管理总局令〔2012〕第 49 号）

[7]《个体防护装备标准化提升三年专项行动计划（2021—2023 年）》（市监标技发〔2021〕89 号）

[8] GBZ 188-2014 职业健康监护技术规范

[9] GBZ/T 224-2010 职业卫生名称术语

[10] GB 39800.1-2020 个体防护装备配备规范 第 1 部分：总则

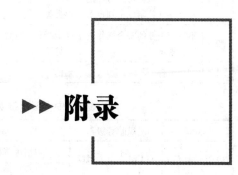

▶▶ 附录

附录 I：风险评价方法

一、风险矩阵分析法（LS）

风险矩阵分析法（简称 LS），R=L×S，其中 R 是风险值，事故发生的可能性与事件后果的结合，L 是事故发生的可能性；S 是事故后果严重性；R 值越大，说明该系统危险性大、风险大，如表 1、表 2、表 3、表 4 所示。

表 1 事故发生的可能性（L）判定准则

等级	标准
5	在现场没有采取防范、监测、保护、控制措施，或危害的发生不能被发现（没有监测系统），或在正常情况下经常发生此类事故或事件
4	危害的发生不容易被发现，现场没有检测系统，也未发生过任何监测，或在现场有控制措施，但未有效执行或控制措施不当，或危害发生或预期情况下发生
3	没有保护措施（如没有保护装置、没有个人防护用品等），或未严格按操作程序执行，或危害的发生容易被发现（现场有监测系统），或曾经做过监测，或过去曾经发生类似事故或事件
2	危害一旦发生能及时发现，并定期进行监测，或现场有防范控制措施，并能有效执行，或过去偶尔发生事故或事件
1	有充分、有效的防范、控制、监测、保护措施，或员工安全卫生意识相当高，严格执行操作规程。极不可能发生事故或事件

表 2 事件后果严重性（S）判定准则

等级	法律法规及其他要求	人员	直接经济损失	停工	企业形象
5	违反法律法规和标准	死亡	100 万元以上	部分装置（>2 套）或设备	重大国际影响
4	潜在违反法规和标准	丧失劳动能力	50 万元以上	2 套装置停工、或设备停工	行业内、省内影响

表2(续)

等级	法律法规及其他要求	人员	直接经济损失	停工	企业形象
3	不符合上级公司或行业的安全方针、制度、规定等	截肢、骨折、听力丧失、慢性病	1万元以上	1套装置停工或设备	地区影响
2	不符合企业的安全操作程序、规定	轻微受伤、间歇不舒服	1万元以下	受影响不大，几乎不停工	公司及周边范围
1	完全符合	无伤亡	无损失	没有停工	形象没有受损

表3 安全风险等级判定准则（R）及控制措施

风险值	风险等级		应采取的行动/控制措施	实施期限
20-25（红色）	A/1级	重大风险	在采取措施降低危害前，不能继续作业，对改进措施进行评估	立刻
15-16（橙色）	B/2级	较大风险	采取紧急措施降低风险，建立运行控制程序，定期检查、测量及评估	立即或近期整改
9-12（黄色）	C/3级	一般风险	可考虑建立目标、建立操作规程，加强培训及沟通	2年内治理
4-8（蓝色）	D/4级	低风险	可考虑建立操作规程、作业指导书但需定期检查	有条件、有经费时治理
1-3（蓝色）	E/5级	低风险	无需采用控制措施	需保存记录

表4 风险矩阵表

风险等级 R		后果严重性 S				
		影响特别重大	影响重大	影响较大	影响一般	影响很小
可能性 L	极有可能发生	25（红色）	20（红色）	15（橙色）	10（黄色）	5（蓝色）
	很可能发生	20（红色）	16（橙色）	12（黄色）	8（蓝色）	4（蓝色）
	可能发生	15（橙色）	12（黄色）	9（黄色）	6（蓝色）	3（蓝色）
	较不可能发生	10（黄色）	8（蓝色）	6（蓝色）	4（蓝色）	2（蓝色）
	基本不可能发生	5（蓝色）	4（蓝色）	3（蓝色）	2（蓝色）	1（蓝色）

图例：红色：重大风险（1级）；橙色：较大风险（2级）；黄色：一般风险（3级）；
蓝色：低风险（4级）

二、作业条件危险性分析法（LEC）

作业条件危险性分析评价法（简称LEC）。L（likelihood，事故发生的可能性）、E（exposure，人员暴露于危险环境中的频繁程度）和C（consequence，一旦发生事故可能造成的后果）。给三种因素的不同等级分别确定不同的分值，再以三个分值的乘积D（danger，危险性）来评价作业条件危险性的大小，即：$D=L×E×C$。D值越大，说明该作业活动危险性大、风险大，如表5、表6、表7、表8所示。

表5 事故事件发生的可能性（L）判定准则

分值	事故、事件或偏差发生的可能性
10	完全可以预料
6	相当可能；或危害的发生不能被发现（没有监测系统）；或在现场没有采取防范、监测、保护、控制措施；或在正常情况下经常发生此类事故、事件或偏差

表5(续)

分值	事故、事件或偏差发生的可能性
3	可能，但不经常；或危害的发生不容易被发现；现场没有检测系统或保护措施（如没有保护装置、没有个人防护用品等），也未做过任何监测；或未严格按操作规程执行；或在现场有控制措施，但未有效执行或控制措施不当；或危害在预期情况下发生
1	可能性小，完全意外；或危害的发生容易被发现；现场有监测系统或曾经做过监测；或过去曾经发生类似事故、事件或偏差；或在异常情况下发生过类似事故、事件或偏差
0.5	很不可能，可以设想；危害一旦发生能及时发现，并能定期进行监测
0.2	极不可能；有充分、有效的防范、控制、监测、保护措施；或员工安全卫生意识相当高，严格执行操作规程
0.1	实际不可能

表6 暴露于危险环境的频繁程度（E）判定准则

分值	频繁程度	分值	频繁程度
10	连续暴露	2	每月一次暴露
6	每天工作时间内暴露	1	每年几次暴露
3	每周一次或偶然暴露	0.5	非常罕见地暴露

表7 发生事故事件偏差产生的后果严重性（C）判定准则

分值	法律法规及其他要求	人员伤亡	直接经济损失（万元）	停工	公司形象
100	严重违反法律法规和标准	10人以上死亡，或50人以上重伤	5 000以上	公司停产	重大国际、国内影响
40	违反法律法规和标准	3人以上10人以下死亡，或10人以上50人以下重伤	1 000以上	装置停工	行业内、省内影响
15	潜在违反法规和标准	3人以下死亡，或10人以下重伤	100以上	部分装置停工	地区影响
7	不符合上级或行业的安全方针、制度、规定等	丧失劳动力、截肢、骨折、听力丧失、慢性病	10万以上	部分设备停工	公司及周边范围
2	不符合公司的安全操作程序、规定	轻微受伤、间歇不舒服	1万以上	1套设备停工	引人关注，不利于基本的安全卫生要求
1	完全符合	无伤亡	1万以下	没有停工	形象没有受损

表8 风险等级判定准则（D）及控制措施

风险值	风险等级		应采取的行动/控制措施	实施期限
>320（红色）	A/1级	极其危险	在采取措施降低危害前，不能继续作业，对改进措施进行评估	立刻
160~320（橙色）	B/2级	高度危险	采取紧急措施降低风险，建立运行控制程序，定期检查、测量及评估	立即或近期整改
70~160（黄色）	C/3级	显著危险	可考虑建立目标、建立操作规程，加强培训及沟通	2年内治理

表8(续)

风险值	风险等级		应采取的行动/控制措施	实施期限
20~70（蓝色）	D/4 级	轻度危险	可考虑建立操作规程、作业指导书，但需定期检查	有条件、有经费时治理
<20（蓝色）	E/5 级	稍有危险	无需采用控制措施，但需保存记录	／

三、风险程度分析法（MES）

（一）风险的定义

指特定危害性事件发生的可能性和后果的结合。人们常常将可能性 L 的大小和后果 S 的严重程度分别用表明相对差距的数值来表示，然后用两者的乘积反映风险程度 R 的大小，即 $R = LS$。

（二）事故发生的可能性 L

人身伤害事故和职业相关病症发生的可能性主要取决于对于特定危害的控制措施的状态 M 和人体暴露于危害（危险状态）的频繁程度 E1；单纯财产损失事故和环境污染事故发生的可能性主要取决于对于特定危害的控制措施的状态 M 和危害（危险状态）出现的频次 E2。

（三）控制措施的状态 M

对于特定危害引起特定事故（这里"特定事故"一词既包含"类型"的含义，如碰伤、灼伤、轧入、高处坠落、触电、火灾、爆炸等；也包含"程度"的含义，如死亡、永久性部分丧失劳动能力、暂时性全部丧失劳动能力、仅需急救、轻微设备损失等）而言，无控制措施时发生的可能性较大，有减轻后果的应急措施时发生的可能性较小，有预防措施时发生的可能性最小。控制措施的状态 M 的赋值见表9。

表9 控制措施的状态（M）判定准则

分数值	控制措施的状态
5	无控制措施
3	有减轻后果的应急措施，如警报系统、个体防护用品
1	有预防措施，如机器防护装置等，但须保证有效

（四）人体暴露或危险状态出现的频繁程度 E

人体暴露于危险状态的频繁程度越大，发生伤害事故的可能性越大；危险状态出现的频次越高，发生财产损失的可能性越大。人体暴露的频繁程度或危险状态出现的频次 E 的赋值见表10。

表10 人体暴露于危险状态的频繁程度或危险状态出现的频次（E）判定准则

分数值	E1（人身伤害和职业相关病症）：人体暴露于危险状态的频繁程度	E2（财产损失和环境污染）：危险状态出现的频次
10	连续暴露	常态
6	每天工作时间内暴露	每天工作时间出现
3	每周一次，或偶然暴露	每周一次，或偶然出现
2	每月一次暴露	每月一次出现

分数值	E1（人身伤害和职业相关病症）：人体暴露于危险状态的频繁程度	E2（财产损失和环境污染）：危险状态出现的频次
1	每年几次暴露	每年几次出现
0.5	更少的暴露	更少的出现

注1：8小时不离工作岗位，算"连续暴露"；危险状态常存，算"常态"。
注2：8小时内暴露一至几次，算"每天工作时间暴露"；危险状态出现一至几次，算"每天工作时间出现"。

（五）事故的可能后果S

表11表示按伤害、职业相关病症、财产损失、环境影响等方面不同事故后果的分档赋值。

表 11　事故的可能后果严重性（S）判定准则

分数值	事故的可能后果			
	伤害	职业相关病症	财产损失/元	环境影响
10	有多人死亡		>1 000万	有重大环境影响的不可控排放
8	有一人死亡或多人永久失能	职业病（多人）	100万~1 000万	有中等环境影响的不可控排放
4	永久失能（一人）	职业病（一人）	10万~100万	有较轻环境影响的不可控排放
2	需医院治疗	职业性多发病	1万~10万	有局部环境影响的可控排放
1	轻微，仅需急救	职业因素引起的身体不适	<1万	无环境影响

注：表中财产损失一栏的分档赋值，可根据行业和企业的特点进行适当调整。

根据可能性和后果确定风险程度：

$$R = L \cdot S = MES$$

将控制措施的状态 M、暴露的频繁程度 E（E1 或 E2）、一旦发生事故会造成的损失后果 S 分别分为若干等级，并赋予一定的相应分值。风险程度 R 为三者的乘积。将 R 亦分为若干等级。针对特定的作业条件，恰当选取 M、E、S 的值，根据相乘后的积确定风险程度 R 的级别。风险程度的分级见表12。

表 12　风险程度的分级判定准则（R）

R = MES	风险程度（等级）
>180	1 级
90~150	2 级
50~80	3 级
20~48	4 级
≤18	5 级

注：风险程度是可能性和后果的二元函数。当用两者的乘积反映风险程度的大小时，从数学上讲，乘积前面应当有一系数。但系数仅是乘积的一个倍数，不影响不同乘积间的比值；也就是说，不影响风险程度的相对比值。因此，为简单起见，将系数取为1。

附录II：有限空间作业"五强化五到位"安全管理检查表

有限空间作业"五强化五到位"安全管理检查表

检查项目	法规依据	检查要求	检查记录
一、强化"关键少数"依法履职	一、《中华人民共和国安全生产法》（国家主席令〔2021〕第八十八号） 第二十一条 生产经营单位的主要负责人对本单位安全生产工作负有下列职责： （一）建立健全并落实本单位全员安全生产责任制，加强安全生产标准化建设； （二）组织制定并实施本单位安全生产规章制度和操作规程； （三）组织制订并实施本单位安全生产教育和培训计划； （四）保证本单位安全生产投入的有效实施； （五）组织建立并落实安全风险分级管控和隐患排查治理双重预防工作机制，督促、检查本单位的安全生产工作，及时消除生产安全事故隐患； （六）组织制定并实施本单位的生产安全事故应急救援预案； （七）及时、如实报告生产安全事故。 二、《危险化学品企业特殊作业安全规范》（GB 30871-2022） 4.10 监护人的通用职责要求： （1）作业前检查安全作业票应与作业内容相符并在有效期内，核查作业票中各项安全措施已得到落实； （2）相关作业人员持有效资格证书上岗； （3）作业人员配备和使用的个体防护装备满足作业要求； （4）对作业人员的行为和现场安全作业条件进行检查与监督，负责作业现场的安全协调与联系； （5）当作业现场出现异常情况时应中止作业，并采取有效安全措施进行应急处置；当作业人员违章时，应及时制止违章，情节严重时，应收回作业票、中止作业。 （6）作业期间，监护人不得擅自离开作业现场且不得从事与监护无关的事；确需离开作业现场时，应收回作业票，中止作业。 4.11 作业审批人的职责要求： （1）应在作业现场完成审批工作； （2）应检查安全作业票审批级别与企业管理制度中规定级别一致情况，各项审批环节符合企业管理要求情况； （3）应核查安全作业票中各项风险识别及管控措施落实情况。 三、《四川省安全生产条例》（四川省第十届人大常委会公告〔2006〕第90号） 第十四条 生产经营单位主要负责人应当履行下列安全生产职责： （一）执行安全生产的法律法规和有关规定； （二）建立健全和落实本单位安全生产责任制、安全生产规章制度及安全技术操作规程； （三）依法建立适应安全生产工作需要的安全生产管理机构，配备安全生产管理人员； （四）按规定足额提取和使用安全生产费用，缴纳安全生产风险抵押金，保证本单位安全生产投入的有效实施； （五）配合政府及其有关部门的安全生产监督管理工作，每季度至少组织督促、检查一次本单位的安全生产，及时消除生产安全事故隐患，检查及处理情况应当记录在案； （六）组织制定并实施本单位的生产安全事故应急救援预案，建立应急救援组织，完善应急救援条件，开展应急救援演练，并按规定报送安全生产监督管理部门或者有关部门备案； （七）及时、如实按规定报告生产安全事故，落实生产安全事故处理的有关工作；	1. 主要负责人熟悉有限空间作业安全相关要求。 2. 将有限空间作业安全纳入教育和培训计划。 3. 保证有限空间安全生产投入。 4. 主要负责人督促、检查有限空间安全生产工作，及时消除有限空间生产安全事故隐患	

检查项目	法规依据	检查要求	检查记录
	（八）实行安全生产工作目标管理，定期公布本单位安全生产情况，认真听取和积极采纳工会、职工关于安全生产的合理化建议和要求。		
	四、《生产经营单位有限空间安全管理规范》（DB5101/T 120-2021）		
	4.1 机构设置		
	（1）存在有限空间的生产经营单位应当指定有限空间的管理部门，明确有限空间管理负责人。		
	（2）生产经营单位实施有限空间作业，应配备作业负责人、监护人员、作业人员、气体检测人员和救援人员。		
	（3）同一作业现场的监护人员、作业人员、救援人员不应相互兼任。		
	4.2 职责		
	4.2.1 管理部门职责		
	（1）组织辨识和评估本单位有限空间，落实有限空间的安全措施，建立有限空间台账。		
	（2）组织开展有限空间作业安全培训和考核。		
	（3）组织制定有限空间事故专项应急预案或现场处置方案，并按规定进行应急演练。		
	（4）建立健全有限空间管理档案，并及时更新。		
	4.2.2 管理负责人职责		
	（1）定期检查有限空间的安全措施。		
	（2）参与有限空间作业安全培训和考核。		
	（3）组织审查有限空间作业方案。		
	（4）审批有限空间危险作业审批表。		
	（5）报告有限空间作业事故并组织应急救援。		
	4.2.3 作业负责人职责		
	（1）评估作业风险，制定作业方案。		
	（2）负责办理作业审批手续。		
	（3）组织作业前安全交底。		
	（4）确认作业安全条件。		
	（5）掌控作业区域的环境、作业等情况。		
	（6）组织恢复有限空间的安全管控措施。		
	（7）报告有限空间作业事故并组织现场应急救援。		
	4.2.4 监护人员职责		
	（1）监督作业人员规范作业。		
	（2）维护作业区域现场正常秩序。		
	（3）组织紧急情况下作业人员撤离。		
	（4）发生以下情况时，监护人员应立即通知作业人员撤离有限空间，并报告作业负责人： ①作业人员出现异常行为或违章操作； ②发现安全防护装备异常或故障、气体检测结果异常等禁止作业的条件； ③有限空间外出现威胁作业人员安全或健康的险情； ④可能威胁作业安全的其他情况。		
	（5）复核清点进入有限空间作业的人数和工具。		
	4.2.5 作业人员职责		
	（1）熟悉并掌握有限空间作业内容、程序、方法与要求。		
	（2）签字确认安全交底内容。		
	（3）严格遵守作业规程与劳动纪律。		
	（4）报告有限空间作业事故并协助事故应急救援。		
	（5）发生下列情况时，应向监护人员发出求救或撤离信号，在确保安全的前提下有权停止作业或撤离有限空间： ①与监护人员双向联系中断； ②作业安全防护装备报警或故障； ③作业内容或作业程序与作业方案存在较大差异，可能对作业人员安全造成威胁；		

检查项目	法规依据	检查要求	检查记录
	④出现作业方案未明确的其他可能对作业人员安全造成威胁的作业或险情； ⑤意识到自身或他人身体出现危险异常状况，或者发现违反作业方案、劳动纪律的行为； ⑥收到作业负责人或监护人员发出的撤离信号； ⑦可能威胁作业安全的其他情况。 （6）作业完成后，应将全部作业设备和工具带离有限空间。 4.2.6 气体检测人员职责 （1）熟练并正确使用检测仪器设备。 （2）准确判定检测结果安全性并及时报告。 （3）如实填写检测记录。 4.2.7 救援人员职责 （1）熟悉并掌握有限空间作业的安全风险。 （2）了解有限空间应急救援的要求。 （3）确认应急救援装备到位及状态，并能熟练使用。 （4）及时实施有限空间作业事故救援		
二、强化制度建设	一、《中华人民共和国安全生产法》（国家主席令〔2021〕第 88 号） 第二十一条　生产经营单位的主要负责人对本单位安全生产工作负有下列职责： （一）建立健全并落实本单位全员安全生产责任制，加强安全生产标准化建设； （二）组织制定并实施本单位安全生产规章制度和操作规程； 二、《工贸企业有限空间作业安全管理与监督暂行规定》（国家安全监管总局令〔2013〕第 59 号，〔2015〕第 80 号修正） 第五条　存在有限空间作业的工贸企业应当建立下列安全生产制度和规程： （一）有限空间作业安全责任制度； （二）有限空间作业审批制度； （三）有限空间作业现场安全管理制度； （四）有限空间作业现场负责人、监护人员、作业人员、应急救援人员安全培训教育制度； （五）有限空间作业应急管理制度； （六）有限空间作业安全操作规程。 三、《四川省安全生产条例》（四川省第十届人大常委会公告〔2006〕第 90 号） 第十四条　生产经营单位主要负责人应当履行下列安全生产职责： （二）建立健全和落实本单位安全生产责任制、安全生产规章制度及安全技术操作规程； 四、《应急管理部办公厅关于印发〈有限空间作业安全指导手册〉和 4 个专题系列折页的通知》（应急厅函〔2020〕299 号） 4.1 有限空间作业安全管理措施 为规范有限空间作业安全管理，存在有限空间作业的单位应建立健全有限空间作业安全管理制度和安全操作规程。安全管理制度主要包括安全责任制度、作业审批制度、作业现场安全管理制度、相关从业人员安全教育培训制度、应急管理制度等。 五、《生产经营单位有限空间安全管理规范》（DB5101/T 120-2021） 5 管理制度 5.1 存在有限空间的生产经营单位，应建立有限空间管理制度。 5.2 实施有限空间作业的生产经营单位，应建立有限空间及作业管理制度，规范有限空间作业管理程序。制度应包括管理责任、安全培训、作业审批、作业现场管理、应急救援以及档案管理等内容。作业管理程序应符合附录 A 的规定。 5.3 发包单位应建立有限空间作业项目发包管理制度。制度应明确安全责任、资证审查、作业现场监督等内容	1. 建立有限空间作业安全生产制度和操作规程。 2. 有限空间作业安全生产制度和规程具备科学性、针对性和可操作性。 3. 有限空间作业相关人员知晓自身有限空间作业安全责任。 4. 有限空间作业相关人员掌握有限空间作业安全管理制度和操作规程	

检查项目	法规依据	检查要求	检查记录
三、强化风险辨识和台账建立（一点一档）	一、《中华人民共和国安全生产法》（国家主席令〔2021〕第88号） 第四十一条 生产经营单位应当建立健全并落实生产安全事故隐患排查治理制度，采取技术、管理措施，及时发现并消除事故隐患。事故隐患排查治理情况应当如实记录，并通过职工大会或者职工代表大会、信息公示栏等方式向从业人员通报。其中，重大事故隐患排查治理情况应当及时向负有安全生产监督管理职责的部门和职工大会或者职工代表大会报告。 二、《工贸企业有限空间作业安全管理与监督暂行规定》（国家安全监管总局令〔2013〕第59号，〔2015〕第80号修正） 第七条 工贸企业应当对本企业的有限空间进行辨识，确定有限空间的数量、位置以及危险有害因素等基本情况，建立有限空间管理台账，并及时更新。 三、《危险化学品企业特殊作业安全规范》（GB 30871-2022） 4.1 作业前，危险化学品企业应组织作业单位对作业现场和作业过程中可能存在的危险有害因素进行辨识，开展作业危害分析，制定相应的安全风险管控措施。 四、《四川省安全生产条例》（四川省第十届人大常委会公告〔2006〕第90号） 第十五条 生产经营单位应当积极采用先进的工艺装备，利用有效的管理技术和手段，加强生产经营活动过程的监测监控，及时制止不安全行为和消除安全隐患，确保生产经营活动安全。 五、《生产经营单位有限空间安全管理规范》（DB5101/T 120-2021） 7.1 风险辨识 7.1.1 生产经营单位应开展有限空间安全风险辨识，确定有限空间的数量、位置、主要危险有害因素等基本情况，分析有限空间内存在或可能产生的主要安全风险种类，并建立有限空间台账。台账格式见附录B。 7.1.2 有限空间台账每年至少更新一次。有限空间的类别、数量、位置以及安全风险种类等发生变化时，应及时更新相关内容。 7.1.3 有限空间安全风险种类主要包括中毒、窒息、燃爆、其他安全风险（如触电、淹溺水、物体打击、高处坠落、机械伤害、坍塌、灼伤、低温冻伤、高温中暑等）	1. 建立有限空间管理台账。 2. 有限空间管理台账中有限空间名称、位置、危险有害因素、可能事故后果、防护要求和作业主体等要素完备、规范。 3. 限空间管理台账完整、准确，符合现场实际情况	
四、强化作业审批和监护	一、《中华人民共和国安全生产法》（国家主席令〔2021〕第88号） 第四十一条 生产经营单位应当建立健全并落实生产安全事故隐患排查治理制度，采取技术、管理措施，及时发现并消除事故隐患。事故隐患排查治理情况应当如实记录，并通过职工大会或者职工代表大会、信息公示栏等方式向从业人员通报。其中，重大事故隐患排查治理情况应当及时向负有安全生产监督管理职责的部门和职工大会或者职工代表大会报告。 第四十三条 生产经营单位进行爆破、吊装、动火、临时用电以及国务院应急管理部门会同国务院有关部门规定的其他危险作业，应当安排专门人员进行现场安全管理，确保操作规程的遵守和安全措施的落实。 二、《工贸企业有限空间作业安全管理与监督暂行规定》（原国家安全监管总局令〔2013〕第59号，〔2015〕第80号修正） 第八条 工贸企业实施有限空间作业前，应当对作业环境进行评估，分析存在的危险有害因素，提出消除、控制危害的措施，制定有限空间作业方案，并经本企业安全生产管理人员审核，负责人批准。 第九条 工贸企业应当按照有限空间作业方案，明确作业现场负责人、监护人员、作业人员及其安全职责。 第十五条 在有限空间作业过程中，工贸企业应当采取通风措施，保持空气流通，禁止采用纯氧通风换气。 发现通风设备停止运转、有限空间内氧含量浓度低于或者有毒有害气	1. 作业审批流程符合作业审批制度要求，经作业负责人同意、作业审批责任人批准。 2. 作业审批单等作业记录中危害有害因素辨识准确，气体检测记录完善，对安全防护措施进行了确认。 3. 作业审批单等作业记录明确作业现场负责人、监护人和作业人员	

附录

检查项目	法规依据	检查要求	检查记录
	体浓度高于国家标准或者行业标准规定的限值时,工贸企业必须立即停止有限空间作业,清点作业人员,撤离作业现场。 第十六条 在有限空间作业过程中,工贸企业应当对作业场所中的危险有害因素进行定时检测或者连续监测。 作业中断超过30分钟,作业人员再次进入有限空间作业前,应当重新通风、检测合格后方可进入。 第十九条 工贸企业有限空间作业还应当符合下列要求: (五)监护人员不得离开作业现场,并与作业人员保持联系; 三、《工贸行业重大生产安全事故隐患判定标准(2017版)》(原国家安监总管四〔2017〕129号) 一、专项类重大事故隐患(三)有限空间作业相关的行业领域。 2、未落实作业审批制度,擅自进入有限空间作业。 四、《化工和危险化学品生产经营单位重大生产安全事故隐患判定标准(试行)》(原国家安监总管三〔2017〕121号) 十八、未按照国家标准制定动火、进入有限空间等特殊作业管理制度,或者制度未有效执行。 五、《危险化学品企业特殊作业安全规范》(GB 30871-2022) 4.1作业前,危险化学品企业应组织作业单位对作业现场和作业过程中可能存在的危险有害因素进行辨识,开展作业危害分析,制定相应的安全风险管控措施。 4.6作业前,危险化学品企业应组织办理作业审批手续,并由相关责任人签字审批。同一作业涉及两种或两种以上特殊作业时,应同时执行各自作业要求,办理相应的作业审批手续。 6.8对监护人的特殊要求: (1)监护人应在有限空间外进行全程监护,不应在无任何防护措施的情况下探入或进入有限空间; (2)在风险较大的有限空间作业时,应增设监护人员,并随时与有限空间内作业人员保持联络; (3)监护人应对进入有限空间的人员及其携带的工器具各类、数量进行登记,作业完毕后再次进行清点,防止遗漏在有限空间内。 六、《应急管理部办公厅关于印发〈有限空间作业安全指导手册〉和4个专题系列折页的通知》(应急厅函〔2020〕299号) 4.2.1作业审批 应严格执行有限空间作业审批制度。审批内容应包括但不限于是否制定作业方案、是否配备经过专项安全培训的人员、是否配备满足作业安全需要的设备设施等。审批负责应在审批单上签字确认,未经审批不得擅自开展有限空间作业。 4.2.2作业准备 作业现场负责人应对实施作业的全体人员进行安全交底,告知作业内容、作业过程中可能存在的安全风险、作业安全要求和应急处置措施等。交底后,交底人与被交底人双方应签字确认。 七、《四川省安全生产条例》(四川省第十届人大常委会公告〔2006〕第90号) 第十五条 生产经营单位应当积极采用先进的工艺装备,利用有效的管理技术和手段,加强生产经营活动过程的监测监控,及时制止不安全行为和消除安全隐患,确保生产经营活动安全。 第三十五条 从事起重、爆破、登高架设、基坑开挖、边坡砌筑、钻探等危险作业应当事先制定安全措施,并由生产经营单位安排专人现场监护,确保遵守操作安全规程和落实安全措施。 危险作业目录由省安全生产监督管理部门确定并发布。 八、《生产经营单位有限空间安全管理规范》(DB5101/T 120-2021) 8.2.2准入条件审查 (1)有限空间管理负责人应按照8.1要求,进行有限空间作业准入条件审查。	4. 作业现场负责人、监护人和作业人员进行安全技术交底	

检查项目	法规依据	检查要求	检查记录
	（2）进入有限空间作业应办理有限空间危险作业审批表。作业过程中涉及其他危险作业时，应办理相关审批手续，并进行综合审批。有限空间危险作业审批表样例见附录E。 （3）有限空间管理负责人、作业负责人应对有限空间危险作业审批表中的主要安全防护措施现场进行逐项核查，并确认签字		
五、强化人员培训	一、《中华人民共和国安全生产法》（国家主席令〔2021〕第88号） 第二十八条　生产经营单位应当对从业人员进行安全生产教育和培训，保证从业人员具备必要的安全生产知识，熟悉有关的安全生产规章制度和安全操作规程，掌握本岗位的安全操作技能，了解事故应急处理措施，知悉自身在安全生产方面的权利和义务。未经安全生产教育和培训合格的从业人员，不得上岗作业。 生产经营单位使用被派遣劳动者的，应当将被派遣劳动者纳入本单位从业人员统一管理，对被派遣劳动者进行岗位安全操作规程和安全操作技能的教育和培训。劳务派遣单位应当对被派遣劳动者进行必要的安全生产教育和培训。 生产经营单位接收中等职业学校、高等学校学生实习的，应当对实习学生进行相应的安全生产教育和培训，提供必要的劳动防护用品。学校应当协助生产经营单位对实习学生进行安全生产教育和培训。 生产经营单位应当建立安全生产教育和培训档案，如实记录安全生产教育和培训的时间、内容、参加人员以及考核结果等情况。 二、《工贸企业有限空间作业安全管理与监督暂行规定》（国家安全监管总局令〔2013〕第59号，〔2015〕第80号修正） 第六条　工贸企业应当对从事有限空间作业的现场负责人、监护人员、作业人员、应急救援人员进行专项安全培训。专项安全培训应当包括下列内容： （一）有限空间作业的危险有害因素和安全防范措施； （二）有限空间作业的安全操作规程； （三）检测仪器、劳动防护用品的正确使用； （四）紧急情况下的应急处置措施。 安全培训应当有专门记录，并由参加培训的人员签字确认。 三、《应急管理部办公厅关于印发〈有限空间作业安全指导手册〉和4个专题系列折页的通知》（应急厅函〔2020〕299号） 4.1有限空间作业安全管理措施 开展相关人员有限空间作业安全专项培训单位应对有限空间作业分管负责人、安全管理人员、作业现场负责人、监护人员、作业人员、应急救援人员进行专项安全培训。参加培训的人员应在培训记录上签字确认，单位应妥善保存培训相关材料。 四、《危险化学品企业特殊作业安全规范》（GB 30871-2022） 4.10作业期间应设监护人。监护人应由具有生产（作业）实践经验的人员担任，并经专项培训考试合格，佩戴明显标识，持培训合格证上岗。 五、《四川省安全生产条例》（四川省第十届人大常委会公告〔2006〕第90号） 第二十一条　危险性较大的生产经营单位主要负责人和安全生产管理人员，应当依照国家和省的规定进行培训考核，取得统一的安全合格证书后，方可任职。 生产经营单位应当依照国家和省的规定对从业人员进行安全生产教育和培训，建立规范的从业人员培训教育档案，未经教育培训合格的人员不得上岗作业	1. 具有有限空间作业专项安全培训记录，培训内容针对性强，覆盖相关人员。 2. 相关人员了解有限空间作业安全风险、作业程序和防范措施	

检查项目	法规依据	检查要求	检查记录
六、隐患排查到位	一、《中华人民共和国安全生产法》（国家主席令〔2021〕第88号） 第四十一条　生产经营单位应当建立健全并落实生产安全事故隐患排查治理制度，采取技术、管理措施，及时发现并消除事故隐患。事故隐患排查治理情况应当如实记录，并通过职工大会或者职工代表大会、信息公示栏等方式向从业人员通报。其中，重大事故隐患排查治理情况应当及时向负有安全生产监督管理职责的部门和职工大会或者职工代表大会报告。 二、《工贸企业有限空间作业安全管理与监督暂行规定》（国家安全监管总局令〔2013〕第59号，〔2015〕第80号修正） 第五条　存在有限空间作业的工贸企业应当建立下列安全生产制度和规程： （一）有限空间作业安全责任制度； （二）有限空间作业审批制度； （三）有限空间作业现场安全管理制度； （四）有限空间作业现场负责人、监护人员、作业人员、应急救援人员安全培训教育制度； （五）有限空间作业应急管理制度； （六）有限空间作业安全操作规程。 第六条　工贸企业应当对从事有限空间作业的现场负责人、监护人员、作业人员、应急救援人员进行专项安全培训。专项安全培训应当包括下列内容： （一）有限空间作业的危险有害因素和安全防范措施； （二）有限空间作业的安全操作规程； （三）检测仪器、劳动防护用品的正确使用； （四）紧急情况下的应急处置措施。 安全培训应当有专门记录，并由参加培训的人员签字确认。 第七条　工贸企业应当对本企业的有限空间进行辨识，确定有限空间的数量、位置以及危险有害因素等基本情况，建立有限空间管理台账，并及时更新。 第八条　工贸企业实施有限空间作业前，应当对作业环境进行评估，分析存在的危险有害因素，提出消除、控制危害的措施，制定有限空间作业方案，并经本企业安全生产管理人员审核，负责人批准。 第九条　工贸企业应当按照有限空间作业方案，明确作业现场负责人、监护人员、作业人员及其安全职责。 第十条　工贸企业实施有限空间作业前，应当将有限空间作业方案和作业现场可能存在的危险有害因素、防控措施告知作业人员。现场负责人应当监督作业人员按照方案进行作业准备。 第十一条　工贸企业应当采取可靠的隔断（隔离）措施，将可能危及作业安全的设施设备、存在有毒有害物质的空间与作业地点隔开。 第十二条　有限空间作业应当严格遵守"先通风、再检测、后作业"的原则。检测指标包括氧浓度、易燃易爆物质（可燃性气体、爆炸性粉尘）浓度、有毒有害气体浓度。检测应当符合相关国家标准或者行业标准的规定。 未经通风和检测合格，任何人员不得进入有限空间作业。检测的时间不得早于作业开始前30分钟。 第十三条　检测人员进行检测时，应当记录检测的时间、地点、气体种类、浓度等信息。检测记录经检测人员签字后存档。 检测人员应当采取相应的安全防护措施，防止中毒窒息等事故发生。 第十四条　有限空间内盛装或者残留的物料对作业存在危害时，作业人员应当在作业前对物料进行清洗、清空或者置换。经检测，有限空间的危险有害因素符合《工作场所有害因素职业接触限值第一部分化学有害因素》（GBZ 2.1）的要求后，方可进入有限空间作业。 第十五条　在有限空间作业过程中，工贸企业应当采取通风措施，保持空气流通，禁止采用纯氧通风换气。	1. 企业开展有限空间作业安全相关隐患排查，并进行闭环管理。 2. 企业发现重大隐患，及时制定整改方案，并将重大事故隐患排查治理情况向负有安全生产监督管理职责的部门报告	

检查项目	法规依据	检查要求	检查记录
	发现通风设备停止运转、有限空间内氧含量浓度低于或者有毒有害气体浓度高于国家标准或者行业标准规定的限值时，工贸企业必须立即停止有限空间作业，清点作业人员，撤离作业现场。 第十六条　在有限空间作业过程中，工贸企业应当对作业场所中的危险有害因素进行定时检测或者连续监测。 作业中断超过 30 分钟，作业人员再次进入有限空间作业前，应当重新通风、检测合格后方可进入。 第十七条　有限空间作业场所的照明灯具电压应当符合《特低电压限值》（GB/T 3805）等国家标准或者行业标准的规定；作业场所存在可燃性气体、粉尘的，其电气设施设备及照明灯具的防爆安全要求应当符合《爆炸性环境第一部分：设备通用要求》（GB 3836.1）等国家标准或者行业标准的规定。 第十八条　工贸企业应当根据有限空间存在危险有害因素的种类和危害程度，为作业人员提供符合国家标准或者行业标准规定的劳动防护用品，并教育监督作业人员正确佩戴与使用。 第十九条　工贸企业有限空间作业还应当符合下列要求： （一）保持有限空间出入口畅通； （二）设置明显的安全警示标志和警示说明； （三）作业前清点作业人员和工器具； （四）作业人员与外部有可靠的通信联络； （五）监护人员不得离开作业现场，并与作业人员保持联系； （六）存在交叉作业时，采取避免互相伤害的措施。 第二十条　有限空间作业结束后，作业现场负责人、监护人员应当对作业现场进行清理，撤离作业人员。 第二十一条　工贸企业应当根据本企业有限空间作业的特点，制定应急预案，并配备相关的呼吸器、防毒面罩、通信设备、安全绳索等应急装备和器材。有限空间作业的现场负责人、监护人员、作业人员和应急救援人员应当掌握相关应急预案内容，定期进行演练，提高应急处置能力。 第二十二条　工贸企业将有限空间作业发包给其他单位实施的，应当发包给具备国家规定资质或者安全生产条件的承包方，并与承包方签订专门的安全生产管理协议或者在承包合同中明确各自的安全生产职责。工贸企业应当对承包单位的安全生产工作统一协调、管理，定期进行安全检查，发现安全问题的，应当及时督促整改。 工贸企业对其发包的有限空间作业安全承担主体责任。承包方对其承包的有限空间作业安全承担直接责任。 第二十三条　有限空间作业中发生事故后，现场有关人员应当立即报警，禁止盲目施救。应急救援人员实施救援时，应当做好自身防护，佩戴必要的呼吸器具、救援器材。 三、《应急管理部办公厅关于印发〈有限空间作业安全指导手册〉和 4 个专题系列折页的通知》（应急厅函〔2020〕299 号） 4.3 有限空间作业主要事故隐患排查 存在有限空间作业的单位应严格落实各项安全防控措施，定期开展排查并消除事故隐患。 四、《危险化学品企业特殊作业安全规范》（GB 30871-2022） 4.5 作业前，危险化学品企业应组织作业单位对作业现场及作业涉及的设备、设施、工器具等进行检查，并使之符合如下要求： a）作业现场消防通道、行车通道应保持畅通，影响作业安全的杂物应清理干净； b）作业现场的梯子、栏杆、平台、箅子板、盖板等设施应完整、牢固，采用的临时设施应确保安全； c）作业现场可能危及安全的坑、井、沟、孔洞等应采取有效防护措施，并设警示标志；需要检修的设备上的电器电源应可靠断电，在电源开关处加锁并加挂安全警示牌；		

附录

检查项目	法规依据	检查要求	检查记录
	d）作业使用的个体防护器具、消防器材、通信设备、照明设备等应完好； e）作业时使用的脚手架、起重机械、电气焊（割）用具、手持电动工具等各种工器具符合作业安全要求，超过安全电压的手持式、移动式电动工器具应逐个配置漏电保护器和电源开关； f）设置符合 GB 2894 的安全警示标志； g）按照 GB 30077 要求配备应急设施； h）腐蚀性介质的作业场所应在现场就近（30m 内）配备人员应急用冲洗水源。 五、《四川省安全生产条例》（四川省第十届人大常委会公告〔2006〕第 90 号） 第二十七条　生产经营单位对本单位的事故隐患整治负责，对短期内难以完成整治或者确有现实危险的事故隐患，应当及时采取有效措施，防止事故发生，确保安全。生产经营单位对重大危险源应当登记建档，进行定期检测、评估、监控，并制定应急救援预案，告知从业人员和相关人员在紧急情况下应当采取的应急措施。生产经营单位应当按照国家有关规定，将本单位重大危险源及有关安全措施、应急措施报安全生产监督管理部门和有关部门备案		
七、标志张贴到位	一、《中华人民共和国安全生产法》（国家主席令〔2021〕第 88 号） 第三十五条　生产经营单位应当在有较大危险因素的生产经营场所和有关设施、设备上，设置明显的安全警示标志。 二、《工贸企业有限空间作业安全管理与监督暂行规定》（国家安全监管总局令〔2013〕第 59 号，〔2015〕第 80 号修正） 第十九条　工贸企业有限空间作业还应当符合下列要求： （二）设置明显的安全警示标志和警示说明； 图 1　有限空间警示标志的基本形式	1．有限空间入口处等醒目位置设置安全警示标志。 2．存在有限空间的场所醒目位置设置安全风险告知牌	

检查项目	法规依据	检查要求	检查记录
	图2 有限空间安全风险告知牌的基本式样 三、《安全标志及其使用导则》（GB 2894-2008） 9.1 标志牌应设在与安全有关的醒目地方，并使大家看见后，有足够的时间来注意它所表示的内容。环境信息标志宜设在有关场所的入口处和醒目处；局部信息标志应设在所涉及的相应危险地点或设备（部件）附近的醒目处。激光产品和激光作业场所安全标志的使用见附录C。 9.2 标志牌不应设在门、窗、架等可移动的物体上，以免标志牌随母体物体相应移动，影响认读。标志牌前不得放置妨碍认读的障碍物。 9.4 标志牌应设置在明亮的环境中。 9.5 多个标志牌在一起设置时，应按警告、禁止、指令、提示类型的顺序，先左右后、先上后下地排列。 10.1 安全标志牌至少每半年检查一次，如发现有破损、变形、褪色等不符合要求时应及时修整或更换。 四、《四川省安全生产条例》（四川省第十届人大常委会公告〔2006〕第90号） 第二十八条 生产经营单位应当在具有较大危险因素的生产经营场所、设施、设备及其四周，设置符合国家标准或者行业标准的明显的安全警示标志		
八、承包方管理到位	一、《中华人民共和国安全生产法》（国家主席令〔2021〕第88号） 第四十九条 生产经营项目、场所发包或者出租给其他单位的，生产经营单位应当与承包单位、承租单位签订专门的安全生产管理协议，或者在承包合同、租赁合同中约定各自的安全生产管理职责；生产经营单位对承包单位、承租单位的安全生产工作统一协调、管理，定期进行安全检查，发现安全问题的，应当及时督促整改。 二、《工贸企业有限空间作业安全管理与监督暂行规定》（国家安全监管总局令〔2013〕第59号，〔2015〕第80号修正） 第二十二条 工贸企业将有限空间作业发包给其他单位实施的，应当发包给具备国家规定资质或者安全生产条件的承包方，并与承包方签订专门的安全生产管理协议或者在承包合同中明确各自的安全生产职责。工贸企业应当对承包单位的安全生产工作统一协调、管理，定期进行安全检查，发现安全问题的，应当及时督促整改。	1. 与有限空间作业承包单位签订专门的安全生产管理协议或在承包合同中明确各方安全生产管理职责 2. 对承包单位的有限空间作业进行审批和监督	

检查项目	法规依据	检查要求	检查记录
	工贸企业对其发包的有限空间作业安全承担主体责任。承包方对其承包的有限空间作业安全承担直接责任。 三、《四川省安全生产条例》（四川省第十届人大常委会公告〔2006〕第 90 号） 第二十三条　生产经营单位的承包租赁活动应当符合法律法规的规定，不得将生产经营的项目及有关业务转交给不具备安全生产条件的单位或个人，不得将不具备安全生产条件的场所、设备、设施出租给他人使用，生产经营单位也不得租赁使用不具备安全生产条件的场所、设备、设施。 四、《生产经营单位有限空间安全管理规范》（DB5101/T 120-2021） 9 发包管理 9.1 发包单位应对承包方（或分包方）的作业条件和能力进行审查，并将相关记录存入本单位有限空间管理档案。审查的主要内容应包括承包单位的有限空间作业责任制、安全管理制度、安全操作规程、安全防护装备、人员资质和应急处置能力等。 9.2 不应将有限空间作业发包给不具备作业条件和能力的单位或个人。不具备有限空间作业条件和能力的单位或个人不应进行有限空间作业。 9.3 发包单位应与承包方（或分包方）签订有限空间作业安全生产管理协议，依法对各自的安全生产职责进行约定，具体如下： （1）双方在场地、设备设施、人员等方面安全管理的职责与分工； （2）双方在承发包过程中的权利和义务； （3）作业安全防护及应急救援装备的提供方和管理方； （4）突发事件的应急救援职责分工、程序，以及各自应当履行的义务； （5）其他需要明确的安全事项。 9.4 发包单位应将有限空间可能存在或产生的危险有害因素及其后果如实告知承包方（或分包方），并向承包方（或分包方）提供作业需要的相关资料。 9.5 发包单位、承包方（或分包方）应共同遵守本规范要求。发包单位应对承包方（或分包方）有限空间作业安全生产工作统一协调、管理，开展安全检查，发现安全问题应及时督促整改		
九、装备配备到位	一、《中华人民共和国安全生产法》（国家主席令〔2021〕第 88 号） 第四十五条　生产经营单位必须为从业人员提供符合国家标准或者行业标准的劳动防护用品，并监督、教育从业人员按照使用规则佩戴、使用。 二、《工贸企业有限空间作业安全管理与监督暂行规定》（国家安全监管总局令〔2013〕第 59 号，〔2015〕第 80 号修正） 第十八条　工贸企业应当根据有限空间存在危险有害因素的种类和危害程度，为作业人员提供符合国家标准或者行业标准规定的劳动防护用品，并教育监督作业人员正确佩戴与使用。 三、《危险化学品企业特殊作业安全规范》（GB 30871-2022） 6.6 进入有限空间作业人员应正确穿戴相应的个体防护装备。进入下列有限空间作业人员应采取如下防护措施： a）缺氧或有毒的有限空间经清洗或置换仍达不到 6.4 要求的，应佩戴满足 GB/T 18664 要求的隔绝式呼吸防护装备，并正确拴带救生绳； b）易燃易爆的有限空间经清洗或置换仍达不到 6.4 要求的，应穿防静电工作服及工作鞋，使用防爆工器具； c）存在酸碱等腐蚀性介质的有限空间，应穿戴防酸碱防护服、防护鞋、防护手套等防腐蚀装备； d）在有限空间内从事电焊作业时，应穿绝缘鞋； e）有噪声产生的有限空间，应佩戴耳塞或耳罩等防噪声护具； f）有粉尘产生的有限空间，应在满足 GB 15577 要求的条件下，按 GB 39800.1 要求佩戴防尘口罩等防尘护具；	1. 防护用品和装备台账及采购记录，包括安全帽、全身式安全带、安全绳，以及与作业环境危险有害因素相适应的气体检测报警仪、呼吸防护用品、通风设备等。 2. 防护用品和装备满足现场作业防护要求。 3. 防护用品和装备能够正常使用,气瓶、气体检测报警仪定期检验、检定或校准	

检查项目	法规依据	检查要求	检查记录
	g）高温的有限空间，应穿戴高温防护用品，必要时采取通风、隔热等防护措施；	4. 作业人员、监护人员等人员能够正确佩戴和使用防护用品和装备	
	h）低温的有限空间，进入时应穿戴低温防护用品，必要时采取供暖、佩戴通信设备等措施；		
	i）在有限空间内从事清污作业，应佩戴隔绝式呼吸防护装备，并正确拴带救生绳；		
	j）在有限空间内作业时，应配备相应的通信工具。		
	四、《应急管理部办公厅关于印发〈有限空间作业安全指导手册〉和4个专题系列折页的通知》（应急厅函〔2020〕299号）		
	3 有限空间作业安全防护设备设施		
	3.1 便携式气体检测报警仪		
	（1）单一式扩散式气体检测报警仪；（2）复合式扩散式气体检测报警仪；（3）复合式泵吸式气体检测报警仪。		
	3.2 呼吸防护用品		
	3.2.1 隔绝式呼吸防护用品		
	（1）长管呼吸器：①自吸式；②电动送风式；③空压机送风式；④高压送风式。		
	（2）正压式空气呼吸器		
	（3）隔绝式紧急逃生呼吸器		
	3.2.2 过滤式呼吸防护用品（考虑有限空间作业中环境的高风险性和过滤式呼吸防护用品的局限性，不建议使用过滤式呼吸防护用品）		
	3.3 坠落防护用品		
	（1）全身式安全带；（2）速差自控器（防坠器）；（3）安全绳；（4）三脚架。		
	3.4 其他个体防护用品		
	（1）安全帽；（2）防护服；（3）防护手套；（4）防护眼镜；（5）防护鞋。		
	3.5 安全器具		
	3.5.1 通风设备		
	移动式风机和风管		
	3.5.2 照明设备		
	（1）头灯；（2）手电。		
	3.5.3 通信设备		
	对讲机		
	3.5.4 围挡设备和警示设施		
	围挡设备、安全警示标志或安全告知牌。		
	五、《四川省安全生产条例》（四川省第十届人大常委会公告〔2006〕第90号）		
	第三十四条　生产经营单位应当按照规定免费为从业人员提供符合国家标准或者行业标准的劳动防护用品、用具，并教育、督促从业人员正确佩戴、使用。生产经营单位不得以现金或者其他物品替代劳动防护用品、用具。		
	六、《生产经营单位有限空间安全管理规范》（DB5101/T 120-2021）		

检查项目	法规依据	检查要求	检查记录
	表 G.1 有限空间作业事故应急救援装备参考配置表		

设备设施类别	数量	备注
围挡设施	1 套	
气体检测报警仪（扩散式、泵吸式）	2 台	检测气体种类与有限空间内可能存在的气体种类相符。至少应具备检测氧气、可燃气体、硫化氢和一氧化碳的功能
长管式强制送风设备	2 套	送风管长度应能够到达有限空间底部
照明灯具	2 台	工作电压应不大于 24 V，在积水、结露等潮湿环境的有限空间和金属容器中照明灯具电压应不大于 12 V
通讯设备	2 台	型号、参数应满足环境要求
安全帽	1 个/人	
安全带	1 套/人	全身式安全带
安全绳	按需配置	不少于两条
全面罩正压式空气呼吸器或全面罩供气式呼吸器	按需配置	不少于两套，气瓶气压不低于 25 MPa 最低工作压力，气瓶应每 3 年送至有资质的单位检验 1 次
担架	1 个	
简易呼吸器	1 个	
全身套具或者胸套	2 个	
防护服	1 件/人	
防护手套	1 双/人	根据有限空间内存在的危险及有害因素种类、浓度/强度选择，每名作业人员 1 人应配置 1 套
防护靴	1 双/人	
护耳器	1 副/人	
急救箱	1 个	急救箱内应配置医用酒精、医用手套、止血带、止血钳、急救夹板、脱脂棉签、剪刀、冰袋、急救使用说明等
吊装设备（含绞盘）	按需配置	可选用三脚架救援系统或便携式吊杆系统；有限空间出入口能够架设三脚架的，应至少配置 1 套三脚架
速差自控器	2 个	

附录 C（资料性）有限空间安全风险告知牌
作业场所浓度要求：
（1）硫化氢：最高容许浓度 10mg/m^3（7ppm），爆炸下限 4.0%~46.0%；
（2）氧气：安全范围 19.5%~23.5%；
（3）甲烷：爆炸极限 5%~15%；
（4）一氧化碳：时间加权平均容许浓度 20mg/m^3，短时间接触容许浓度 30mg/m^3，爆炸极限 12.5%~74.2%；
（5）二氧化碳：时间加权平均容许浓度 9 000mg/m^3，短时间接触容许浓度 18 000mg/m^3。

表 D.1 有限空间作业常见有毒气体的职业接触限值

编号	气体名称	职业接触限值	
		mg/m^3	ppm(20℃, 101.3kPa)
1	硫化氢	10	7
2	氨	30	42
3	氯化氢	1	0.8
4	一氧化碳	30	25
5	磷化氢	0.3	0.2
6	氯	1	0.3
7	氰化氢	7.5	4.9
8	二氧化硫	10	3.7
8	二硫化碳	10	3.1
10	一氧化氮	10	8
11	二氧化氮	10	5.2
12	苯	10	3
13	甲苯	100	26
14	二甲苯	100	22
15	丙酮	450	186
16	溴化氢	10	2.9
17	甲醛	0.5	0.4
18	甲醇	50	37.6

注：其他有毒气体的职业接触限值参见 GBZ 2.1。

检查项目	法规依据	检查要求	检查记录
	七、部分常见物质燃爆性和毒害性预报值与报警值 **部分常见物质燃爆性和毒害性预报值与报警值一览表**		

序号	有害物质类型	燃爆性		毒害性	
		预报值	警报值	预报值	警报值
1	甲烷	5‰	1.25%	25%~30%	
2	乙烷	1.1‰	2.75‰	6%	
3	丙烷	2.1‰	5.25‰	10%	
4	乙炔	2.5‰	6.25‰	10%	
5	硫化氢	4.3%~46%		5mg/m³	10mg/m³
6	一氧化碳（非高原）	12.5%~74.2%		15mg/m³	30mg/m³
7	一氧化碳（高原2~3km）		10mg/m³	20mg/m³	
8	一氧化碳（高原>3km）		7.5mg/m³	15mg/m³	
9	氨气	16%~28%		15mg/m³	30mg/m³
10	二氧化碳		/	9 000mg/m³	18 000mg/m³
11	木质粉尘	爆炸下限40g/m³		3mg/m³	6mg/m³
12	电焊烟尘		/	4mg/m³	8mg/m³
13	氰化氢	5.6%~12.8%		0.5mg/m³	1mg/m³
14	磷化氢	爆炸下限1.79%		0.15mg/m³	0.3mg/m³
15	苯	1.4%~7.1%		5mg/m³	10mg/m³
16	甲苯	1.2%~7.0%		50mg/m³	100mg/m³
17	二甲苯	1.1%~7.0%		50mg/m³	100mg/m³

检查项目	法规依据	检查要求	检查记录
十、应急处置到位	一、《中华人民共和国安全生产法》（国家主席令〔2021〕第88号） 第八十一条 生产经营单位应当制定本单位生产安全事故应急救援预案，与所在地县级以上地方人民政府组织制定的生产安全事故应急救援预案相衔接，并定期组织演练。 二、《工贸企业有限空间作业安全管理与监督暂行规定》（国家安全监管总局令〔2013〕第59号，〔2015〕第80号修正） 第二十一条 工贸企业应当根据本企业有限空间作业的特点，制定应急预案，并配备相关的呼吸器、防毒面罩、通信设备、安全绳索等应急装备和器材。有限空间作业的现场负责人、监护人员、作业人员和应急救援人员应当掌握相关应急预案内容，定期进行演练，提高应急处置能力。 三、《生产安全事故应急预案管理办法》（应急管理部令〔2019〕第2号） 第十二条 生产经营单位应当根据有关法律法规、规章和相关标准，结合本单位组织管理体系、生产规模和可能发生的事故特点，与相关预案保持衔接，确立本单位的应急预案体系，编制相应的应急预案，并体现自救互救和先期处置等特点。 第三十三条 生产经营单位应当制订本单位的应急预案演练计划，根据本单位的事故风险特点，每年至少组织一次综合应急预案演练或者专项应急预案演练，每半年至少组织一次现场处置方案演练。 四、《危险化学品企业特殊作业安全规范》（GB 30871-2022） 4.8 当生产装置或作业现场出现异常，可能危及作业人员安全时，作业人员应立即停止作业，迅速撤离，并及时通知相关单位及人员。	1. 制定有限空间作业事故应急救援预案。 2. 定期开展有限空间作业事故应急演练。 3. 配备正压式呼吸器等应急装备和器材，且可以正常使用。 4. 相关人员知晓应急装备器材位置和使用方法，具备应急处置和救援知识和技能	

检查项目	法规依据	检查要求	检查记录
非高危行业主要责任人及安全生产 管理人员安全生产培训教程 ·380·	五、《四川省安全生产条例》（四川省第十届人大常委会公告〔2006〕第 90 号） 第六十一条 第一款生产经营单位应当根据危险源辨识、生产经营活动风险评估，制定本单位的事故应急救援预案，建立事故应急救援体系，落实应急救援措施并定期组织演练。 六、《四川省安全生产委员会办公室关于在我省工贸企业推行有限空间作业安全管理"七必须"的通知》（川安办函〔2022〕47 号） 一、作业方案必审批。实施有限空间作业前，应当对作业环境进行评估，分析存在的危险有害因素，提出消除、控制危害的措施，制定有限空间作业方案，明确参与作业人员的各自安全职责，并经企业安全生产管理人员审核，负责人批准。 二、作业人员必培训。企业要对企业负责人、安全管理人员、作业现场负责人、监护人员、作业人员、应急救援人员进行有限空间作业专项安全培训。培训内容主要包括：有限空间作业安全基础知识和安全管理，危险有害因素和安全防范措施，安全操作规程，安全防护设备、个体防护用品及应急救援装备的正确使用，紧急情况下的应急处置措施等。 三、作业过程必通风。作业前必须使用清洁空气对有限空间进行强制通风直至空气检查合格。作业中要采取强制通风措施，保持空气流通。发现通风设备停止运转、有限空间内氧含量浓度低于或者有毒有害气体浓度高于相关标准规定的限值时，必须立即停止有限空间作业，清点作业人员，撤离作业现场。 四、有毒有害必检测。作业前应在有限空间外上风侧，使用泵吸式气体检测报警仪对有限空间内气体进行检测，不得早于作业开始前 30 分钟。垂直方向的检测由上至下，至少进行上、中、下三点检测；水平方向的检测由近至远，至少进行进出口近端点和远端点两点检测。检测指标应包括氧浓度、易燃易爆物质（可燃性气体、爆炸性粉尘）浓度、有毒有害气体浓度。作业全程要采取泵吸式或者便携式气体检测报警仪对有限空间作业面进行实时监测。 五、防护用品必配备。作业人员在进入有限空间前应根据作业环境选择并佩戴符合要求的个体防护用品与安全防护设备。主要有：安全帽、全身式安全带、安全绳、呼吸防护用品、便携式气体检测报警仪、照明灯和对讲机等。 六、作业监护必到位。进行作业时，监护人员应在有限空间外全程持续监护，不得擅离职守。监护人员要全程跟踪作业人员作业过程，保持信息沟通，发现异常状况及时报警，并协助作业人员撤离。 七、应急救援必科学。一旦发生有限空间作业事故，作业现场负责人应及时向企业主要负责人报告事故情况，尽可能采取非进入式救援。当无法采取非进入式救援时，救援人员必须佩戴正压式空气呼吸器、全身式安全带、安全帽等个体防护用品，方能进入救援，严禁无防护开展进入式救援。若现场不具备自主救援条件，应及时拨打 119 和 120，借助专业救援力量开展救援工作，决不允许强行施救。 七、《生产经营单位有限空间安全管理规范》（DB5101/T 120-2021） 10 应急救援管理 （1）生产经营单位应根据本单位有限空间作业的特点，制定有限空间作业事故专项应急预案或现场处置方案，并按相关规定进行应急演练。 （2）有限空间作业事故专项应急预案或现场处置方案应明确有限空间应急救援程序和措施，并符合 GB/T 29639 的规定。有限空间作业事故应急救援基本程序宜符合附录 F 的要求。 （3）有限空间位置、危害因素种类以及应急人员等发生明显变化时，应及时组织对专项应急预案或现场处置方案进行修订。 （4）实施有限空间作业的单位，应配备有限空间作业事故应急救援装备。有限空间作业事故应急救援装备配置见附录 G。		

检查项目	法规依据	检查要求	检查记录
	（5）救援人员应经过培训，培训内容应包括救援程序、救援措施、救援装备的使用以及基本的急救知识。现场救援人员中，至少应有一名人员掌握基本急救技能。 （6）救援人员应在具备救援条件下实施救援行动，不准许盲目施救。其他人员不准进入有限空间实施救援行动。 八、《关于印发〈成都市有限空间作业安全防范措施〉及制作宣传单式样等有关事项的通知》（成安办函〔2022〕13号） 一、有限空间作业"十不准" 1. 未建立管理制度和应急预案不准作业； 2. 未落实防控措施并审核同意不准作业； 3. 未实施培训合格和安全交底不准作业； 4. 未按预案开展应急救援演练不准作业； 5. 未开展检测合格和持续通风不准作业； 6. 未按规定佩戴个人防护装备不准作业； 7. 未执行过程防护和监护措施不准作业； 8. 未安排专人监护和救援人员不准作业； 9. 未统一协调管理相关方人员不准作业； 10. 未配备作业和应急救援装备不准作业。 二、有限空间事故救援"十必须" 1. 必须编制事故应急预案； 2. 必须开展预案培训演练； 3. 必须设立警戒区域标识； 4. 必须正确佩戴救援装备； 5. 必须持续通风保持联络； 6. 必须立即启动预案救援； 7. 必须立即撤离险情现场； 8. 必须分析形势科学施救； 9. 必须先救人后抢险救援； 10. 必须立即上报事故情况。 三、有限空间作业防护救援"十配备" 1. 配备通风设备设施； 2. 配备检测报警仪器； 3. 配备围挡警示标志； 4. 配备个体防护用品； 5. 配备坠落防护用具； 6. 配备安全梯台设施； 7. 配备通信照明设施； 8. 配备呼吸防护装备； 9. 配备移动应急电源； 10. 配备医疗急救物品		

附录Ⅲ：安全作业票的样式

附表1-附表8规定了不同危险作业安全作业票样式。

附表1　动火安全作业票

编号：

作业申请单位		作业申请时间	年　月　日　时　分			
作业内容		动火地点及动火部位				
动火作业级别	特级□ 一级□ 二级□	动火方式				
动火人及证书编号						
作业单位		作业负责人				
气体取样分析时间	月　日　时　分	月　日　时　分		月　日　时　分		
代表性气体						
分析结果/%						
分析人						
关联的其他危险作业及安全作业票编号						
风险辨识结果						
动火作业实施时间	自　年　月　日　时　分至　年　月　日　时　分止					

序号	安全措施	是否涉及	确认人
1	动火设备内部构件清洗干净，蒸汽吹扫或水洗、置换合格，达到动火条件		
2	与动火设备相连接的所有管线已断开，加盲板（　）块，未采取水封或仅关闭阀门的方式代替盲板		
3	动火点周围及附近的孔洞、窨井、地沟、水封设施、污水井等已清除易燃物，并已采取覆盖、铺沙等手段进行隔离		
4	油气罐区动火点同一防火堤内和防火间距内的油品储罐未进行脱水和取样作业		
5	高处作业已采取防火花飞溅措施，作业人员佩戴必要的个体防护装备		
6	在有可燃物构件和使用可燃物做防腐内衬的设备内部动火作业，已采取防火隔绝措施		
7	乙炔气瓶直立放置，已采取防倾倒措施并安装防回火装置；乙炔气瓶、氧气瓶与火源间的距离不应小于10m，两气瓶相互间距不应小于5m		
8	现场配备灭火器（　）具，灭火毯（　）块，消防蒸汽带或消防水带（　）根		

序号	安全措施	是否涉及	确认人
9	电焊机所处位置已考虑防火防爆要求，且已可靠接地		
10	动火点周围规定距离内没有易燃易爆化学品的装卸、排放、喷漆等可能引起火灾爆炸的危险作业		
11	动火点 30m 内垂直空间未排放可燃气体；15m 内垂直空间未排放可燃液体；10m 范围内及动火点下方未同时进行可燃溶剂清洗或喷漆等作业，10m 范围内未见有可燃性粉尘清扫作业		
12	已开展作业危害分析，制定相应的安全风险管控措施，交叉作业已明确协调人		
13	用于连续检测的移动式可燃气体检测仪已配备到位		
14	配备的摄录设备已到位，且防爆级别满足安全要求		
15	其他相关危险作业已办理相应安全作业票，作业现场四周已设立警戒区		
16	其他安全措施： 编制人：		

安全交底人		接受交底人	
监护人			

作业负责人意见

　　　　　　　　　　　　　　　　签字：　　年　月　日　时　分

所在单位意见

　　　　　　　　　　　　　　　　签字：　　年　月　日　时　分

安全管理部门意见

　　　　　　　　　　　　　　　　签字：　　年　月　日　时　分

动火审批人意见

　　　　　　　　　　　　　　　　签字：　　年　月　日　时　分

动火前，岗位当班班长验票情况

　　　　　　　　　　　　　　　　签字：　　年　月　日　时　分

完工验收

　　　　　　　　　　　　　　　　签字：　　年　月　日　时　分

作业申请单位			作业申请时间		年　月　日　时　分			
有限空间名称			有限空间内原有介质名称					
作业内容								
作业单位			作业负责人					
作业人			监护人					
关联的其他危险作业及安全作业票编号								
风险辨识结果								
气体分析	分析项目	有毒有害气体名称	可燃气体名称	氧气含量	取样分析时间	分析部位	分析人	
	合格标准			19.5%~21%（体积分数）				
	分析数据							
作业实施时间		自　年　月　日　时　分至　年　月　日　时　分止						

序号	安全措施	是否涉及	确认人
1	盛装过有毒、可燃物料的有限空间，所有与有限空间有联系的阀门、管线已加盲板隔离，并落实盲板责任人，未采用水封或关闭阀门代替盲板		
2	盛装过有毒、可燃物料的有限空间，设备已经过置换、吹扫或蒸煮		
3	设备通风孔已打开进行自然通风，温度适宜人员作业；必要时采用强制通风或佩戴隔绝式呼吸防护装备，不应采用直接通入氧气或富氧空气的方法补充氧		
4	转动设备已切断电源，电源开关处已加锁并悬挂"禁止合闸"标志牌		
5	有限空间内部已具备进入作业条件，易燃易爆物料容器内作业，作业人员未采用非防爆工具，手持电动工具符合作业安全要求		
6	有限空间进出口通道畅通，无阻碍人员进出的障碍物		
7	盛装过可燃有毒液体、气体的有限空间，已分析其中的可燃、有毒有害气体和氧气含量，且在安全范围内		
8	存在大量扬尘的设备已停止扬尘		
9	用于连续检测的移动式可燃、有毒气体、氧气检测仪已配备到位		
10	作业人员已佩戴必要的个体防护装备，清楚有限空间内存在的危险因素		

序号	安全措施	是否涉及	确认人
11	已配备作业应急设施：消防器材（　）、救生绳（　）、气防装备（　），盛有腐蚀性介质的容器作业现场已配备应急用冲洗水		
12	有限空间内作业已配备通信设备		
13	有限空间出入口四周已设立警戒区		
14	其他相关危险作业已办理相应安全作业票		
15	其他安全措施： 编制人：		

安全交底人		接受交底人	
作业负责人意见 　　　　　　　　　　　　　　签字：　　年　月　日　时　分			
所在单位意见 　　　　　　　　　　　　　　签字：　　年　月　日　时　分			
完工验收 　　　　　　　　　　　　　　签字：　　年　月　日　时　分			

编号：

申请单位			作业单位			作业类别		（堵盲板（抽盲板
设备、管道名称	管道参数			盲板参数			实际作业开始时间	
	介质	温度	压力	材质	规格	编号		
							年　月　日　时　分	

盲板位置图（可另附图）及编号：

编制人：　　年 月 日

作业负责人		作业人		监护人	
关联的其他危险作业及安全作业票编号					
风险辨识结果					

序号	安全措施	是否涉及	确认人
1	在管道、设备上作业时，降低系统压力，作业点应为常压或微正压		
2	在有毒介质的管道、设备上作业时，作业人员应穿戴适合的个体防护装备		
3	火灾爆炸危险场所，作业人员穿防静电工作服、工作鞋；作业时使用防爆灯具和防爆工具		
4	火灾爆炸危险场所的气体管道，距作业地点 30m 内无其他动火作业		
5	在强腐蚀性介质的管道、设备上作业时，作业人员已采取防止酸碱化学灼伤的措施		
6	介质温度较高、可能造成烫伤的情况下，作业人员已采取防烫措施		
7	介质温度较低、可能造成人员冻伤情况下，作业人员已采取防冻伤措施		
8	同一管道上未同时进行两处及两处以上的盲板抽堵作业		
9	其他相关危险作业已办理相应安全作业票		
10	作业现场四周已设警戒区		
11	其他安全措施：　　　　　　　　　　　　　　　编制人：		

安全交底人		接受交底人	

作业负责人意见
签字：　年 月 日 时 分

所在单位意见
签字：　年 月 日 时 分

完工验收
签字：　年 月 日 时 分

编号：

作业申请单位		作业申请时间	年 月 日 时 分
作业地点		作业内容	
作业高度		高处作业级别	
作业单位		监护人	
作业人		作业负责人	
关联的其他危险作业及安全作业票编号			
风险辨识结果			
作业实施时间	自 年 月 日 时 分至 年 月 日 时 分止		

序号	安全措施	是否涉及	确认人
1	作业人员身体条件符合要求		
2	作业人员着装符合作业要求		
3	作业人员佩戴符合标准要求的安全帽、安全带，有可能散发有毒气体的场所携带 正压式空气呼吸器或面罩备用		
4	作业人员携带有工具袋及安全绳		
5	现场搭设的脚手架、防护网、围栏符合安全规定		
6	垂直分层作业中间有隔离设施		
7	梯子、绳子符合安全规定		
8	轻型棚的承重梁、柱能承重作业过程最大负荷的要求		
9	作业人员在不承重物处作业所搭设的承重板稳定牢固		
10	采光、夜间作业照明符合作业要求		
11	30m 以上高处作业时，作业人员已配备通信、联络工具		
12	作业现场四周已设警戒区		
13	露天作业，风力满足作业安全要求		
14	其他相关危险作业已办理相应安全作业票		
15	其他安全措施： 编制人：		

安全交底人		接受交底人	
作业负责人意见			
		签字： 年 月 日 时 分	
所在单位意见			
		签字： 年 月 日 时 分	
审核部门意见			
		签字： 年 月 日 时 分	
审批部门意见			
		签字： 年 月 日 时 分	
完工验收			
		签字： 年 月 日 时 分	

附录

编号：

非高危行业主要责任人及安全生产管理人员安全生产培训教程

作业申请单位		作业单位		作业申请时间	年月日时分
吊装地点		吊具名称		吊物内容	
吊装作业人		司索人		监护人	
指挥人员		吊物质量(t)及作业级别			
风险辨识结果					
作业实施时间		自　年　月　日　时　分至　年　月　日　时　分止			

序号	安全措施	是否涉及	确认人
1	一、二级吊装作业已编制吊装作业方案，已经审查批准；吊装物体形状复杂、刚度小、长径比大、精密贵重，作业条件特殊的三级吊装作业，已编制吊装作业方案，已经审查批准		
2	吊装场所如有含危险物料的设备、管道时，应制定详细吊装方案，并对设备、管道采取有效防护措施，必要时停车，放空物料，置换后再进行吊装作业		
3	作业人员已按规定佩戴个体防护装备		
4	已对起重吊装设备、钢丝绳、揽风绳、链条、吊钩等各种机具进行检查，安全可靠		
5	已明确各自分工、坚守岗位，并统一规定联络信号		
6	将建筑物、构筑物作为描点，应经所属单位工程管理部门审查核算并批准		
7	吊装绳索、揽风绳、拖拉绳等不应与带电线路接触，并保持安全距离		
8	不应利用管道、管架、电杆、机电设备等作吊装描点		
9	吊物捆扎坚固，未见绳打结、绳不齐现象，棱角吊物已采取衬垫措施		
10	起重机安全装置灵活好用		
11	吊装作业人员持有有效的法定资格证书		
12	地下通信电（光）缆、局域网络电（光）缆、排水沟的盖板，承重吊装机械的负重量已确认，保护措施已落实		
13	起吊物的质量（t）经确认，在吊装机械的承重范围内		
14	在吊装高度的管线、电缆桥架已做好防护措施		
15	作业现场围栏、警戒线、警告牌、夜间警示灯已按要求设置		
16	作业高度和转臂范围内无架空线路		
17	在爆炸危险场所内的作业，机动车排气管已装阻火器		
18	露天作业，环境风力满足作业安全要求		
19	其他相关危险作业已办理相应安全作业票		
20	其他安全措施： 　　　　　　　　　　　　　　　编制人：		

安全交底人		接受交底人	

作业指挥意见
签字：　　年　月　日　时　分

所在单位意见
签字：　　年　月　日　时　分

审核部门意见
签字：　　年　月　日　时　分

审批部门意见
签字：　　年　月　日　时　分

完工验收
签字：　　年　月　日　时　分

编号：

申请单位			作业申请时间	年 月 日 时 分		
作业地点			作业内容			
电源接入点及许可用电功率			工作电压			
用电设备名称及额定功率		监护人		用电人		
作业人			电工证号			
作业负责人			电工证号			
关联的其他危险作业及安全作业票编号						
风险辨识结果						
可燃气体分析（运行的生产装置、罐区和具有火灾爆炸危险场所）						
分析时间	时分	时分	分析点			
可燃气体检测结果			分析人			
作业实施时间	自 年 月 日 时 分至 年 月 日 时 分止					

序号	安全措施	是否涉及	确认人
1	作业人员持有电工作业操作证		
2	在防爆场所使用的临时电源、元器件和线路达到相应的防爆等级要求		
3	上级开关已断电、加锁，并挂安全警示标牌		
4	临时用电的单相和混用线路要求按照 TN-S 三相五线制方式接线		
5	临时用电线路如架高敷设，在作业现场敷设高度应不低于 2.5m，跨越道路高度应不低于 5m		
6	临时用电线路如沿墙面或地面敷设，已沿建筑物墙体根部敷设，穿越道路或其他易受机械损伤的区域，已采取防机械损伤的措施；在电缆敷设路径附近，已采取防止火花损伤电缆的措施		
7	临时用电线路架空进线不应采用裸线		
8	暗管埋设及地下电缆线路敷设时，已备好"走向标志"和"安全标志"等标志桩，电缆埋深要求大于 0.7m		
9	现场临时用配电盘、箱配备有防雨措施，并可靠接地		
10	临时用电设施已装配漏电保护器，移动工具、手持工具已采取防漏电的安全措施（一机一闸一保护）		
11	用电设备、线路容量、负荷符合要求		
12	其他相关危险作业已办理相应安全作业票		
13	作业场所已进行气体检测且符合作业安全要求		
14	其他安全措施： 编制人：		

安全交底人		接受交底人	
作业负责人意见 签字： 年 月 日 时 分			
用电单位意见 签字： 年 月 日 时 分			
配送电单位意见 签字： 年 月 日 时 分			
完工验收 签字： 年 月 日 时 分			

编号：

管理人员安全生产培训教程

非高危行业主要责任人及安全生产

申请单位		作业申请时间		年　月　日　时　分
作业单位		作业地点	作业内容	
监护人		作业负责人		
关联的其他危险作业及安全作业票编号				
作业范围、内容、方式（包括深度、面积，并附简图）：　　　　　　　　　　　　　　　　　　　　　签字：　　　年　月　日　时　分				
风险辨识结果				
作业实施时间		自　　年　月　日　时　分至　　年　月　日　时　分止		

序号	安全措施	是否涉及	确认人
1	地下电力电缆、通信电（光）缆、局域网络电（光）缆已确认，保护措施已落实		
2	地下供排水、消防管线、工艺管线已确认，保护措施已落实		
3	已按作业方案图划线和立桩		
4	作业现场围栏、警戒线、警告牌、夜间警示灯已按要求设置		
5	已进行放坡处理和固壁支撑		
6	道路施工作业已报：交通、消防、安全监督部门、应急中心		
7	现场夜间有充足照明：A.36V、24V、12V 防水型灯；B.36V、24V、12V 防爆型灯		
8	作业人员配备有必要的个人防护装备		
9	易燃易爆、有毒气体存在的场所动土深度超过 1.2m，已按照有限空间作业要求采取了措施		
10	其他相关危险作业已办理相应安全作业票		
11	其他安全措施：　　　　　　　　　　　　　　　　　　　　　　　编制人：		

安全交底人		接受交底人	
作业负责人意见　　　　　　　　　　　　　　　　　　　　签字：　　　年　月　日　时　分			
所在单位意见　　　　　　　　　　　　　　　　　　　　　签字：　　　年　月　日　时　分			
有关水、电、汽（气）、工艺、设备、消防、安全等部门会签意见　　　　签字：　　　年　月　日　时　分			
审批部门意见　　　　　　　　　　　　　　　　　　　　　签字：　　　年　月　日　时　分			
完工验收　　　　　　　　　　　　　　　　　　　　　　　签字：　　　年　月　日　时　分			

编号：

申请单位		作业单位		作业负责人	
涉及相关单位(部门)				监护人	
断路原因					
关联的其他危险作业及安全作业票编号					

断路地段示意图（可另附图）及相关说明：

签字：　　年　月　日　时　分

风险辨识结果	
作业实施时间	自　　年　月　日　时　分至　　年　月　日　时　分止

序号	安全措施	是否涉及	确认人
1	作业前，制定交通组织方案，并已通知相关部门或单位		
2	作业前，在断路的路口和相关道路上设置交通警示标志，在作业区域附近设置路栏、道路作业警示灯、导向标等交通警示设施		
3	夜间作业设置警示灯		
4	其他安全措施： 编制人：		

安全交底人		接受交底人	

作业负责人意见
签字：　　年　月　日　时　分

所在单位意见
签字：　　年　月　日　时　分

消防、安全管理部门意见
签字：　　年　月　日　时　分

审批部门意见
签字：　　年　月　日　时　分

完工验收
签字：　　年　月　日　时　分

附录Ⅳ：安全作业票的管理

安全作业票应根据危险作业的等级以明显标记加以区分。安全作业票的办理部门、审核（会签）、审批部门（人）内容如附表1所示。

附表1　安全作业票的办理、审批内容

安全作业票种类		办理部门	审核或会签	审批部门（人）
动火安全作业票	特级动火作业	危险化学品企业	—	主管领导
	一级动火作业		—	安全管理部门
	二级动火作业		—	所在基层单位
有限空间安全作业票			—	所在基层单位
盲板抽堵安全作业票			—	所在基层单位
高处安全作业票	Ⅰ级高处作业		—	所在基层单位
	Ⅱ级、Ⅲ级高处作业		—	所在单位专业部门
	Ⅳ级高处作业		—	主管厂长或总工程师
吊装安全作业票	一级吊装作业		—	主管厂长或总工程师
	二级、三级吊装作业		—	所在单位专业部门
临时用电安全作业票			配送电单位	配送电单位
动土安全作业票			水、电、汽、工艺、设备、消防、安全管理等动土涉及单位	所在单位专业部门
断路安全作业票			断路涉及单位消防、安全管理部门	所在单位专业部门

说明：1. 安全作业票的审核或会签人员根据企业具体管理机构设置情况参照执行。

2. Ⅰ级高处作业还包括在坡度大于45°的斜坡上面实施的高处作业。

Ⅱ级、Ⅲ级高处作业还包括下列情形的高处作业：

a) 在升降（吊装）口、坑、井、池、沟、洞等上面或附近进行的高处作业；

b) 在易燃、易爆、易中毒、易灼伤的区域或转动设备附近进行的高处作业；

c) 在无平台、无护栏的塔、釜、炉、罐等化工容器、设备及架空管道上进行的高处作业；

d) 在塔、釜、炉、罐等设备内进行的高处作业；

e) 在邻近排放有毒、有害气体、粉尘的放空管线或烟囱及设备的高处作业。

Ⅳ级高处作业还包括下列情形的高处作业：

a) 在高温或低温环境下进行的异温高处作业；

b) 在降雪时进行的雪天高处作业；

c) 在降雨时进行的雨天高处作业；

d) 在室外完全采用人工照明进行的夜间高处作业；

e) 在接近或接触带电体条件下进行的带电高处作业；

f) 在无立足点或无牢靠立足点的条件下进行的悬空高处作业。

3. 吊装质量小于10t的作业可不办理吊装票，但应进行风险分析，并确保措施可靠。

安全作业票一式三联，其持有和存档部门（人）参见附表2。安全作业票应至少保存一年，作业过程影像记录应至少留存一个月。

附表2　安全作业票的持有及保存的内容

安全作业票种类		持有及保存情况		
		第一联	第二联	第三联（存档）
动火安全作业票	特级和一级动火	监护人	作业单位（动火人）	安全管理部门
	二级动火		作业单位（动火人）	所在基层单位
有限空间安全作业票			作业单位负责人	所在基层单位
盲板抽堵安全作业票			作业单位实施人	所在基层单位
高处安全作业票			作业单位实施人	所在基层单位
吊装安全作业票			吊装指挥	所在基层单位
临时用电安全作业票			作业单位（作业时）配送电执行人（作业结束后注销）	电气管理部门
动土安全作业票			作业单位负责人	所在单位专业部门
断路安全作业票			作业单位负责人	所在单位专业部门
说明：安全作业票的持有及保存部门根据企业具体管理机构设置情况参照执行。				